KB213278

세상이 변해도 배움의 즐거움은 변함없도록

시대는 빠르게 변해도
배움의 즐거움은
변함없어야 하기에

어제의 비상은
남다른 교재부터
결이 다른 콘텐츠
전에 없던 교육 플랫폼까지

변함없는 혁신으로
교육 문화 환경의 새로운 전형을
실현해왔습니다.

비상은 오늘, 다시 한번
새로운 교육 문화 환경을 실현하기 위한
또 하나의 혁신을 시작합니다.

오늘의 내가 어제의 나를 초월하고
오늘의 교육이 어제의 교육을 초월하여
배움의 즐거움을 지속하는 혁신,

바로, 메타인지 기반 완전 학습을.

상상을 실현하는 교육 문화 기업 비상

메타인지 기반 완전 학습

초월을 뜻하는 meta와 생각을 뜻하는 인지가 결합한 메타인지는 자신이 알고 모르는 것을 스스로 구분하고 학습계획을 세우도록 하는 궁극의 학습 능력입니다. 비상의 메타인지 기반 완전 학습 시스템은 잠들어 있는 메타인지를 깨워 공부를 100% 내 것으로 만들도록 합니다.

개념+유형 파워

공부 계획표

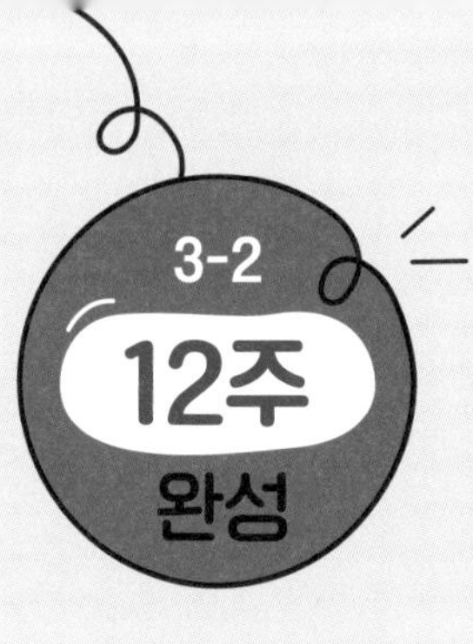

1주 1. 곱셈

개념책 5~9쪽	개념책 10~14쪽	개념책 15~19쪽	개념책 20~21쪽	개념책 22~26쪽
월 일	월 일	월 일	월 일	월 일

2주 1. 곱셈

유형책 3~9쪽	유형책 10~13쪽	유형책 14~16쪽	유형책 17~19쪽	유형책 20~24쪽
월 일	월 일	월 일	월 일	월 일

3주 2. 나눗셈

개념책 27~32쪽	개념책 33~36쪽	개념책 37~40쪽	개념책 41~43쪽	개념책 44~45쪽
월 일	월 일	월 일	월 일	월 일

4주 2. 나눗셈

개념책 46~50쪽	유형책 25~29쪽	유형책 30~32쪽	유형책 33~35쪽	유형책 36~37쪽
월 일	월 일	월 일	월 일	월 일

5주 2. 나눗셈 / 3. 원

유형책 38~40쪽	유형책 41~43쪽	유형책 44~48쪽	개념책 51~56쪽	개념책 57~59쪽
월 일	월 일	월 일	월 일	월 일

6주 3. 원

개념책 60~61쪽	개념책 62~66쪽	유형책 49~54쪽	유형책 55~57쪽	유형책 58~61쪽
월 일	월 일	월 일	월 일	월 일

✂ 다치지 않도록 주의하여 가위로 잘라서 사용하세요.

공부 계획표 8주 완성에 맞추어 공부하면
개념책으로 공부한 후 유형책으로 응용 유형을 강화하며
응용 실력을 완성할 수 있어요!

유형책으로 공부

5주	1. 곱셈			2. 나눗셈	
	유형책 3~13쪽	유형책 14~19쪽	유형책 20~24쪽	유형책 25~32쪽	유형책 33~37쪽
	월 일	월 일	월 일	월 일	월 일

6주	2. 나눗셈		3. 원		
	유형책 38~43쪽	유형책 44~48쪽	유형책 49~57쪽	유형책 58~61쪽	유형책 62~66쪽
	월 일	월 일	월 일	월 일	월 일

7주	4. 분수			5. 들이와 무게	
	유형책 67~75쪽	유형책 76~79쪽	유형책 80~84쪽	유형책 85~91쪽	유형책 92~97쪽
	월 일	월 일	월 일	월 일	월 일

8주	5. 들이와 무게		6. 그림그래프		
	유형책 98~103쪽	유형책 104~108쪽	유형책 109~115쪽	유형책 116~119쪽	유형책 120~124쪽
	월 일	월 일	월 일	월 일	월 일

개념+유형 파워

공부 계획표

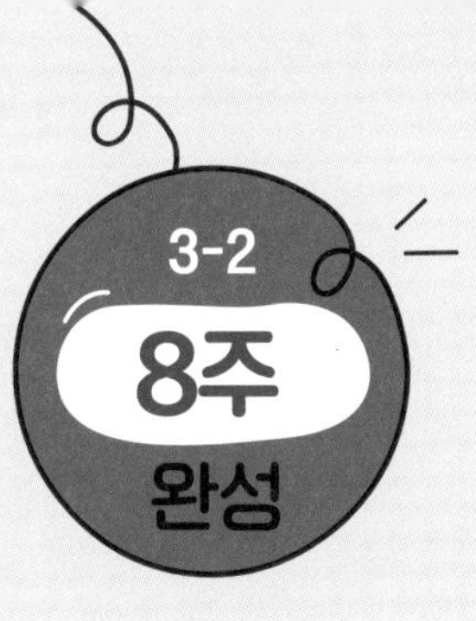

개념책으로 공부

1주

1. 곱셈			2. 나눗셈	
개념책 5~12쪽	개념책 13~19쪽	개념책 20~26쪽	개념책 27~34쪽	개념책 35~40쪽
월 일	월 일	월 일	월 일	월 일

2주

2. 나눗셈		3. 원		
개념책 41~45쪽	개념책 46~50쪽	개념책 51~56쪽	개념책 57~61쪽	개념책 62~66쪽
월 일	월 일	월 일	월 일	월 일

3주

4. 분수			5. 들이와 무게	
개념책 67~73쪽	개념책 74~79쪽	개념책 80~86쪽	개념책 87~94쪽	개념책 95~99쪽
월 일	월 일	월 일	월 일	월 일

4주

5. 들이와 무게		6. 그림그래프		
개념책 100~103쪽	개념책 104~108쪽	개념책 109~115쪽	개념책 116~117쪽	개념책 118~122쪽
월 일	월 일	월 일	월 일	월 일

공부 계획표 12주 완성에 맞추어 공부하면
단원별로 개념책, 유형책을 번갈아 공부하며
응용 실력을 완성할 수 있어요!

주					
7주	3. 원	4. 분수			
	유형책 62~66쪽	개념책 67~71쪽	개념책 72~75쪽	개념책 76~79쪽	개념책 80~81쪽
	월 일	월 일	월 일	월 일	월 일
8주	4. 분수				
	개념책 82~86쪽	유형책 67~73쪽	유형책 74~75쪽	유형책 76~79쪽	유형책 80~84쪽
	월 일	월 일	월 일	월 일	월 일
9주	5. 들이와 무게				
	개념책 87~92쪽	개념책 93~96쪽	개념책 97~99쪽	개념책 100~101쪽	개념책 102~103쪽
	월 일	월 일	월 일	월 일	월 일
10주	5. 들이와 무게				
	개념책 104~108쪽	유형책 85~89쪽	유형책 90~94쪽	유형책 95~97쪽	유형책 98~100쪽
	월 일	월 일	월 일	월 일	월 일
11주	5. 들이와 무게		6. 그림그래프		
	유형책 101~103쪽	유형책 104~108쪽	개념책 109~112쪽	개념책 113~115쪽	개념책 116~117쪽
	월 일	월 일	월 일	월 일	월 일
12주	6. 그림그래프				
	개념책 118~122쪽	유형책 109~112쪽	유형책 113~115쪽	유형책 116~119쪽	유형책 120~124쪽
	월 일	월 일	월 일	월 일	월 일

개념+유형

파워

개념책

초등 수학 —

3·2

빠르고 알찬 개념 학습

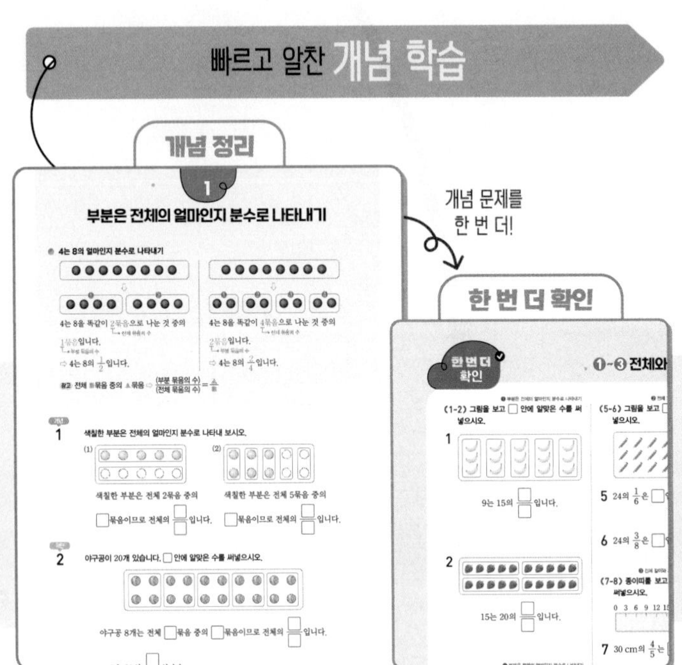

개념 문제를
한 번 더!

중~상 수준의 다양한 실전유형 문제를 풀어 실전 감각을 강화

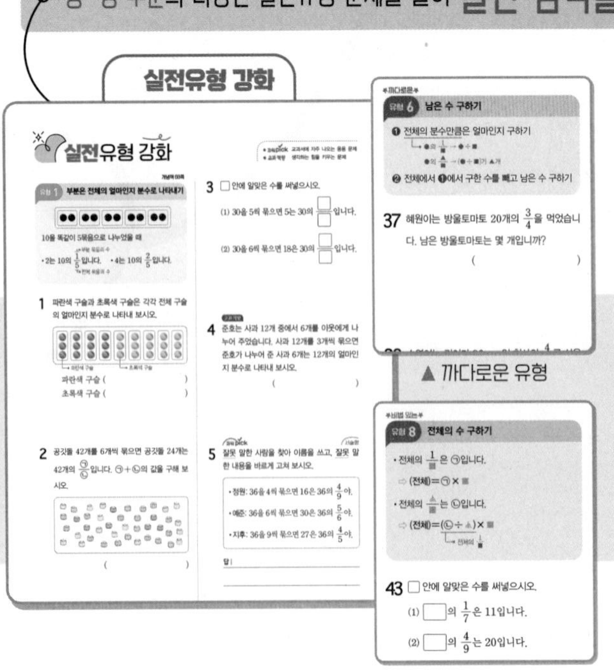

▲ 까다로운 유형

▲ 비법 있는 유형

"개념책으로 실력을 쌓은 뒤
응용 유형이 강화된 유형책으로 응용 완성!"

잘 나오는 실전·응용문제 학습

응용 평가

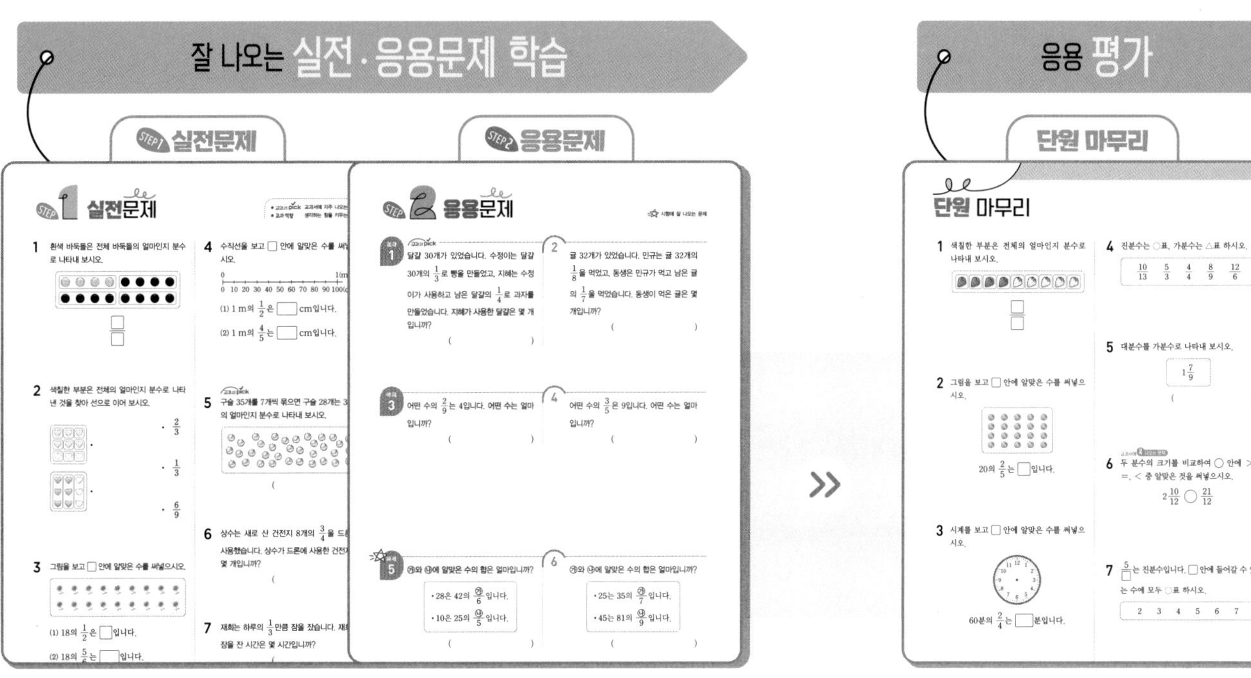

상~최상 수준의 대표문제를 풀어 최상위로 도약

수준별 평가로 어려운 시험까지 대비

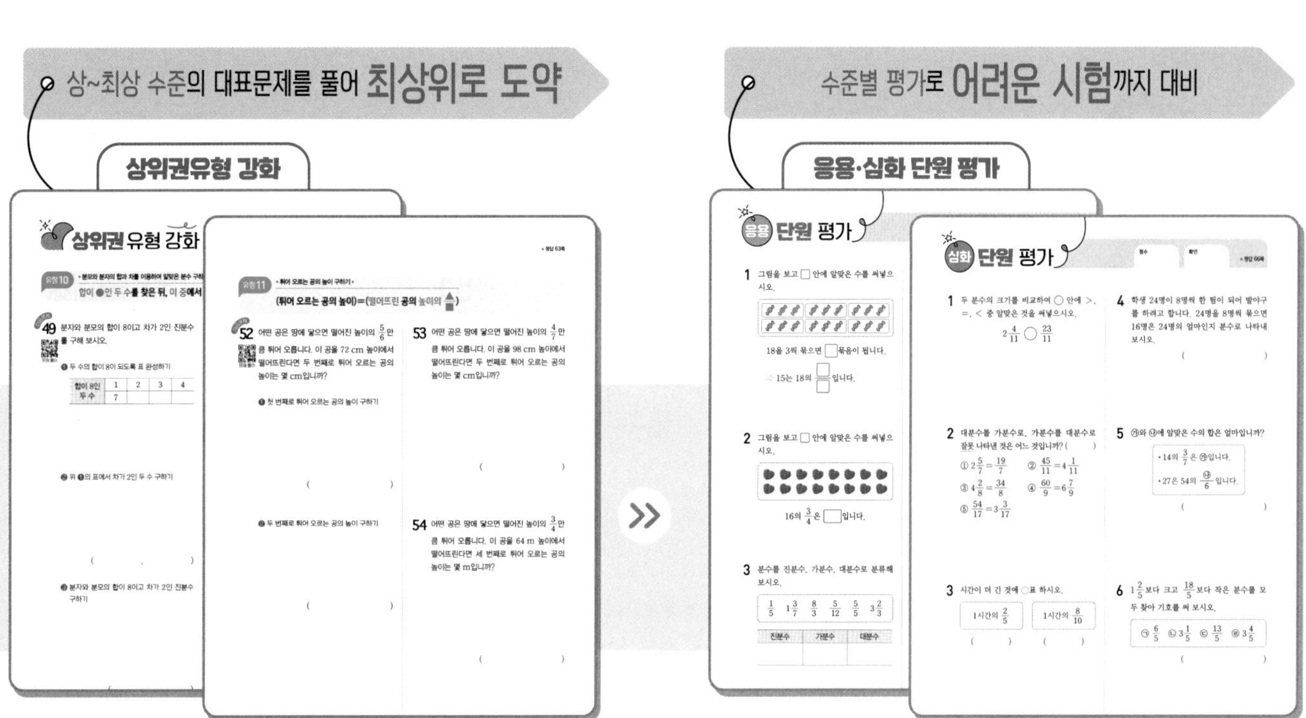

" 파워에서 공부할 단원이에요! "

개념+유형 파워 3·1 단원이에요.

1
곱셈

이전에 배운 내용

3-1 곱셈
- (몇십)×(몇)
- (몇십몇)×(몇)

이번에 배울 내용

1. 올림이 없는 (세 자리 수)×(한 자리 수)
2. 올림이 한 번 있는 (세 자리 수)×(한 자리 수)
3. 올림이 여러 번 있는 (세 자리 수)×(한 자리 수)
4. (몇십)×(몇십), (몇십몇)×(몇십)
5. (몇)×(몇십몇)
6. 올림이 한 번 있는 (몇십몇)×(몇십몇)
7. 올림이 여러 번 있는 (몇십몇)×(몇십몇)

이후에 배울 내용

4-1 곱셈과 나눗셈
- (세 자리 수)×(몇십)
- (세 자리 수)×(몇십몇)

1

올림이 없는 (세 자리 수)×(한 자리 수)

321×2의 계산

일의 자리, **십**의 자리, **백**의 자리 **순서로** 곱을 구합니다.

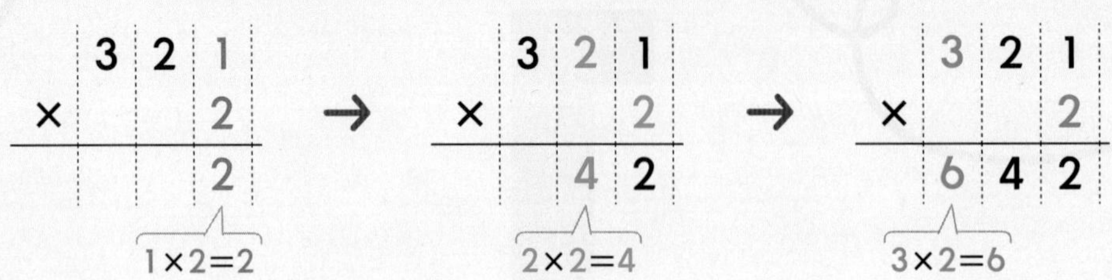

개념

1 241×2를 어떻게 계산하는지 알아보시오.

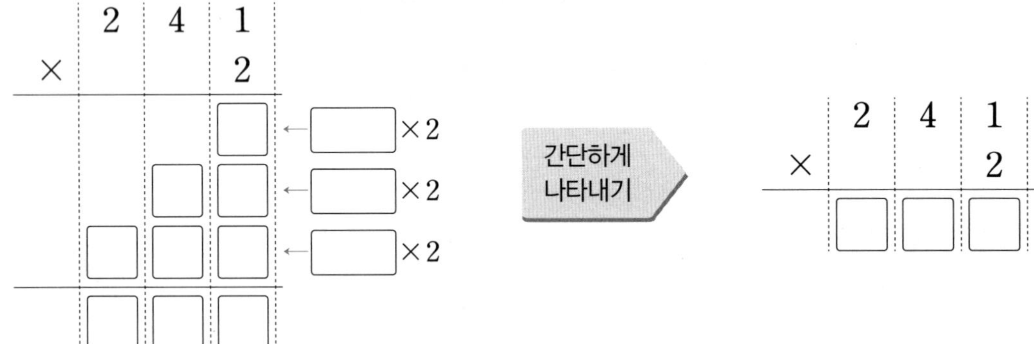

확인

2 계산해 보시오.

(1) 111×5

(2) 423×2

(3) 113×3

(4) 212×4

확인

3 빈칸에 알맞은 수를 써넣으시오.

(1) 123 →(×3)→ □

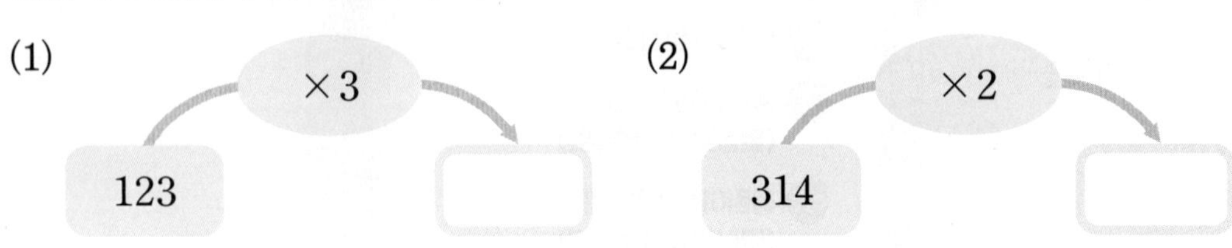

(2) 314 →(×2)→ □

2 올림이 한 번 있는 (세 자리 수)×(한 자리 수)

215×3의 계산

- 일의 자리, 십의 자리, 백의 자리 순서로 곱을 구합니다.
- **일의 자리에서 올림한 수는 십의 자리의 곱에, 십의 자리에서 올림한 수는 백의 자리의 곱에 더합니다.**

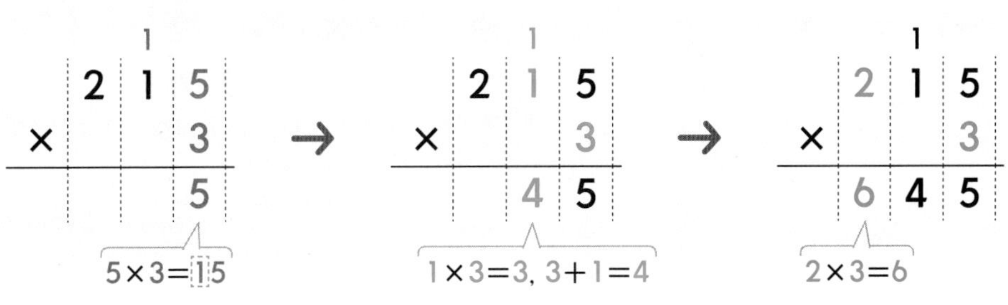

215×3을 어림한 값과 계산 결과 비교하기

215를 200으로 생각하면 200×3=600이므로 215×3을 600쯤으로 어림할 수 있습니다.
⇨ 어림한 값인 600은 계산 결과인 645와 비슷합니다.

개념

4 183×2를 어떻게 계산하는지 알아보시오.

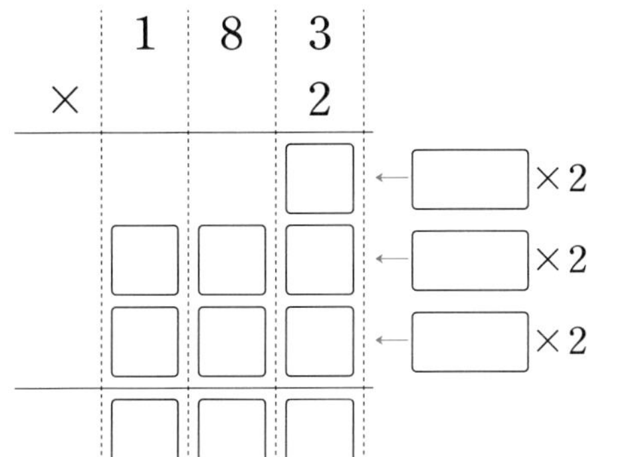

간단하게 나타내기

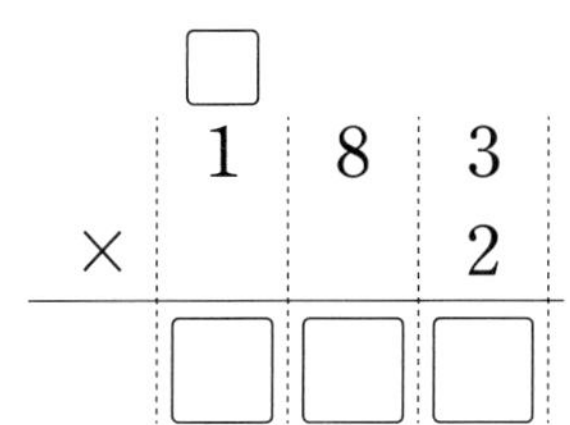

확인

5 계산해 보시오.

(1) 127 × 3

(2) 162 × 4

(3) 349×2

(4) 251×3

확인

6 빈칸에 알맞은 수를 써넣으시오.

(1) 106 → ×4 →

(2) 471 → ×2 →

3

• 정답 2쪽

올림이 여러 번 있는 (세 자리 수)×(한 자리 수)

567×2의 계산

각 자리의 계산에서 **올림한 수는 바로 윗자리 계산에 더합니다.**

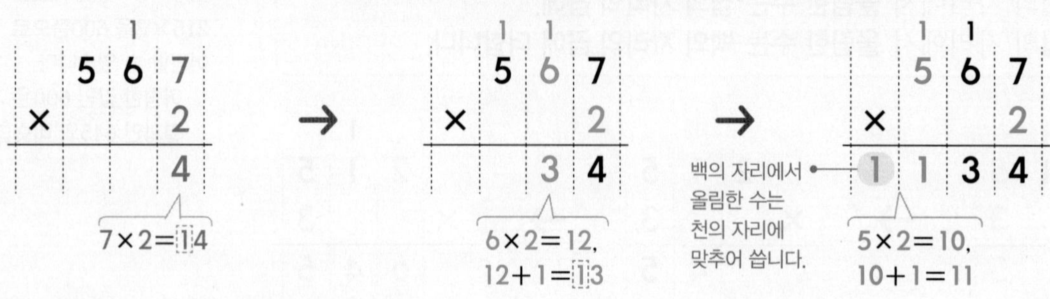

개념

7 963×2를 어떻게 계산하는지 알아보시오.

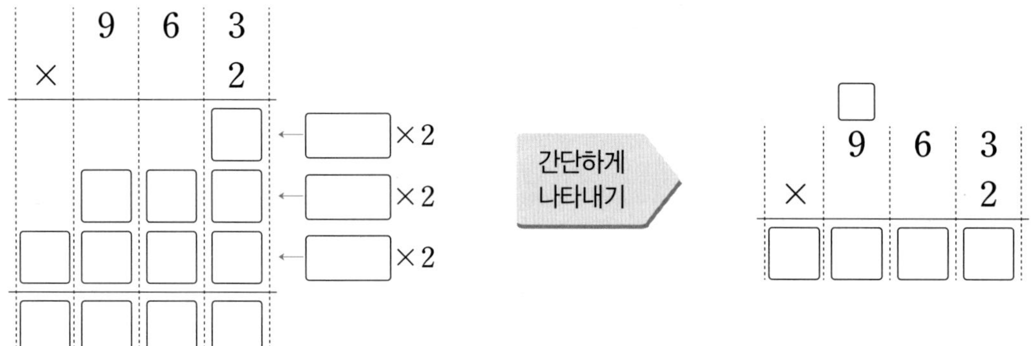

확인

8 계산해 보시오.

(1) $\begin{array}{r} 784 \\ \times \quad 2 \\ \hline \end{array}$

(2) $\begin{array}{r} 493 \\ \times \quad 4 \\ \hline \end{array}$

(3) 257×3

(4) 542×5

확인

9 빈칸에 알맞은 수를 써넣으시오.

(1)

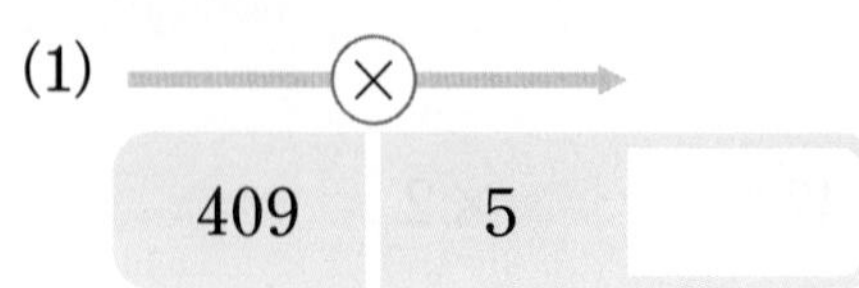

(2)

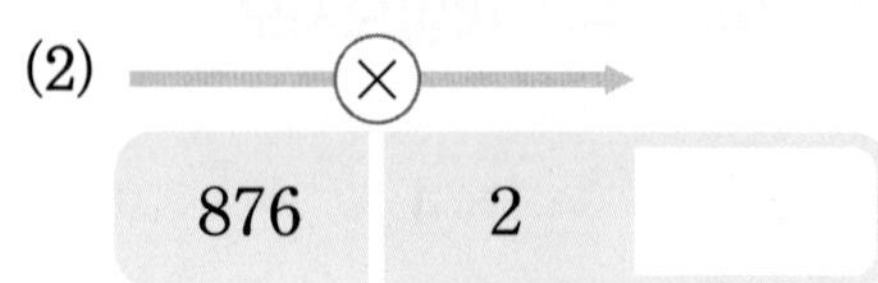

● 정답 2쪽

❶~❸ (세 자리 수)×(한 자리 수)

1 $\begin{array}{r} 221 \\ \times \quad 4 \\ \hline \end{array}$

2 $\begin{array}{r} 318 \\ \times \quad 3 \\ \hline \end{array}$

3 $\begin{array}{r} 147 \\ \times \quad 6 \\ \hline \end{array}$

4 $\begin{array}{r} 352 \\ \times \quad 2 \\ \hline \end{array}$

5 $\begin{array}{r} 123 \\ \times \quad 4 \\ \hline \end{array}$

6 $\begin{array}{r} 413 \\ \times \quad 2 \\ \hline \end{array}$

7 $\begin{array}{r} 384 \\ \times \quad 4 \\ \hline \end{array}$

8 $\begin{array}{r} 229 \\ \times \quad 3 \\ \hline \end{array}$

9 $\begin{array}{r} 492 \\ \times \quad 5 \\ \hline \end{array}$

10 302×3

11 172×4

12 158×5

13 141×2

14 574×2

15 635×6

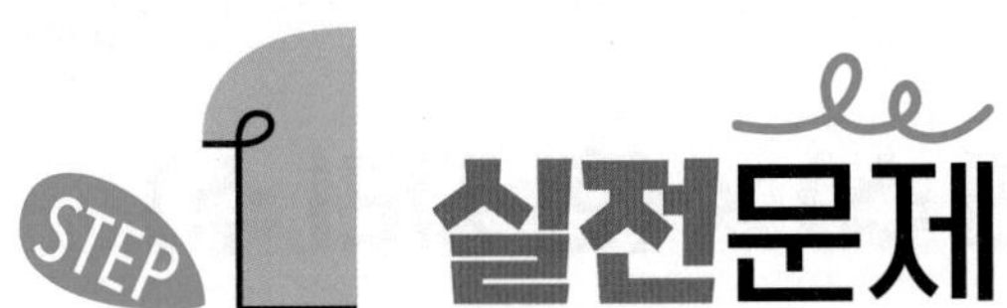

- 교과서 pick 교과서에 자주 나오는 문제
- 교과 역량 생각하는 힘을 키우는 문제

1 빈칸에 알맞은 수를 써넣으시오.

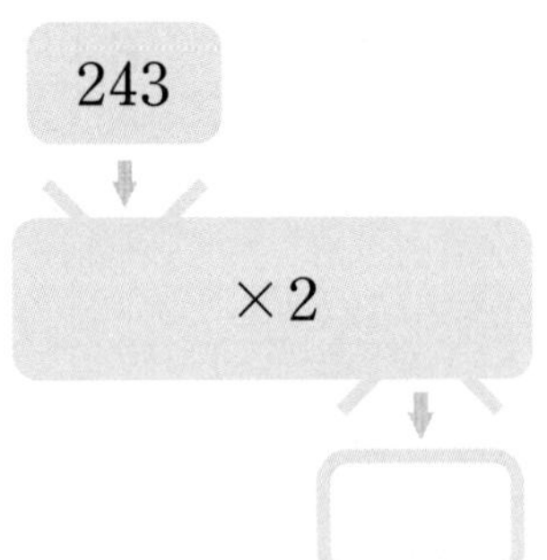

2 두 수의 곱은 얼마입니까?

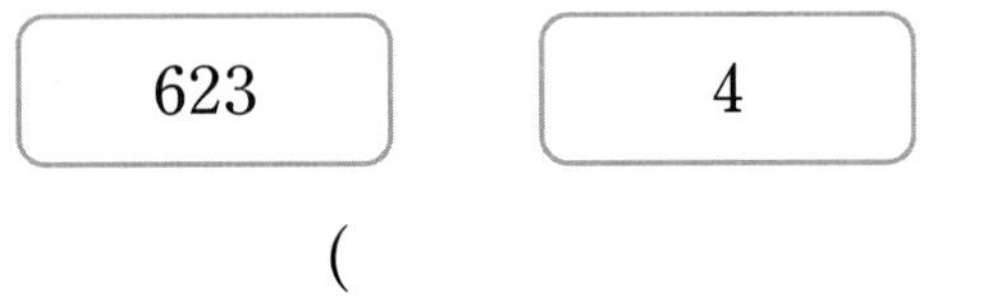

(　　　　　　)

3 덧셈식을 곱셈식으로 나타내고 계산해 보시오.

$417+417+417+417+417$

$\square \times \square = \square$

4 빈칸에 알맞은 수를 써넣으시오.

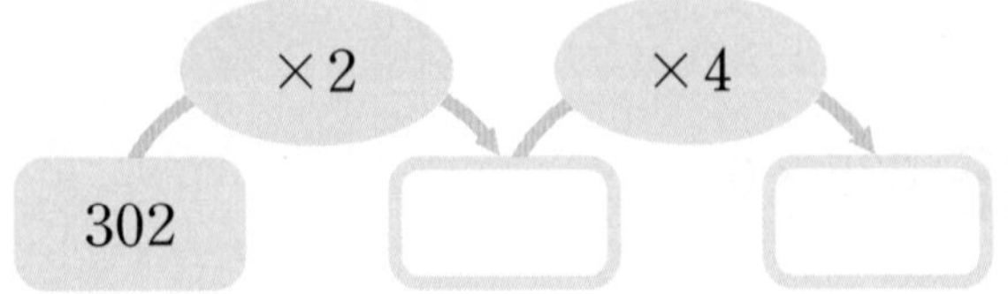

5 계산 결과가 다른 하나를 찾아 ○표 하시오.

122×6	106×7	244×3
(　　)	(　　)	(　　)

6 계산 결과의 크기를 비교하여 ○ 안에 $>$, $=$, $<$ 중 알맞은 것을 써넣으시오.

$851 \times 3 \bigcirc 637 \times 4$

7 한 변이 207 cm인 정사각형 모양의 식탁이 있습니다. 이 식탁의 네 변의 길이의 합은 몇 cm입니까?

(　　　　　　)

교과서 pick

8 윤희네 집에서 은행까지의 거리는 780 m입니다. 윤희가 집에서 출발하여 은행까지 갔다가 다시 집으로 돌아왔을 때 걸은 거리는 모두 몇 m입니까?

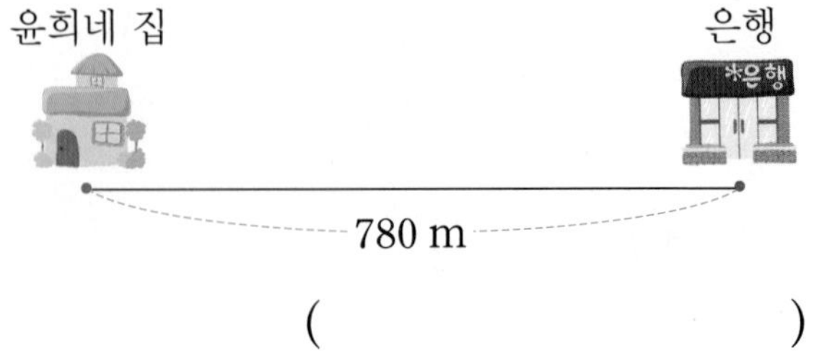

(　　　　　　)

9 □ 안에 들어갈 수 있는 수를 모두 찾아 ○표 하시오.

□ $<742\times3$

(2224 , 2225 , 2226 , 2227)

교과 역량 서술형

10 다음이 나타내는 수를 6배 한 수는 얼마인지 풀이 과정을 쓰고 답을 구해 보시오.

100이 3개, 1이 59개인 수

풀이 |

답 |

11 해주는 시장에서 한 개에 690원인 꽈배기 4개를 사고 5000원을 냈습니다. 해주가 받아야 하는 거스름돈은 얼마입니까?

( )

12 연석이는 매일 아침과 저녁에 줄넘기를 각각 128회씩 했습니다. 연석이는 7일 동안 줄넘기를 모두 몇 회 했습니까?

( )

13 다음은 어느 박물관의 입장료를 나타낸 표입니다. 어른 8명과 어린이 5명의 입장료는 모두 얼마입니까?

	어른	어린이
입장료	820원	540원

( )

교과 역량

14 수 카드 4장을 한 번씩만 사용하여 곱이 가장 작은 (세 자리 수)×(한 자리 수)를 만들고, 계산해 보시오.

3 4 5 8

□□□ × □ = □

4

(몇십)×(몇십), (몇십몇)×(몇십)

● **40×20의 계산** → (몇십)×(몇십)

(몇십)×(몇)을 계산한 후
10배를 합니다.

$40 \times 2 = 80$

(10배, 10배)

$40 \times 20 = 800$

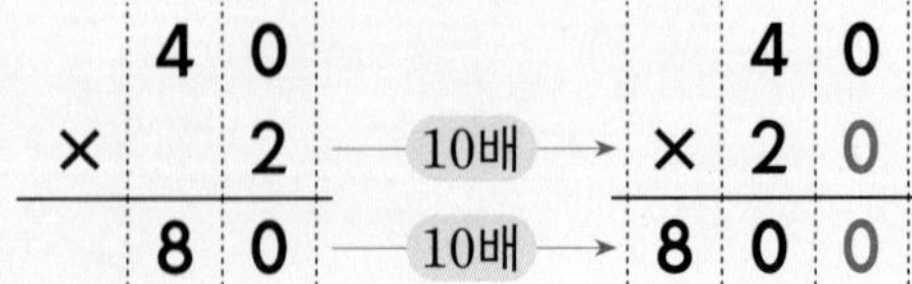

	4	0				4	0
×		2	10배 →	×	2	0
	8	0	10배 →	8	0	0

● **18×40의 계산** → (몇십몇)×(몇십)

(몇십몇)×(몇)을 계산한 후
10배를 합니다.

$18 \times 4 = 72$

(10배, 10배)

$18 \times 40 = 720$

	1	8				1	8
×		4	10배 →	×	4	0
	7	2	10배 →	7	2	0

개념

1 □ 안에 알맞은 수를 써넣으시오.

(1) $60 \times 7 = \square$

(10배, 10배)

$60 \times 70 = \square$

(2) $42 \times 2 = \square$

(10배, 10배)

$42 \times 20 = \square$

확인

2 계산해 보시오.

(1) $\begin{array}{r} 30 \\ \times 90 \\ \hline \end{array}$

(2) $\begin{array}{r} 61 \\ \times 40 \\ \hline \end{array}$

(3) 50×20

(4) 12×80

확인

3 빈칸에 알맞은 수를 써넣으시오.

(1) 70 →(×80)→ □

(2)

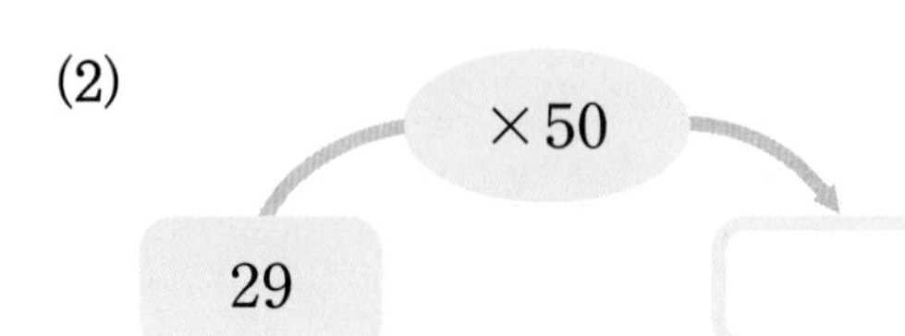

● 정답 3쪽

(몇)×(몇십몇)

4×63의 계산

(몇)×(몇십몇)에서 **(몇십몇)**을 (몇십)+(몇)으로 나타내어 (몇)×(몇십)과 (몇)×(몇)을 각각 계산한 후 **두 곱을 더합니다.**

63=60+3으로 생각합니다.

$4\times63=4\times60+4\times3$
$=240+12$
$=252$

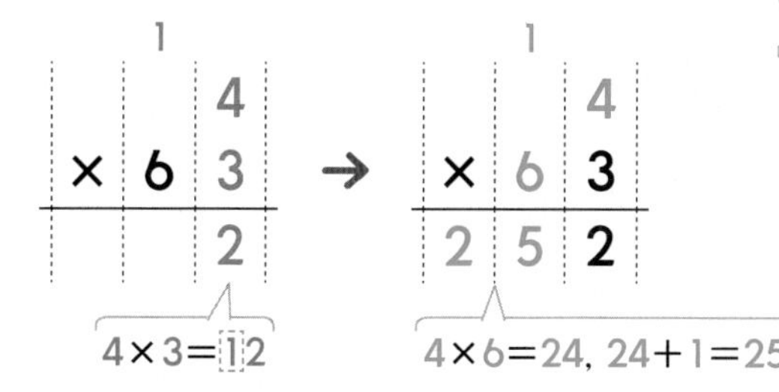

4×63을 어림한 값과 계산 결과 비교하기

63을 60으로 생각하면 4×60=240이므로 4×63을 240쯤으로 어림할 수 있습니다.
⇨ 어림한 값인 240은 계산 결과인 252와 비슷합니다.

참고 4×63과 63×4의 계산 결과는 서로 같습니다.

$$\begin{array}{r} {}^{1}\;\;4 \\ \times\;6\;3 \\ \hline 2\;5\;2 \end{array} = \begin{array}{r} {}^{1}\;\;\;\\ 6\;3 \\ \times\;\;\;4 \\ \hline 2\;5\;2 \end{array}$$

개념

4 8×45를 어떻게 계산하는지 알아보시오.

8×45= 8×40 + 8×5

=□+□

=□

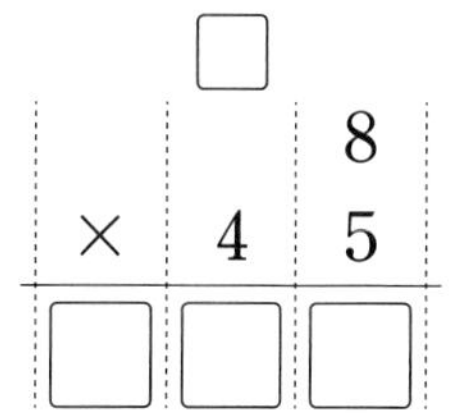

확인

5 계산해 보시오.

(1) $\begin{array}{r} 6 \\ \times\;2\;8 \\ \hline \end{array}$

(2) $\begin{array}{r} 3 \\ \times\;6\;4 \\ \hline \end{array}$

(3) 4×29

(4) 9×73

확인

6 빈칸에 알맞은 수를 써넣으시오.

(1) 3 → ×37 → □

(2) 7 → ×56 → □

6

올림이 한 번 있는 (몇십몇)×(몇십몇)

13×35의 계산

(몇십몇)×(몇십몇)에서 **곱하는 수 (몇십몇)**을 (몇십)+(몇)으로 나타내어
(몇십몇)×(몇십)과 (몇십몇)×(몇)을 각각 계산한 후 **두 곱을 더합니다.**

35=30+5로 생각합니다.

13×35=13×30+13×5
=390+65
=455

	1	3
×	3	5
	6	5

→

	1	3
×	3	5
	6	5
3	9	0

계산의 편리함을 위해 일의 자리에 0을 쓰지 않아도 됩니다.

→

	1	3	
×	3	5	
	6	5	← 13×5
3	9	0	← 13×30
4	5	5	

개념

7 21×46을 어떻게 계산하는지 알아보시오.

21×46= 21×40 + 21×6
= □ + □
= □

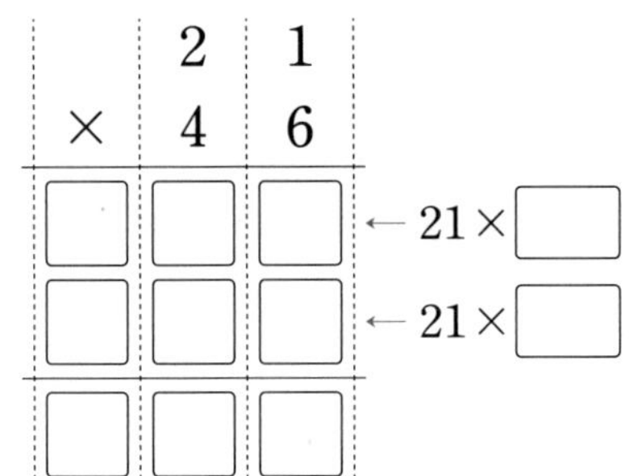

확인

8 계산해 보시오.

(1) 27 × 13

(2) 26 × 21

(3) 16×13

(4) 46×12

확인

9 빈칸에 알맞은 수를 써넣으시오.

(1)

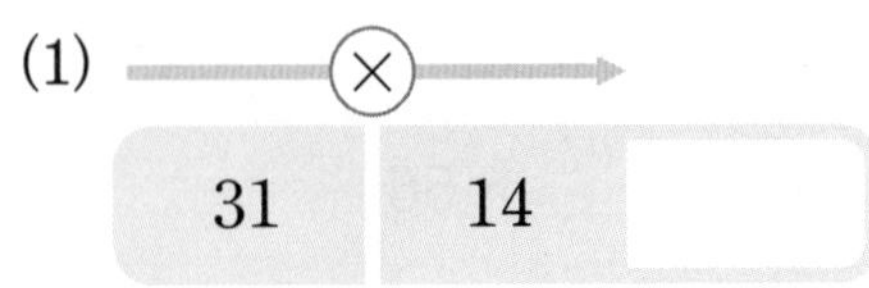

31	14	

(2)

24	32	

7

올림이 여러 번 있는 (몇십몇)×(몇십몇)

● 정답 3쪽

1 단원

52×36의 계산

36=30+6으로 생각합니다.

$52\times36=52\times30+52\times6$
$=1560+312$
$=1872$

	1	
	5	2
×	3	6
3	1	2

→

		5	2
	×	3	6
	3	1	2
1	5	6	0

→

		5	2	
	×	3	6	
	3	1	2	← 52×6
1	5	6	0	← 52×30
1	8	7	2	

개념

10 27×54를 어떻게 계산하는지 알아보시오.

$27\times54=27\times50+27\times4$
$=\square+\square$
$=\square$

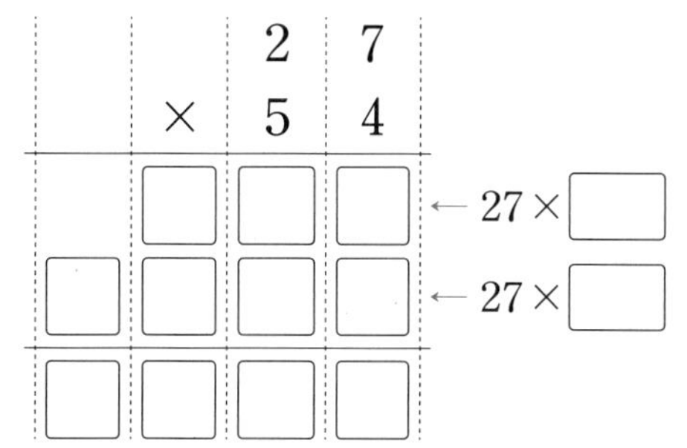

확인

11 계산해 보시오.

(1) 47 × 35

(2) 53 × 42

(3) 32×64

(4) 78×59

확인

12 빈칸에 알맞은 수를 써넣으시오.

(1) 19 → ×23 →

(2) 35 → ×35 →

● 정답 4쪽

❹~❼ (두 자리 수)×(두 자리 수)

1
$$\begin{array}{r} 20 \\ \times\ 50 \\ \hline \end{array}$$

2
$$\begin{array}{r} 19 \\ \times\ 14 \\ \hline \end{array}$$

3
$$\begin{array}{r} 52 \\ \times\ 16 \\ \hline \end{array}$$

4
$$\begin{array}{r} 42 \\ \times\ 85 \\ \hline \end{array}$$

5
$$\begin{array}{r} 63 \\ \times\ 12 \\ \hline \end{array}$$

6
$$\begin{array}{r} 17 \\ \times\ 45 \\ \hline \end{array}$$

7
$$\begin{array}{r} 25 \\ \times\ 41 \\ \hline \end{array}$$

8
$$\begin{array}{r} 29 \\ \times\ 36 \\ \hline \end{array}$$

9
$$\begin{array}{r} 58 \\ \times\ 74 \\ \hline \end{array}$$

10 53×40

11 23×14

12 39×18

13 25×38

14 27×21

15 69×45

실전문제

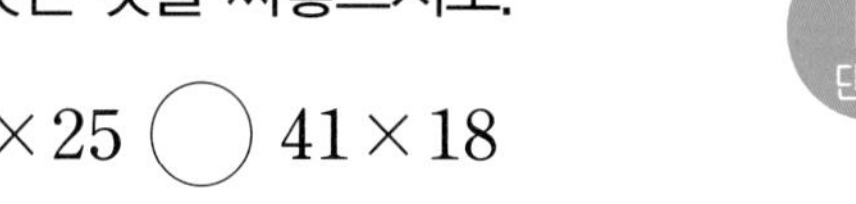

- 교과서 pick 교과서에 자주 나오는 문제
- 교과 역량 생각하는 힘을 키우는 문제

1 색칠된 전체 모눈의 수를 곱셈식으로 나타내 보시오.

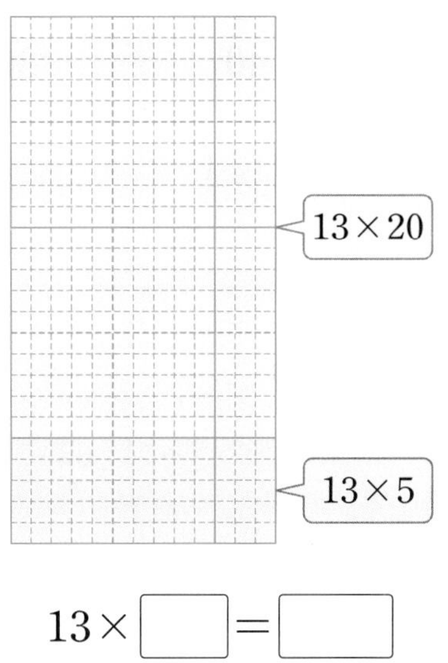

$13 \times \square = \square$

2 빈칸에 알맞은 수를 써넣으시오.

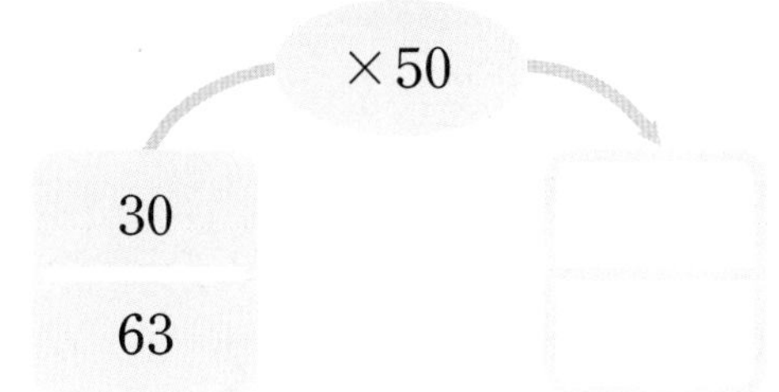

3 $\square$ 안에 들어갈 0의 개수가 다른 하나를 찾아 기호를 써 보시오.

㉠ $30 \times 70 = 21\square$

㉡ $45 \times 20 = 9\square$

㉢ $80 \times 50 = 4\square$

(　　　　　　　　)

4 계산 결과의 크기를 비교하여 ○ 안에 >, =, < 중 알맞은 것을 써넣으시오.

31×25 ○ 41×18

5 60×28의 계산 결과를 어림셈으로 구하려고 합니다. 잘못 말한 사람은 누구입니까?

- 유라: 28은 20보다 크고
  $60 \times 20 = 1200$이므로
  60×28은 1200보다 커.
- 태하: 28은 30보다 작고
  $60 \times 30 = 1800$이므로
  60×28은 1800보다 커.

(　　　　　　　　)

개념 확인 서술형

6 잘못 계산한 곳을 찾아 이유를 쓰고, 바르게 계산해 보시오.

$$\begin{array}{r} 4\ 6 \\ \times\ 3\ 8 \\ \hline 3\ 6\ 8 \\ 1\ 3\ 8 \\ \hline 5\ 0\ 6 \end{array} \Rightarrow \begin{array}{r} 4\ 6 \\ \times\ 3\ 8 \\ \hline \end{array}$$

이유 |

STEP 1 실전문제

7 계산 결과가 작은 것부터 차례대로 기호를 써 보시오.

㉠ 6×47
㉡ 9×32
㉢ 7×45

( )

8 가장 큰 수와 가장 작은 수의 곱은 얼마입니까?

22	61	13	48

( )

9 ㉠과 ㉡이 나타내는 수의 곱은 얼마입니까?

㉠ 10이 6개, 1이 7개인 수
㉡ 10이 4개, 1이 8개인 수

( )

10 자동차 한 대에 바퀴가 4개씩 있을 때, 자동차 35대에 있는 바퀴는 모두 몇 개입니까?

( )

11 두 곱셈의 계산 결과는 같습니다. □ 안에 알맞은 수를 구해 보시오.

60×40　　$30\times\square$

( )

12 계산 결과가 2000보다 큰 곱셈을 모두 찾아 ○표 하시오.

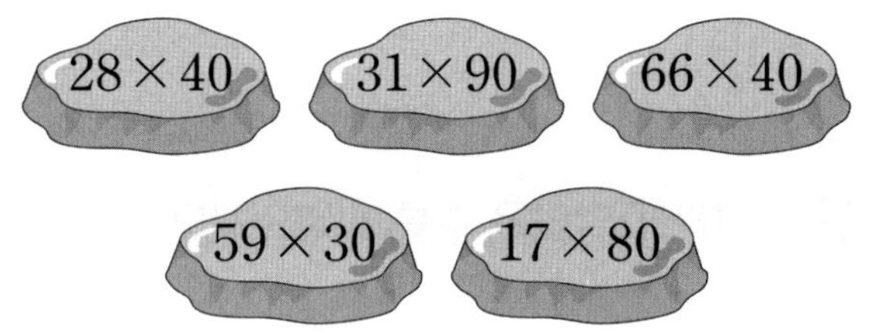

13 수 카드 3장 중에서 2장을 골라 알맞은 곱셈식을 만들어 보시오.

17　26　12

$\square\times\square=312$

14 사과는 한 상자에 35개씩 30상자 있고, 배는 1240개 있습니다. 사과와 배 중에서 어느 것이 몇 개 더 많습니까?

(,)

15 초등부 축구 대회에 참가하는 학년별 팀의 수를 나타낸 표입니다. 참가 선수들 모두에게 물을 한 병씩 나누어 주려고 합니다. 각 팀의 선수가 15명씩이라면 준비해야 하는 물은 모두 몇 병입니까?

학년	3학년	4학년	5학년	6학년
팀의 수(팀)	3	5	4	4

( )

교과 역량

16 시간의 단위를 잘못 나타낸 사람은 누구입니까?

1시간은 60분이니까
50시간은 3000분이야.
1분은 60초이니까
25분은 150초야.
수호
윤아

( )

17 한 변이 19 cm인 정사각형 6개를 나란히 붙여 큰 직사각형을 만든 후 빨간색 선으로 표시하였습니다. 빨간색 선의 길이는 몇 cm입니까?

( )

교과 역량

18 한준이네 아파트 두 동에서 하루에 배출되는 재활용품의 무게와 배출 기간을 각각 정리한 표입니다. 배출 기간 동안 배출된 재활용품의 무게가 더 무거운 동은 어느 동입니까?

동	하루에 배출되는 재활용품의 무게	배출 기간
㉮ 동	58 kg	18일
㉯ 동	49 kg	23일

( )

교과서 pick

19 수 카드 3장을 한 번씩만 사용하여 곱이 가장 큰 (몇)×(몇십몇)을 만들고, 계산해 보시오.

3 8 9

□×□□=□

STEP 2 응용문제

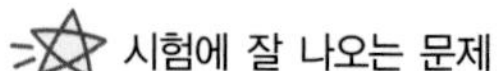

시험에 잘 나오는 문제

예제 1

옥수수가 한 다발에 28개씩 30다발 있습니다. 이 옥수수를 다시 한 다발에 12개씩 묶어서 23다발을 팔았습니다. 팔고 남은 옥수수는 몇 개입니까?

(　　　　　　　　)

2

자두가 한 봉지에 41개씩 40봉지 있습니다. 이 자두를 다시 한 봉지에 25개씩 담아서 34봉지를 팔았습니다. 팔고 남은 자두는 몇 개입니까?

(　　　　　　　　)

예제 3

교과서 pick

어떤 수에 62를 곱해야 하는데 잘못하여 어떤 수에 62를 더했더니 91이 되었습니다. 바르게 계산하면 얼마입니까?

(　　　　　　　　)

4

어떤 수에 57을 곱해야 하는데 잘못하여 어떤 수에서 57을 뺐더니 14가 되었습니다. 바르게 계산하면 얼마입니까?

(　　　　　　　　)

예제 5

□ 안에 알맞은 수를 써넣으시오.

$$\begin{array}{r} 2\ 3\ \square \\ \times \quad\ 4 \\ \hline \square\ 4\ 8 \end{array}$$

6

□ 안에 알맞은 수를 써넣으시오.

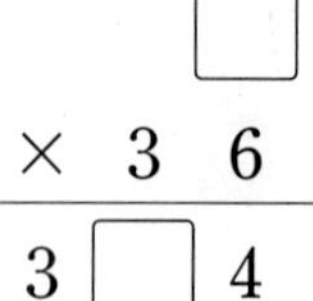

$$\begin{array}{r} \square \\ \times\ 3\ 6 \\ \hline 3\ \square\ 4 \end{array}$$

● 정답 6쪽

예제 7 교과서 pick

1부터 9까지의 수 중에서 □ 안에 들어갈 수 있는 가장 큰 수를 구해 보시오.

$39 \times \square 0 < 1500$

(　　　　　　　　　　)

8

1부터 9까지의 수 중에서 □ 안에 들어갈 수 있는 가장 작은 수를 구해 보시오.

$48 \times \square 0 > 2000$

(　　　　　　　　　　)

예제 9

인혜는 문구점에서 160원짜리 도화지 4장과 80원짜리 색종이 20장을 사고 3000원을 냈습니다. 인혜가 받아야 하는 거스름돈은 얼마입니까?

(　　　　　　　　　　)

10

가영이는 종이학을 하루에 132개씩 2일, 하루에 36개씩 20일 동안 접었습니다. 종이학을 1000개 접으려면 가영이가 앞으로 더 접어야 하는 종이학은 몇 개입니까?

(　　　　　　　　　　)

예제 11

수 카드 4장을 한 번씩만 사용하여 곱이 가장 큰 (몇십몇)×(몇십몇)을 만들고, 계산해 보시오.

2　4　5　6

12

수 카드 4장을 한 번씩만 사용하여 곱이 가장 작은 (몇십몇)×(몇십몇)을 만들고, 계산해 보시오.

3　　5　

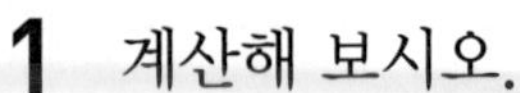

단원 마무리

1 계산해 보시오.

$$\begin{array}{r} 1\,2\,4 \\ \times \quad\;\; 2 \\ \hline \end{array}$$

2 곱셈식에서 □ 안의 두 수의 곱이 실제로 나타내는 값은 얼마입니까?

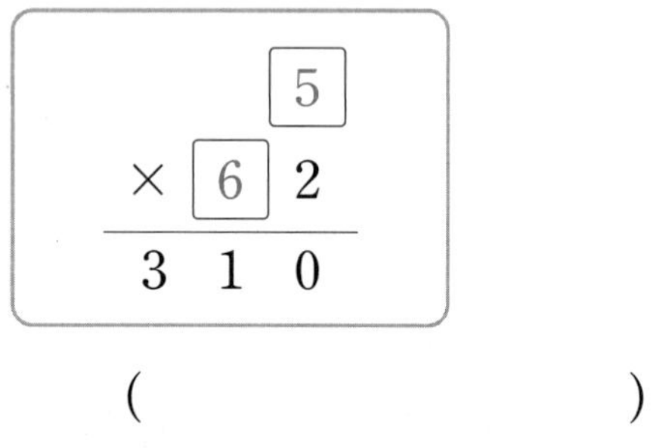

(   )

3 계산 결과를 찾아 선으로 이어 보시오.

234×2 •	• 468
15×32 •	• 480
	• 470

4 계산 결과가 다른 하나를 찾아 ○표 하시오.

90×40	50×70	60×60
( )	( )	( )

교과서에 꼭 나오는 문제

5 잘못 계산한 곳을 찾아 바르게 계산해 보시오.

$$\begin{array}{r} 8 \\ \times\,2\,6 \\ \hline 4\,8 \\ 1\,6 \\ \hline 6\,4 \end{array} \Rightarrow \begin{array}{r} 8 \\ \times\,2\,6 \\ \hline \end{array}$$

6 바르게 계산한 것은 어느 것입니까? (   )

① 23×70=1550
② 34×60=1840
③ 40×80=1200
④ 41×50=2050
⑤ 80×30=2100

7 빈칸에 알맞은 수를 써넣으시오.

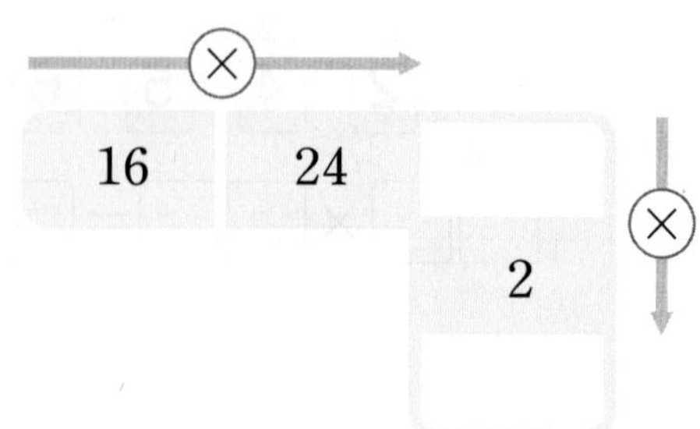

8 계산 결과의 크기를 비교하여 ◯ 안에 >, =, < 중 알맞은 것을 써넣으시오.

28×33 ◯ 133×7

9 계산 결과가 가장 큰 것을 찾아 기호를 써 보시오.

㉠ 63×16 ㉡ 37×30
㉢ 20×60 ㉣ 56×21

(   )

10 하루는 24시간입니다. 40일은 몇 시간입니까?

(   )

11 두 곱의 차는 얼마입니까?

3×34 7×17

(   )

잘 틀리는 문제

12 소영이는 400쪽짜리 책을 하루에 14쪽씩 28일 동안 읽었습니다. 소영이가 이 책을 다 읽으려면 앞으로 몇 쪽을 더 읽어야 합니까?

(   )

13 유정이네 학교 3학년 각 반의 학생 수를 나타낸 표입니다. 학생 한 명에게 연필을 5자루씩 모든 학생에게 나누어 주려면 연필은 모두 몇 자루 필요합니까?

반	1반	2반	3반	4반	5반
학생 수(명)	24	25	26	25	23

(   )

교과서에 꼭 나오는 문제

14 과일 가게에서 자두를 한 바구니에 7개씩 담았더니 28바구니가 되었고, 복숭아를 한 바구니에 6개씩 담았더니 33바구니가 되었습니다. 자두와 복숭아 중에서 어느 과일이 몇 개 더 많습니까?

(,   )

1 단원

단원 마무리

15 □ 안에 알맞은 수를 써넣으시오.

$$\begin{array}{r} 3\square1 \\ \times\quad 8 \\ \hline 3\square48 \end{array}$$

잘 틀리는 문제

16 1부터 9까지의 수 중에서 □ 안에 들어갈 수 있는 가장 작은 수를 구해 보시오.

$67\times\square0>4000$

(　　　　　　　)

17 수 카드 4장을 한 번씩만 사용하여 곱이 가장 작은 (몇십몇)×(몇십몇)을 만들고, 계산해 보시오.

2　3　4　9

□□×□□=□

서술형 문제

18 오른쪽 삼각형은 세 변의 길이가 같습니다. 삼각형의 한 변이 132 cm라면 세 변의 길이의 합은 몇 cm인지 풀이 과정을 쓰고 답을 구해 보시오.

132 cm

풀이 |

답 |

19 어떤 수에 13을 곱해야 하는데 잘못하여 어떤 수에서 13을 뺐더니 39가 되었습니다. 바르게 계산하면 얼마인지 풀이 과정을 쓰고 답을 구해 보시오.

풀이 |

답 |

20 주하는 하루에 270원씩 8일 동안 모았고, 강빈이는 하루에 460원씩 4일 동안 모았습니다. 주하와 강빈이가 모은 돈이 6000원이 되려면 얼마가 더 필요한지 풀이 과정을 쓰고 답을 구해 보시오.

풀이 |

답 |

● 정답 8쪽

1 용수철 알아보기

용수철은 철사를 나선 모양으로 감아서 만든 쇠줄로, 힘을 주면 길이가 늘어났다가 힘이 줄어들면 다시 원래의 모양으로 돌아갑니다. 용수철에 매다는 물체의 무게에 따라 용수철의 길이가 일정하게 늘어나므로 용수철은 물체의 무게를 재는 저울에 이용됩니다.

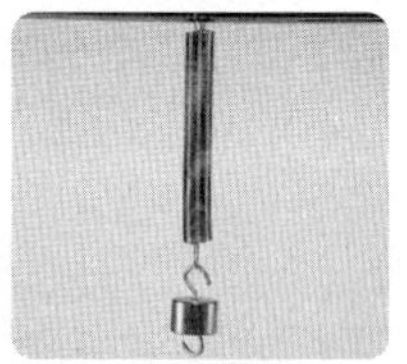
▲ 용수철

용수철에 무게가 같은 추를 한 개 매달 때마다 용수철의 길이가 일정하게 3 cm씩 늘어납니다. 추를 매달지 않았을 때의 용수철의 길이가 50 cm라면 추를 16개 매달았을 때 용수철의 전체 길이는 몇 cm입니까?

( )

2 음식 속 열량 알아보기

열량은 물체가 주거나 받는 열의 양으로 음식 속 열량은 음식 속에 들어 있는 에너지를 말합니다. 사람은 음식 속 열량을 이용해서 체온을 일정하게 유지하고, 음식을 소화하고, 운동을 하고, 뇌를 움직입니다.
음식 속 열량은 주로 킬로칼로리(kcal)라는 단위를 사용하여 나타냅니다.

다음은 음식별 열량을 조사하여 나타낸 표입니다. 주경이네 가족이 오늘 간식으로 삶은 고구마 6개, 김밥 2줄, 귤 12개를 먹었다면 주경이네 가족이 오늘 먹은 간식의 열량은 모두 몇 킬로칼로리입니까?

음식	열량(킬로칼로리)	음식	열량(킬로칼로리)
떡볶이 1인분	226	삶은 감자 1개	80
곶감 1개	110	김밥 1줄	280
귤 1개	50	삶은 고구마 1개	154

( )

물에 비친 낙타의 모습에서 다른 곳 5가지를 찾아요!

● 정답 8쪽

2 나눗셈

이전에 배운 내용

3-1 나눗셈

- 똑같이 나누기
- 곱셈과 나눗셈의 관계
- 나눗셈의 몫을 곱셈식으로 구하기
- 나눗셈의 몫을 곱셈구구로 구하기

이번에 배울 내용

1. 내림이 없는 (몇십)÷(몇)
2. 내림이 있는 (몇십)÷(몇)
3. 내림이 없는 (몇십몇)÷(몇)
4. 내림이 없고 나머지가 있는 (몇십몇)÷(몇)
5. 내림이 있고 나머지가 없는 (몇십몇)÷(몇)
6. 내림이 있고 나머지가 있는 (몇십몇)÷(몇)
7. 나머지가 없는 (세 자리 수)÷(한 자리 수)
8. 나머지가 있는 (세 자리 수)÷(한 자리 수)
9. 계산이 맞는지 확인하기

이후에 배울 내용

4-1 곱셈과 나눗셈

- 몇십으로 나누기
- 몇십몇으로 나누기

1

내림이 없는 (몇십)÷(몇)

◆ **나눗셈식을 세로로 쓰는 방법**

$6 \div 3 = 2 \rightarrow 3\overline{)6}$ (몫 2)

2 ← 몫
3)6 ← 나누어지는 수
↑
나누는 수

◆ **60÷3의 계산**

나누는 수가 같을 때 **나누어지는 수가 10배**가 되면 **몫도 10배**가 됩니다.

6 ÷ 3 = 2
(10배) (10배)
60 ÷ 3 = 20

$$\begin{array}{r} 2 \\ 3\overline{)6} \\ 6 \\ \hline 0 \end{array} \quad (6 \leftarrow 3\times2) \quad \rightarrow \quad \begin{array}{r} 20 \\ 3\overline{)60} \\ 60 \\ \hline 0 \end{array} \quad (60 \leftarrow 3\times20)$$

개념

1 □ 안에 알맞은 수를 써넣으시오.

(1) 3 ÷ 3 = □
10배 10배
30 ÷ 3 = □

(2) 8 ÷ 4 = □
10배 10배
80 ÷ 4 = □

확인

2 계산해 보시오.

(1) $5\overline{)50}$

(2) $2\overline{)80}$

(3) 40÷2

(4) 90÷3

● 정답 9쪽

2 내림이 있는 (몇십)÷(몇)

◇ **80÷5의 계산**

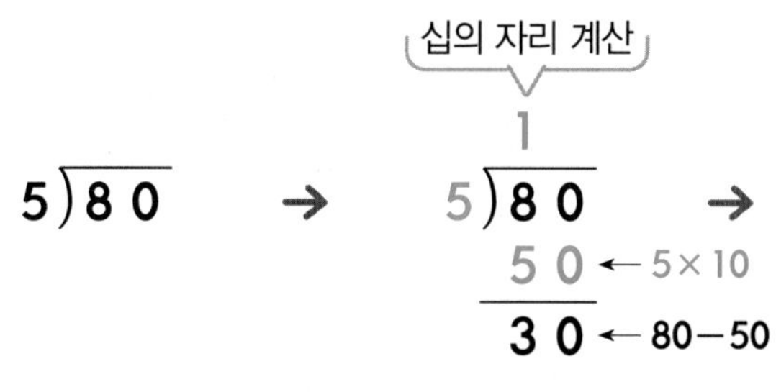

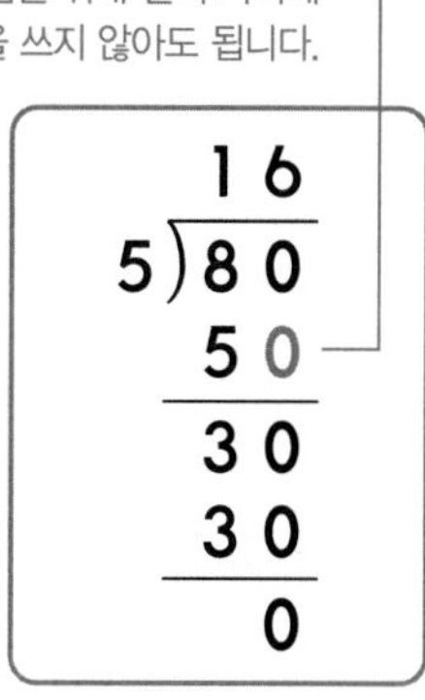

개념

3 □ 안에 알맞은 수를 써넣으시오.

(1)

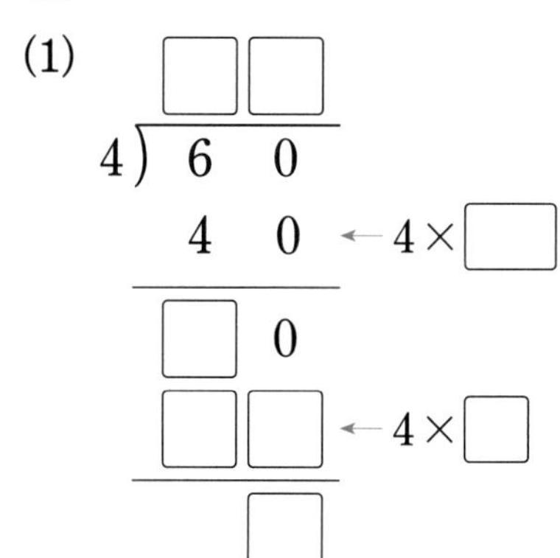

(2)

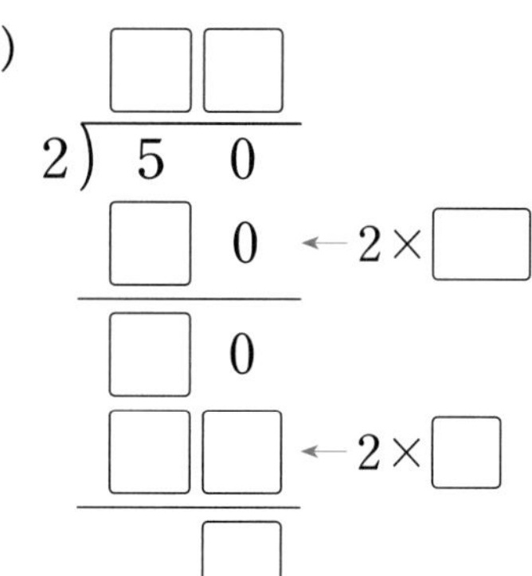

확인

4 계산해 보시오.

(1) 2)70

(2) 6)90

(3) 30÷2

(4) 70÷5

3

내림이 없는 (몇십몇)÷(몇)

◆ 26÷2의 계산

십의 자리 계산 / 일의 자리 계산

$$2\overline{)26} \rightarrow \begin{array}{r} 1 \\ 2\overline{)26} \\ 20 \\ \hline 6 \end{array} \begin{array}{l} \\ \\ \leftarrow 2\times10 \\ \leftarrow 26-20 \end{array} \rightarrow \begin{array}{r} 13 \\ 2\overline{)26} \\ 20 \\ \hline 6 \\ 6 \\ \hline 0 \end{array} \begin{array}{l} \\ \\ \\ \\ \leftarrow 2\times3 \\ \\ \end{array} \qquad \begin{array}{r} 13 \\ 2\overline{)26} \\ 20 \\ \hline 6 \\ 6 \\ \hline 0 \end{array}$$

개념

5 □ 안에 알맞은 수를 써넣으시오.

(1)
$$\begin{array}{r} \square\square \\ 3\overline{)3\ 6} \\ 3\ 0 \\ \hline \square \\ \square \\ \hline \square \end{array} \begin{array}{l} \\ \\ \leftarrow 3\times\square \\ \\ \leftarrow 3\times\square \\ \\ \end{array}$$

(2)
$$\begin{array}{r} \square\square \\ 4\overline{)8\ 4} \\ \square\ 0 \\ \hline \square \\ \square \\ \hline \square \end{array} \begin{array}{l} \\ \\ \leftarrow 4\times\square \\ \\ \leftarrow 4\times\square \\ \\ \end{array}$$

확인

6 계산해 보시오.

(1) $3\overline{)9\ 3}$

(2) $2\overline{)8\ 6}$

(3) 28÷2

(4) 44÷4

● 정답 9쪽

4 내림이 없고 나머지가 있는 (몇십몇) ÷ (몇)

◇ 나눗셈의 몫과 나머지

27을 4로 나누면 몫은 6이고 3이 남습니다.	24를 4로 나누면 몫은 6입니다.
27÷4=6⋯3 (↑ 몫, ↑ 나머지 — 나누는 수보다 항상 작습니다.) 4)27 → 몫 6, 24, 3 ← 나머지	• 24÷4=6 ⇨ 나머지가 없으므로 나머지는 0 • 나누어떨어진다: 나눗셈의 나머지가 0인 경우

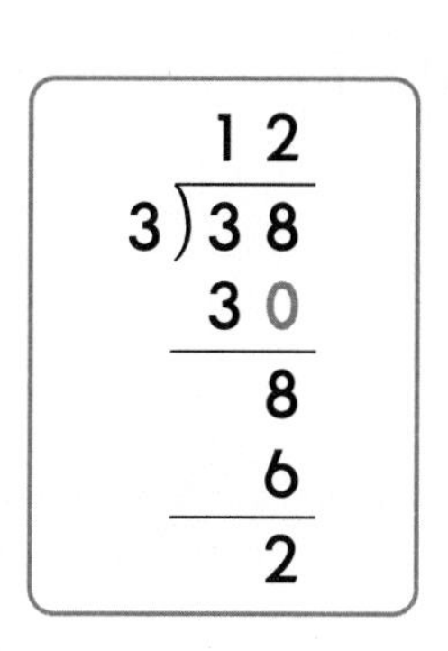

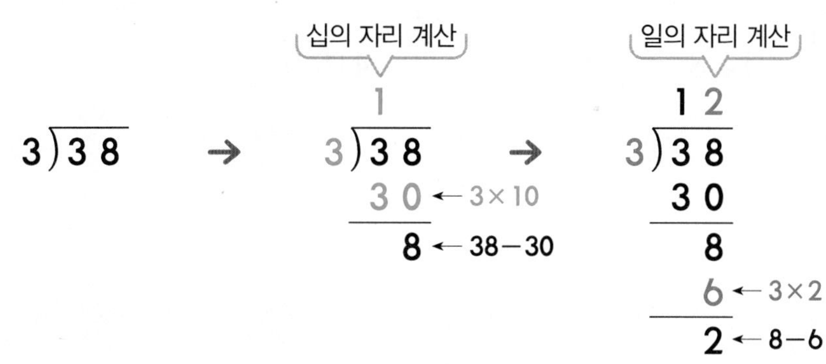

◇ 38÷3의 계산

3)38 → (십의 자리 계산) 3)38: 몫 1, 30 ← 3×10, 8 ← 38−30 → (일의 자리 계산) 3)38: 몫 12, 30, 8, 6 ← 3×2, 2 ← 8−6

3)38: 몫 12, 30, 8, 6, 2

개념

7 □ 안에 알맞은 수를 써넣으시오.

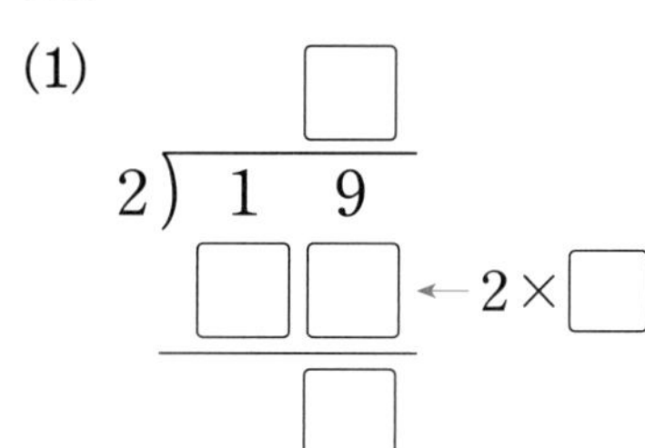

(1) 2)19: 몫 □, □□ ← 2×□, □

(2)

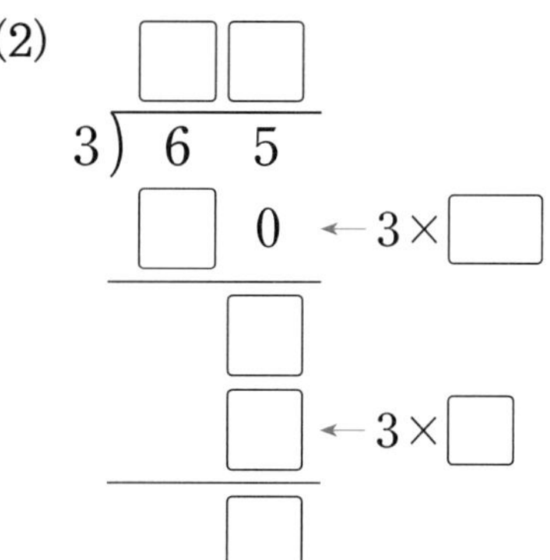

8 계산해 보시오.

(1) 5)44

(2) 3)97

(3) 69÷2

(4) 52÷7

● 정답 9쪽

❶~❹ 한 자리 수로 나누기 (1)

1 $2\overline{)60}$

2 $2\overline{)70}$

3 $3\overline{)63}$

4 $3\overline{)17}$

5 $2\overline{)48}$

6 $4\overline{)60}$

7 $4\overline{)80}$

8 $3\overline{)99}$

9 $4\overline{)86}$

10 $60 \div 6$

11 $90 \div 2$

12 $77 \div 7$

13 $49 \div 9$

14 $96 \div 3$

15 $85 \div 2$

- 교과서 pick 교과서에 자주 나오는 문제
- 교과 역량 생각하는 힘을 키우는 문제

1 빈칸에 알맞은 수를 써넣으시오.

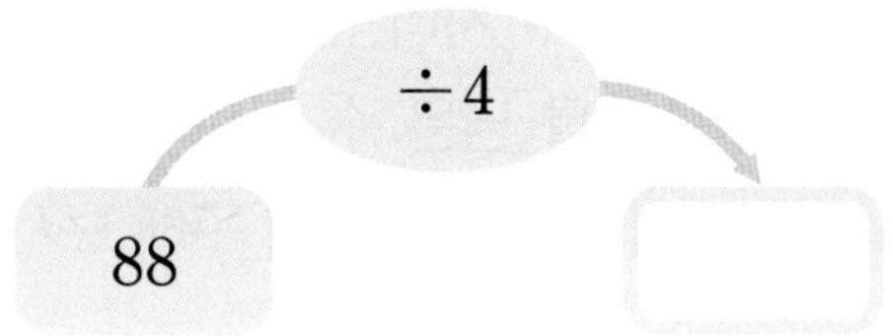

2 나눗셈의 몫과 나머지를 각각 구해 보시오.

$47 \div 2$

몫 (　　　　　　)
나머지 (　　　　　　)

교과서 pick

3 어떤 수를 7로 나누었을 때 나머지가 될 수 없는 수를 찾아 써 보시오.

1	3	4	5	7

(　　　　　　)

4 몫이 다른 하나를 찾아 기호를 써 보시오.

㉠ $40 \div 2$　㉡ $80 \div 2$　㉢ $60 \div 3$

(　　　　　　)

5 몫의 크기를 비교하여 ○ 안에 >, =, < 중 알맞은 것을 써넣으시오.

$70 \div 5$ ○ $50 \div 2$

6 두 나눗셈의 몫의 합을 구해 보시오.

$55 \div 5$　　$60 \div 5$

(　　　　　　)

7 몫이 큰 것부터 차례대로 1, 2, 3을 써 보시오.

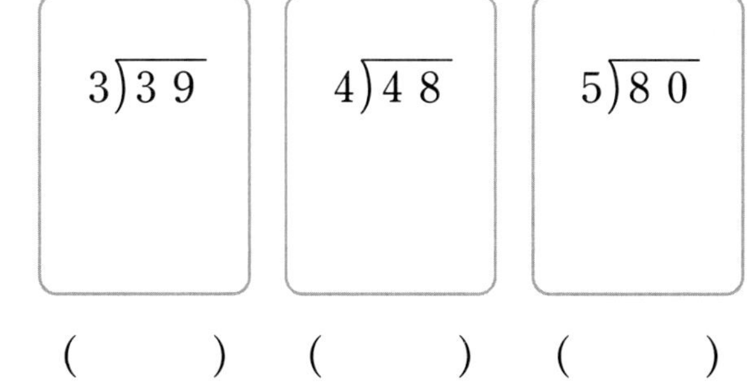

(　　) (　　) (　　)

8 수호의 생일은 앞으로 77일 남았습니다. 수호의 생일은 몇 주 후입니까?

(　　　　　　)

2 단원

교과서 pick

9 길이가 80 cm인 철사를 겹치지 않게 모두 사용하여 정사각형을 한 개 만들었습니다. 만든 정사각형의 한 변은 몇 cm입니까?

( )

10 □ 안에 들어갈 수 있는 수를 모두 찾아 ○표 하시오.

$90 \div 6 < \square$

(13 , 14 , 15 , 16 , 17)

교과 역량 서술형

11 딸기 맛 사탕 66개와 포도 맛 사탕 30개가 있습니다. 이 사탕을 바구니 3개에 똑같이 나누어 담으려고 합니다. 바구니 한 개에 담을 수 있는 사탕은 몇 개인지 풀이 과정을 쓰고 답을 구해 보시오.

풀이 |

답 |

12 수 카드 3장 중에서 2장을 한 번씩만 사용하여 가장 큰 두 자리 수를 만들었습니다. 만든 두 자리 수를 남은 수 카드의 수로 나누었을 때의 몫과 나머지를 각각 구해 보시오.

3 4 6

몫 ( )
나머지 ( )

13 지우개 90개를 3상자에 똑같이 나누어 담았습니다. 그중 한 상자에 들어 있는 지우개를 한 명에게 2개씩 나누어 준다면 몇 명에게 나누어 줄 수 있습니까?

( )

14 연필 79자루를 7명에게 똑같이 나누어 주려고 합니다. 남는 것이 없도록 똑같이 나누어 주려면 연필은 적어도 몇 자루가 더 필요합니까?

( )

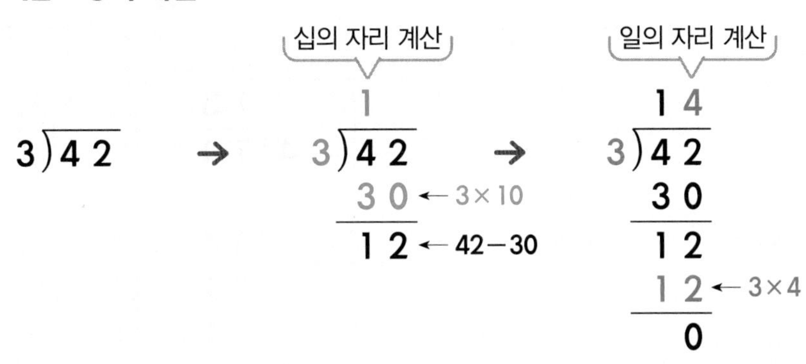

● 정답 10쪽

5

내림이 있고 나머지가 없는 (몇십몇) ÷ (몇)

◆ 42÷3의 계산

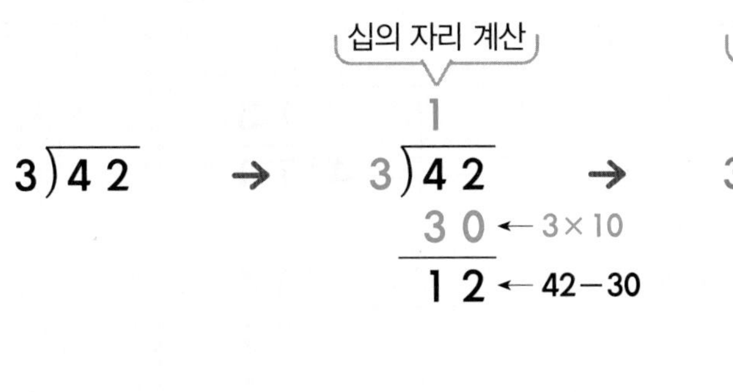

일의 자리 계산

```
   14
3)42
  30
  12
  12 ← 3×4
   0
```

```
   14
3)42
  30
  12
  12
   0
```

개념

1 □ 안에 알맞은 수를 써넣으시오.

(1)

```
   □□
5) 7 5
   5 0  ← 5×□
   □□
   2 5  ← 5×□
     □
```

(2)

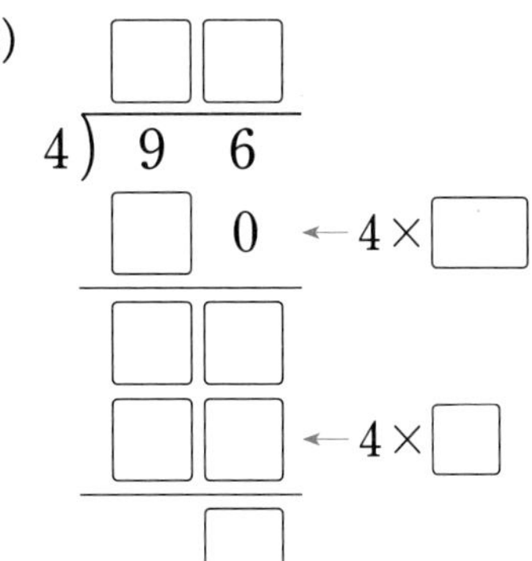

확인

2 계산해 보시오.

(1) $3\overline{)48}$

(2) $2\overline{)56}$

(3) $81 \div 3$

(4) $72 \div 4$

6

내림이 있고 나머지가 있는 (몇십몇) ÷ (몇)

◆ 74÷4의 계산

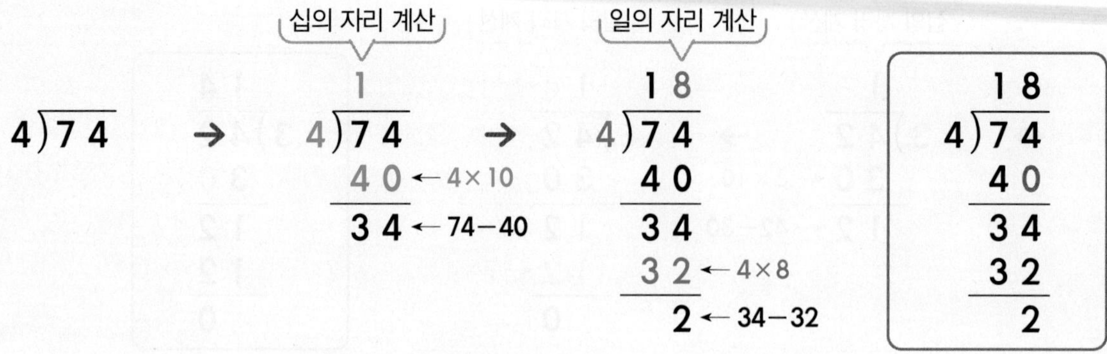

개념

3 □ 안에 알맞은 수를 써넣으시오.

(1) $2\overline{)35}$, 20 ← 2×□, 14 ← 2×□

(2) $3\overline{)77}$, □0 ← 3×□, □□ ← 3×□

확인

4 계산해 보시오.

(1) $6\overline{)83}$

(2) $5\overline{)62}$

(3) $46 \div 3$

(4) $59 \div 2$

● 정답 10쪽

나머지가 없는 (세 자리 수) ÷ (한 자리 수)

◇ **320÷2의 계산** → 백의 자리부터 나눌 수 있는 경우

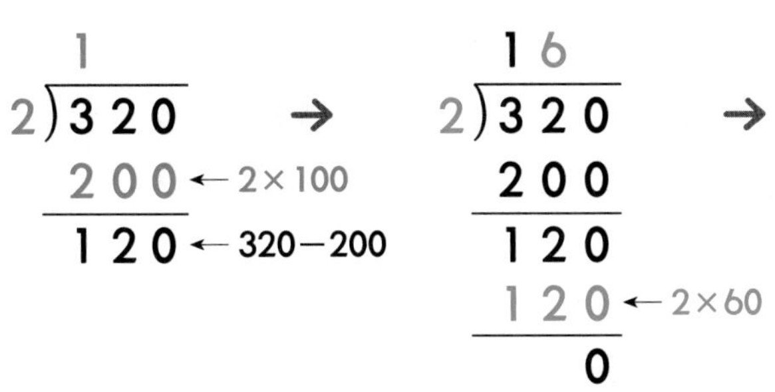

→

일의 자리 계산에서 0을 2로 나눌 수 없으므로 몫의 일의 자리에 0을 씁니다.

```
    1 6 0
2 ) 3 2 0
    2 0 0
    1 2 0
    1 2 0
        0
```

```
    1 6 0
2 ) 3 2 0
    2 0 0
    1 2 0
    1 2 0
        0
```


◇ **174÷3의 계산** → 백의 자리부터 나눌 수 없는 경우

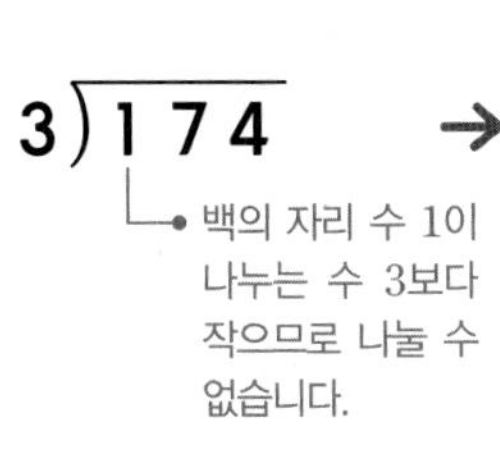

백의 자리 수 1이 나누는 수 3보다 작으므로 나눌 수 없습니다.

→

```
        5
3 ) 1 7 4
    1 5 0   ← 3×50
      2 4   ← 174−150
```

→

```
      5 8
3 ) 1 7 4
    1 5 0
      2 4
      2 4   ← 3×8
        0
```

```
      5 8
3 ) 1 7 4
    1 5 0
      2 4
      2 4
        0
```

개념

5 □ 안에 알맞은 수를 써넣으시오.

(1)

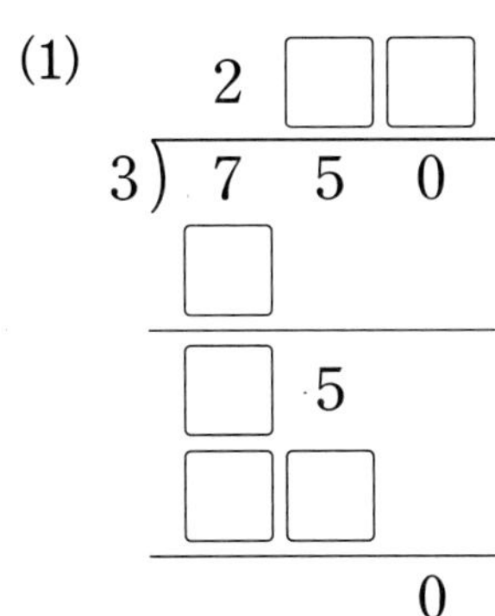

(2)

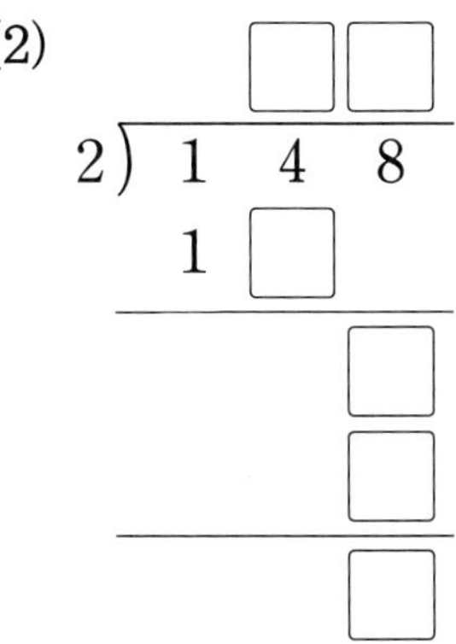

확인

6 계산해 보시오.

(1) $5\overline{)645}$

(2) $4\overline{)220}$

(3) 416÷2

(4) 536÷8

8

나머지가 있는 (세 자리 수) ÷ (한 자리 수)

◆ **608÷3의 계산** → 백의 자리부터 나눌 수 있는 경우

$$\begin{array}{r} 2 \\ 3\overline{)608} \\ 600 \\ \hline 8 \end{array} \quad (600 \leftarrow 3\times200,\ 8 \leftarrow 608-600) \rightarrow \begin{array}{r} 20 \\ 3\overline{)608} \\ 600 \\ \hline 8 \end{array} \rightarrow \begin{array}{r} 202 \\ 3\overline{)608} \\ 600 \\ \hline 8 \\ 6 \\ \hline 2 \end{array} \quad (6 \leftarrow 3\times2,\ 2 \leftarrow 8-6)$$

십의 자리 계산에서 0을 3으로 나눌 수 없으므로 몫의 십의 자리에 0을 씁니다.

$$\begin{array}{r} 202 \\ 3\overline{)608} \\ 600 \\ \hline 8 \\ 6 \\ \hline 2 \end{array}$$

◆ **359÷4의 계산** → 백의 자리부터 나눌 수 없는 경우

$$4\overline{)359} \rightarrow \begin{array}{r} 8 \\ 4\overline{)359} \\ 320 \\ \hline 39 \end{array} \quad (320 \leftarrow 4\times80,\ 39 \leftarrow 359-320) \rightarrow \begin{array}{r} 89 \\ 4\overline{)359} \\ 320 \\ \hline 39 \\ 36 \\ \hline 3 \end{array} \quad (36 \leftarrow 4\times9,\ 3 \leftarrow 39-36)$$

백의 자리 수 3이 나누는 수 4보다 작으므로 나눌 수 없습니다.

$$\begin{array}{r} 89 \\ 4\overline{)359} \\ 320 \\ \hline 39 \\ 36 \\ \hline 3 \end{array}$$

개념

7 □ 안에 알맞은 수를 써넣으시오.

(1)

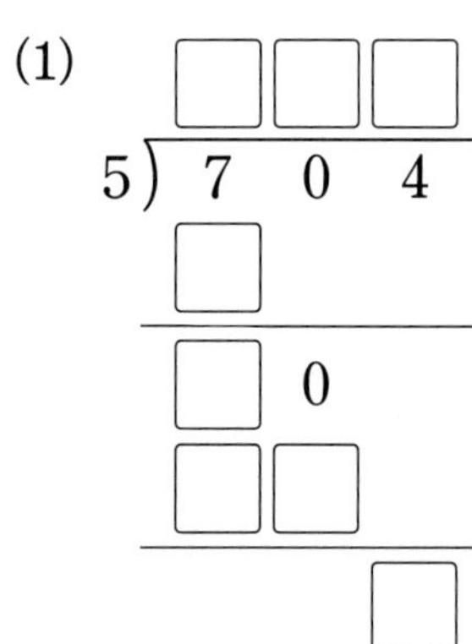

(2)

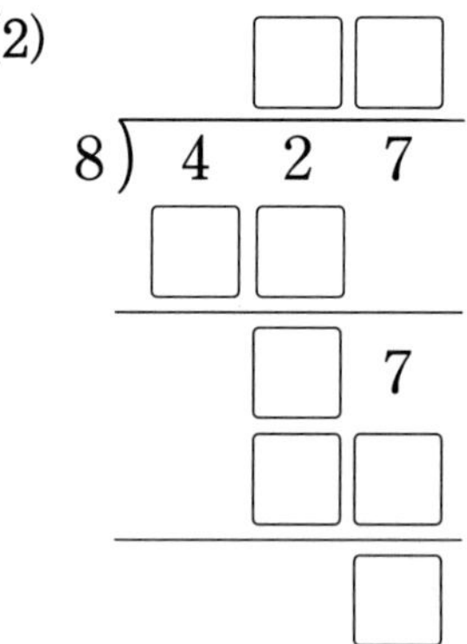

확인

8 계산해 보시오.

(1) $3\overline{)853}$

(2) $6\overline{)548}$

(3) $407 \div 4$

(4) $398 \div 7$

9 계산이 맞는지 확인하기

◇ 25÷3을 계산하고 계산 결과가 맞는지 확인하기

나누는 수와 몫의 곱에 나머지를 더하면 나누어지는 수가 되어야 합니다.

$25 \div 3 = 8 \cdots 1$

확인 $3 \times 8 = 24$, $24 + 1 = 25$ — 수가 같으면 계산이 맞는 것입니다.

개념

9 계산한 것을 보고 계산 결과가 맞는지 확인해 보시오.

$51 \div 9 = 5 \cdots 6$

확인 $9 \times \square = 45$, $45 + \square = \square$

확인

10 계산해 보고, 계산 결과가 맞는지 확인해 보시오.

(1) $18 \div 7 = \square \cdots \square$

확인 $7 \times \square = \square$, $\square + \square = \square$

(2) $79 \div 4 = \square \cdots \square$

확인 $4 \times \square = \square$, $\square + \square = \square$

확인

11 계산해 보고, 계산 결과가 맞는지 확인해 보시오.

(1) $2\overline{)33}$

확인 ______

(2) $5\overline{)67}$

확인 ______

● 정답 11쪽

⑤~⑧ 한 자리 수로 나누기 (2)

1 $4\overline{)64}$

2 $3\overline{)82}$

3 $5\overline{)800}$

4 $4\overline{)714}$

5 $3\overline{)54}$

6 $2\overline{)474}$

7 $3\overline{)605}$

8 $5\overline{)68}$

9 $7\overline{)435}$

10 $84 \div 6$

11 $95 \div 7$

12 $675 \div 5$

13 $73 \div 2$

14 $540 \div 9$

15 $987 \div 4$

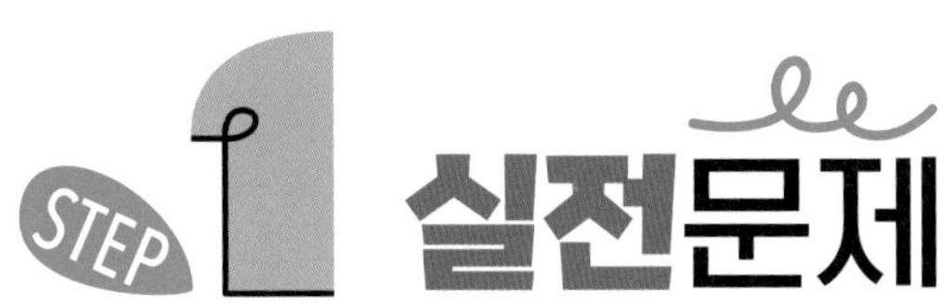

- 교과서 pick 교과서에 자주 나오는 문제
- 교과 역량 생각하는 힘을 키우는 문제

1 빈칸에 알맞은 수를 써넣으시오.

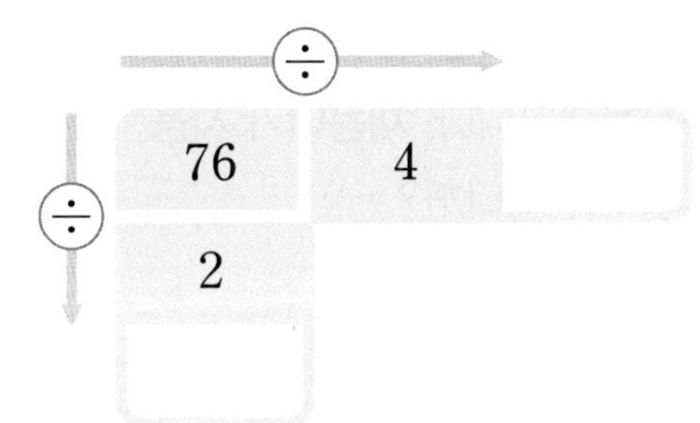

2 계산해 보고, 계산 결과가 맞는지 확인해 보시오.

$4\overline{)59}$

확인 ____________________

3 나눗셈의 몫을 어림해 보고, 실제로 계산한 몫을 구해 보시오.

918÷9

어림한 몫 (　　　　　　　　)

계산한 몫 (　　　　　　　　)

4 나머지가 3인 나눗셈에 ○표 하시오.

317÷5	155÷4
(　　　)	(　　　)

5 몫의 크기를 비교하여 ○ 안에 >, =, < 중 알맞은 것을 써넣으시오.

260÷2 ○ 378÷3

6 나눗셈의 몫과 나머지를 각각 찾아 선으로 이어 보시오.

몫	나눗셈	나머지
100 •		• 2
	• 814÷7 •	
102 •		• 1
	• 301÷3 •	
116 •		• 0

개념 확인 서술형

7 잘못 계산한 곳을 찾아 이유를 쓰고, 바르게 계산해 보시오.

```
    1 1
 6)7 7
   6
   1 7
     6
   1 1
```

⇨ $6\overline{)77}$

이유 | ____________________

STEP 1 실전문제

8 몫이 큰 것부터 차례대로 기호를 써 보시오.

㉠ $84\div5$ ㉡ $73\div4$ ㉢ $53\div3$

( )

9 (몇십몇)$\div$(몇)을 계산하고 계산 결과가 맞는지 확인한 식이 〈보기〉와 같습니다. 계산한 나눗셈식을 쓰고, 몫과 나머지를 각각 구해 보시오.

〈보기〉
$5\times17=85$, $85+2=87$

식 |

몫 ( )
나머지 ( )

10 7로 나누었을 때 나머지가 가장 큰 수를 찾아 써 보시오.

85 91 356 782

( )

11 채은이는 길이가 92 cm인 철사를 똑같이 2도막으로 잘라서 그중 한 도막을 미술 시간에 사용했습니다. 채은이가 사용한 철사의 길이는 몇 cm입니까?

( )

교과서 pick

12 $670\div7$의 계산을 바르게 설명한 사람은 누구입니까?

- 주희: 몫이 세 자리 수야.
- 은아: 나머지는 5보다 작아.
- 솔미: 나머지는 홀수야.

( )

13 공책 125권을 9명에게 똑같이 나누어 주려고 합니다. 한 명이 몇 권씩 받을 수 있고 몇 권이 남는지 구하고, 계산 결과가 맞는지 확인해 보시오.

(,)

확인

14 어떤 수를 4로 나누었더니 몫이 5, 나머지가 3이 되었습니다. 어떤 수는 얼마입니까?

( )

15 상자에 담고 남은 과일의 수가 가장 적은 것을 찾아 기호를 써 보시오.

> ㉠ 사과 74개를 한 상자에 4개씩 담기.
> ㉡ 배 87개를 한 상자에 7개씩 담기.
> ㉢ 귤 69개를 한 상자에 5개씩 담기.

( )

교과서 pick

16 나눗셈과 곱셈의 계산 결과가 같아지도록 □ 안에 알맞은 수를 구해 보시오.

$84 \div 3$	$\square \times 2$

( )

서술형

17 1타에 12자루씩 들어 있는 연필 10타를 필통 한 개에 7자루씩 나누어 넣으려고 합니다. 연필을 필통 몇 개에 나누어 넣을 수 있고, 몇 자루가 남는지 풀이 과정을 쓰고 답을 구해 보시오.

풀이 |

답 | ,

교과 역량

18 수 카드 3장 중에서 2장을 한 번씩만 사용하여 90에 가장 가까운 두 자리 수를 만들었습니다. 만든 두 자리 수를 남은 수 카드의 수로 나눈 몫과 나머지를 각각 구해 보시오.

4 7 9

몫 ( )
나머지 ( )

19 그림과 같은 직사각형 모양의 종이를 잘라서 긴 변과 짧은 변이 각각 8 cm, 5 cm인 직사각형 모양의 카드를 만들려고 합니다. 카드는 몇 장까지 만들 수 있습니까?

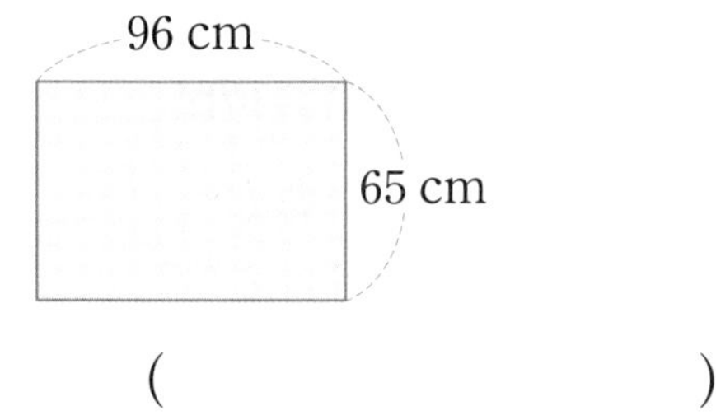

( )

20 주차장에 있는 오토바이와 승용차의 바퀴 수를 세어 보니 모두 144개였습니다. 오토바이가 12대라면 승용차는 몇 대입니까?

( )

시험에 잘 나오는 문제

예제 1

공책이 한 묶음에 13권씩 6묶음 있습니다. 이 공책을 상자 한 개에 4권씩 나누어 담을 때, 남는 것 없이 모두 담으려면 상자는 적어도 몇 개 필요합니까?

( )

2

공깃돌이 한 상자에 24개씩 7상자 있습니다. 이 공깃돌을 봉지 한 개에 5개씩 나누어 담을 때, 남는 것 없이 모두 담으려면 봉지는 적어도 몇 개 필요합니까?

( )

예제 3

어떤 수를 5로 나누어야 할 것을 잘못하여 6으로 나누었더니 몫이 12로 나누어떨어졌습니다. 바르게 계산하면 몫과 나머지는 각각 얼마입니까?

몫 ( )
나머지 ( )

4

어떤 수를 7로 나누어야 할 것을 잘못하여 5로 나누었더니 몫이 19, 나머지가 2가 되었습니다. 바르게 계산하면 몫과 나머지는 각각 얼마입니까?

몫 ( )
나머지 ( )

예제 5

교과서 pick

수 카드 4장을 한 번씩만 사용하여 몫이 가장 큰 (세 자리 수)÷(한 자리 수)를 만들고, 계산해 보시오.

2 4 5 8

□□□÷□=□

6

수 카드 4장을 한 번씩만 사용하여 몫이 가장 작은 (세 자리 수)÷(한 자리 수)를 만들고, 계산해 보시오.

1 2 6 7

□□□÷□=□

● 정답 12쪽

예제 7

□ 안에 알맞은 수를 써넣으시오.

$$\begin{array}{r} 3\,\square \\ \square\,\overline{)\,7\ \ 5} \\ \square\ \ \ \\ \hline 1\,\square \\ \square\,\square \\ \hline 1 \end{array}$$

8

□ 안에 알맞은 수를 써넣으시오.

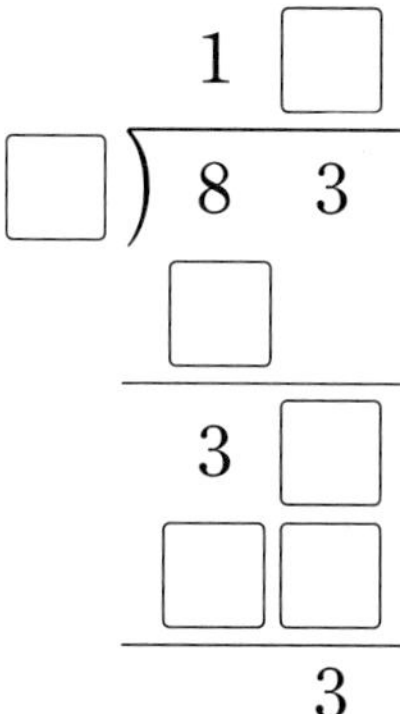

예제 9

□ 안에 들어갈 수 있는 두 자리 수 중에서 가장 큰 수를 구해 보시오.

□÷5=7···●

(　　　　　　　　)

10

□ 안에 들어갈 수 있는 두 자리 수 중에서 가장 큰 수를 구해 보시오.

□÷6=9···★

(　　　　　　　　)

예제 11 교과서 pick

나눗셈이 나누어떨어질 때 0부터 9까지의 수 중에서 □ 안에 들어갈 수 있는 수를 모두 구해 보시오.

$4\overline{)\,5\,\square}$

(　　　　　　　　)

12

나눗셈이 나누어떨어질 때 0부터 9까지의 수 중에서 □ 안에 들어갈 수 있는 수를 모두 구해 보시오.

7□÷6

(　　　　　　　　)

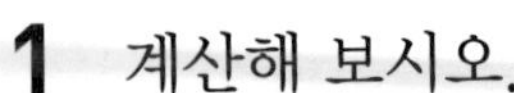

단원 마무리

1 계산해 보시오.

$5\overline{)90}$

2 빈칸에 알맞은 수를 써넣으시오.

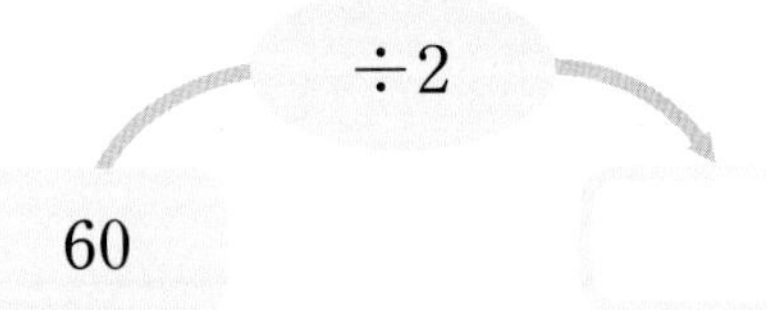

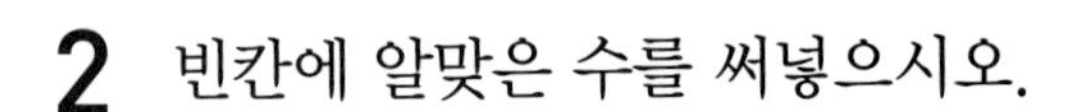

3 나눗셈의 몫과 나머지를 각각 구해 보시오.

298÷5

몫 (　　　　　　　)
나머지 (　　　　　　　)

4 몫이 15인 나눗셈에 ○표 하시오.

50÷2	90÷6
(　　　)	(　　　)

5 계산해 보고, 계산 결과가 맞는지 확인해 보시오.

$6\overline{)75}$

확인 ____________________

교과서에 꼭 나오는 문제

6 잘못 계산한 곳을 찾아 바르게 계산해 보시오.

$$\begin{array}{r} 13 \\ 4\overline{)58} \\ \underline{4} \\ 18 \\ \underline{12} \\ 6 \end{array} \Rightarrow 4\overline{)58}$$

7 나머지가 4가 될 수 없는 것은 어느 것입니까? (　　　)

① ■÷6　② ■÷5　③ ■÷7
④ ■÷9　⑤ ■÷4

8 몫의 크기를 비교하여 ◯ 안에 >, =, < 중 알맞은 것을 써넣으시오.

$52 \div 2$ ◯ $69 \div 3$

잘 틀리는 문제

9 6으로 나누었을 때 나누어떨어지는 수를 모두 찾아 ◯표 하시오.

172	68	186	78	194

10 나머지가 가장 작은 것을 찾아 기호를 써 보시오.

㉠ $69 \div 6$	㉡ $78 \div 7$
㉢ $82 \div 5$	㉣ $96 \div 7$

( )

11 귤 280개를 한 봉지에 5개씩 담으려고 합니다. 필요한 봉지는 몇 개입니까?

( )

12 지용이가 자동차를 타고 3초 동안 36 m를 갔습니다. 3초 동안 같은 빠르기로 갔다면 1초에 몇 m를 간 셈입니까?

( )

교과서에 꼭 나오는 문제

13 카드 88장을 한 명에게 5장씩 나누어 주려고 합니다. 카드를 몇 명에게 나누어 줄 수 있고, 몇 장이 남습니까?

(,)

14 지혜가 $75 \div 4$의 계산을 하고 계산 결과가 맞는지 확인한 식이 〈보기〉와 같습니다. ㉠과 ㉡에 알맞은 수를 각각 구해 보시오.

〈보기〉

4×㉠=★, ★+㉡=75

㉠ ( )

㉡ ( )

단원 마무리

15 초콜릿 92개를 6명에게 똑같이 나누어 주려고 합니다. 남는 것이 없도록 똑같이 나누어 주려면 초콜릿은 적어도 몇 개가 더 필요합니까?

(　　　　　　　　　)

잘 틀리는 문제

16 수 카드 4장을 한 번씩만 사용하여 몫이 가장 작은 (세 자리 수)÷(한 자리 수)를 만들려고 합니다. 만든 나눗셈의 몫은 얼마입니까?

2　3　4　6

(　　　　　　　　　)

17 나눗셈이 나누어떨어질 때 0부터 9까지의 수 중에서 □ 안에 들어갈 수 있는 수를 모두 구해 보시오.

7) 9□

(　　　　　　　　　)

서술형 문제

18 두 나눗셈식에서 ●는 같은 수를 나타냅니다. ●와 ■에 알맞은 수는 각각 얼마인지 풀이 과정을 쓰고 답을 구해 보시오.

83÷7=11…●, 498÷●=■

풀이 |

답 | ●:　　　　　, ■:

19 한 묶음에 6장씩 들어 있는 색종이가 14묶음 있습니다. 미술 시간에 한 명이 색종이를 4장씩 사용한다면 몇 명이 사용할 수 있는지 풀이 과정을 쓰고 답을 구해 보시오.

풀이 |

답 |

20 어떤 수를 6으로 나누어야 할 것을 잘못하여 9로 나누었더니 몫이 35, 나머지가 5가 되었습니다. 바르게 계산하면 몫과 나머지는 각각 얼마인지 풀이 과정을 쓰고 답을 구해 보시오.

풀이 |

답 | 몫:　　　　　, 나머지:

● 정답 14쪽

1 자동차의 연비 알아보기

자동차의 연비란 1 L의 연료로 자동차가 갈 수 있는 거리를 나타내는 것으로 자동차의 연비가 높을수록 연료를 절약할 수 있습니다. 요즈음 자동차 회사에서는 연비를 높이기 위해 전기와 휘발유를 함께 연료로 사용하는 하이브리드 자동차를 개발하여 판매하고 있습니다.

(1 L: '1리터'라고 읽습니다.)

㉮ 자동차는 7 L의 휘발유로 91 km를 갈 수 있고, ㉯ 자동차는 8 L의 휘발유로 96 km를 갈 수 있습니다. 아버지께서는 연비가 더 높은 자동차를 사려고 합니다. ㉮ 자동차와 ㉯ 자동차 중에서 어느 자동차를 사야 합니까?

(   )

2 스피드 스케이팅 알아보기

스피드 스케이팅은 스케이트를 신고 얼음판 위를 달려 빠르기로 승부를 겨루는 빙상 경기의 대표 종목입니다. 19세기 후반부터 본격적으로 인기를 모으기 시작하여 1924년 동계 올림픽부터 정식 종목으로 채택되었습니다.

스피드 스케이팅의 트랙 한 바퀴는 400 m입니다. 경민이가 트랙을 한 바퀴 도는 데 52초가 걸린다면 같은 빠르기로 500 m를 도는 데 걸리는 시간은 몇 분 몇 초입니까?

(   )

빈 곳에 알맞은 퍼즐 조각을 찾아요!

● 정답 14쪽

①

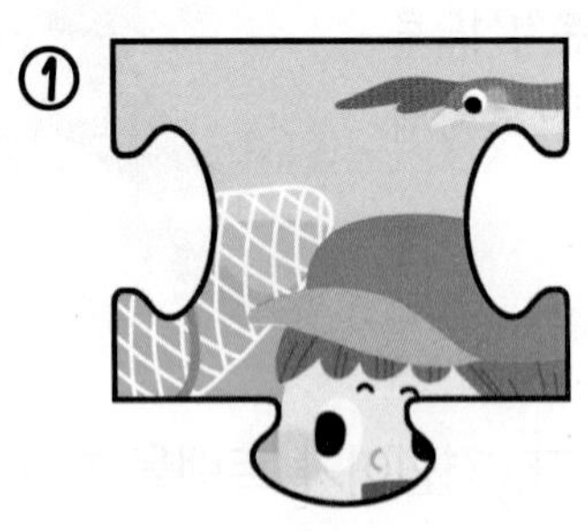

②

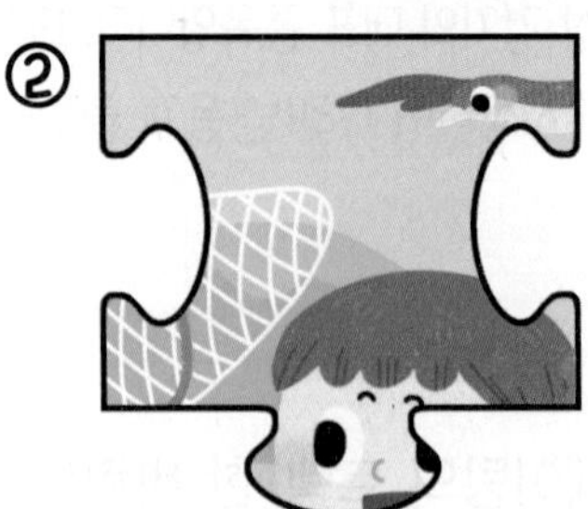

③

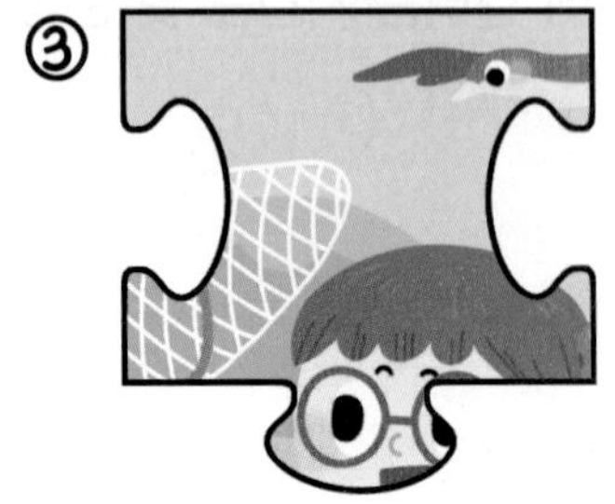

④

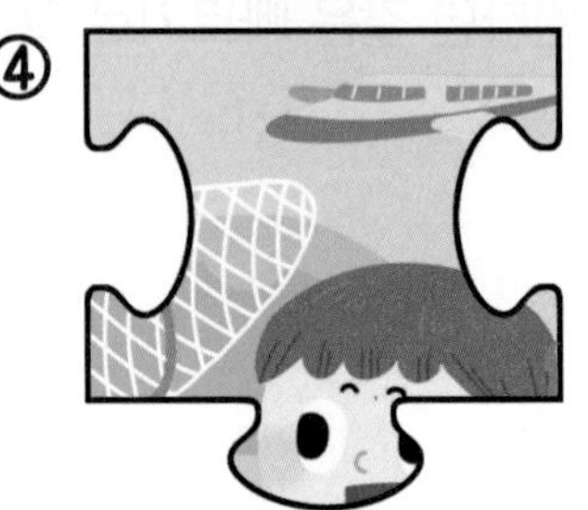

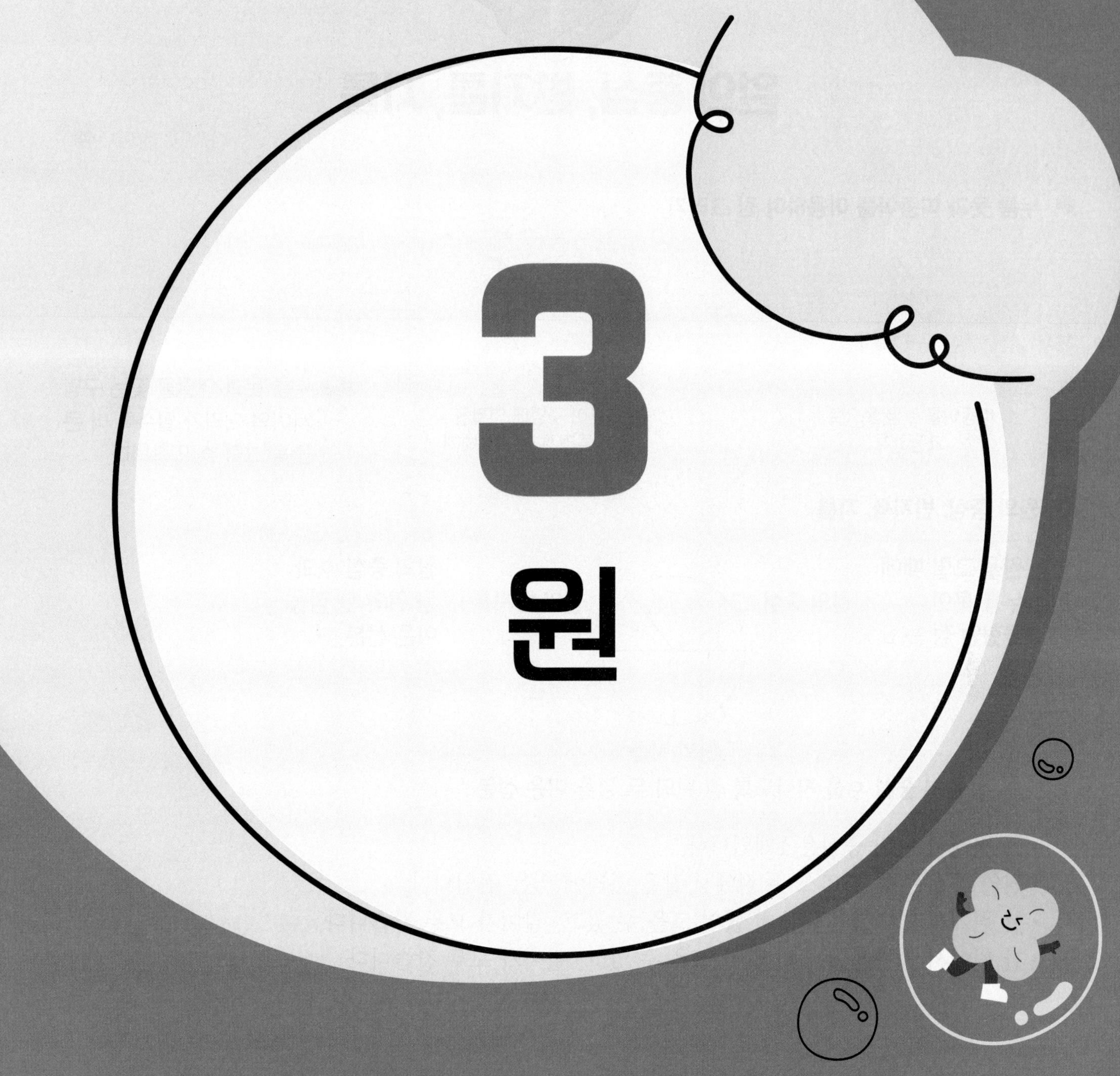

3

원

이전에 배운 내용

2-1 여러 가지 도형

- 원 알아보기
- 원 모양을 본떠 그리기

이번에 배울 내용

1. 원의 중심, 반지름, 지름
2. 원의 성질
3. 컴퍼스를 이용하여 원 그리기
4. 원을 이용하여 여러 가지 모양 그리기

이후에 배울 내용

6-2 원의 넓이

- 원주와 원주율 알아보기
- 원의 넓이 어림하기
- 원의 넓이 구하기

1

원의 중심, 반지름, 지름

누름 못과 띠종이를 이용하여 원 그리기

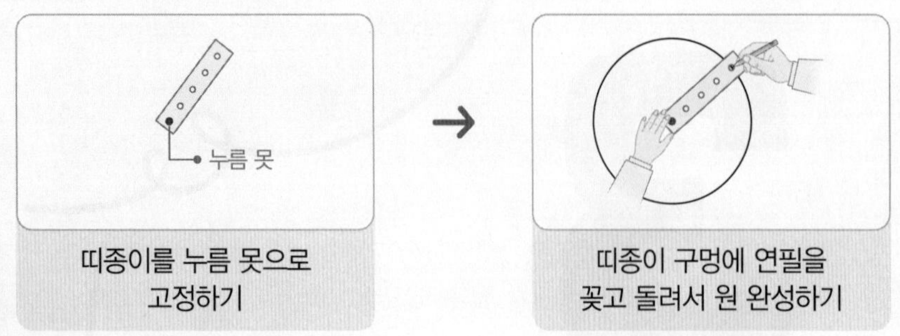

띠종이를 누름 못으로 고정하기 → 띠종이 구멍에 연필을 꽂고 돌려서 원 완성하기

참고 누름 못과 연필을 꽂는 구멍 사이의 거리가 멀수록 더 큰 원을 그릴 수 있습니다.

원의 중심, 반지름, 지름

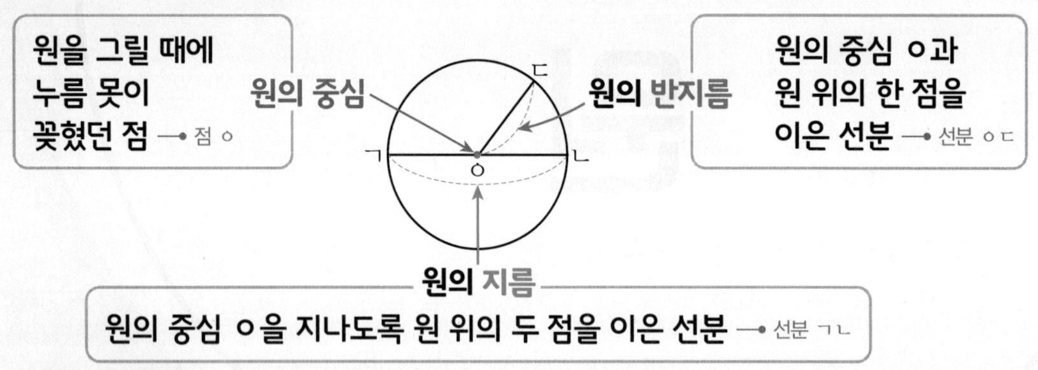

- 한 원에서 원의 중심은 1개입니다.
- 원의 중심은 원 위의 모든 점에서 같은 거리에 있는 점입니다.
- 한 원에서 반지름은 무수히 많이 그을 수 있고, 길이가 모두 같습니다.
- 한 원에서 지름은 무수히 많이 그을 수 있고, 길이가 모두 같습니다.

개념

1 그림을 보고 □ 안에 알맞게 써넣으시오.

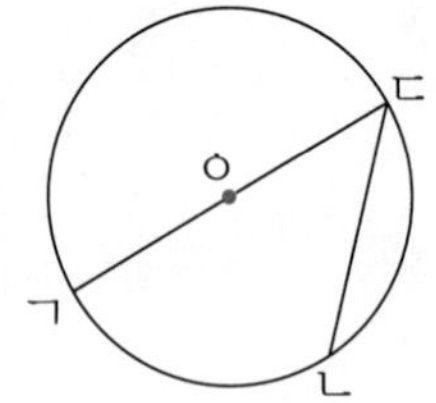

(1) 원의 중심: 점 □

(2) 원의 반지름: 선분 □, 선분 □

(3) 원의 지름: 선분 □

확인

2 □ 안에 알맞은 수를 써넣고, 알맞은 수나 말에 ○표 하시오.

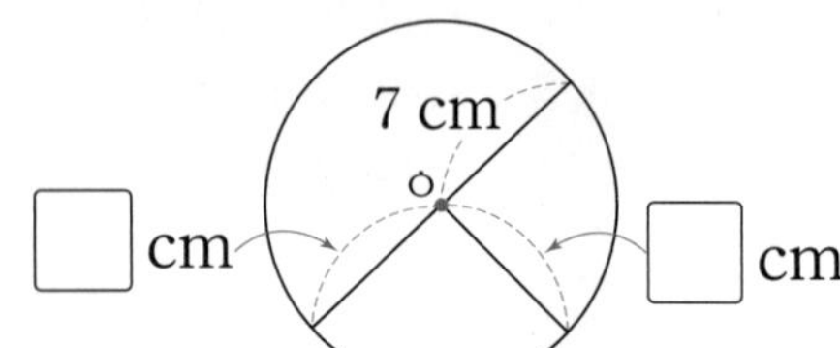

(1) 한 원에서 원의 중심은 (1 , 3)개입니다.

(2) 한 원에서 반지름은 길이가 모두 (같습니다 , 다릅니다).

2 원의 성질

원의 지름의 성질

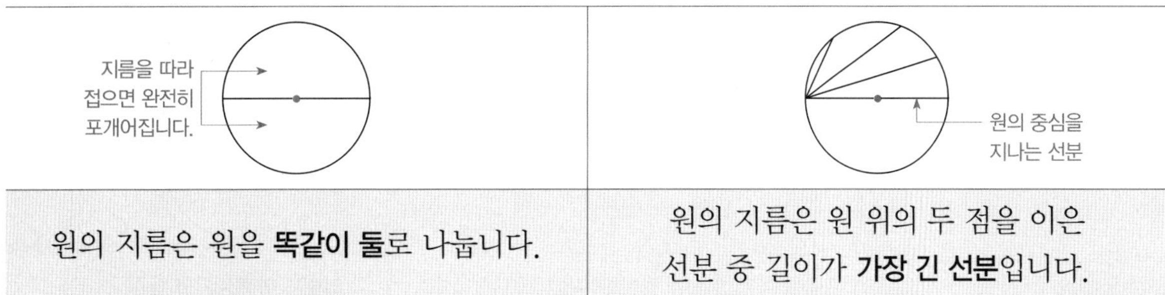

원의 지름과 반지름의 관계

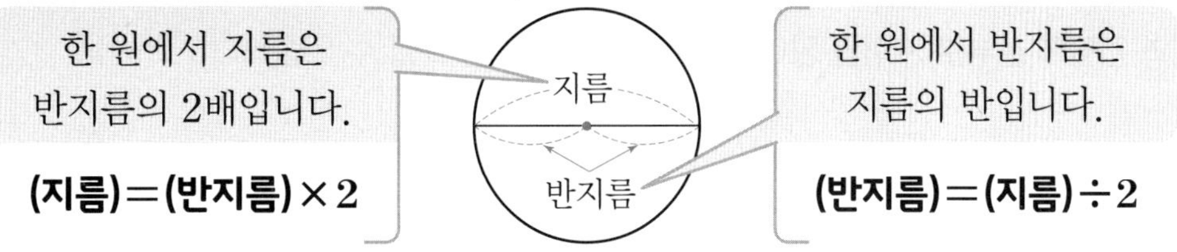

개념

3 원 위의 두 점을 이은 선분을 보고 □ 안에 알맞게 써넣으시오.

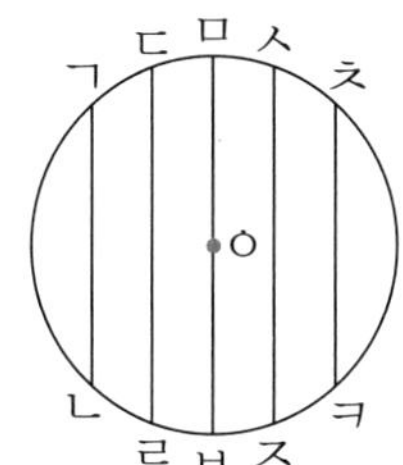

(1) 원의 지름: 선분 □

(2) 길이가 가장 긴 선분: 선분 □

(3) 원을 똑같이 둘로 나누는 선분: 선분 □

개념

4 원의 지름과 반지름의 관계를 알아보려고 합니다. □ 안에 알맞은 수를 써넣으시오.

(1)

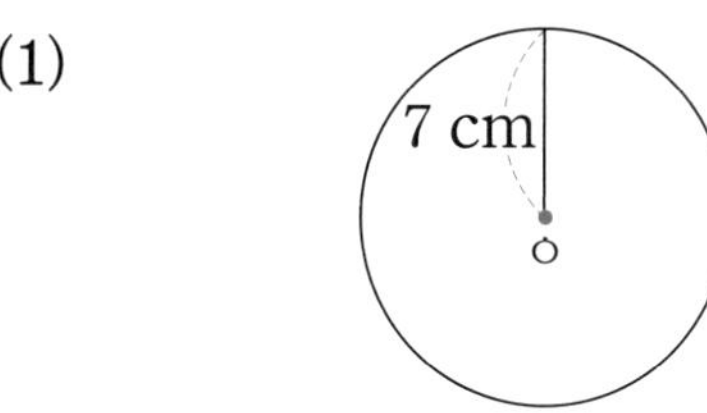

(지름)=(반지름)×□

=□×□=□(cm)

(2)

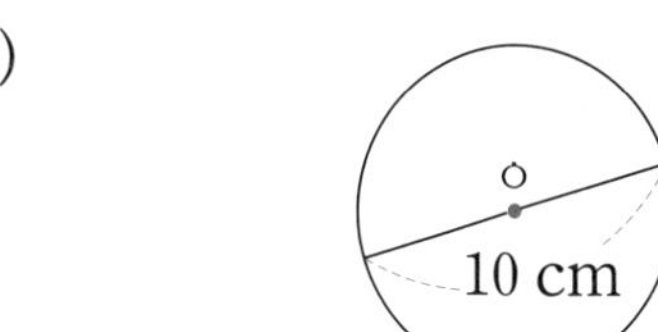

(반지름)=(지름)÷□

=□÷□=□(cm)

3

컴퍼스를 이용하여 원 그리기

컴퍼스를 이용하여 반지름이 2 cm인 원을 그리는 방법

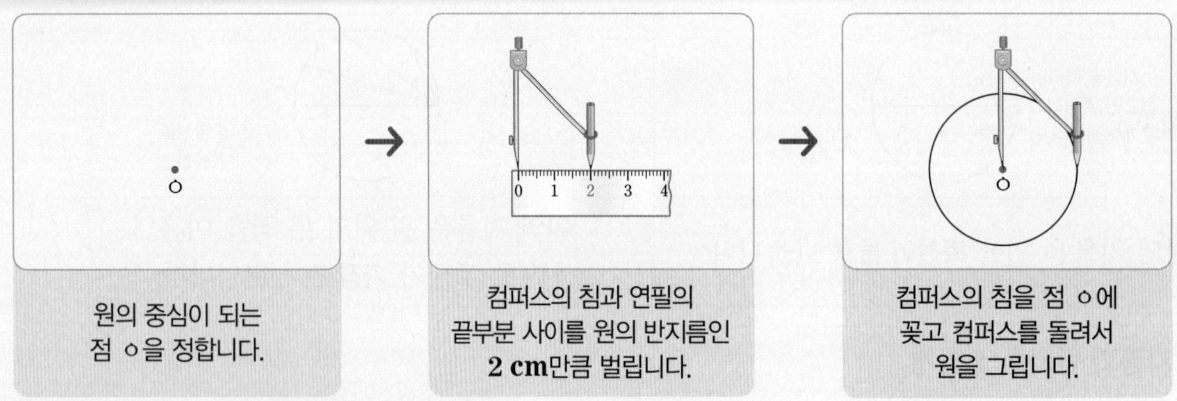

참고 컴퍼스의 침과 연필의 끝부분 사이를 많이 벌릴수록 더 큰 원을 그릴 수 있습니다.

개념

5 컴퍼스를 이용하여 점 ㅇ을 원의 중심으로 하고 반지름이 1 cm인 원을 그리려고 합니다. (　　) 안에 그리는 순서대로 1, 2, 3을 써넣고, 원을 그려 보시오.

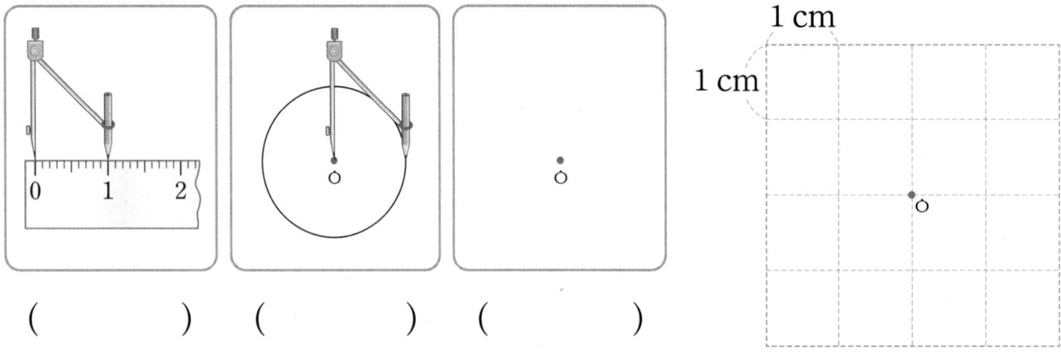

(　　　) (　　　) (　　　)

확인

6 주어진 원과 크기가 같은 원을 그려 보시오.

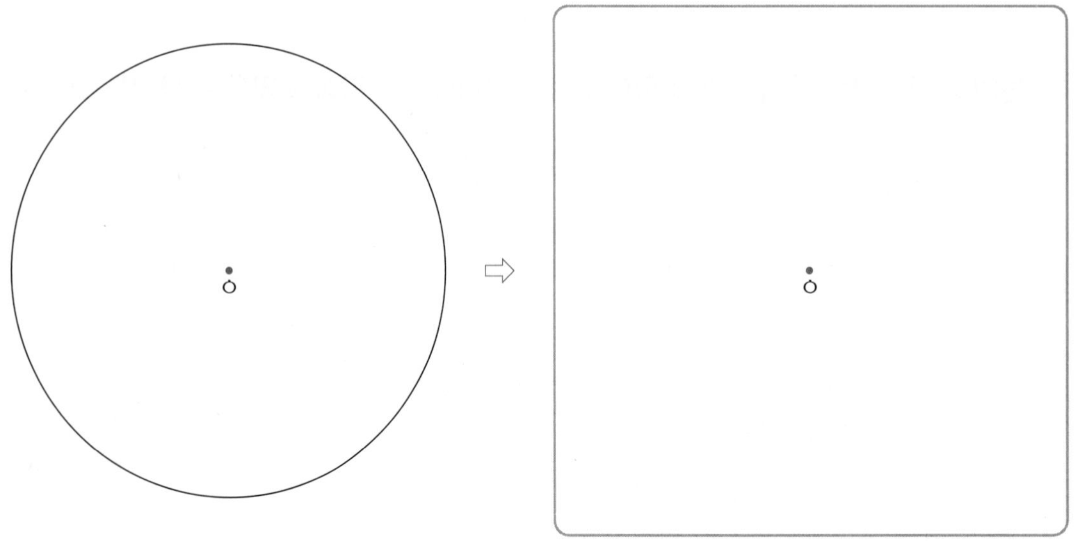

● 정답 15쪽

원을 이용하여 여러 가지 모양 그리기

원을 이용하여 모양을 그릴 때에는 원의 중심과 원의 반지름의 규칙을 정해서 그립니다.

컴퍼스의 침을 꽂는 위치 (원의 중심) / 원의 크기를 결정합니다. (원의 반지름)

규칙에 따라 원 그리기

원의 **중심은 같게** 하고, 원의 **반지름만 다르게** 하기	원의 **반지름은 같게** 하고, 원의 **중심만 다르게** 하기	원의 **중심과** 원의 **반지름을 모두 다르게** 하기

참고 원의 중심을 다르게 하면 원의 위치가 변하고, 원의 반지름을 다르게 하면 원의 크기가 변합니다.

개념

7 원을 이용하여 주어진 모양과 똑같이 그려 보고, 모양을 그린 방법을 설명해 보시오.

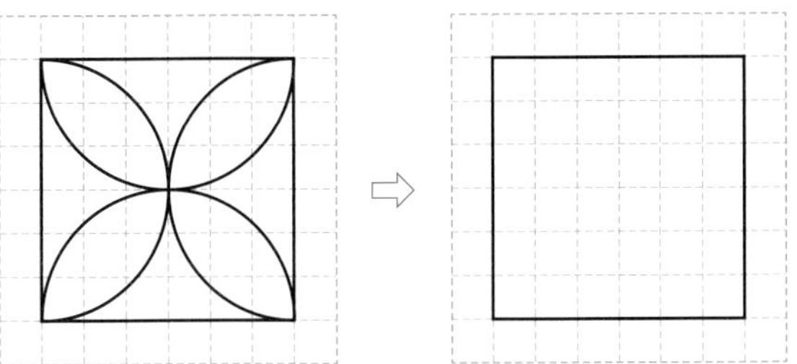

정사각형의 각 변의 가운데를 원의 [ ]으로 하는 원의 일부분을 [ ]개 그립니다.

확인

8 규칙을 찾아 오른쪽에 원을 1개 더 그려 보시오.

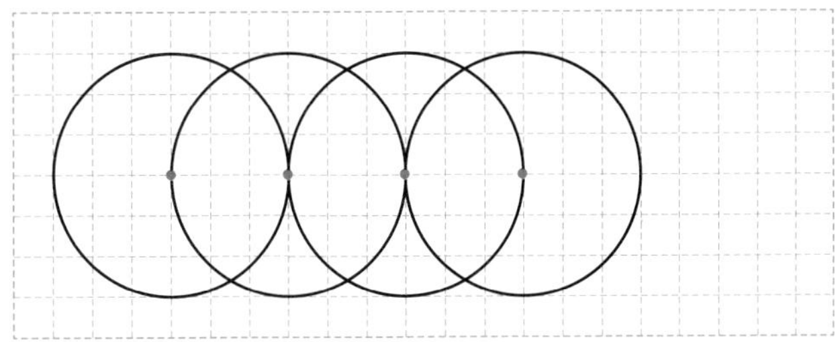

❶ 원의 중심, 반지름, 지름

1 원의 중심을 찾아 써 보시오.

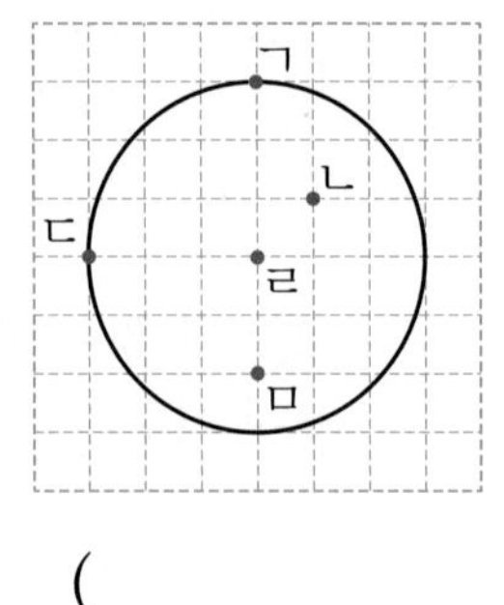

( )

❶ 원의 중심, 반지름, 지름

(2~3) □ 안에 알맞은 수를 써넣으시오.

2

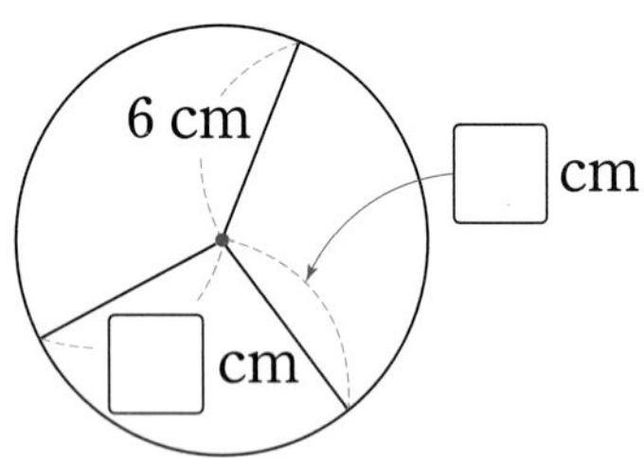

3

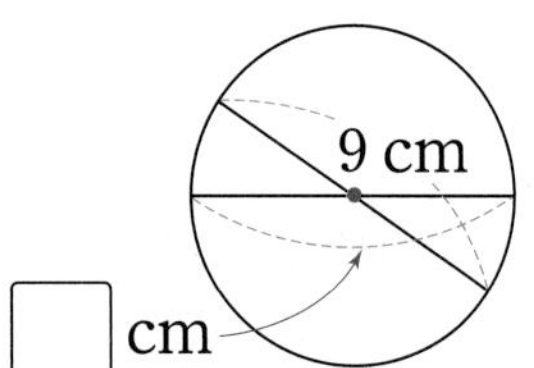

❷ 원의 성질

4 길이가 가장 긴 선분을 찾아 기호를 써 보시오.

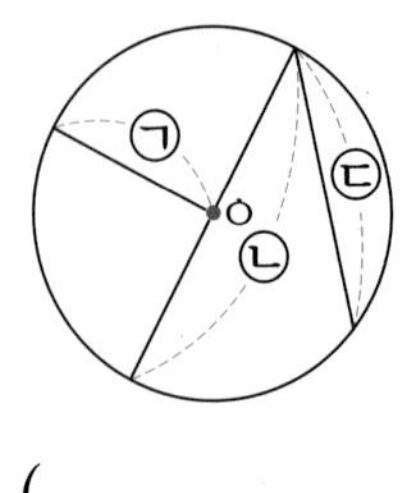

( )

❷ 원의 성질

(5~6) □ 안에 알맞은 수를 써넣으시오.

5

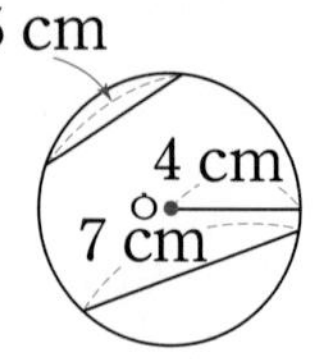

반지름 □ cm

지름 □ cm

6 8 cm

ㅇ 10 cm

6 cm

반지름 □ cm

지름 □ cm

❸ 컴퍼스를 이용하여 원 그리기

(7~8) 점 ㅇ을 원의 중심으로 하고 크기가 다음과 같은 원을 그려 보시오.

7 반지름이 2 cm인 원

ㅇ

8 지름이 3 cm인 원

ㅇ

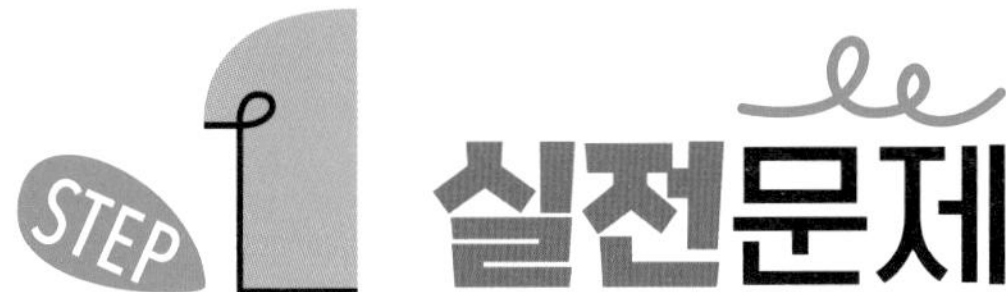

- 교과서 pick 교과서에 자주 나오는 문제
- 교과 역량 생각하는 힘을 키우는 문제

1 컴퍼스를 이용하여 원을 그렸습니다. □ 안에 알맞은 말을 써넣으시오.

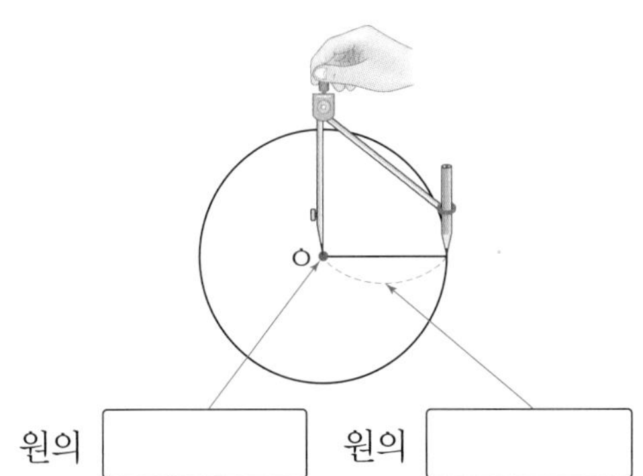

2 원의 반지름을 나타내는 선분을 모두 찾아 써 보시오.

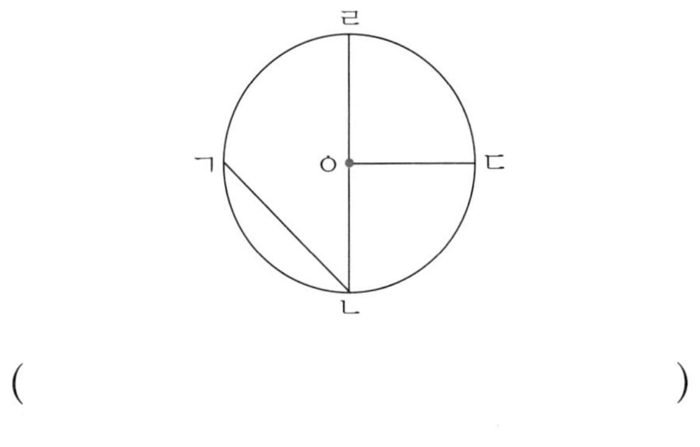

( )

3 누름 못과 띠종이를 이용하여 원을 그리려고 합니다. 누름 못을 원의 중심으로 하여 가장 큰 원을 그리려면 어느 곳에 연필을 꽂아야 합니까? ( )

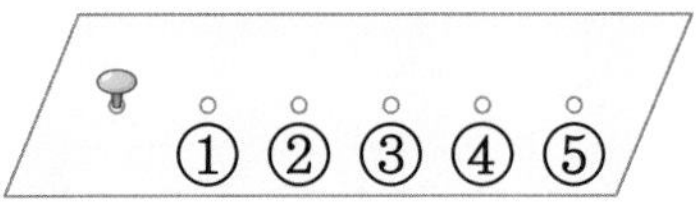

4 주어진 선분을 반지름으로 하는 원을 그려 보시오.

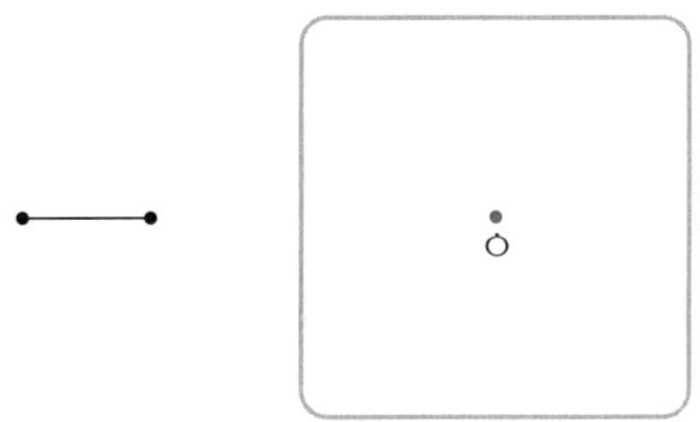

5 주어진 모양을 그리기 위해 컴퍼스의 침을 꽂아야 할 곳을 모두 찾아 점(●)으로 표시해 보시오.

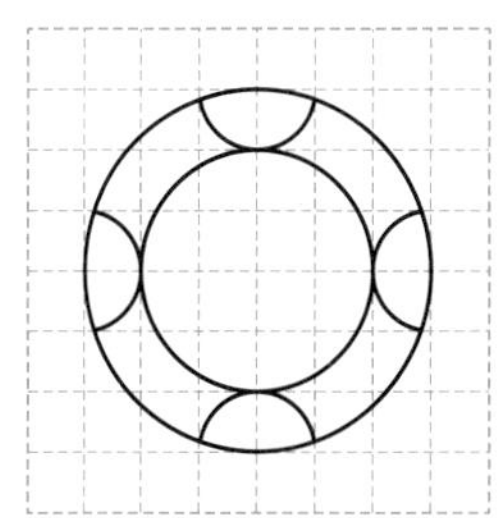

교과 역량

6 그림과 같이 컴퍼스를 벌려서 그린 원의 지름은 몇 cm입니까?

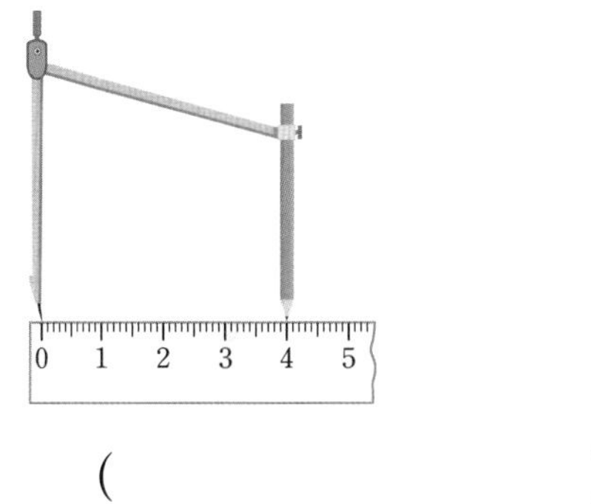

( )

개념 확인 서술형

7 원의 지름을 잘못 나타낸 이유를 쓰고, 바르게 나타내 보시오.

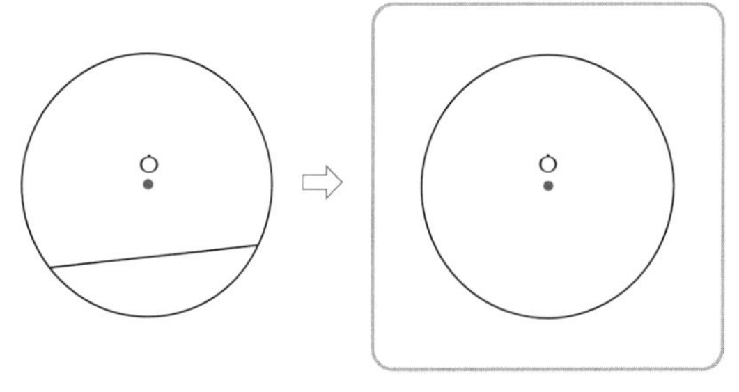

이유 |

STEP 1 실전문제

8 크기가 같은 원을 찾아 선으로 이어 보시오.

지름이 2 cm인 원 •	• 반지름이 1 cm인 원
지름이 8 cm인 원 •	• 반지름이 3 cm인 원
	• 반지름이 4 cm인 원

9 원에 대한 설명이 옳은 것을 찾아 기호를 써 보시오.

㉠ 한 원에서 지름은 반지름의 반입니다.
㉡ 한 원에서 원의 지름은 무수히 많이 그을 수 있습니다.
㉢ 한 원에서 원의 중심은 여러 개입니다.

(　　　　　　　　)

10 주어진 정사각형 안에 그릴 수 있는 가장 큰 원을 그려 보시오.

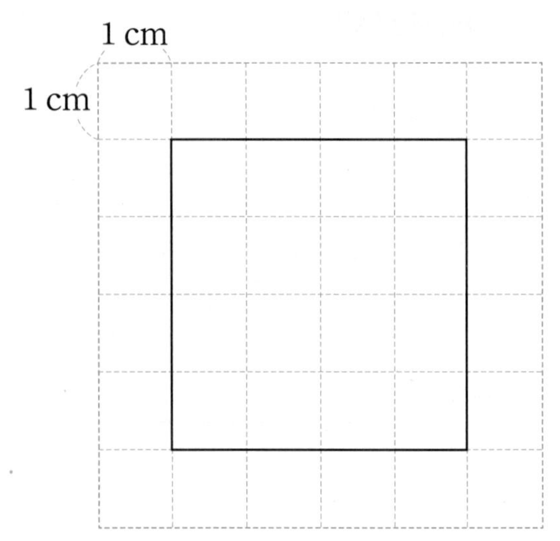

11 주어진 모양과 똑같이 그려 보시오.

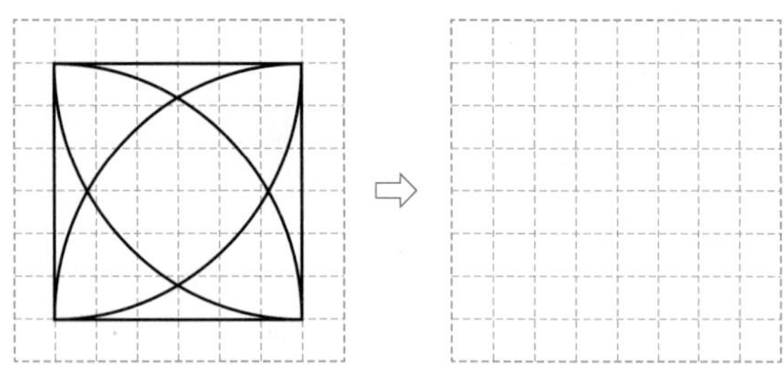

교과 역량

12 원의 중심과 원의 반지름을 모두 다르게 하여 그린 모양을 찾아 기호를 써 보시오.

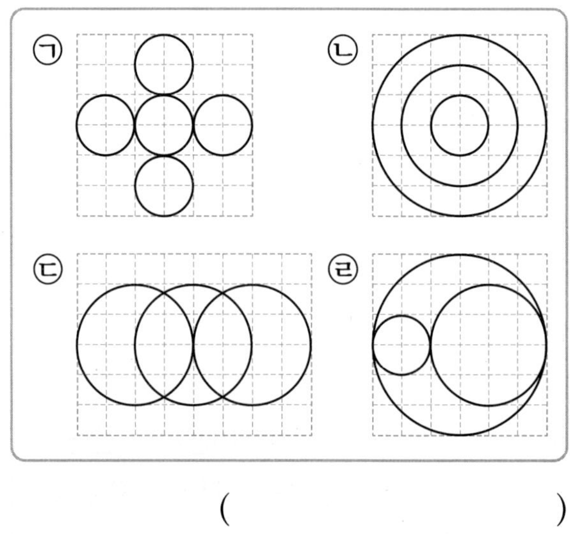

(　　　　　　　　)

13 크기가 가장 큰 원을 찾아 기호를 써 보시오.

㉠ 반지름이 6 cm인 원
㉡ 지름이 6 cm인 원
㉢ 반지름이 5 cm인 원
㉣ 지름이 11 cm인 원

(　　　　　　　　)

● 정답 16쪽

14 반지름이 1 cm, 지름이 2 cm인 두 원을 서로 맞닿게 그려 보시오.

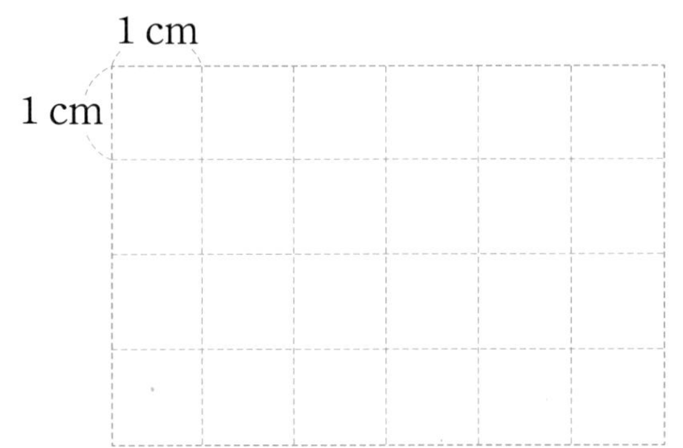

15 규칙을 찾아 원을 2개 더 그려 보시오.

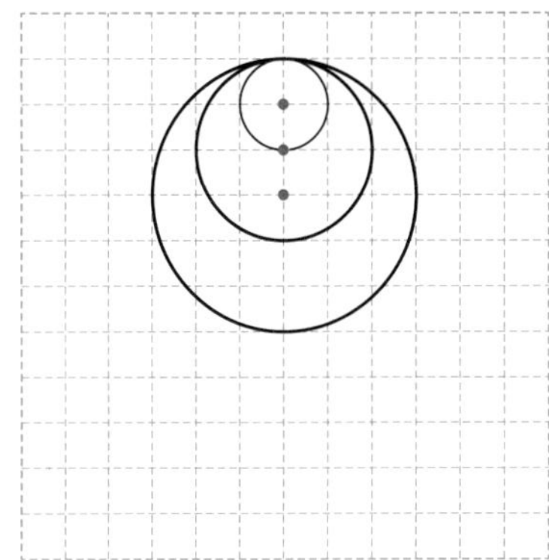

교과 역량

16 점 ㅇ이 원의 중심일 때, 삼각형 ㄱㅇㄴ의 세 변의 길이의 합은 몇 cm입니까?

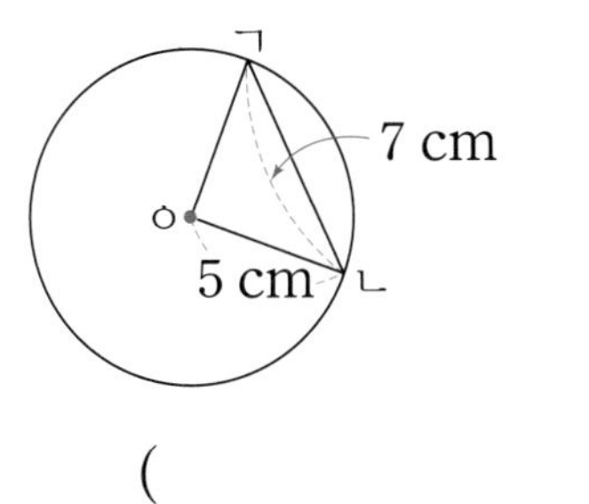

(　　　　　　　　)

교과서 pick

17 점 ㄱ, 점 ㄴ은 원의 중심입니다. 선분 ㄱㄴ은 몇 cm입니까?

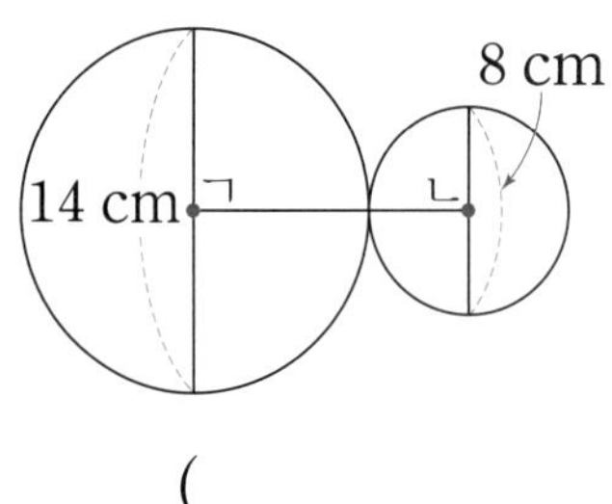

(　　　　　　　　)

3 단원

18 반지름이 4 cm인 원 3개를 겹치지 않게 붙인 다음 세 원의 중심을 이어 삼각형을 만들었습니다. 삼각형의 세 변의 길이의 합은 몇 cm입니까?

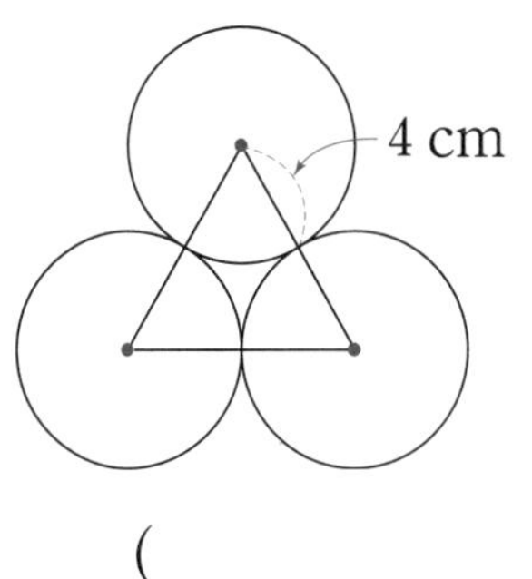

(　　　　　　　　)

교과서 pick

19 원 모양의 화단이 있습니다. 큰 원 모양 화단의 지름이 28 m일 때, 작은 원 모양 화단의 반지름은 몇 m입니까?

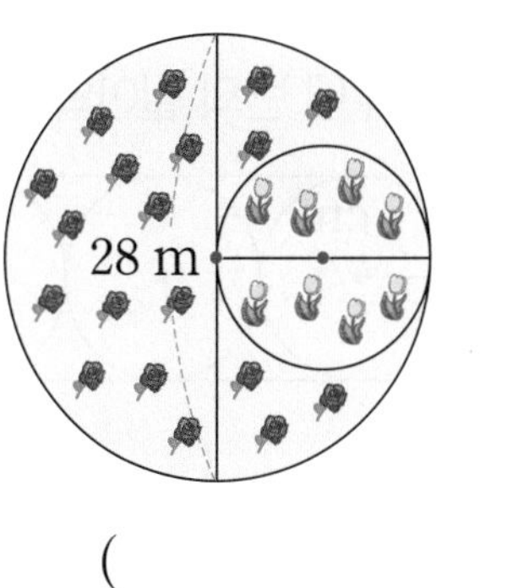

(　　　　　　　　)

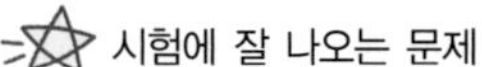

예제 1

주어진 모양을 그릴 때, 원의 중심은 모두 몇 개입니까?

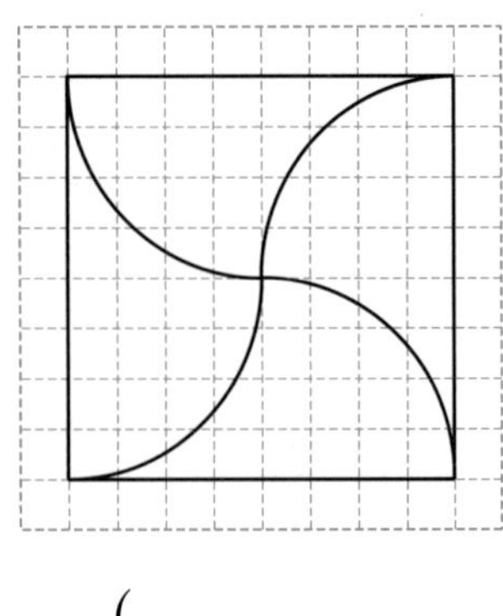

( )

2

주어진 모양을 그릴 때, 원의 중심은 모두 몇 개입니까?

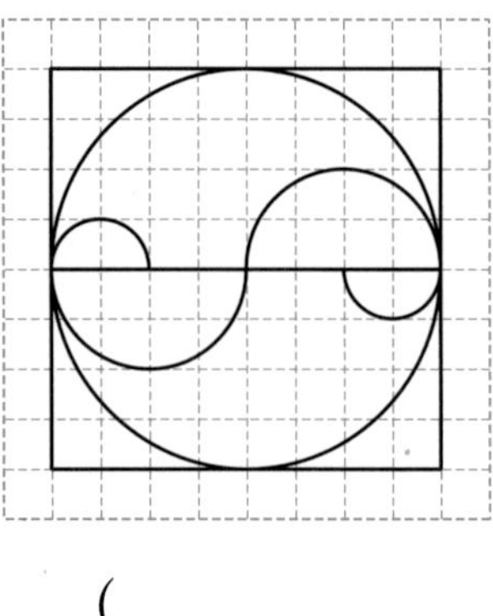

( )

예제 3

점 ㄴ, 점 ㄹ은 원의 중심입니다. 사각형 ㄱㄴㄷㄹ의 네 변의 길이의 합은 몇 cm입니까?

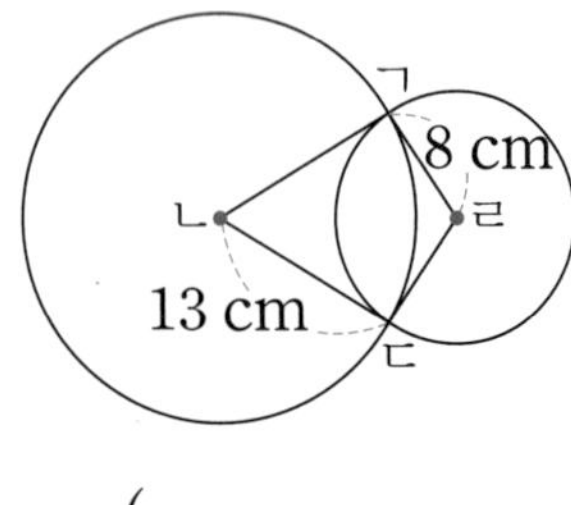

( )

4

점 ㄴ, 점 ㄷ은 크기가 같은 두 원의 중심입니다. 정사각형 ㄱㄴㄷㄹ의 네 변의 길이의 합은 몇 cm입니까?

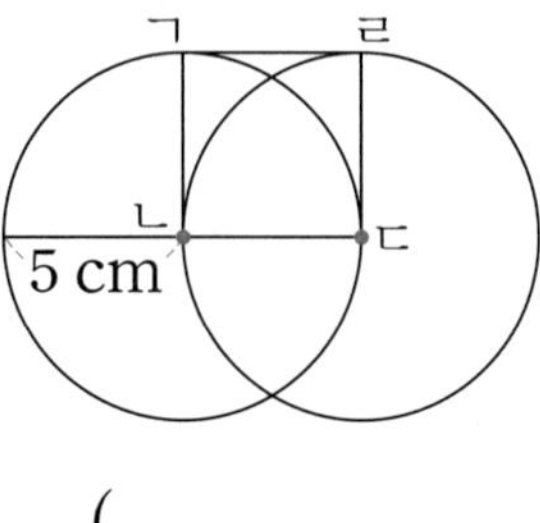

( )

예제 5

교과서 pick

직사각형 안에 반지름이 4 cm인 원 4개를 겹치지 않게 이어 붙여서 그렸습니다. 직사각형의 네 변의 길이의 합은 몇 cm입니까?

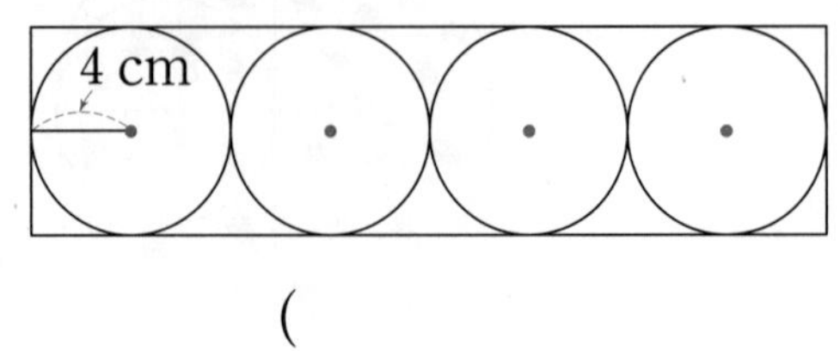

( )

6

직사각형 안에 반지름이 3 cm인 원 6개를 겹치지 않게 이어 붙여서 그렸습니다. 직사각형의 네 변의 길이의 합은 몇 cm입니까?

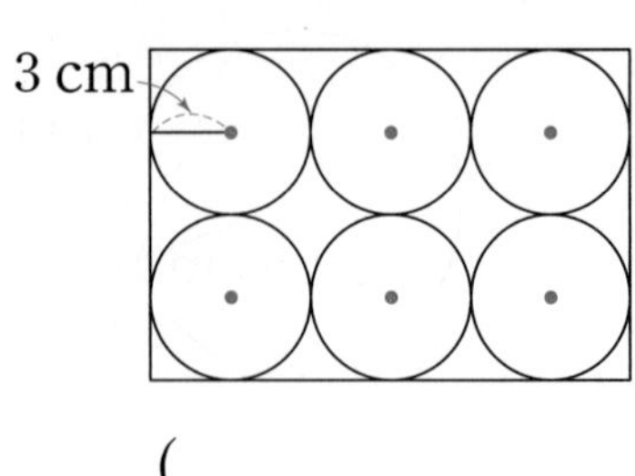

( )

예제 7

크기가 같은 원 6개를 서로 원의 중심이 지나도록 겹쳐서 그렸습니다. 선분 ㄱㄴ은 몇 cm입니까?

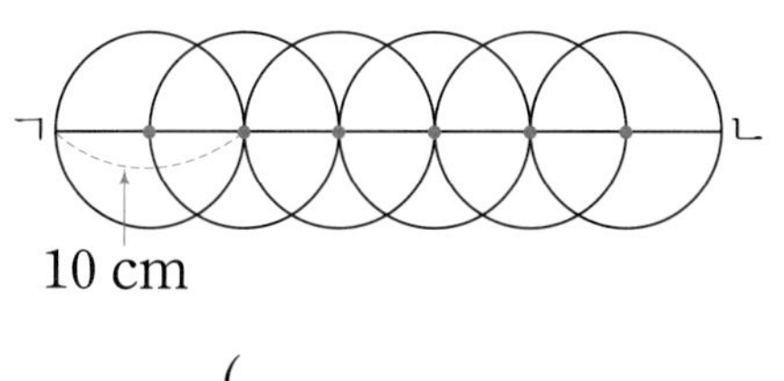

(   )

8

크기가 같은 원 8개를 서로 원의 중심이 지나도록 겹쳐서 그렸습니다. 선분 ㄱㄴ은 몇 cm입니까?

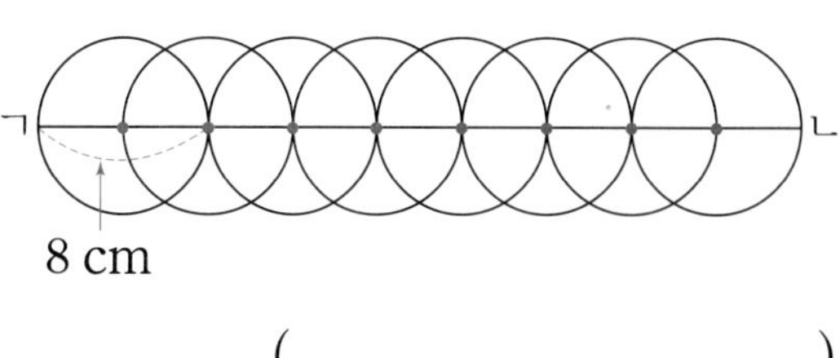

(   )

3 단원

예제 9 교과서 pick

□ 안에 알맞은 수를 써넣으시오.

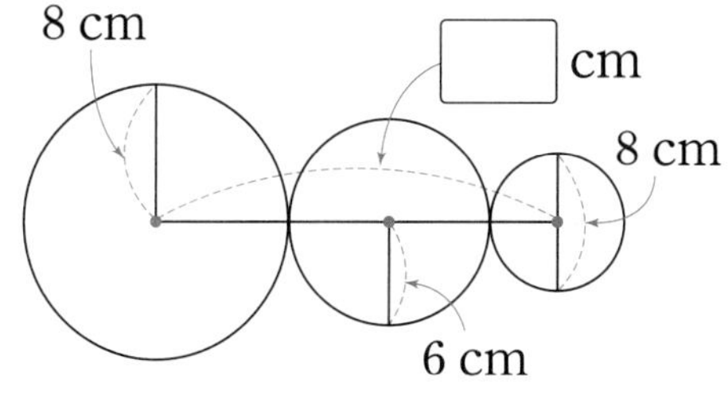

10

□ 안에 알맞은 수를 써넣으시오.

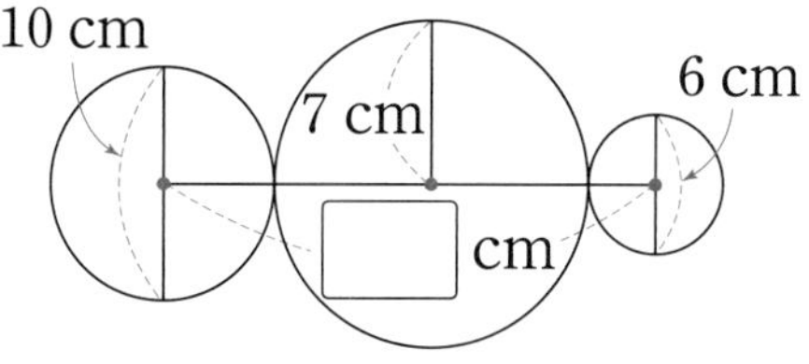

예제 11

점 ㄱ, 점 ㄴ, 점 ㄷ은 원의 중심입니다. 선분 ㄱㄷ은 몇 cm입니까?

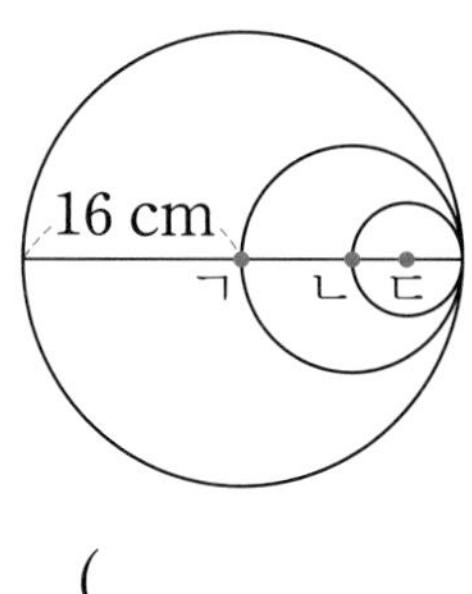

(   )

12

점 ㄱ, 점 ㄴ, 점 ㄷ은 원의 중심입니다. 선분 ㄱㄷ은 몇 cm입니까?

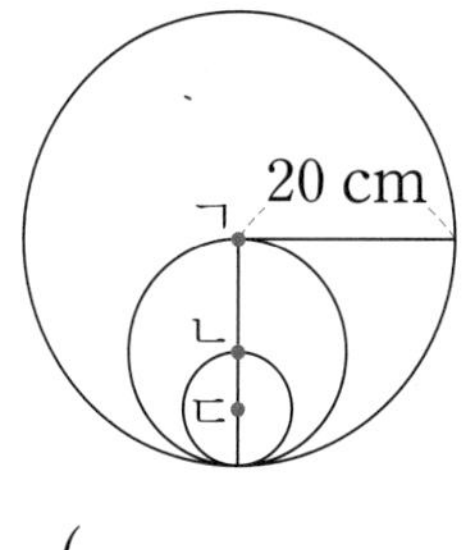

(   )

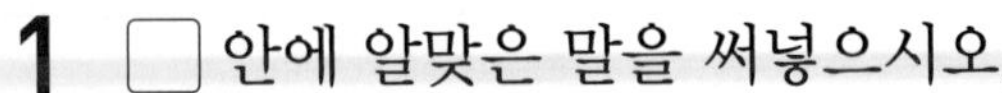

단원 마무리

1 □ 안에 알맞은 말을 써넣으시오.

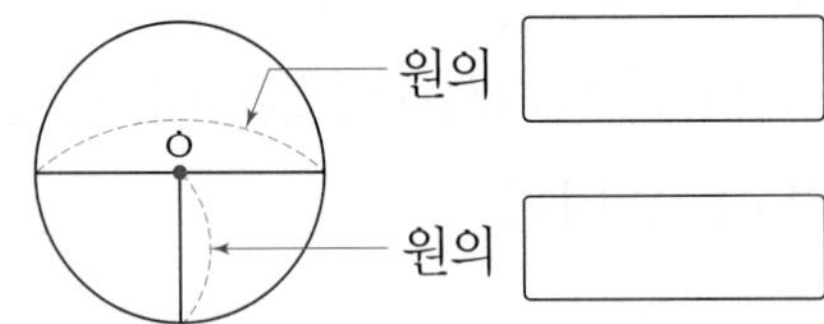

2 길이가 다른 선분을 찾아 기호를 써 보시오.

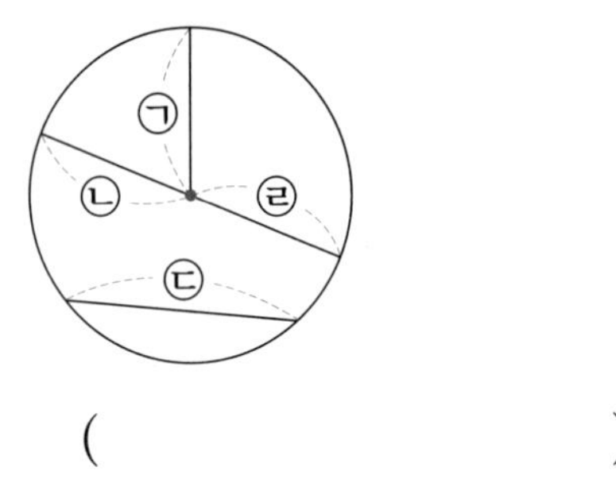

(   )

3 원에 지름을 그을 때 반드시 지나는 점을 찾아 ○표 하시오.

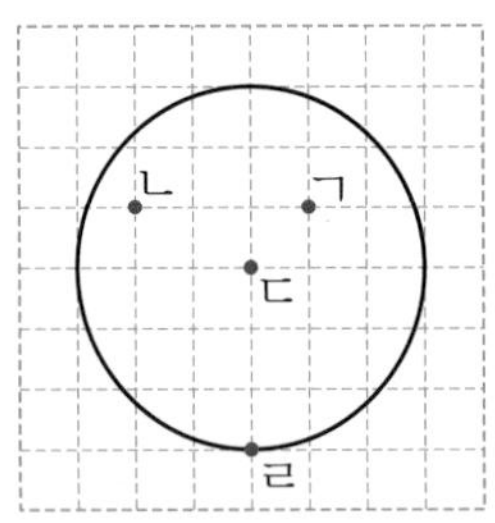

4 원의 지름은 몇 cm입니까?

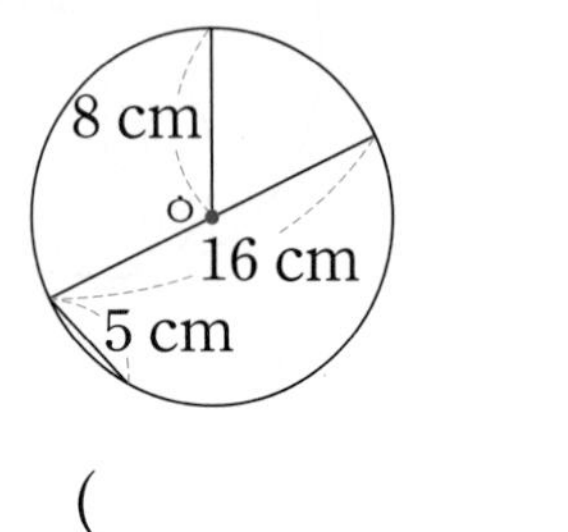

(   )

5 원의 반지름은 몇 cm입니까?

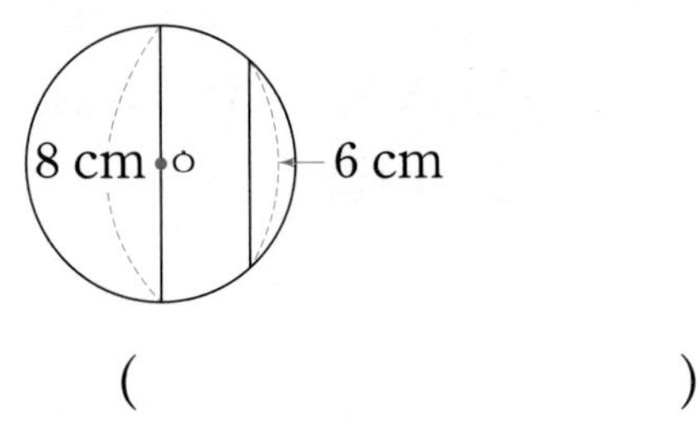

(   )

잘 틀리는 문제

6 컴퍼스를 이용하여 지름이 6 cm인 원을 그리려고 합니다. 컴퍼스를 몇 cm만큼 벌려야 합니까?

(   )

7 누름 못과 띠종이를 이용하여 원을 그리려고 합니다. 누름 못을 원의 중심으로 하여 가장 작은 원을 그리려면 어느 곳에 연필을 꽂아야 하는지 찾아 기호를 써 보시오.

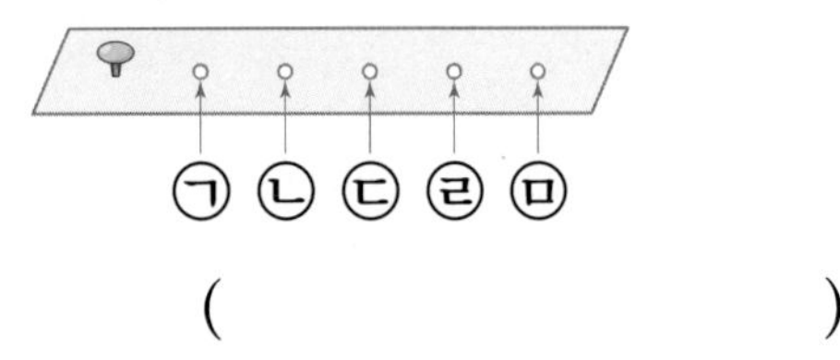

(   )

8 점 ㅇ을 원의 중심으로 하는 지름이 4 cm인 원을 그려 보시오.

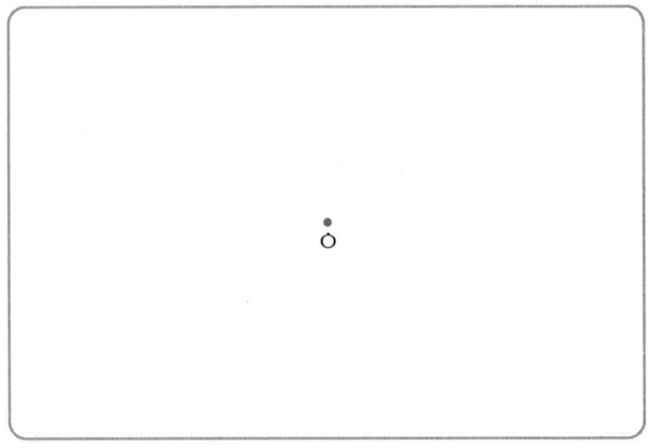

9 주어진 모양과 똑같이 그려 보시오.

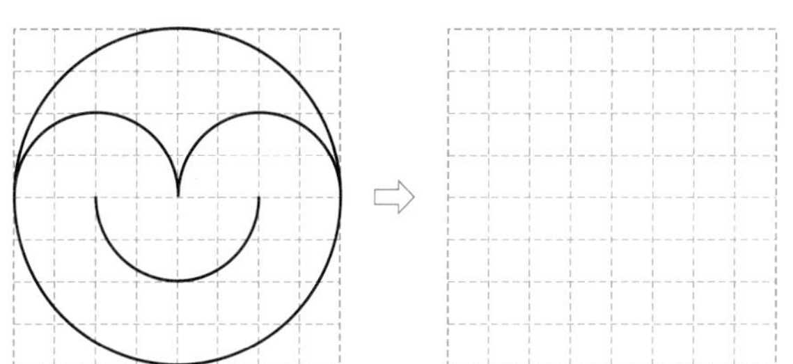

10 규칙을 찾아 □ 안에 알맞은 수를 써넣고, 규칙에 따라 원을 1개 더 그려 보시오.

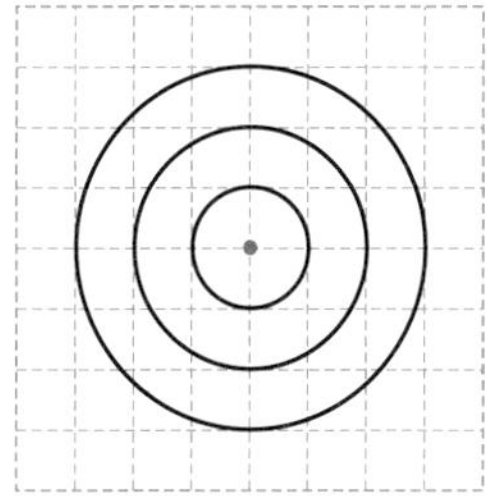

원의 중심은 같게 하고, 원의 반지름은 모눈 □칸씩 늘어나는 규칙입니다.

잘 틀리는 문제

11 원의 반지름과 지름에 대한 설명이 잘못된 것은 어느 것입니까? (　　　)

① 한 원에서 반지름은 길이가 모두 같습니다.

② 원의 지름은 원을 똑같이 둘로 나눕니다.

③ 원의 지름은 원 위의 두 점을 이은 선분 중에서 길이가 가장 긴 선분입니다.

④ 한 원에서 반지름은 무수히 많이 그을 수 있습니다.

⑤ 한 원에서 반지름은 지름의 2배입니다.

12 크기가 가장 작은 원을 찾아 기호를 써 보시오.

㉠ 반지름이 9 cm인 원
㉡ 지름이 16 cm인 원
㉢ 원의 중심과 원 위의 한 점을 이은 선분의 길이가 10 cm인 원

(　　　　　　　　)

교과서에 꼭 나오는 문제

13 주어진 모양을 그리기 위해 컴퍼스의 침을 꽂아야 할 곳은 모두 몇 군데입니까?

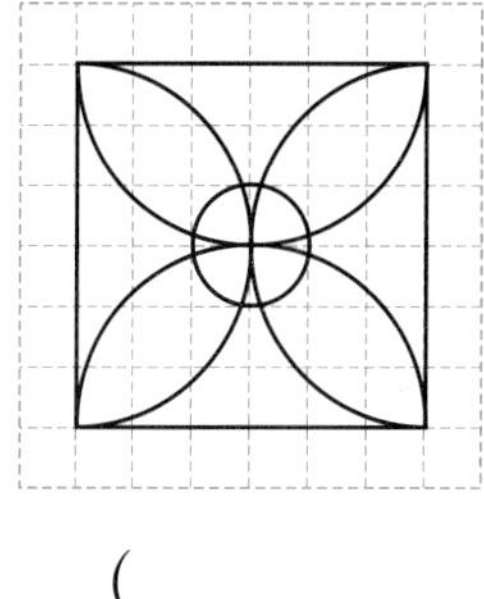

(　　　　　　　　)

14 점 ㄱ은 작은 원의 중심이고, 점 ㄴ은 큰 원의 중심입니다. 큰 원의 지름은 몇 cm입니까?

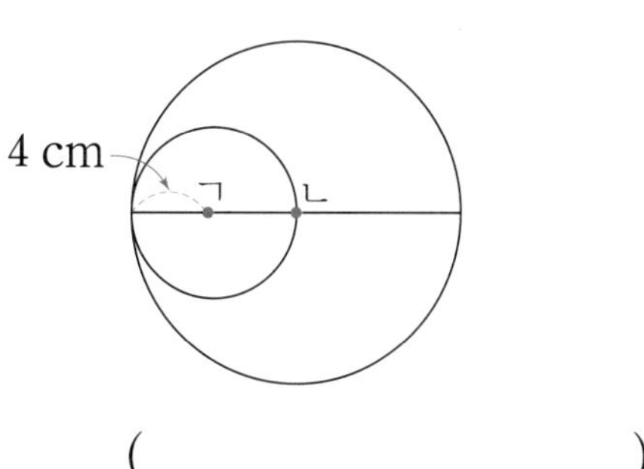

(　　　　　　　　)

단원 마무리

교과서에 꼭 나오는 문제

15 점 ㄴ, 점 ㄷ은 원의 중심입니다. 선분 ㄱㄹ은 몇 cm입니까?

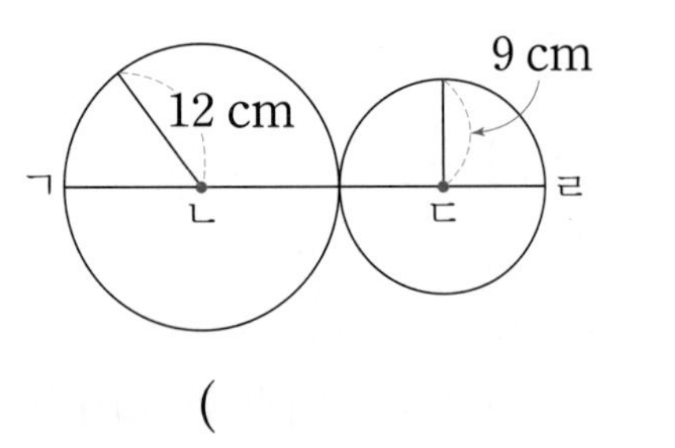

(　　　　　　　　　　)

16 크기가 같은 원 7개를 서로 원의 중심이 지나도록 겹쳐서 그렸습니다. 선분 ㄱㄴ은 몇 cm입니까?

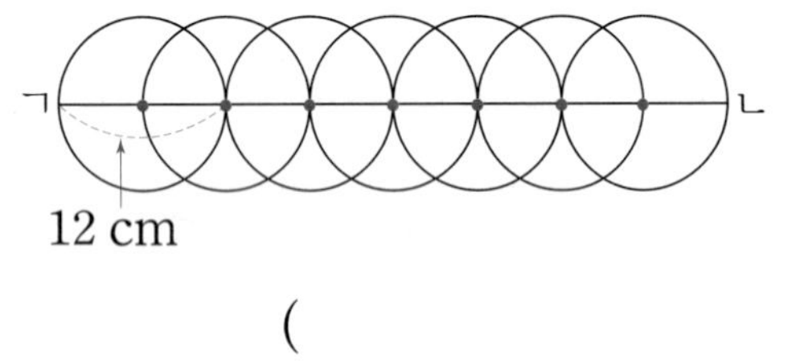

(　　　　　　　　　　)

17 점 ㄱ, 점 ㄴ, 점 ㄷ은 원의 중심입니다. 선분 ㄱㄷ은 몇 cm입니까?

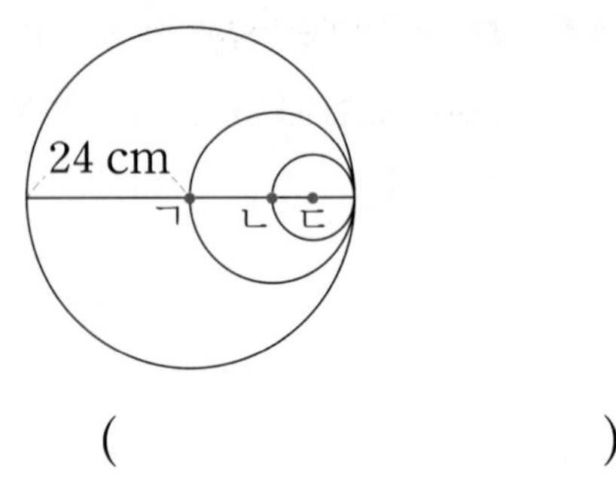

(　　　　　　　　　　)

서술형 문제

18 점 ㅇ은 원의 중심입니다. 큰 원의 지름은 몇 cm인지 풀이 과정을 쓰고 답을 구해 보시오.

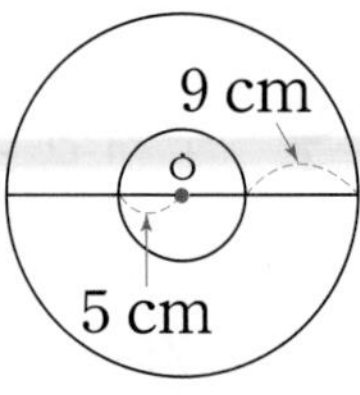

풀이 |

답 |

19 원을 이용하여 그린 모양을 보고 원의 중심과 반지름을 이용하여 규칙을 설명해 보시오.

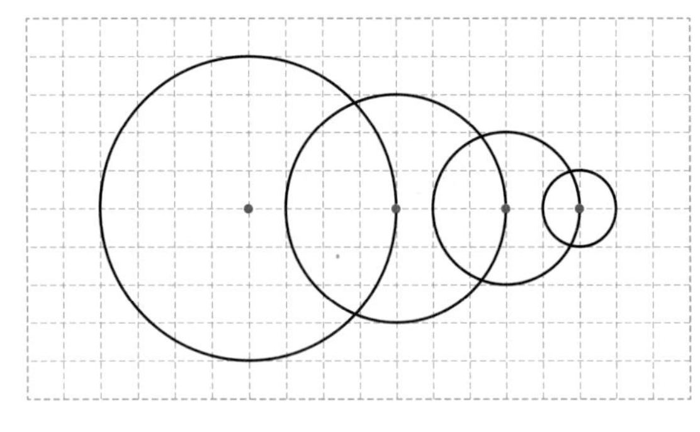

답 |

20 직사각형 안에 반지름이 2 cm인 원 3개를 겹치지 않게 이어 붙여서 그렸습니다. 직사각형의 네 변의 길이의 합은 몇 cm인지 풀이 과정을 쓰고 답을 구해 보시오.

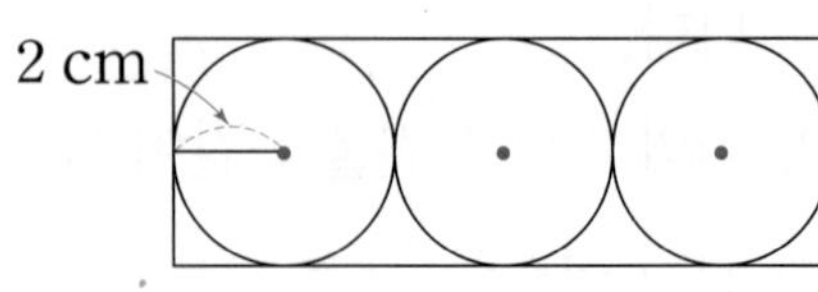

풀이 |

답 |

창의·융합형 문제

1 오륜기(올림픽기) 알아보기

오륜기는 올림픽에서 사용하는 깃발입니다. 오륜기의 '오륜'은 다섯 개의 동그라미를 나타내고, 지구에 있는 다섯 대륙(유럽, 아시아, 아프리카, 오세아니아, 아메리카)을 상징합니다. 여러 나라 국기에서 가장 많이 사용되는 색을 오륜기의 색으로 사용하였고, 오륜이 서로 얽혀 있는 것은 세계 모든 나라가 힘을 모으자는 의미를 담고 있습니다.

▲ 오륜기

규칙을 찾아 원을 2개 더 그려 오륜기 모양을 완성해 보시오.

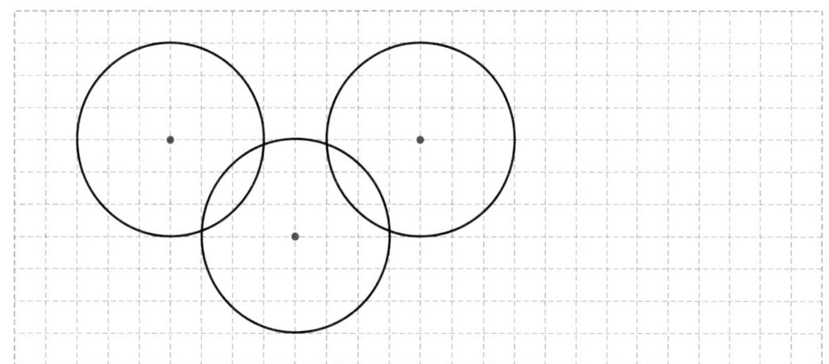

2 컬링 알아보기

컬링은 각각 4명의 선수로 구성된 두 팀이 얼음 경기장 위에서 '컬링 스톤'이라 부르는 둥글고 납작한 돌을 미끄러뜨려 '하우스'라 부르는 표적 안에 넣어 득점을 겨루는 경기입니다.

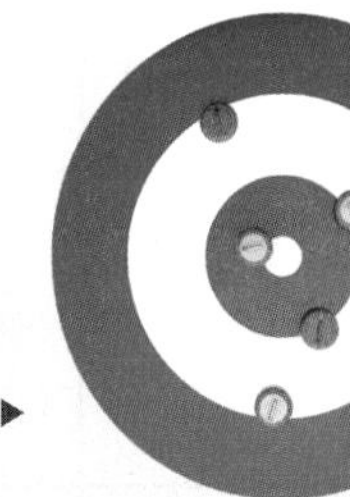

컬링 하우스와 ▶ 컬링 스톤

오른쪽은 민우가 컬링을 체험해 보기 위해 만든 컬링 하우스의 일부입니다. 컬링 하우스는 4개의 원으로 이루어져 있고, 가장 안쪽의 작은 원의 반지름은 15 cm입니다. 가장 큰 원의 지름은 몇 cm입니까?

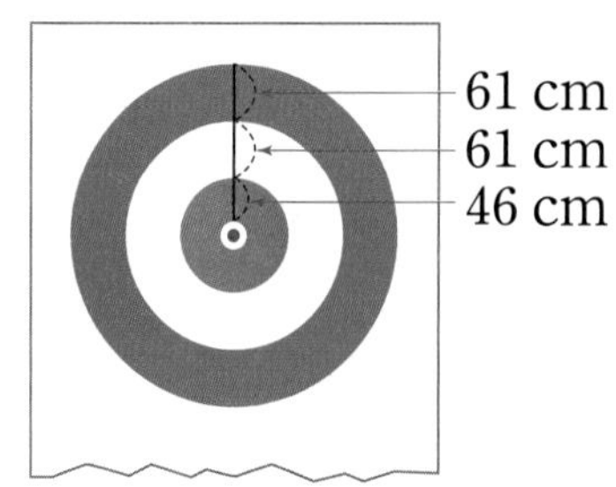

( )

• 정답 20쪽

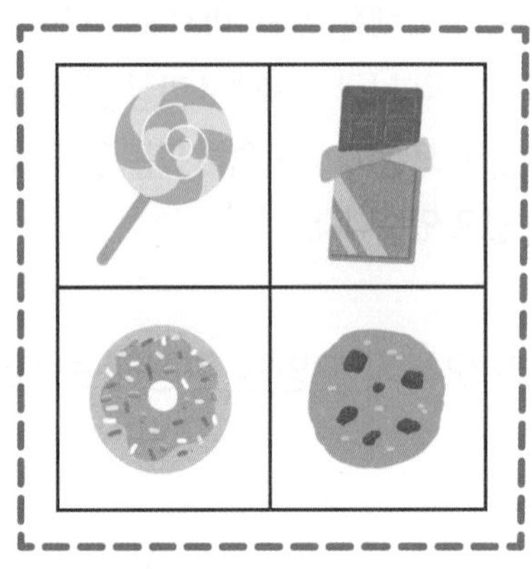

4 분수

이전에 배운 내용

3-1 분수와 소수

- 분수의 개념 이해하기
- 전체와 부분의 관계를 분수로 나타내기
- 분모가 같은 분수의 크기 비교
- 단위분수의 크기 비교

이번에 배울 내용

1. 부분은 전체의 얼마인지 분수로 나타내기
2. 전체 개수의 분수만큼은 얼마인지 알아보기
3. 전체 길이와 시간의 분수만큼은 얼마인지 알아보기
4. 진분수, 가분수
5. 대분수
6. 분모가 같은 분수의 크기 비교

이후에 배울 내용

4-2 분수의 덧셈과 뺄셈

- 분모가 같은 분수의 덧셈
- 분모가 같은 분수의 뺄셈

1

부분은 전체의 얼마인지 분수로 나타내기

● 4는 8의 얼마인지 분수로 나타내기

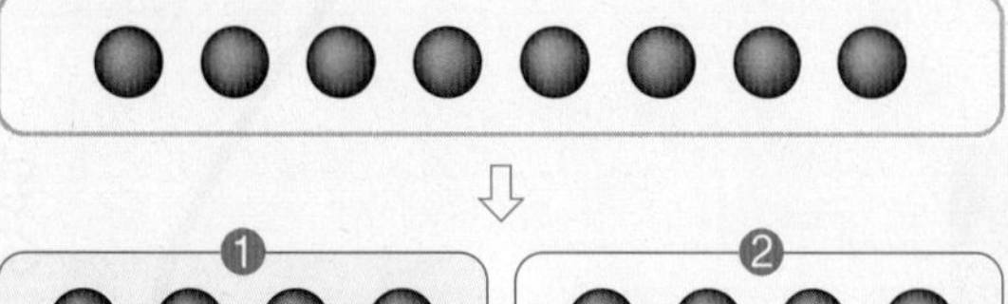

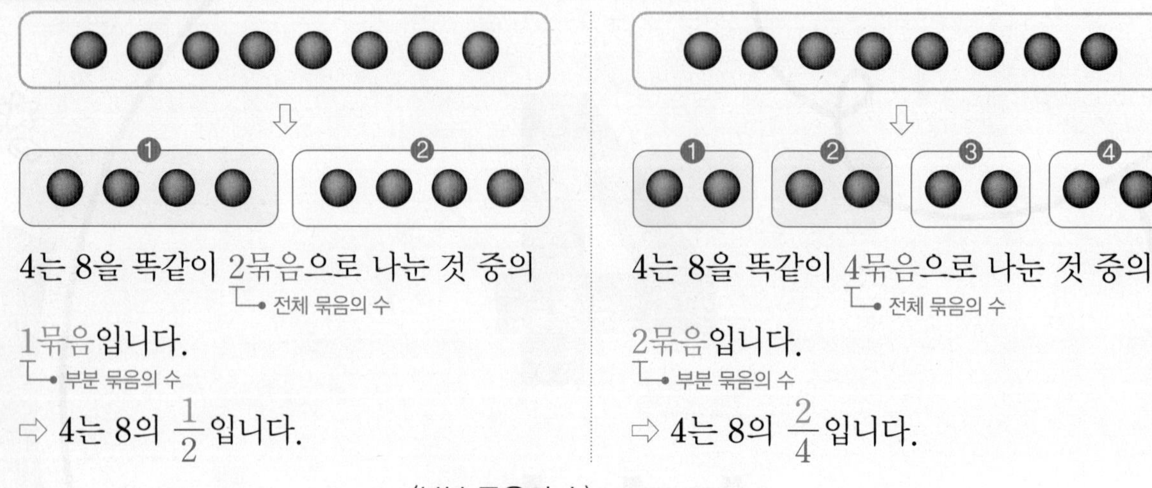

4는 8을 똑같이 2묶음으로 나눈 것 중의 1묶음입니다.
(2: 전체 묶음의 수, 1: 부분 묶음의 수)

⇨ 4는 8의 $\frac{1}{2}$입니다.

4는 8을 똑같이 4묶음으로 나눈 것 중의 2묶음입니다.
(4: 전체 묶음의 수, 2: 부분 묶음의 수)

⇨ 4는 8의 $\frac{2}{4}$입니다.

참고 전체 ■묶음 중의 ▲묶음 ⇨ $\frac{(\text{부분 묶음의 수})}{(\text{전체 묶음의 수})}=\frac{▲}{■}$

개념

1 색칠한 부분은 전체의 얼마인지 분수로 나타내 보시오.

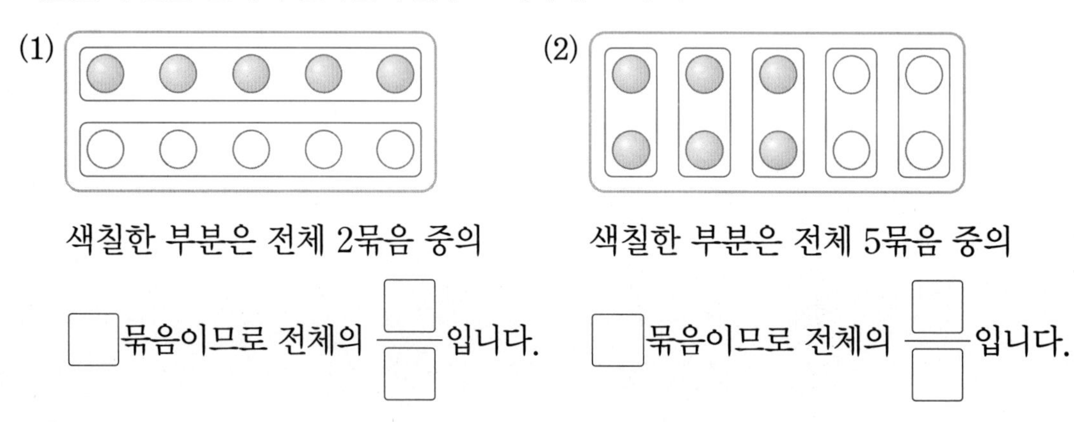

(1)

색칠한 부분은 전체 2묶음 중의 □묶음이므로 전체의 $\frac{□}{□}$입니다.

(2)

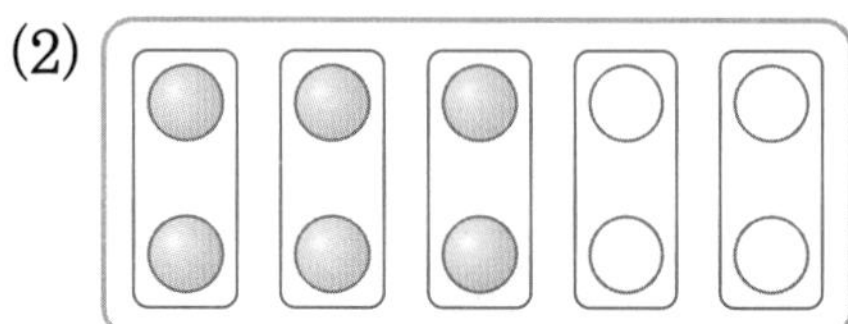

색칠한 부분은 전체 5묶음 중의 □묶음이므로 전체의 $\frac{□}{□}$입니다.

확인

2 야구공이 20개 있습니다. □ 안에 알맞은 수를 써넣으시오.

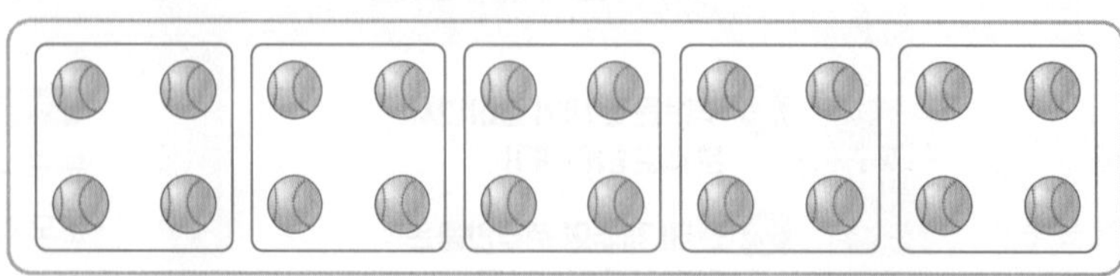

야구공 8개는 전체 □묶음 중의 □묶음이므로 전체의 $\frac{□}{□}$입니다.

⇨ 8은 20의 $\frac{□}{□}$입니다.

● 정답 21쪽

전체 개수의 분수만큼은 얼마인지 알아보기

12의 분수만큼은 얼마인지 알아보기

바둑돌 12개를 똑같이 4묶음으로 나누면 1묶음은 3개입니다.

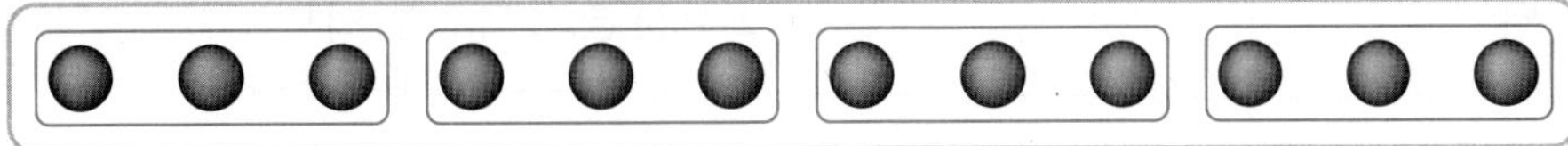

• 12의 $\frac{1}{4}$: 12를 똑같이 4묶음으로 나눈 것 중의 1묶음 ⇨ 3

(3배) (3배)

• 12의 $\frac{3}{4}$: 12를 똑같이 4묶음으로 나눈 것 중의 3묶음 ⇨ 9

$\frac{3}{4}$은 $\frac{1}{4}$이 3개이므로 $3 \times 3 = 9$입니다.

참고 ●의 $\frac{▲}{■}$: ●를 똑같이 ■묶음으로 나눈 것 중의 ▲묶음

개념

3 16의 $\frac{3}{8}$은 얼마인지 알아보시오.

(1) 도넛 16개를 똑같이 8묶음으로 나누어 보시오.

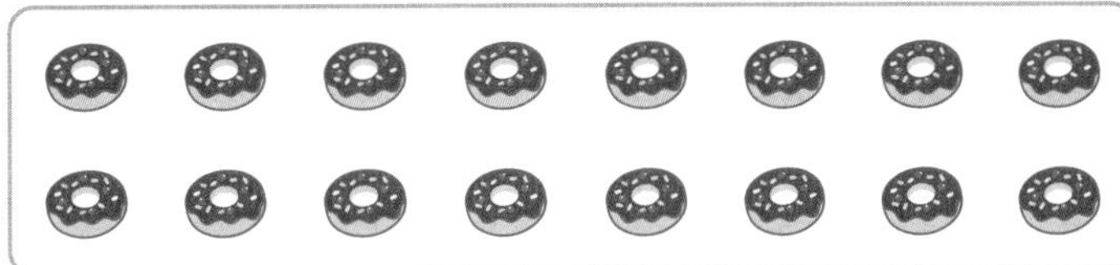

(2) □ 안에 알맞은 수를 써넣으시오.

• 16의 $\frac{1}{8}$은 □입니다.

• $\frac{3}{8}$은 $\frac{1}{8}$이 □개입니다.

⇨ 16의 $\frac{3}{8}$은 □입니다.

확인

4 그림을 보고 □ 안에 알맞은 수를 써넣으시오.

(1) 24의 $\frac{1}{3}$은 □입니다. (2) 24의 $\frac{2}{3}$는 □입니다.

3

• 정답 21쪽

전체 길이와 시간의 분수만큼은 얼마인지 알아보기

9 cm의 분수만큼은 얼마인지 알아보기

9 cm를 똑같이 3부분으로 나누면 1부분은 3 cm입니다.

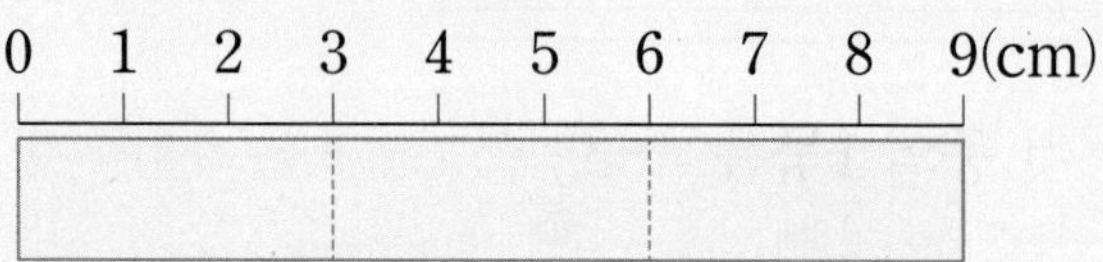

• 9 cm의 $\frac{1}{3}$: 9 cm를 똑같이 3부분으로 나눈 것 중의 1부분
⇨ 3 cm

• 9 cm의 $\frac{2}{3}$: 9 cm를 똑같이 3부분으로 나눈 것 중의 2부분
⇨ 6 cm → $\frac{2}{3}$는 $\frac{1}{3}$이 2개이므로 $3 \times 2 = 6$(cm)입니다.

12시간의 분수만큼은 얼마인지 알아보기

12시간을 똑같이 6부분으로 나누면 1부분은 2시간입니다.

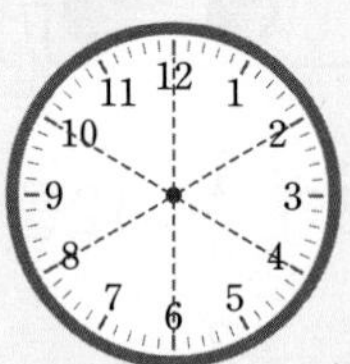

• 12시간의 $\frac{1}{6}$: 12시간을 똑같이 6부분으로 나눈 것 중의 1부분
⇨ 2시간

• 12시간의 $\frac{3}{6}$: 12시간을 똑같이 6부분으로 나눈 것 중의 3부분
⇨ 6시간 → $\frac{3}{6}$은 $\frac{1}{6}$이 3개이므로 $2 \times 3 = 6$(시간)입니다.

개념

5 10 cm의 $\frac{2}{5}$는 얼마인지 알아보시오.

(1) 10 cm를 똑같이 5부분으로 나누어 보시오.

0 1 2 3 4 5 6 7 8 9 10(cm)

(2) □ 안에 알맞은 수를 써넣으시오.

• 10 cm의 $\frac{1}{5}$은 □ cm입니다.
• $\frac{2}{5}$는 $\frac{1}{5}$이 □개입니다.

⇨

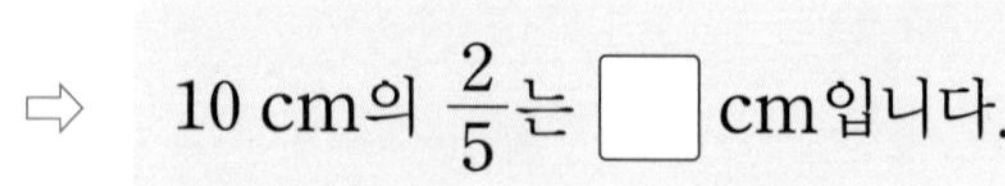

10 cm의 $\frac{2}{5}$는 □ cm입니다.

개념

6 시계를 보고 □ 안에 알맞은 수를 써넣으시오.

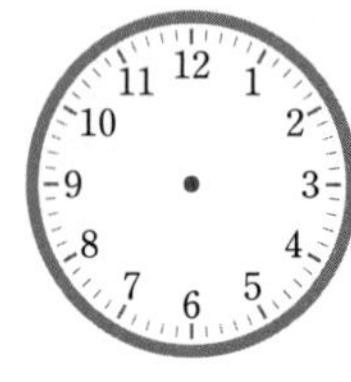

(1) 12시간의 $\frac{1}{3}$은 □시간입니다.

(2) 12시간의 $\frac{2}{3}$는 □시간입니다.

①~③ 전체와 부분의 관계

① 부분은 전체의 얼마인지 분수로 나타내기

(1~2) 그림을 보고 □ 안에 알맞은 수를 써넣으시오.

1

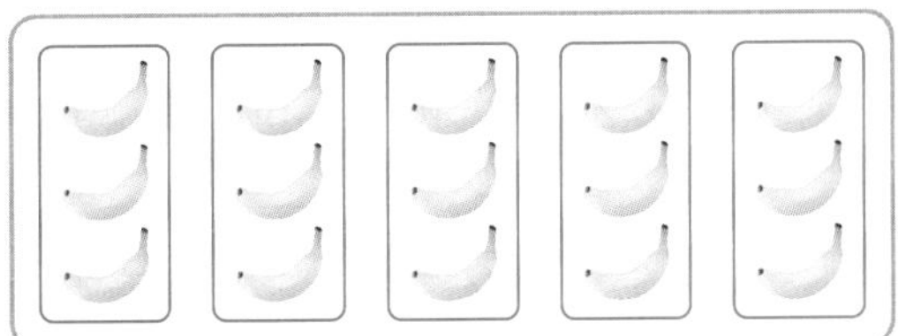

9는 15의 $\frac{\square}{\square}$입니다.

2

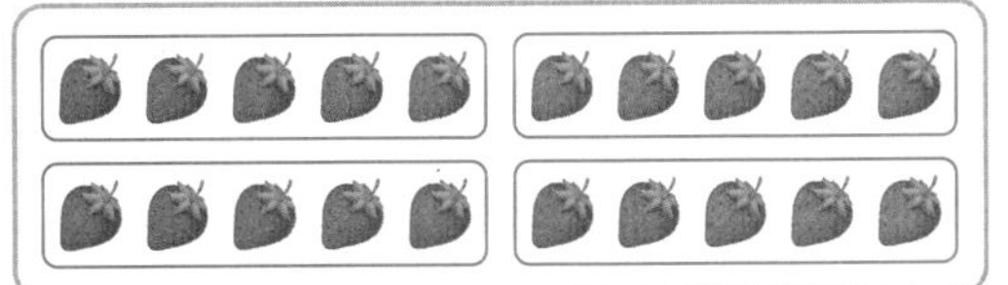

15는 20의 $\frac{\square}{\square}$입니다.

① 부분은 전체의 얼마인지 분수로 나타내기

(3~4) 주어진 분수만큼 색칠해 보시오.

3 $\frac{2}{7}$

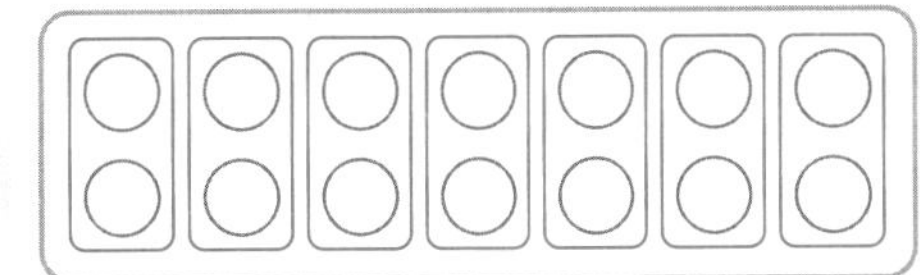

4 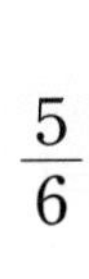 $\frac{5}{6}$

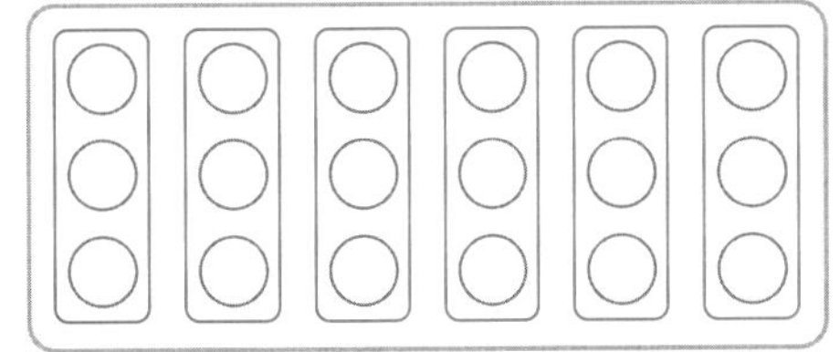

② 전체 개수의 분수만큼은 얼마인지 알아보기

(5~6) 그림을 보고 □ 안에 알맞은 수를 써넣으시오.

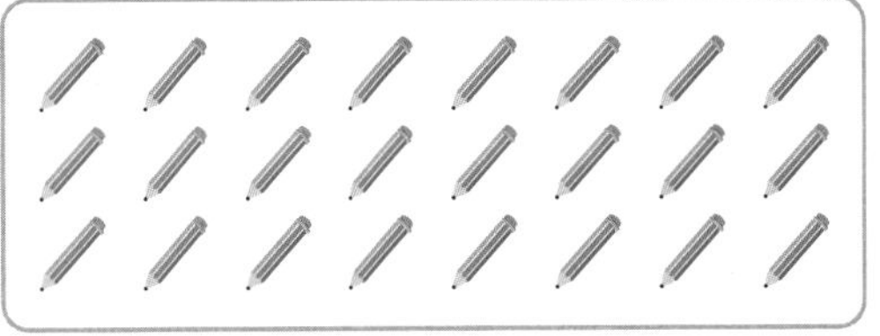

5 24의 $\frac{1}{6}$은 □입니다.

6 24의 $\frac{3}{8}$은 □입니다.

③ 전체 길이와 시간의 분수만큼은 얼마인지 알아보기

(7~8) 종이띠를 보고 □ 안에 알맞은 수를 써넣으시오.

0 3 6 9 12 15 18 21 24 27 30(cm)

7 30 cm의 $\frac{4}{5}$는 □ cm입니다.

8 30 cm의 $\frac{7}{10}$은 □ cm입니다.

③ 전체 길이와 시간의 분수만큼은 얼마인지 알아보기

9 시계를 보고 □ 안에 알맞은 수를 써넣으시오.

12시간의 $\frac{1}{4}$은 □시간입니다.

STEP 1 실전문제

- 교과서 pick 교과서에 자주 나오는 문제
- 교과 역량 생각하는 힘을 키우는 문제

1 흰색 바둑돌은 전체 바둑돌의 얼마인지 분수로 나타내 보시오.

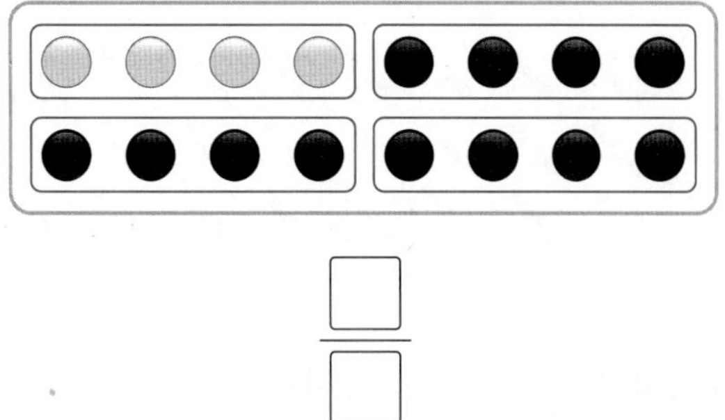

$\frac{\square}{\square}$

2 색칠한 부분은 전체의 얼마인지 분수로 나타낸 것을 찾아 선으로 이어 보시오.

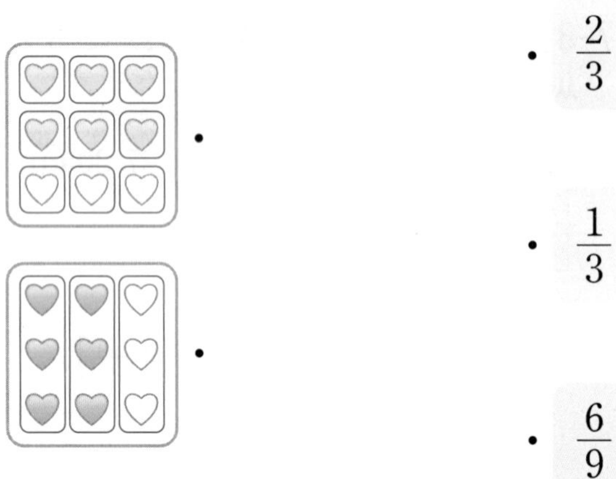

- $\frac{2}{3}$
- $\frac{1}{3}$
- $\frac{6}{9}$

3 그림을 보고 □ 안에 알맞은 수를 써넣으시오.

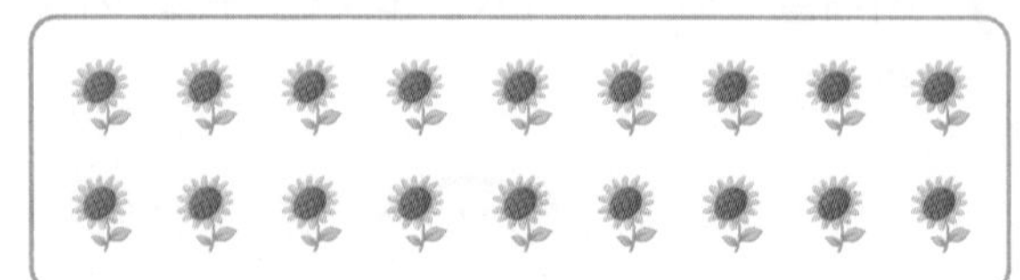

(1) 18의 $\frac{1}{2}$은 □입니다.

(2) 18의 $\frac{5}{6}$는 □입니다.

4 수직선을 보고 □ 안에 알맞은 수를 써넣으시오.

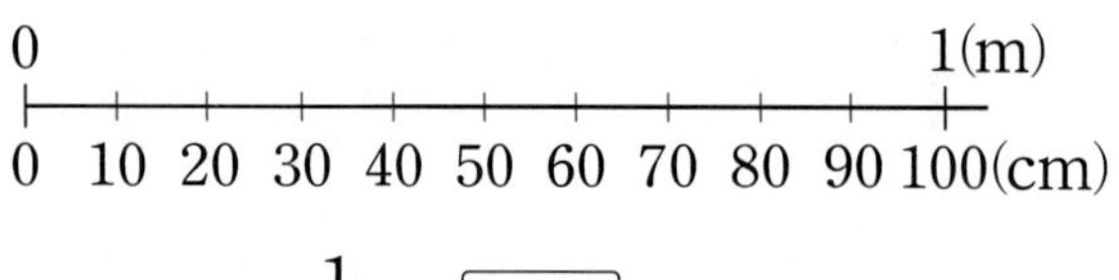

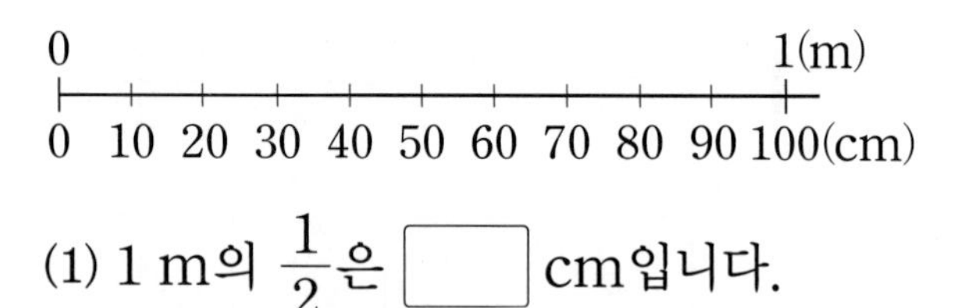

(1) 1 m의 $\frac{1}{2}$은 □ cm입니다.

(2) 1 m의 $\frac{4}{5}$는 □ cm입니다.

교과서 pick

5 구슬 35개를 7개씩 묶으면 구슬 28개는 35개의 얼마인지 분수로 나타내 보시오.

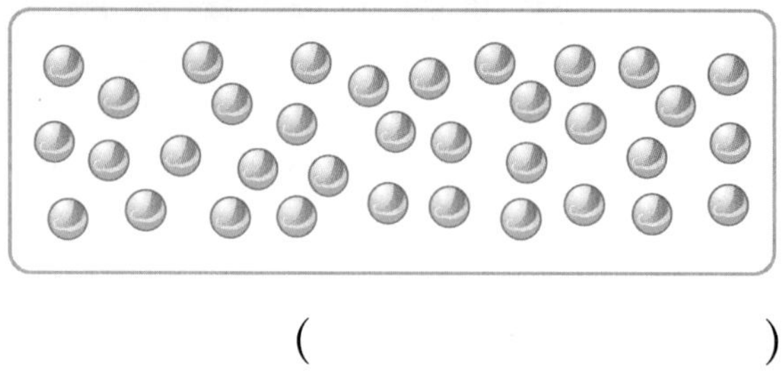

(　　　　　)

6 상수는 새로 산 건전지 8개의 $\frac{3}{4}$을 드론에 사용했습니다. 상수가 드론에 사용한 건전지는 몇 개입니까?

(　　　　　)

7 재희는 하루의 $\frac{1}{3}$만큼 잠을 잤습니다. 재희가 잠을 잔 시간은 몇 시간입니까?

(　　　　　)

8 민서와 수호 중에서 더 짧은 거리를 걸은 사람은 누구입니까?

0 1 2 3 4 5 6 7 8 9 10 11 12(km)

• 민서: 난 12 km의 $\frac{4}{6}$만큼 걸었어.
• 수호: 난 12 km의 $\frac{3}{4}$만큼 걸었어.

( )

9 □ 안에 알맞은 수가 더 큰 것의 기호를 써 보시오.

㉠ 63을 9씩 묶으면 1묶음은 전체의 $\frac{1}{\square}$입니다.

㉡ 10의 $\frac{3}{5}$은 □입니다.

( )

서술형

10 재원이는 과자 27개의 $\frac{1}{3}$만큼 먹었고, 승주는 과자 27개의 $\frac{4}{9}$만큼 먹었습니다. 두 사람이 먹은 과자는 모두 몇 개인지 풀이 과정을 쓰고 답을 구해 보시오.

풀이 |

답 |

교과서 pick

11 연필의 처음 길이는 16 cm였습니다. 연필을 처음 길이의 $\frac{3}{8}$만큼 사용했습니다. 연필의 현재 길이는 몇 cm입니까?

( )

4 단원

교과 역량

12 서진, 예원, 지후 중에서 귤을 가장 많이 먹은 사람을 찾아 이름을 써 보시오.

• 서진: 난 귤 20개의 $\frac{1}{4}$만큼 먹었어.
• 예원: 나는 귤 25개의 $\frac{2}{5}$만큼 먹었어.
• 지후: 난 귤 30개의 $\frac{3}{10}$만큼 먹었어.

( )

교과 역량

13 24를 여러 가지 방법으로 똑같이 묶었을 때, 부분은 전체의 얼마인지 분수로 나타내 보시오.

(1) 24를 4씩 묶으면 4는 24의 $\frac{\square}{\square}$입니다.

(2) 24를 3씩 묶으면 9는 24의 $\frac{\square}{\square}$입니다.

(3) 24를 6씩 묶으면 18은 24의 $\frac{\square}{\square}$입니다.

4 진분수, 가분수

· **진분수: 분자가 분모보다 작은 분수** → 예 $\frac{1}{4}, \frac{2}{4}, \frac{3}{4}$ (분자)<(분모)
└ 眞分數(참 진, 나눌 분, 셀 수)

· **가분수: 분자가 분모와 같거나 분모보다 큰 분수** → 예 $\frac{4}{4}, \frac{5}{4}, \frac{6}{4}$ (분자)=(분모) 또는 (분자)>(분모)
└ 假分數(거짓 가, 나눌 분, 셀 수)

· **자연수: 1, 2, 3과 같은 수** → 0은 자연수라고 할 수 없습니다.

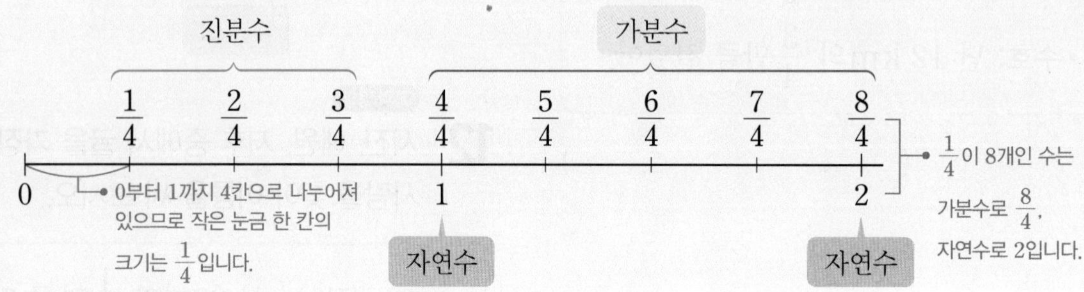

참고 자연수를 분모가 ■인 분수로 나타낼 수 있습니다.

$1=\frac{■}{■}, 2=\frac{■\times 2}{■}, 3=\frac{■\times 3}{■}, \ldots$

개념

1 분모가 5인 진분수와 가분수를 알아보시오.

(1) 분모가 5인 분수를 수직선에 나타내 보시오.

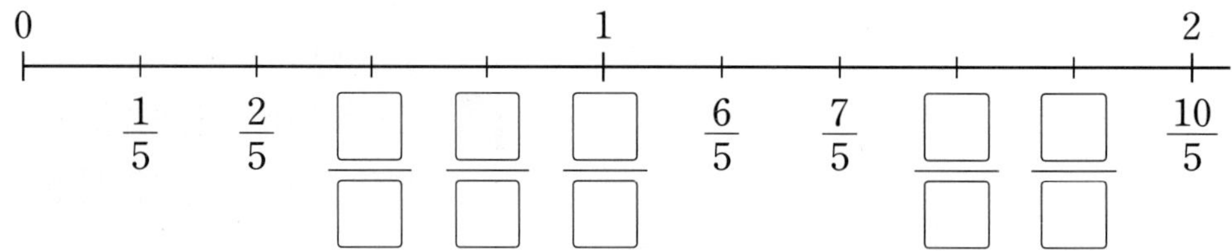

(2) 위 (1)의 수직선에서 진분수와 가분수를 각각 모두 찾아 써 보시오.

진분수 (　　　　　　　　　　)

가분수 (　　　　　　　　　　)

확인

2 진분수에는 '진', 가분수에는 '가', 자연수에는 '자'를 써 보시오.

(1) $\frac{1}{4}$　(2) 7　(3) $\frac{9}{8}$　(4) $\frac{3}{3}$

(　　　)　(　　　)　(　　　)　(　　　)

5 대분수

대분수 ─• 帶分數(띠 대, 나눌 분, 셀 수)

대분수: 자연수와 진분수로 이루어진 분수

예 1과 $\frac{3}{4}$ → 쓰기 $1\frac{3}{4}$ 읽기 1과 4분의 3

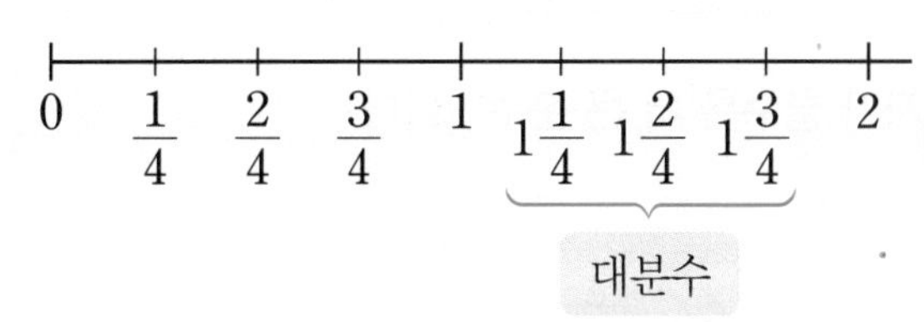

대분수 $1\frac{3}{4}$을 가분수로 나타내기

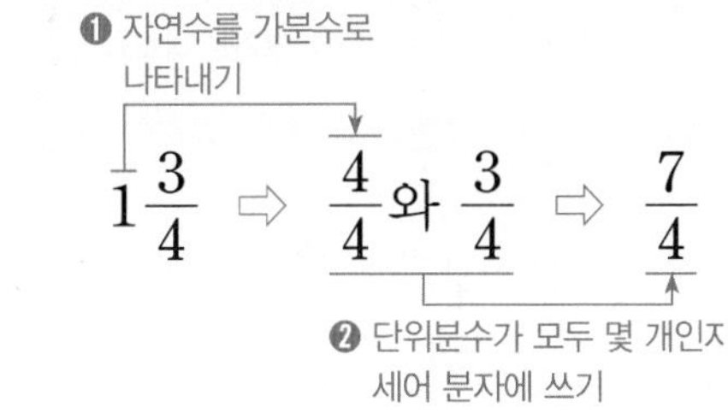

가분수 $\frac{7}{4}$을 대분수로 나타내기

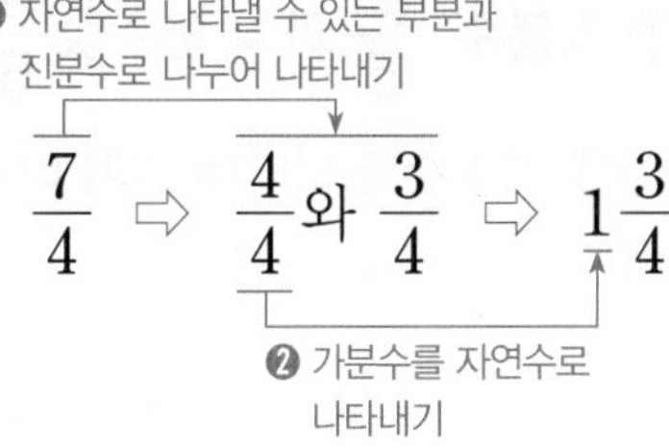

개념

3 색칠한 부분을 대분수로 나타내 보시오.

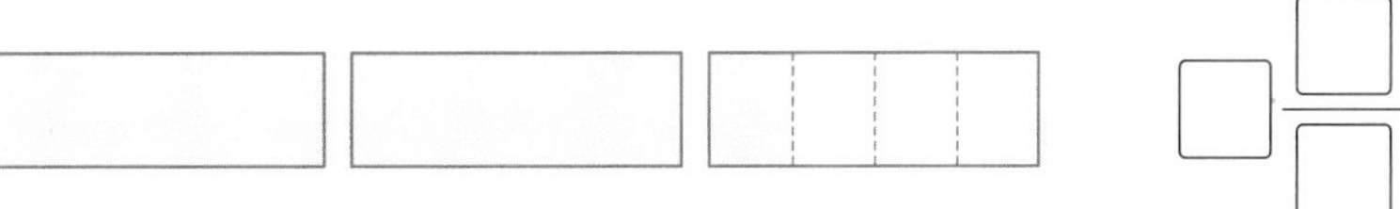

$\square\frac{\square}{\square}$

개념

4 그림을 보고 대분수를 가분수로, 가분수를 대분수로 나타내 보시오.

(1) 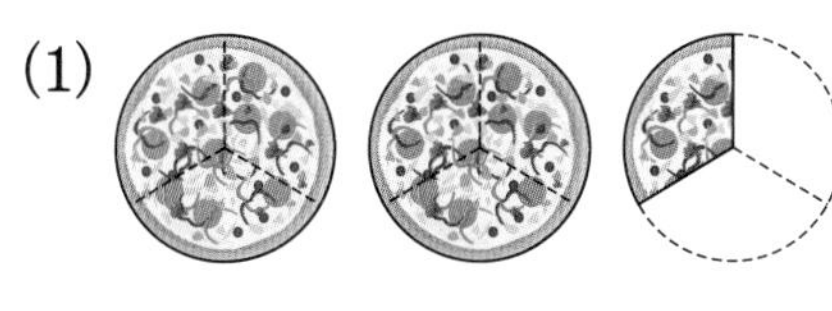

$2\frac{1}{3}=\frac{\square}{\square}$

(2) 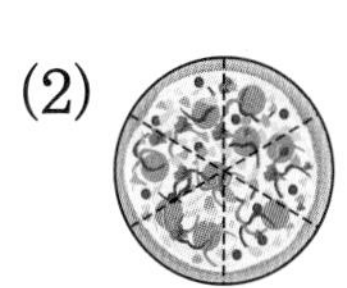 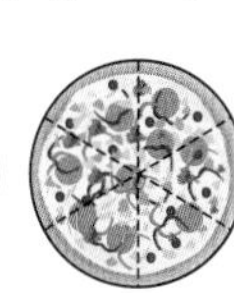 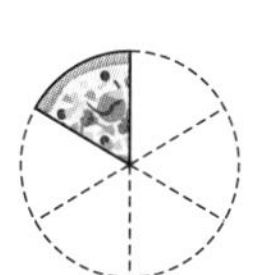

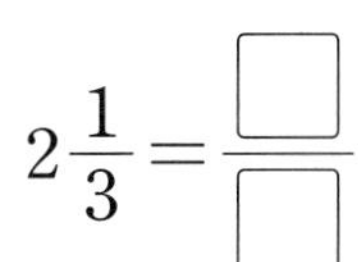

$\frac{13}{6}=\square\frac{\square}{\square}$

확인

5 대분수를 가분수로, 가분수를 대분수로 나타내 보시오.

(1) $2\frac{3}{4}=\frac{\square}{\square}$

(2) $\frac{9}{2}=\square\frac{\square}{\square}$

(3) $3\frac{1}{5}=\frac{\square}{\square}$

(4) $\frac{15}{7}=\square\frac{\square}{\square}$

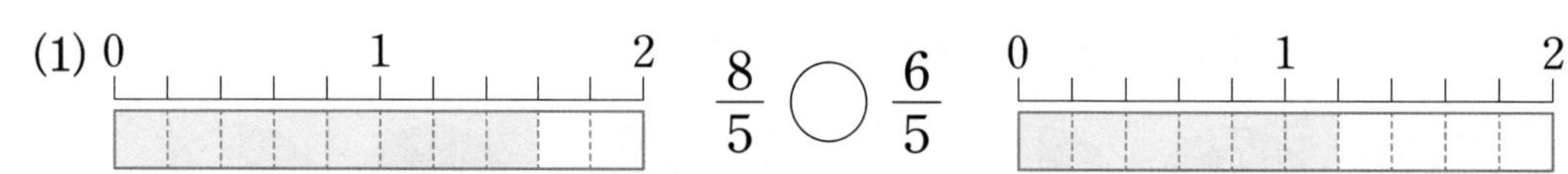

6

분모가 같은 분수의 크기 비교

● 정답 23쪽

● **분모가 같은 가분수의 크기 비교**

분자가 클수록 더 큰 분수입니다.

(5<7) $\frac{5}{3} < \frac{7}{3}$

● **분모가 같은 대분수의 크기 비교**

자연수가 클수록 더 큰 분수이고,
자연수가 같으면 분자가 클수록 더 큰 분수입니다.

(2>1) $2\frac{1}{4} > 1\frac{3}{4}$ (2<3) $1\frac{2}{5} < 1\frac{3}{5}$

● **분모가 같은 가분수 $\frac{13}{5}$과 대분수 $2\frac{4}{5}$의 크기 비교** → 가분수 또는 대분수로 형태를 같게 나타내 크기를 비교합니다.

방법 1 대분수를 가분수로 나타내 크기 비교하기

$2\frac{4}{5} = \frac{14}{5}$이므로 (13<14) $\frac{13}{5} < \frac{14}{5}$ ⇨ $\frac{13}{5} < 2\frac{4}{5}$

방법 2 가분수를 대분수로 나타내 크기 비교하기

$\frac{13}{5} = 2\frac{3}{5}$이므로 (3<4) $2\frac{3}{5} < 2\frac{4}{5}$ ⇨ $\frac{13}{5} < 2\frac{4}{5}$

개념

6 그림을 보고 두 분수의 크기를 비교하여 ○ 안에 >, =, < 중 알맞은 것을 써넣으시오.

(1) 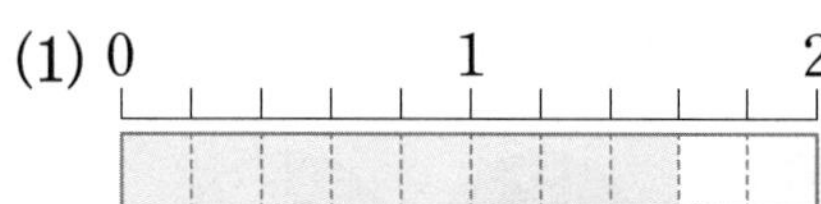 $\frac{8}{5}$ ○ $\frac{6}{5}$ 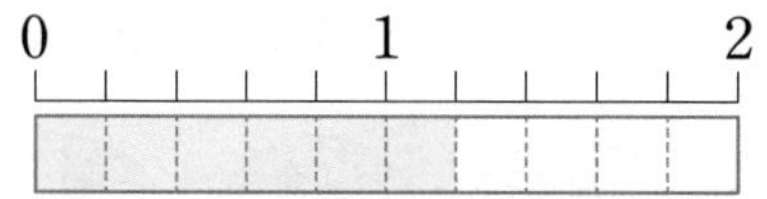

(2) 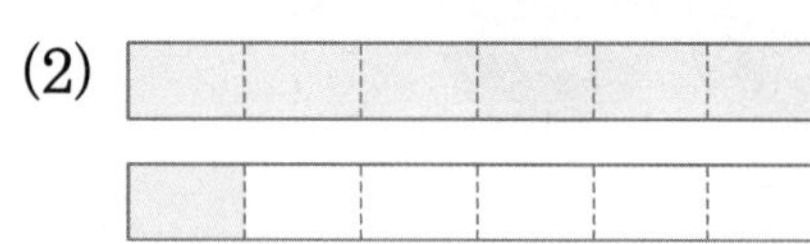  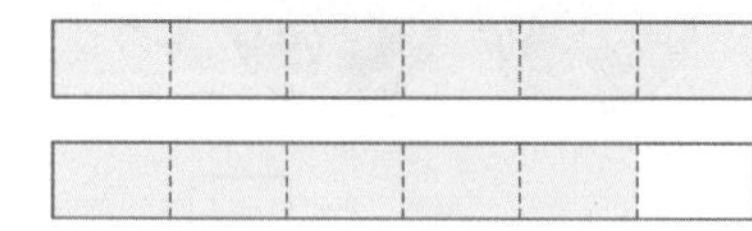

$1\frac{1}{6}$ ○ $1\frac{5}{6}$

확인

7 두 분수의 크기를 비교하여 ○ 안에 >, =, < 중 알맞은 것을 써넣으시오.

(1) $\frac{7}{4}$ ○ $\frac{9}{4}$

(2) $2\frac{5}{9}$ ○ $1\frac{8}{9}$

(3) $5\frac{2}{3}$ ○ $5\frac{1}{3}$

(4) $4\frac{1}{6}$ ○ $\frac{29}{6}$

● 정답 23쪽

④~⑥ 분수의 종류 / 분수의 크기 비교

④ 진분수, 가분수

1 진분수와 가분수로 분류해 보시오.

$\frac{5}{4}$ $\frac{2}{5}$ $\frac{6}{6}$ $\frac{9}{10}$ $\frac{5}{7}$

진분수	가분수

⑤ 대분수

2 대분수를 모두 찾아 써 보시오.

$\frac{13}{6}$ $1\frac{5}{8}$ $\frac{7}{9}$ $6\frac{4}{11}$ $2\frac{6}{7}$

(   )

⑤ 대분수

(3~4) 대분수를 가분수로 나타내 보시오.

3 $2\frac{4}{5}=\frac{\square}{\square}$

4 $3\frac{5}{6}=\frac{\square}{\square}$

⑤ 대분수

(5~6) 가분수를 대분수로 나타내 보시오.

5 $\frac{19}{4}=\square\frac{\square}{\square}$

6 $\frac{25}{7}=\square\frac{\square}{\square}$

⑥ 분모가 같은 분수의 크기 비교

(7~10) 두 분수의 크기를 비교하여 ○ 안에 $>$, $=$, $<$ 중 알맞은 것을 써넣으시오.

7 $\frac{11}{6}$ ○ $\frac{15}{6}$

8 $3\frac{1}{8}$ ○ $2\frac{7}{8}$

9 $5\frac{5}{9}$ ○ $5\frac{4}{9}$

10 $\frac{17}{4}$ ○ $4\frac{3}{4}$

- 교과서 pick 교과서에 자주 나오는 문제
- 교과 역량 생각하는 힘을 키우는 문제

1 진분수는 □표, 가분수는 ○표, 대분수는 △표 하시오.

$1\frac{1}{2}$ $\frac{15}{4}$ $\frac{5}{12}$ $\frac{8}{5}$ $\frac{7}{11}$

2 같은 것끼리 선으로 이어 보시오.

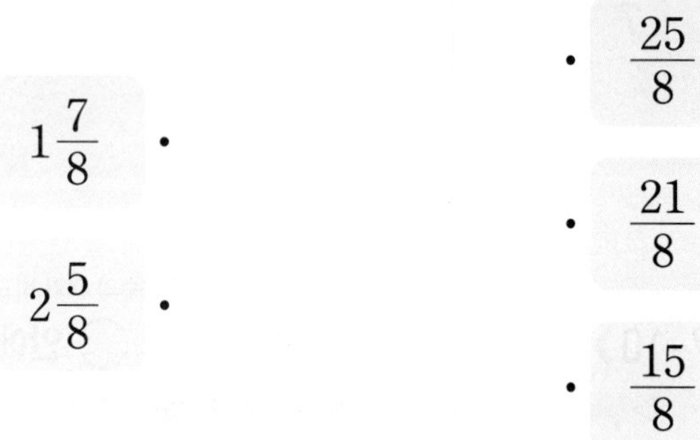

3 두 분수의 크기를 비교하여 ○ 안에 >, =, < 중 알맞은 것을 써넣으시오.

(1) $2\frac{8}{9}$ ○ $3\frac{4}{9}$

(2) $1\frac{8}{10}$ ○ $1\frac{5}{10}$

4 □ 안에 알맞은 수를 써넣으시오.

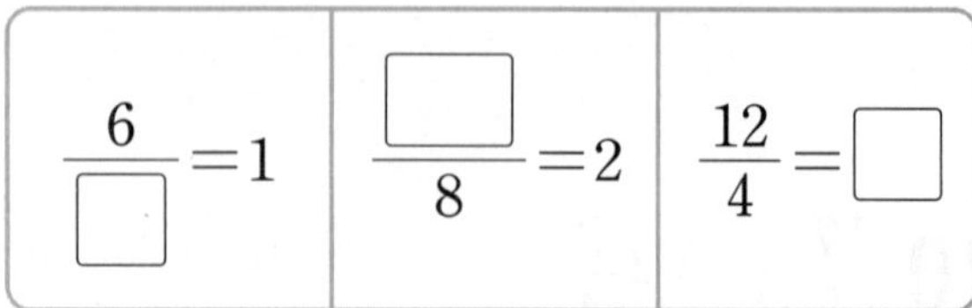

5 □ 안에 알맞은 수를 써넣으시오.

$$4\frac{\square}{7}=\frac{31}{7}$$

6 두 분수의 크기를 비교하여 더 큰 분수를 빈칸에 써넣으시오.

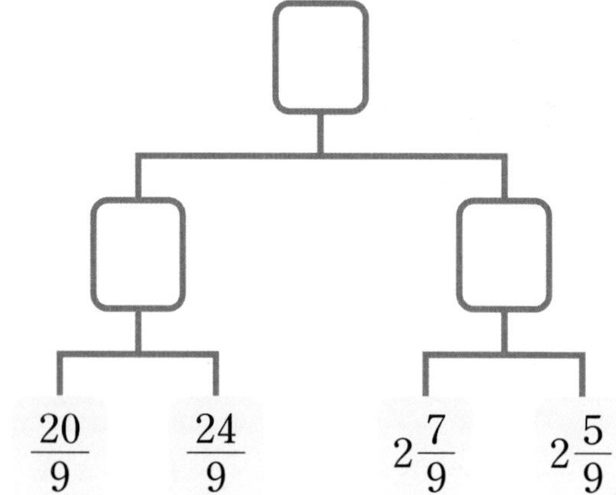

서술형

7 분모가 5인 진분수는 모두 몇 개인지 구하려고 합니다. 풀이 과정을 쓰고 답을 구해 보시오.

풀이 |

답 |

교과서 pick

8 $\frac{6}{■}$이 가분수일 때, ■가 될 수 있는 자연수 중에서 가장 큰 수는 얼마입니까?

( )

9 미술 시간에 사용할 찰흙을 지나는 $3\frac{5}{8}$ kg, 민재는 $\frac{28}{8}$ kg 준비했습니다. 누가 찰흙을 더 많이 준비했습니까?

( )

교과 역량

10 수 카드 3장을 보고 물음에 답하시오.

7 8 9

(1) 수 카드 2장을 뽑아 한 번씩만 사용하여 만들 수 있는 가분수를 모두 써 보시오.

( )

(2) 수 카드 3장을 모두 한 번씩만 사용하여 만들 수 있는 대분수를 모두 써 보시오.

( )

11 〈조건〉에 알맞은 대분수 중에서 가장 큰 분수를 구해 보시오.

〈조건〉
- 자연수가 2입니다.
- 분모는 3입니다.

( )

12 세 분수는 모두 가분수입니다. □ 안에 공통으로 들어갈 수 있는 자연수를 모두 구해 보시오.

$\frac{\square}{7}$ $\frac{9}{\square}$ $\frac{\square}{6}$

( )

교과서 pick

13 $\frac{23}{10}$보다 크고 $5\frac{1}{10}$보다 작은 분수를 모두 찾아 ○표 하시오.

$1\frac{9}{10}$ $\frac{31}{10}$ $\frac{56}{10}$ $4\frac{3}{10}$

교과 역량

14 □ 안에 알맞은 자연수를 구해 보시오.

$$\frac{12}{5} > 2\frac{\square}{5}$$

( )

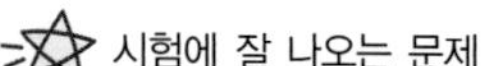

예제 1 교과서 pick

달걀 30개가 있었습니다. 수정이는 달걀 30개의 $\frac{1}{3}$로 빵을 만들었고, 지혜는 수정이가 사용하고 남은 달걀의 $\frac{1}{4}$로 과자를 만들었습니다. 지혜가 사용한 달걀은 몇 개입니다까?

(　　　　　　　　)

2

귤 32개가 있었습니다. 민규는 귤 32개의 $\frac{1}{8}$을 먹었고, 동생은 민규가 먹고 남은 귤의 $\frac{1}{7}$을 먹었습니다. 동생이 먹은 귤은 몇 개입니까?

(　　　　　　　　)

예제 3

어떤 수의 $\frac{2}{9}$는 4입니다. 어떤 수는 얼마입니까?

(　　　　　　　　)

4

어떤 수의 $\frac{3}{5}$은 9입니다. 어떤 수는 얼마입니까?

(　　　　　　　　)

예제 5

㉮와 ㉯에 알맞은 수의 합은 얼마입니까?

• 28은 42의 $\frac{㉮}{6}$ 입니다.

• 10은 25의 $\frac{㉯}{5}$ 입니다.

(　　　　　　　　)

6

㉮와 ㉯에 알맞은 수의 합은 얼마입니까?

• 25는 35의 $\frac{㉮}{7}$ 입니다.

• 45는 81의 $\frac{㉯}{9}$ 입니다.

(　　　　　　　　)

예제 7

□ 안에 들어갈 수 있는 자연수를 모두 구해 보시오.

$$2\frac{5}{7} < \frac{\square}{7} < 3\frac{1}{7}$$

(　　　　　　　　)

8

□ 안에 들어갈 수 있는 자연수를 모두 구해 보시오.

$$\frac{11}{9} < 1\frac{\square}{9} < \frac{17}{9}$$

(　　　　　　　　)

예제 9 교과서 pick

수 카드 3장을 모두 한 번씩만 사용하여 만들 수 있는 가장 큰 대분수를 가분수로 나타내 보시오.

3　5　7

(　　　　　　　　)

10

수 카드 3장을 모두 한 번씩만 사용하여 만들 수 있는 가장 작은 대분수를 가분수로 나타내 보시오.

2　4　9

(　　　　　　　　)

예제 11

〈조건〉에 알맞은 분수를 구해 보시오.

〈조건〉
- 분모가 4인 대분수입니다.
- 2보다 작습니다.
- $\frac{6}{4}$보다 큽니다.

(　　　　　　　　)

12

〈조건〉에 알맞은 분수를 구해 보시오.

〈조건〉
- 분모가 7인 대분수입니다.
- 3보다 큽니다.
- $\frac{23}{7}$보다 작습니다.

(　　　　　　　　)

단원 마무리

1 색칠한 부분은 전체의 얼마인지 분수로 나타내 보시오.

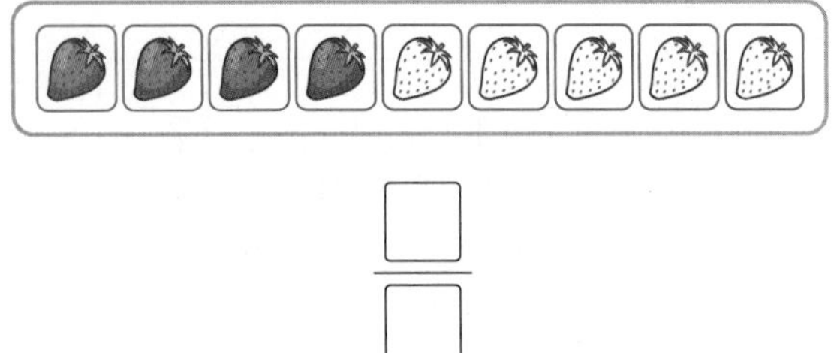

$\dfrac{\square}{\square}$

2 그림을 보고 □ 안에 알맞은 수를 써넣으시오.

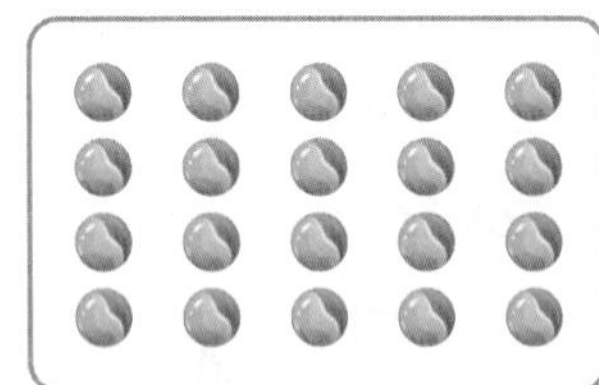

20의 $\dfrac{2}{5}$는 □입니다.

3 시계를 보고 □ 안에 알맞은 수를 써넣으시오.

60분의 $\dfrac{2}{4}$는 □분입니다.

4 진분수는 ○표, 가분수는 △표 하시오.

$\dfrac{10}{13}$ $\dfrac{5}{3}$ $\dfrac{4}{4}$ $\dfrac{8}{9}$ $\dfrac{12}{6}$

5 대분수를 가분수로 나타내 보시오.

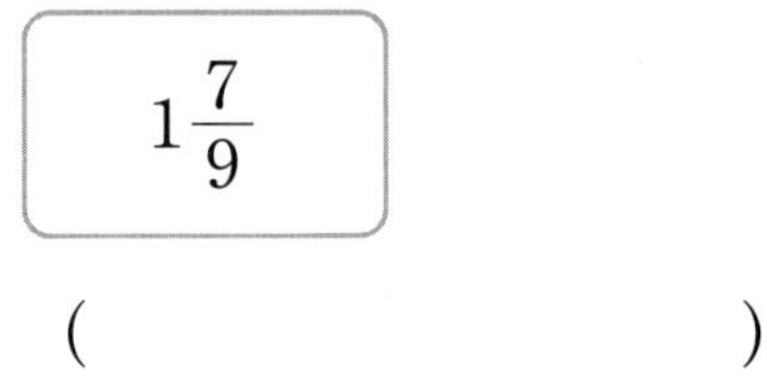

$1\dfrac{7}{9}$

(　　　　　　　　)

교과서에 꼭 나오는 문제

6 두 분수의 크기를 비교하여 ○ 안에 >, =, < 중 알맞은 것을 써넣으시오.

$2\dfrac{10}{12}$ ○ $\dfrac{21}{12}$

7 $\dfrac{5}{\square}$는 진분수입니다. □ 안에 들어갈 수 있는 수에 모두 ○표 하시오.

2　3　4　5　6　7

8 □ 안에 알맞은 수를 써넣으시오.

$$4=\frac{\square}{7}$$

9 시간이 더 긴 것에 ○표 하시오.

24시간의 $\frac{4}{6}$	24시간의 $\frac{3}{4}$
(　　　)	(　　　)

10 가장 큰 분수를 찾아 써 보시오.

$3\frac{2}{8}$　　$\frac{25}{8}$　　$2\frac{7}{8}$

(　　　　　　)

잘 틀리는 문제

11 나타내는 수가 다른 하나를 찾아 기호를 써 보시오.

㉠ 30의 $\frac{1}{5}$　　㉡ 48의 $\frac{1}{6}$

㉢ 24의 $\frac{2}{8}$　　㉣ 8의 $\frac{3}{4}$

(　　　　　　)

교과서에 꼭 나오는 문제

12 진호의 가방 무게는 $1\frac{6}{9}$ kg이고, 민주의 가방 무게는 $\frac{14}{9}$ kg입니다. 누구의 가방이 더 무겁습니까?

(　　　　　　)

13 정원이는 색 테이프 27 m의 $\frac{4}{9}$만큼을 동생에게 주었습니다. 동생에게 주고 남은 색 테이프는 몇 m입니까?

(　　　　　　)

14 〈조건〉에 알맞은 대분수 중에서 가장 작은 분수를 구해 보시오.

〈조건〉
- 자연수가 4입니다.
- 분모는 5입니다.

(　　　　　　)

단원 마무리

15 $1\frac{2}{7}$보다 크고 $\frac{16}{7}$보다 작은 분수를 모두 찾아 기호를 써 보시오.

㉠ $\frac{8}{7}$ ㉡ $2\frac{1}{7}$ ㉢ $\frac{12}{7}$ ㉣ $2\frac{6}{7}$

( )

16 어떤 수의 $\frac{3}{8}$은 27입니다. 어떤 수는 얼마입니까?

( )

잘 틀리는 문제

17 수 카드 3장을 모두 한 번씩만 사용하여 만들 수 있는 가장 큰 대분수를 가분수로 나타내 보시오.

4 7 8

( )

서술형 문제

18 단추 24개를 8개씩 묶었습니다. 단추 16개는 24개의 얼마인지 분수로 나타내려고 합니다. 풀이 과정을 쓰고 답을 구해 보시오.

풀이 |

답 |

19 선물을 포장하는 데 지유는 리본 70 cm의 $\frac{5}{7}$만큼 사용했고, 동욱이는 리본 60 cm의 $\frac{7}{10}$만큼 사용했습니다. 리본을 더 적게 사용한 사람은 누구인지 풀이 과정을 쓰고 답을 구해 보시오.

풀이 |

답 |

20 □ 안에 들어갈 수 있는 자연수를 모두 구하려고 합니다. 풀이 과정을 쓰고 답을 구해 보시오.

$$\frac{19}{8} < 2\frac{\square}{8} < \frac{23}{8}$$

풀이 |

답 |

창의·융합형 문제

● 정답 28쪽

1 다보탑 알아보기

다보탑은 경주 불국사 대웅전 앞에 동서로 서 있는 탑 중에서 동쪽에 있는 탑으로 서쪽에 있는 석가탑과 짝을 이루고 있습니다.
석가탑이 우리나라에서 볼 수 있는 일반적인 돌탑을 대표한다면, 다보탑은 특별한 모양의 돌탑을 대표합니다.
다보탑은 오른쪽과 같이 상륜부, 탑신부, 기단부로 이루어져 있습니다.
기단 위에는 원래 4구의 사자상이 있었는데 현재는 1구만 남아있다고 합니다.

▲ 다보탑

다보탑의 전체 높이는 약 10 m입니다. 다보탑 전체 높이의 $\frac{3}{5}$이 탑신부의 높이일 때, 탑신부의 높이는 약 몇 m입니까?

( )

2 행성 알아보기

별이란 스스로 빛을 내는 천체를 말하고, 행성이란 스스로 빛을 내지 못하고 별 주위를 돌고 있는 천체를 말합니다.
태양계의 행성은 우리가 잘 알고 있는 수성, 금성, 지구, 화성, 목성, 토성, 천왕성, 해왕성이 있고, 이 중에는 지구보다 크기가 작은 행성도 있고, 지구보다 크기가 큰 행성도 있습니다.

▲ 태양계의 행성

지구의 크기를 1로 보았을 때, 행성들의 크기를 나타낸 표입니다. 크기가 작은 행성부터 차례대로 써 보시오.

행성	지구	수성	목성	토성	천왕성
크기	1	$\frac{2}{5}$	$11\frac{1}{5}$	$\frac{47}{5}$	4

( )

힌트를 보고 퍼즐 속 단어를 맞혀요!

• 정답 28쪽

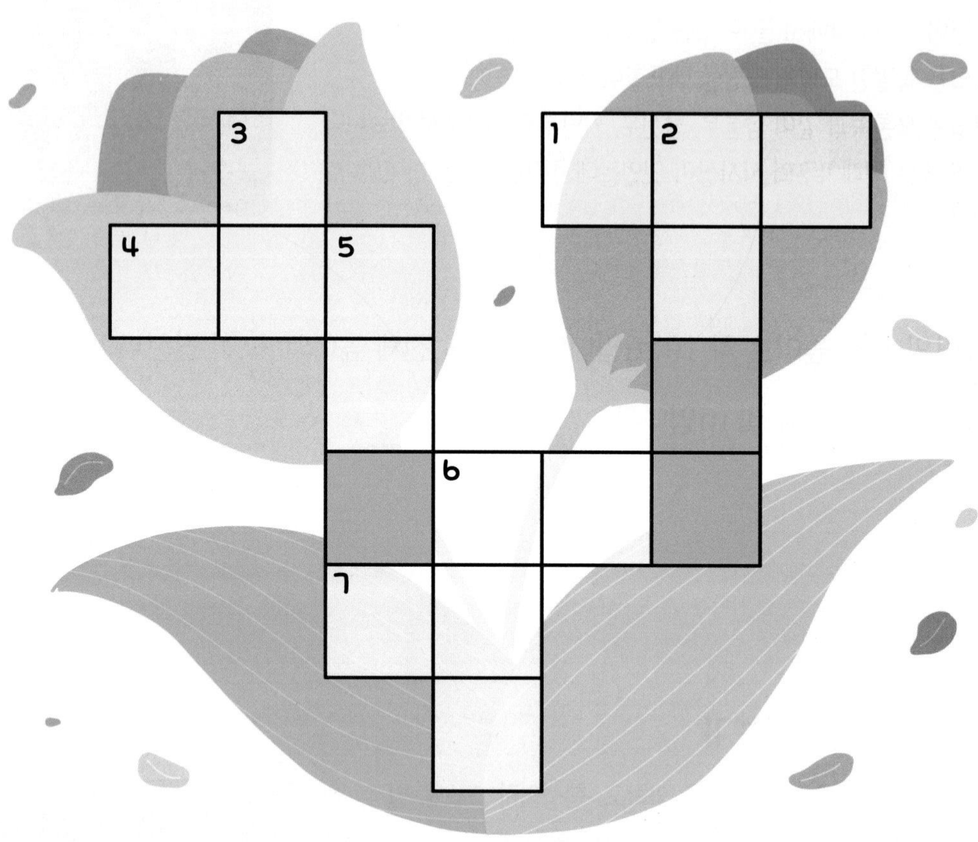

가로 힌트

1. 꽃, 봄, 분홍색
4. 길쭉한 빵, 소시지
6. 가구, 공부, 독서
7. 직업, 예술가, 그림

세로 힌트

2. 식품, 닭, 알
3. 과일, 보라색, ○○송이
5. 놀이기구, 놀이터, 왔다갔다
6. 물건, 학생, ○○○을 메다

5 들이와 무게

이전에 배운 내용

1-1 비교하기
구체물의 들이, 무게 비교

2-1 길이 재기
자로 길이 재기, 길이 어림하기

2-2 길이 재기
- 1 m가 100 cm임을 알고 나타내기
- 길이의 덧셈과 뺄셈

3-1 길이와 시간
- 1 mm, 1 km를 알고 나타내기

이번에 배울 내용

1. 들이의 비교
2. 들이의 단위
3. 들이를 어림하고 재어 보기
4. 들이의 덧셈과 뺄셈
5. 무게의 비교
6. 무게의 단위
7. 무게를 어림하고 재어 보기
8. 무게의 덧셈과 뺄셈

이후에 배울 내용

5-2 수의 범위와 어림하기
- 이상, 이하, 초과, 미만
- 올림, 버림, 반올림

들이의 비교

여러 가지 방법으로 들이 비교하기

그릇에 가득 담을 수 있는 양

방법 1 ㉮에 물을 가득 채운 후 ㉯에 직접 옮겨 담기 → 직접 비교

⇨ (㉮의 들이) < (㉯의 들이)

㉯에 물이 가득 차지 않습니다.

방법 2 ㉮와 ㉯에 물을 가득 채운 후 모양과 크기가 같은 큰 수조에 각각 옮겨 담기 → 간접 비교

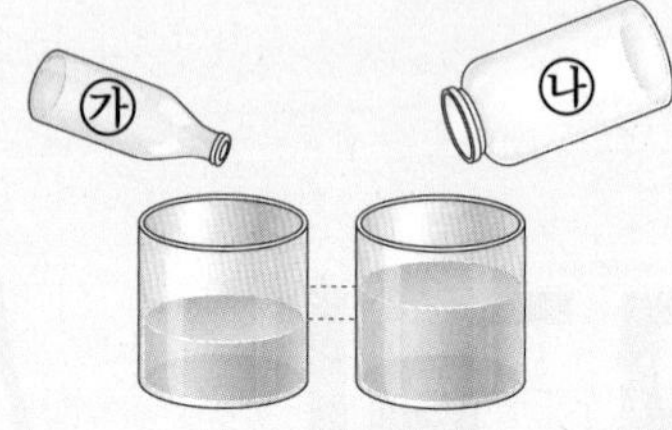

⇨ (㉮의 들이) < (㉯의 들이)

㉯에서 옮겨 담은 물의 높이가 ㉮에서 옮겨 담은 물의 높이보다 더 높습니다.

방법 3 ㉮와 ㉯에 물을 가득 채운 후 모양과 크기가 같은 작은 컵에 각각 옮겨 담기 → 임의 단위로 비교

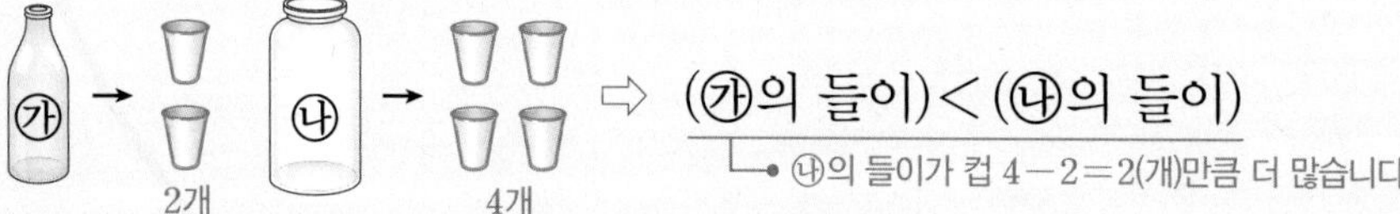

⇨ (㉮의 들이) < (㉯의 들이)

㉯의 들이가 컵 $4-2=2$(개)만큼 더 많습니다.

개념

1 가 물병과 나 물병에 물을 가득 채운 후 모양과 크기가 같은 수조에 각각 옮겨 담았더니 그림과 같이 물이 채워졌습니다. 가 물병과 나 물병 중 들이가 더 많은 것은 어느 것입니까?

( )

개념

2 가 그릇과 나 그릇에 물을 가득 채운 후 모양과 크기가 같은 컵에 각각 옮겨 담았습니다. 가 그릇과 나 그릇 중 들이가 더 많은 것은 어느 것입니까?

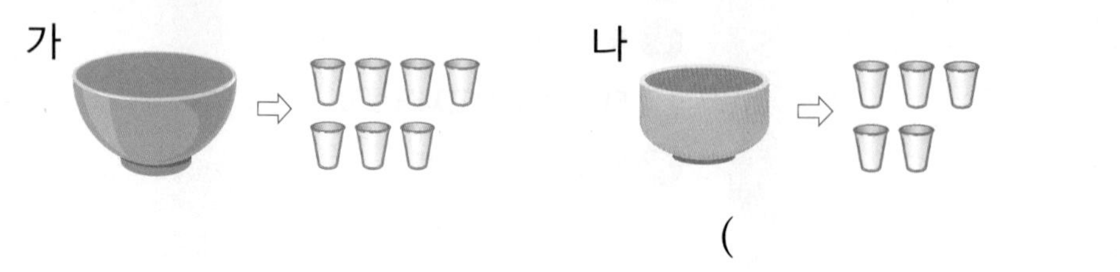

( )

2 들이의 단위

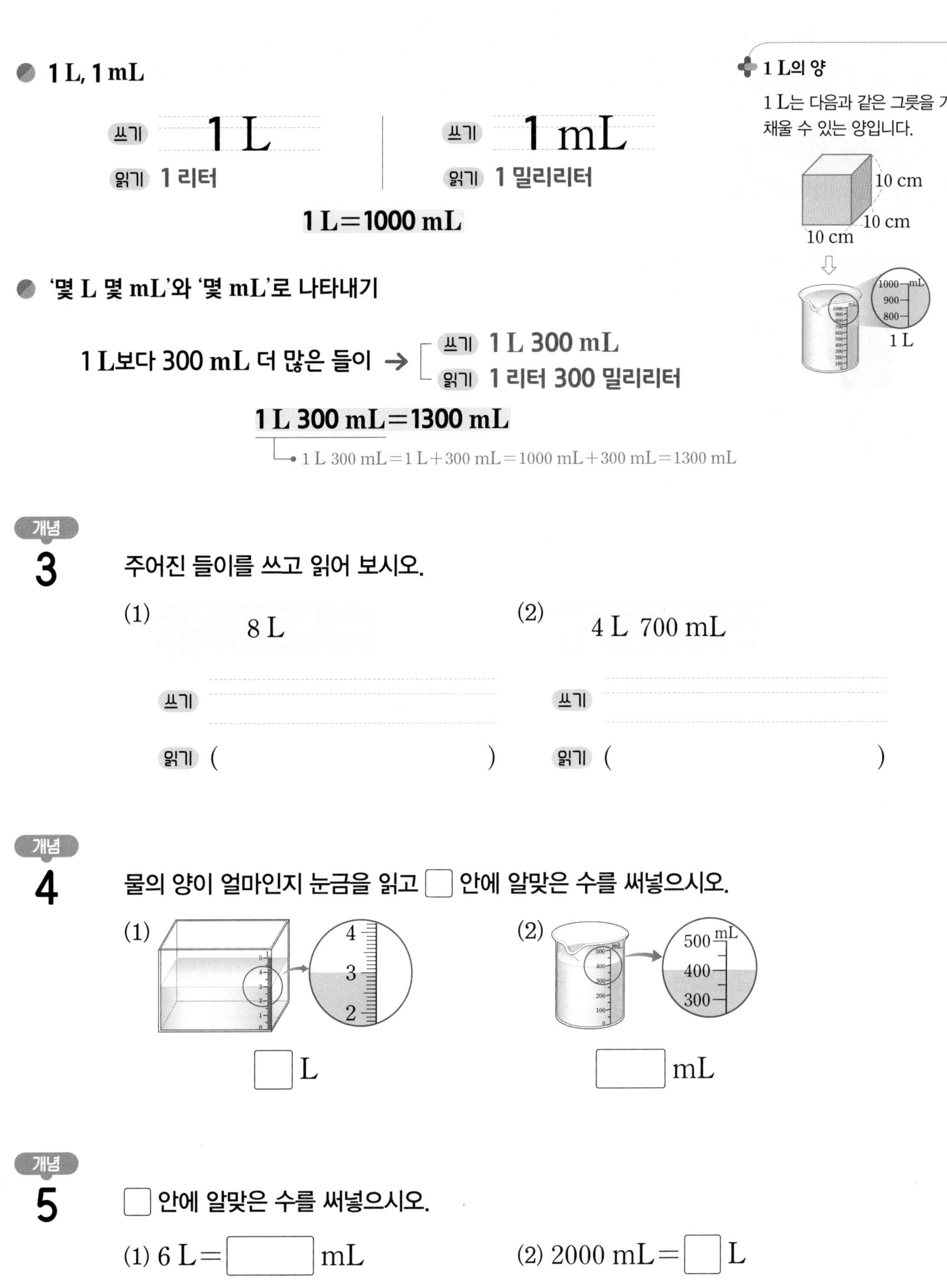

1 L, 1 mL
쓰기 1 L
읽기 1 리터
쓰기 1 mL
읽기 1 밀리리터
1 L=1000 mL
1 L의 양
1 L는 다음과 같은 그릇을 가득 채울 수 있는 양입니다.
10 cm
10 cm
10 cm
1000 mL
900
800
1 L
'몇 L 몇 mL'와 '몇 mL'로 나타내기
1 L보다 300 mL 더 많은 들이
쓰기 1 L 300 mL
읽기 1 리터 300 밀리리터
1 L 300 mL=1300 mL
1 L 300 mL=1 L+300 mL=1000 mL+300 mL=1300 mL
개념
3
주어진 들이를 쓰고 읽어 보시오.
(1) 8 L
쓰기
읽기 ( )
(2) 4 L 700 mL
쓰기
읽기 ( )
개념
4
물의 양이 얼마인지 눈금을 읽고 □ 안에 알맞은 수를 써넣으시오.
(1)
4
3
2
□ L
(2)
500 mL
400
300
□ mL

개념
5 □ 안에 알맞은 수를 써넣으시오.

(1) 6 L=□ mL

(2) 2000 mL=□ L

(3) 1 L 900 mL=□ mL

(4) 5030 mL=□ L □ mL

5 단원

3

들이를 어림하고 재어 보기

들이를 어림하여 말할 때는 **약 □L** 또는 **약 □mL**라고 합니다.

들이를 쉽게 알 수 있는 200 mL, 500 mL, 1 L의 다양한 들이의 물건을 사용하여 들이를 어림해 보고 직접 재어 확인해 봅니다.
(기준 단위: 200 mL, 500 mL, 1 L)

예 여러 가지 물건의 들이를 어림하고 재어 보기

물건	어림한 들이	직접 잰 들이
	1 L로 2번쯤 들어갈 것 같습니다. ⇨ 약 2 L	1 L 900 mL
	200 mL보다 더 적게 들어갈 것 같습니다. ⇨ 약 190 mL	180 mL
	1 L와 남는 것이 200 mL쯤 될 것 같습니다. ⇨ 약 1 L 200 mL	1 L 300 mL

기준 단위가 되는 물건

200 mL, 500 mL, 1 L에 가까운 물건을 사용하여 들이를 어림할 수 있습니다.

예 • 200 mL ⇨ 종이컵
• 500 mL ⇨ 음료수 캔
• 1 L ⇨ 우유갑

L와 mL의 사용

L는 들이가 많은 물건에 사용되고, mL는 들이가 적은 물건에 사용됩니다.

예 • 양동이, 주전자 ⇨ L
• 컵, 요구르트병 ⇨ mL

개념

6 들이가 1 L인 우유갑을 기준으로 들이가 약 1 L인 것을 찾아 ○표 하시오.

(　　　)

(　　　)

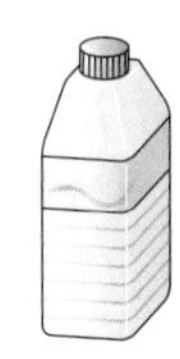
(　　　)

확인

7 □ 안에 들어갈 알맞은 단위에 ○표 하시오.

(1)

음료수병의 들이는
약 1500 □입니다.

mL	L

(2)

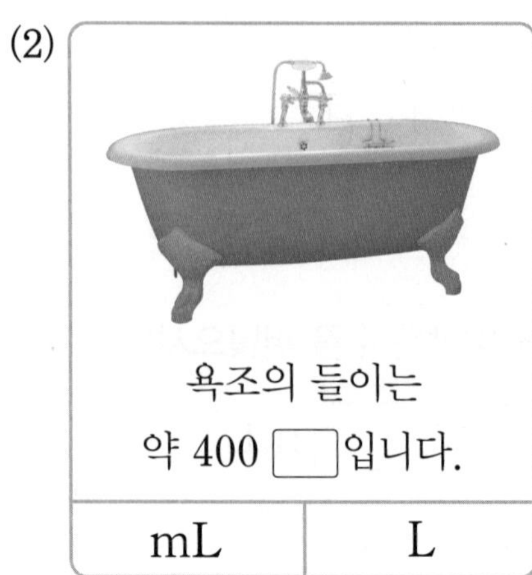

욕조의 들이는
약 400 □입니다.

mL	L

들이의 덧셈과 뺄셈

들이의 덧셈

mL 단위의 수끼리,
L 단위의 수끼리 더합니다.

$$\begin{array}{rrr} & 1\,\text{L} & 400\,\text{mL} \\ + & 2\,\text{L} & 300\,\text{mL} \\ \hline & 3\,\text{L} & 700\,\text{mL} \end{array}$$

참고 받아올림이 있는 들이의 덧셈

$$\begin{array}{rrr} & \overset{1}{1}\,\text{L} & 900\,\text{mL} \\ + & 1\,\text{L} & 600\,\text{mL} \\ \hline & 3\,\text{L} & 500\,\text{mL} \end{array}$$

900 mL+600 mL =1500 mL 이므로 1000 mL를 1 L로 받아올림합니다.

들이의 뺄셈

mL 단위의 수끼리,
L 단위의 수끼리 뺍니다.

$$\begin{array}{rrr} & 5\,\text{L} & 800\,\text{mL} \\ - & 3\,\text{L} & 200\,\text{mL} \\ \hline & 2\,\text{L} & 600\,\text{mL} \end{array}$$

참고 받아내림이 있는 들이의 뺄셈

$$\begin{array}{rrr} & \overset{2}{\cancel{3}}\,\text{L} & \overset{1000}{300}\,\text{mL} \\ - & 1\,\text{L} & 700\,\text{mL} \\ \hline & 1\,\text{L} & 600\,\text{mL} \end{array}$$

300 mL에서 700 mL를 뺄 수 없으므로 1 L를 1000 mL로 받아내림합니다.

개념

8 □ 안에 알맞은 수를 써넣으시오.

(1)

$$\begin{array}{rrr} & 2\,\text{L} & 500\,\text{mL} \\ + & 1\,\text{L} & 200\,\text{mL} \\ \hline & \square\,\text{L} & \square\,\text{mL} \end{array}$$

(2)

$$\begin{array}{rrr} & \overset{\square}{1}\,\text{L} & 700\,\text{mL} \\ + & 5\,\text{L} & 800\,\text{mL} \\ \hline & \square\,\text{L} & \square\,\text{mL} \end{array}$$

확인

9 계산해 보시오.

(1) 4 L 100 mL+2 L 600 mL

(2) 6 L 300 mL+1 L 800 mL

개념

10 □ 안에 알맞은 수를 써넣으시오.

(1)

$$\begin{array}{rrr} & 3\,\text{L} & 900\,\text{mL} \\ - & 1\,\text{L} & 300\,\text{mL} \\ \hline & \square\,\text{L} & \square\,\text{mL} \end{array}$$

(2)

$$\begin{array}{rrr} & \overset{\square}{\cancel{4}}\,\text{L} & \overset{\square}{200}\,\text{mL} \\ - & 1\,\text{L} & 500\,\text{mL} \\ \hline & \square\,\text{L} & \square\,\text{mL} \end{array}$$

확인

11 계산해 보시오.

(1) 5 L 700 mL−3 L 400 mL

(2) 7 L 500 mL−2 L 900 mL

● 정답 29쪽

❷ 들이의 단위 / ❹ 들이의 덧셈과 뺄셈

❷ 들이의 단위

(1~7) □ 안에 알맞은 수를 써넣으시오.

1 5 L=□ mL

2 8000 mL=□ L

3 2 L 400 mL=□ mL

4 7100 mL=□ L □ mL

5 3 L 70 mL=□ mL

6 6850 mL=□ L □ mL

7 4090 mL=□ L □ mL

❹ 들이의 덧셈과 뺄셈

(8~13) 계산해 보시오.

8

	2 L	400 mL
+	3 L	200 mL

9

	6 L	700 mL
−	2 L	500 mL

10 7 L 100 mL+1 L 500 mL

11 4 L 800 mL−1 L 300 mL

12 5 L 500 mL+2 L 600 mL

13 7 L 300 mL−2 L 400 mL

실전문제

- 교과서 pick 교과서에 자주 나오는 문제
- 교과 역량 생각하는 힘을 키우는 문제

1 주스병에 가득 들어 있던 주스를 물병에 옮겨 담았더니 그림과 같이 물병을 가득 채우고 넘쳤습니다. 주스병과 물병 중 들이가 더 많은 것은 어느 것입니까?

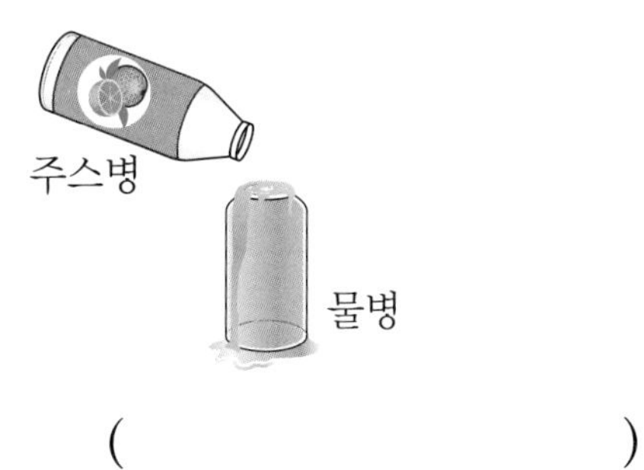

(　　　　　　　　　)

2 들이가 같은 것끼리 선으로 이어 보시오.

3 L 500 mL •		• 3005 L
3 L 50 mL •		• 3500 mL
		• 3050 mL

3 꽃병과 물병에 물을 가득 채운 후 모양과 크기가 같은 컵에 각각 옮겨 담아 들이를 비교한 것입니다. 꽃병과 물병 중 들이가 더 많은 것은 어느 것이고, 컵 몇 개만큼 들이가 더 많습니까?

(　　　　　　,　　　　　　)

4 〈보기〉에서 알맞은 물건을 골라 문장을 완성해 보시오.

〈보기〉
순가락　　항아리　　종이컵

(1) [　　　　] 의 들이는 약 200 mL입니다.

(2) [　　　　] 의 들이는 약 10 mL입니다.

(3) [　　　　] 의 들이는 약 40 L입니다.

5 계산해 보시오.

(1)
```
   5 L  700 mL
 + 3 L  400 mL
 -------------
```

(2)
```
   9 L  300 mL
 - 7 L  500 mL
 -------------
```

교과 역량

6 들이의 단위를 잘못 사용한 사람을 찾아 이름을 써 보시오.

- 상우: 그릇의 들이는 약 500 mL야.
- 정화: 약병의 들이는 약 120 L 정도야.
- 영국: 냄비의 들이는 약 2 L일 것 같아.

(　　　　　　　　　)

7 대야에 물을 성현이는 5 L 900 mL 받았고, 진주는 3 L 200 mL 받았습니다. 성현이는 진주보다 물을 몇 L 몇 mL 더 많이 받았습니까?

(　　　　　　　　)

교과 역량

8 어항에 물을 가득 채우려면 ㉮, ㉯, ㉰ 컵으로 각각 다음과 같은 횟수만큼 물을 부어야 합니다. 들이가 가장 적은 컵은 어느 것입니까?

컵	㉮	㉯	㉰
부어야 하는 횟수(번)	6	5	9

(　　　　　　　　)

교과서 pick　　서술형

9 들이가 가장 많은 물건을 찾아 쓰려고 합니다. 풀이 과정을 쓰고 답을 구해 보시오.

냄비	물뿌리개	보온병
2200 mL	2 L 300 mL	2030 mL

풀이 |

답 |

10 주전자의 들이를 가장 적절히 어림한 사람을 찾아 이름을 써 보시오.

- 지성: 500 mL 우유갑으로 2번쯤 들어갈 것 같아. 들이는 약 1000 L야.
- 민호: 2 L 물병과 들이가 비슷할 것 같아. 들이는 약 200 mL야.
- 미주: 1 L 우유갑으로 1번, 200 mL 우유갑으로 2번 들어갈 것 같아. 들이는 약 1 L 400 mL야.

(　　　　　　　　)

11 물이 1분에 1 L 550 mL씩 일정하게 나오는 수도가 있습니다. 이 수도로 3분 동안 받을 수 있는 물은 모두 몇 L 몇 mL입니까?

(　　　　　　　　)

12 노란색 페인트 5 L와 파란색 페인트 3 L를 섞어서 초록색 페인트를 만들었습니다. 그중에서 6 L 510 mL를 사용했다면 남은 초록색 페인트의 양은 몇 L 몇 mL입니까?

(　　　　　　　　)

● 정답 30쪽

무게의 비교

여러 가지 방법으로 무게 비교하기

(무게: 무거운 정도를 나타내는 양)

방법 1 양손에 물건을 하나씩 들어서 무게 비교하기 → 직접 비교

⇨ (토마토의 무게)>(귤의 무게)

└ 토마토를 들고 있는 손에 힘이 더 많이 들어갑니다.

방법 2 양팔저울에 물건을 올려놓아서 무게 비교하기 → 간접 비교

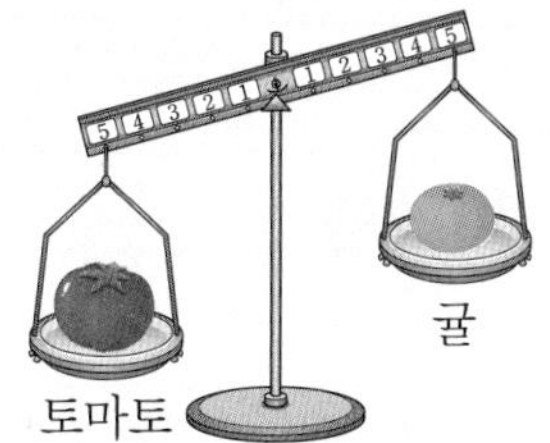

⇨ (토마토의 무게)>(귤의 무게)

└ 토마토 쪽으로 기울어졌습니다.

방법 3 단위 물건을 사용하여 무게 비교하기 → 임의 단위로 비교

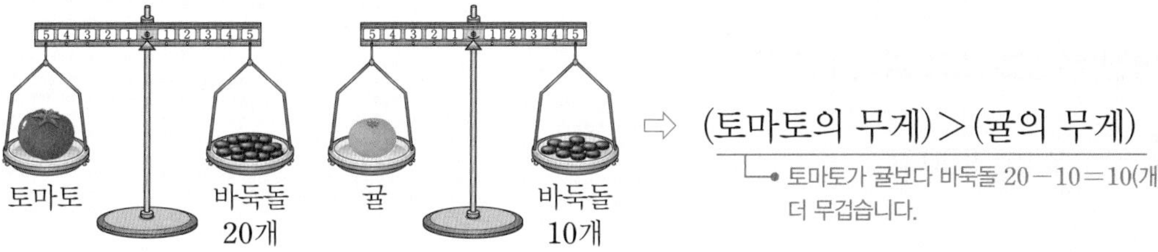

⇨ (토마토의 무게)>(귤의 무게)

└ 토마토가 귤보다 바둑돌 $20-10=10$(개)만큼 더 무겁습니다.

개념

1 양팔저울로 연필과 지우개의 무게를 비교한 것입니다. 더 무거운 것은 어느 것입니까?

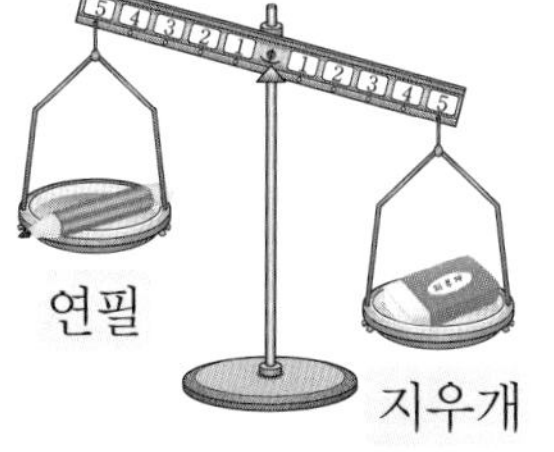

(　　　　　　　　)

개념

2 양팔저울과 바둑돌을 사용하여 딸기와 배의 무게를 비교한 것입니다. 딸기와 배 중에서 어느 과일이 바둑돌 몇 개만큼 더 무겁습니까?

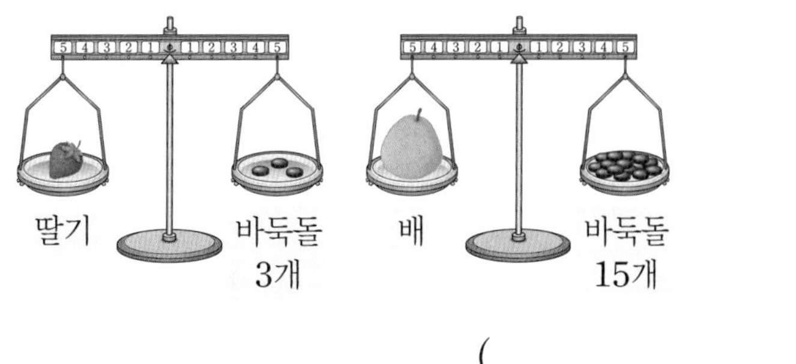

(　　　　　,　　　　　)

6

무게의 단위

1 kg, 1 g, 1 t

쓰기 1 kg	쓰기 1 g	쓰기 1 t
읽기 1 킬로그램	읽기 1 그램	읽기 1 톤

1 kg=1000 g **1 t=1000 kg**

1 kg, 1 g, 1 t의 무게 비교

1 g이 가장 가볍고,
1 t이 가장 무겁습니다.
1 g<1 kg<1 t

'몇 kg 몇 g'과 '몇 g'으로 나타내기

1 kg보다 600 g 더 무거운 무게 → 쓰기 1 kg 600 g / 읽기 1 킬로그램 600 그램

1 kg 600 g=1600 g

1 kg 600 g=1 kg+600 g=1000 g+600 g=1600 g

개념

3 주어진 무게를 쓰고 읽어 보시오.

(1) 3 kg 900 g

쓰기

읽기 (　　　　　　　　)

(2) 6 t

쓰기

읽기 (　　　　　　　　)

개념

4 저울을 보고 □ 안에 알맞은 수를 써넣으시오.

(1)

2 kg

□ kg

(2)

300 g

□ g

개념

5 □ 안에 알맞은 수를 써넣으시오.

(1) 5 kg=□ g

(2) 8 t=□ kg

(3) 4 kg 500 g=□ g

(4) 2010 g=□ kg □ g

7

무게를 어림하고 재어 보기

무게를 어림하여 말할 때는 **약 □ kg** 또는 **약 □ g**이라고 합니다.

기준 단위

무게를 쉽게 알 수 있는 100 g, 500 g, 1 kg의 다양한 무게의 물건을 사용하여 무게를 어림해 보고 직접 재어 확인해 봅니다.

예 여러 가지 물건의 무게를 어림하고 재어 보기

물건	어림한 무게	직접 잰 무게
	100 g이 4개 정도 있는 무게와 비슷할 것 같습니다. ⇨ 약 400 g	450 g
	50 g보다 더 가벼울 것 같습니다. ⇨ 약 40 g	20 g
	1 kg과 500 g을 함께 들어 본 무게쯤 될 것 같습니다. ⇨ 약 1 kg 500 g	1 kg 400 g

기준 단위가 되는 물건

100 g, 500 g, 1 kg에 가까운 물건을 사용하여 무게를 어림할 수 있습니다.

예 • 100 g ⇨ 양파
• 500 g ⇨ 배
• 1 kg ⇨ 노트북

kg, g, t의 사용

kg, t은 무게가 무거운 물건에 사용되고, g은 무게가 가벼운 물건에 사용됩니다.

예 • 자전거, 세탁기 ⇨ kg
• 지우개, 필통 ⇨ g
• 화물 자동차 ⇨ t

5 단원

개념

6 휴대 전화의 무게를 재어 보려고 합니다. 어느 단위를 사용하여 무게를 재면 더 편리할지 알맞은 단위에 ○표 하시오.

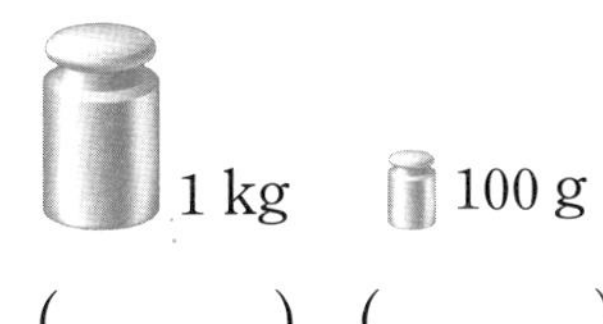

(　　　) (　　　)

확인

7 □ 안에 들어갈 알맞은 단위를 찾아 ○표 하시오.

(1)

호박 1개의 무게는 약 5 □입니다.

g	kg	t

(2)

트럭의 무게는 약 10 □입니다.

g	kg	t

• 정답 30쪽

8 무게의 덧셈과 뺄셈

무게의 덧셈

g 단위의 수끼리,
kg 단위의 수끼리 더합니다.

	2 kg	300 g
+	3 kg	500 g
	5 kg	800 g

참고 받아올림이 있는 무게의 덧셈

$$\begin{array}{rrr} & \overset{1}{2}\text{ kg} & 400\text{ g} \\ + & 2\text{ kg} & 700\text{ g} \\ \hline & 5\text{ kg} & 100\text{ g} \end{array}$$

400 g+700 g=1100 g 이므로 1000 g을 1 kg으로 받아올림합니다.

무게의 뺄셈

g 단위의 수끼리,
kg 단위의 수끼리 뺍니다.

	4 kg	700 g
−	1 kg	200 g
	3 kg	500 g

참고 받아내림이 있는 무게의 뺄셈

$$\begin{array}{rrr} & \overset{5}{\cancel{6}}\text{ kg} & \overset{1000}{500}\text{ g} \\ - & 1\text{ kg} & 800\text{ g} \\ \hline & 4\text{ kg} & 700\text{ g} \end{array}$$

500 g에서 800 g을 뺄 수 없으므로 1 kg을 1000 g으로 받아내림합니다.

개념

8 □ 안에 알맞은 수를 써넣으시오.

(1)
$$\begin{array}{rrr} & 1\text{ kg} & 700\text{ g} \\ + & 1\text{ kg} & 200\text{ g} \\ \hline & \square\text{ kg} & \square\text{ g} \end{array}$$

(2)
$$\begin{array}{rrr} & \overset{\square}{3}\text{ kg} & 600\text{ g} \\ + & 4\text{ kg} & 800\text{ g} \\ \hline & \square\text{ kg} & \square\text{ g} \end{array}$$

확인

9 계산해 보시오.

(1) 5 kg 400 g+1 kg 300 g

(2) 2 kg 900 g+2 kg 200 g

개념

10 □ 안에 알맞은 수를 써넣으시오.

(1)
$$\begin{array}{rrr} & 2\text{ kg} & 800\text{ g} \\ - & 1\text{ kg} & 500\text{ g} \\ \hline & \square\text{ kg} & \square\text{ g} \end{array}$$

(2)
$$\begin{array}{rrr} & \overset{\square}{\cancel{5}}\text{ kg} & \overset{\square}{300}\text{ g} \\ - & 2\text{ kg} & 700\text{ g} \\ \hline & \square\text{ kg} & \square\text{ g} \end{array}$$

확인

11 계산해 보시오.

(1) 7 kg 900 g−2 kg 700 g

(2) 6 kg 100 g−3 kg 600 g

❻ 무게의 단위 / ❽ 무게의 덧셈과 뺄셈

❻ 무게의 단위

(1~7) □ 안에 알맞은 수를 써넣으시오.

1 4 kg=□ g

2 9000 g=□ kg

3 3 t=□ kg

4 5 kg 600 g=□ g

5 1580 g=□ kg □ g

6 2 kg 190 g=□ g

7 9030 g=□ kg □ g

❽ 무게의 덧셈과 뺄셈

(8~13) 계산해 보시오.

8
$$\begin{array}{rr} & 5\text{ kg} \quad 300\text{ g} \\ + & 2\text{ kg} \quad 600\text{ g} \\ \hline \end{array}$$

9
$$\begin{array}{rr} & 3\text{ kg} \quad 600\text{ g} \\ - & 2\text{ kg} \quad 300\text{ g} \\ \hline \end{array}$$

10 4 kg 500 g+1 kg 400 g

11 7 kg 800 g−3 kg 200 g

12 6 kg 400 g+2 kg 800 g

13 9 kg 250 g−7 kg 500 g

STEP 1 실전문제

- 교과서 pick 교과서에 자주 나오는 문제
- 교과 역량 생각하는 힘을 키우는 문제

1 무게가 무거운 것부터 차례대로 기호를 써 보시오.

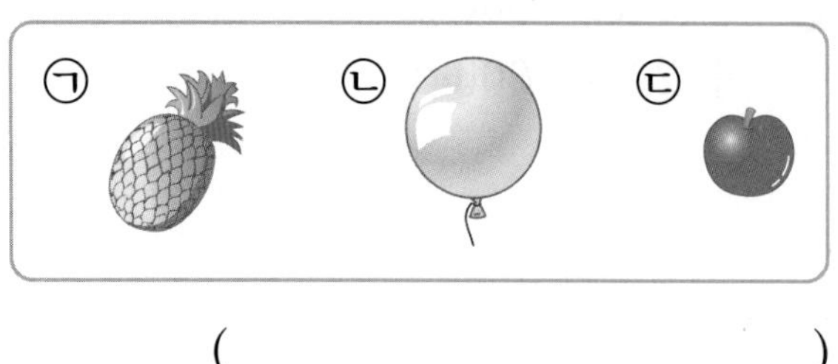

( )

2 떡의 무게는 몇 kg 몇 g입니까?

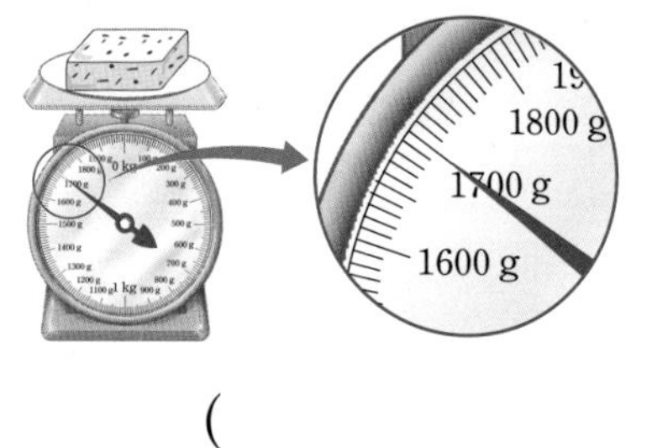

( )

3 〈보기〉에서 알맞은 것을 골라 문장을 완성해 보시오.

〈보기〉

에어컨 축구공 비행기

(1) ☐의 무게는 약 20 kg입니다.

(2) ☐의 무게는 약 200 t입니다.

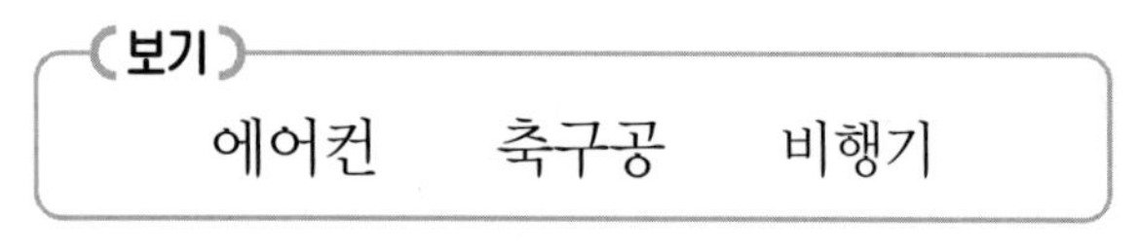

4 무게가 1 t보다 무거운 것을 모두 찾아 기호를 써 보시오.

㉠ 코끼리 1마리 ㉡ 쌀 1가마니
㉢ 소방차 1대 ㉣ 사과 1상자

( )

5 계산해 보시오.

(1)
```
    3 kg   900 g
  + 4 kg   500 g
  ---------------
```

(2)
```
    7 kg   500 g
  - 4 kg   600 g
  ---------------
```

교과 역량

6 무게 단위 사이의 관계를 잘못 나타낸 것을 찾아 기호를 써 보시오.

㉠ 2 kg 700 g=2700 g
㉡ 9080 g=9 kg 80 g
㉢ 600 kg=6 t

( )

7 영희가 딸기를 6 kg 700 g 땄습니다. 그중에서 2 kg 300 g을 먹었다면 남은 딸기의 무게는 몇 kg 몇 g입니까?

( )

교과서 pick

8 현우가 고구마를 어제는 2 kg 800 g 캤고, 오늘은 3 kg 100 g 캤습니다. 현우가 어제와 오늘 캔 고구마의 무게는 모두 몇 kg 몇 g입니까?

( )

9 사슴의 무게는 약 50 kg이고, 고래의 무게는 약 5 t입니다. 고래의 무게는 사슴의 무게의 약 몇 배입니까?

( )

서술형

10 실제 무게가 8 kg인 의자의 무게를 다음과 같이 어림하였습니다. 의자의 실제 무게에 가장 가깝게 어림한 사람은 누구인지 풀이 과정을 쓰고 답을 구해 보시오.

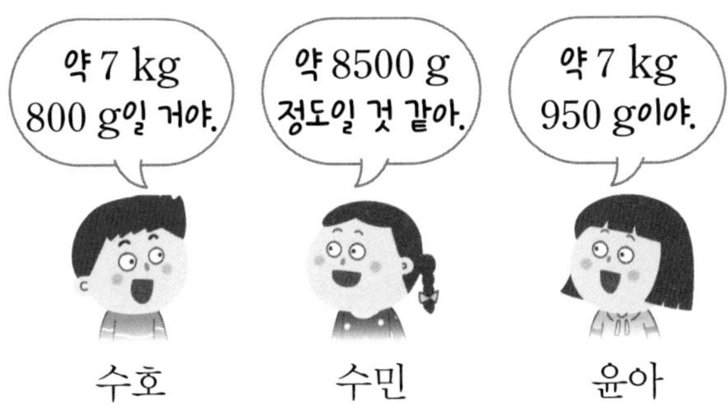

풀이 |

답 |

11 무게가 가벼운 것부터 차례대로 기호를 써 보시오.

㉠ 5 kg 200 g	㉡ 5050 g
㉢ 5 kg 440 g	㉣ 5800 g

( )

5 단원

교과 역량

12 바둑돌과 공깃돌을 사용하여 똑같은 인형의 무게를 재었습니다. 바둑돌과 공깃돌 중에서 한 개의 무게가 더 무거운 것은 무엇입니까? (단, 같은 종류의 물건끼리는 한 개의 무게가 같습니다.)

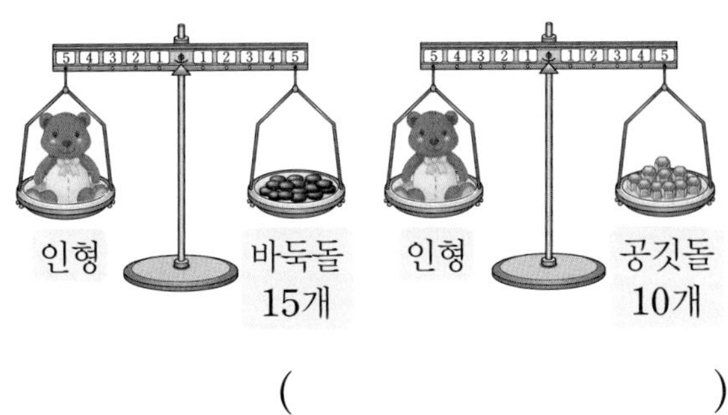

( )

13 형우의 몸무게는 33 kg 400 g이고, 은비의 몸무게는 형우보다 2 kg 600 g 더 가볍습니다. 형우와 은비의 몸무게의 합은 몇 kg 몇 g입니까?

( )

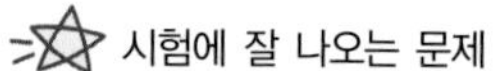

예제 1

양팔저울과 구슬을 사용하여 세 물건의 무게를 비교한 것입니다. 가장 무거운 물건의 무게는 가장 가벼운 물건의 무게의 몇 배입니까?

물건	주사위	손난로	색연필
구슬의 수(개)	5	15	10

( )

2

양팔저울과 바둑돌을 사용하여 세 물건의 무게를 비교한 것입니다. 가장 무거운 물건의 무게는 가장 가벼운 물건의 무게의 몇 배입니까?

물건	계산기	지우개	풀
바둑돌의 수(개)	24	6	12

( )

예제 3

교과서 pick

수조에 다음과 같이 물이 채워져 있습니다. 수조에서 비커로 물을 800 mL씩 2번 덜어 냈다면 수조에 남아 있는 물의 양은 몇 L 몇 mL입니까?

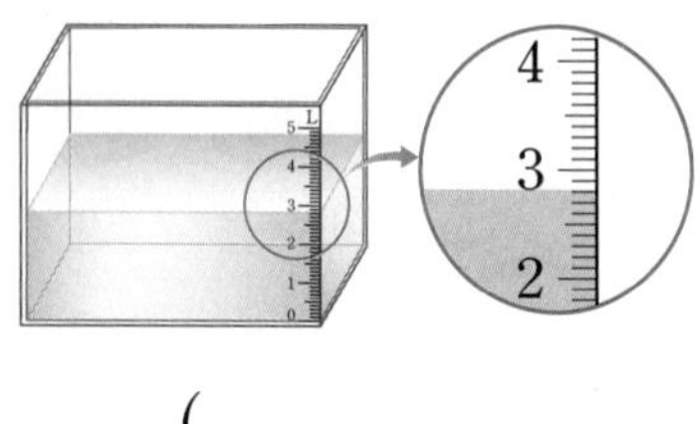

( )

4

수조에 다음과 같이 물이 채워져 있습니다. 수조에서 비커로 물을 600 mL씩 3번 덜어 냈다면 수조에 남아 있는 물의 양은 몇 L 몇 mL입니까?

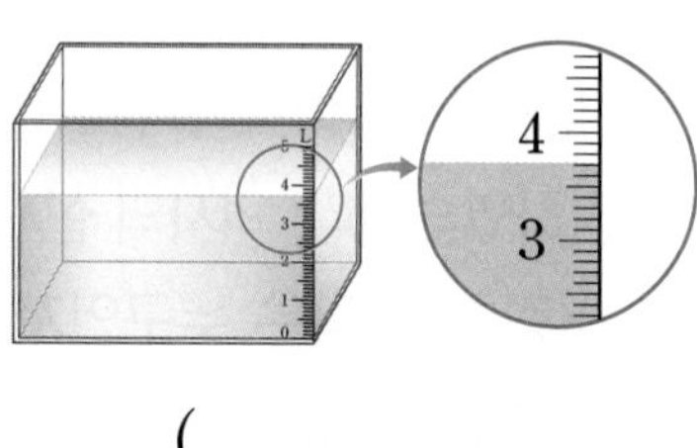

( )

예제 5

□ 안에 알맞은 수를 써넣으시오.

$$\begin{array}{rrrr} & 2\ \text{kg} & \square & \text{g} \\ + & \square\ \text{kg} & 700 & \text{g} \\ \hline & 6\ \text{kg} & 300 & \text{g} \end{array}$$

6

□ 안에 알맞은 수를 써넣으시오.

$$\begin{array}{rrrr} & 9\ \text{L} & 100 & \text{mL} \\ - & 5\ \text{L} & \square & \text{mL} \\ \hline & \square\ \text{L} & 400 & \text{mL} \end{array}$$

예제 7

6 kg까지 담을 수 있는 가방에 무게가 2 kg 400 g인 물건과 1900 g인 물건이 각각 1개씩 들어 있습니다. 가방에 더 담을 수 있는 무게는 몇 kg 몇 g입니까?

(　　　　　　　　)

8

10 kg까지 담을 수 있는 바구니에 무게가 3 kg 700 g인 물건과 2800 g인 물건이 각각 1개씩 들어 있습니다. 바구니에 더 담을 수 있는 무게는 몇 kg 몇 g입니까?

(　　　　　　　　)

예제 9 교과서 pick

시아와 명수가 산 포도주스와 딸기주스의 양을 나타낸 것입니다. 누가 산 주스의 양이 몇 mL 더 많은지 구해 보시오.

	포도주스	딸기주스
시아	1 L 200 mL	950 mL
명수	1 L 400 mL	650 mL

(　　　　　,　　　　　)

10

윤서와 혁재가 하루 동안 마신 물의 양을 나타낸 것입니다. 누가 하루 동안 마신 물의 양이 몇 mL 더 많은지 구해 보시오.

	오전	오후
윤서	350 mL	1 L 750 mL
혁재	850 mL	1 L 550 mL

(　　　　　,　　　　　)

예제 11

무게가 똑같은 음료수 캔 4개를 담은 상자의 무게가 1 kg 650 g입니다. 상자만의 무게가 450 g이라면 음료수 캔 1개의 무게는 몇 g입니까?

(　　　　　　　　)

12

무게가 똑같은 동화책 5권을 넣은 가방의 무게가 4 kg 600 g입니다. 가방만의 무게가 1 kg 100 g이라면 동화책 1권의 무게는 몇 g입니까?

(　　　　　　　　)

단원 마무리

1 가 물병과 나 물병에 물을 가득 채운 후 모양과 크기가 같은 수조에 각각 옮겨 담았더니 그림과 같이 물이 채워졌습니다. 가 물병과 나 물병 중 들이가 더 적은 것은 어느 것입니까?

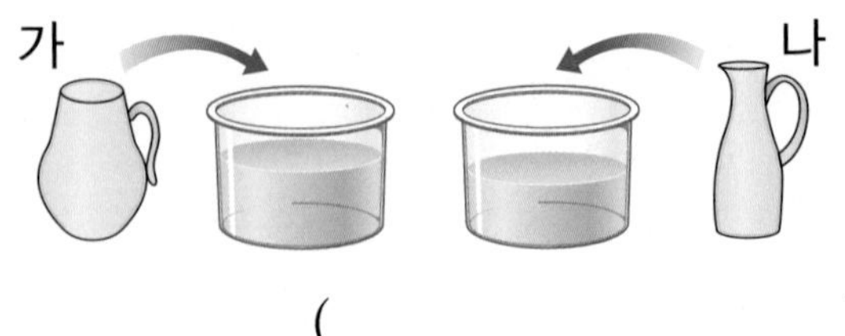

(　　　　　　　)

2 물의 양이 얼마인지 눈금을 읽고 □ 안에 알맞은 수를 써넣으시오.

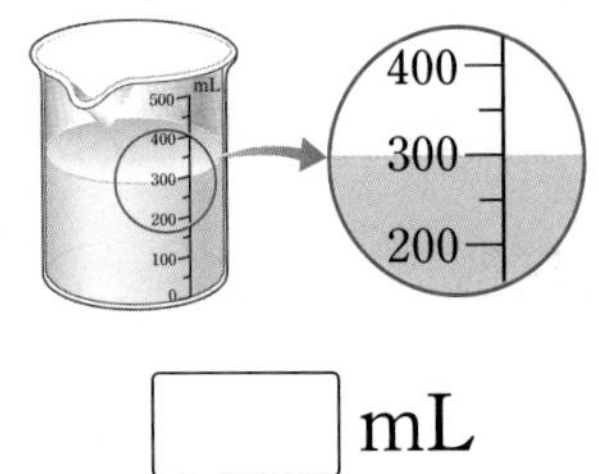

□ mL

3 화분의 무게는 몇 kg 몇 g입니까?

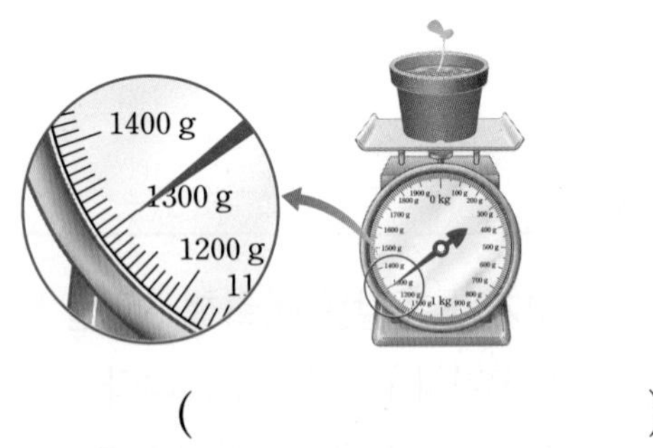

(　　　　　　　)

4 무게를 비교하여 ○ 안에 >, =, < 중 알맞은 것을 써넣으시오.

6 kg 50 g ○ 6300 g

5 무게가 1 t보다 가벼운 것을 찾아 기호를 써 보시오.

㉠ 비행기 1대	㉡ 세탁기 1대
㉢ 버스 1대	㉣ 배 1척

(　　　　　　　)

6 관계있는 것끼리 선으로 이어 보시오.

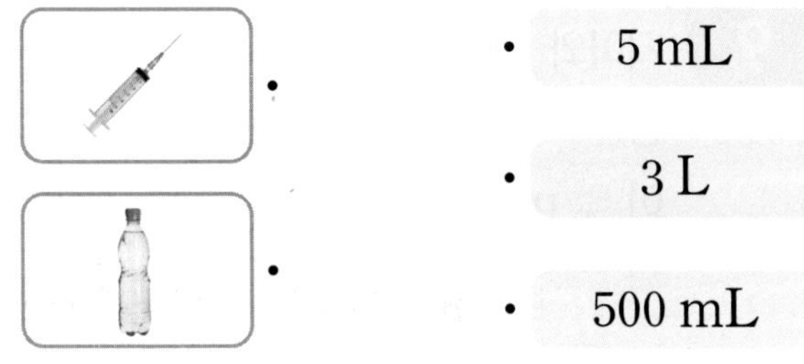

교과서에 꼭 나오는 문제

7 양팔저울과 100원짜리 동전을 사용하여 물감과 붓의 무게를 비교한 것입니다. 물감과 붓 중에서 어느 것이 100원짜리 동전 몇 개만큼 더 무겁습니까?

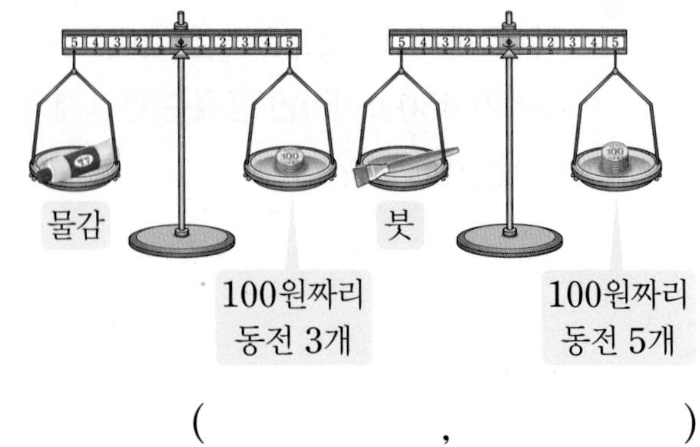

(　　　　　,　　　　　)

● 정답 32쪽

8 두 들이의 합과 차는 각각 몇 L 몇 mL인지 구해 보시오.

2800 mL	4 L 500 mL

합 (   )
차 (   )

잘 틀리는 문제

9 들이의 단위를 잘못 사용한 것을 찾아 기호를 써 보시오.

㉠ 어항에 물을 약 7 L 담았습니다.
㉡ 물병의 들이는 약 2 mL입니다.
㉢ 손 세정제의 들이는 약 600 mL입니다.

(   )

10 선우네 집에 딸기가 3 kg 600 g 있고, 망고가 1 kg 500 g 있습니다. 딸기는 망고보다 몇 kg 몇 g 더 많이 있습니까?

(   )

11 물이 가 물통에는 8 L 300 mL 들어 있고, 나 물통에는 6 L 900 mL 들어 있습니다. 두 물통에 들어 있는 물의 양은 모두 몇 L 몇 mL입니까?

(   )

12 북극곰의 무게는 약 300 kg이고, 코끼리의 무게는 약 3 t입니다. 코끼리의 무게는 북극곰의 무게의 약 몇 배입니까?

(   )

교과서에 꼭 나오는 문제

13 들이가 적은 것부터 차례대로 기호를 써 보시오.

㉠ 3 L 70 mL	㉡ 2900 mL
㉢ 3100 mL	㉣ 2 L 240 mL

(   )

14 민서와 현우가 바나나의 무게를 어림하고, 재어 보았습니다. 바나나의 실제 무게에 더 가깝게 어림한 사람은 누구입니까?

(   )

단원 마무리

15 수조에 다음과 같이 물이 채워져 있습니다. 수조에서 비커로 물을 700 mL씩 2번 덜어 냈다면 수조에 남아 있는 물의 양은 몇 L 몇 mL입니까?

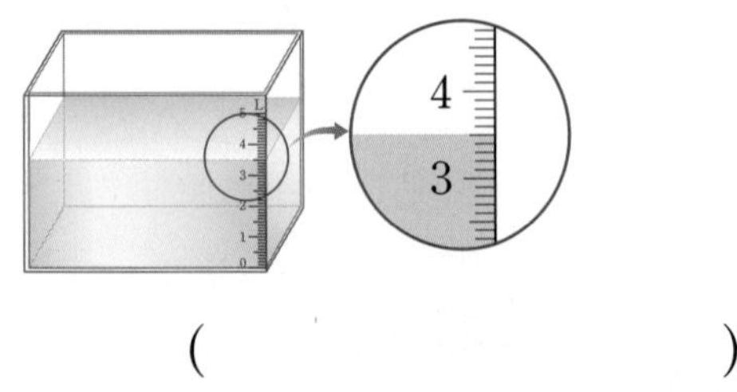

(　　　　　　　　)

잘 틀리는 문제

16 □ 안에 알맞은 수를 써넣으시오.

$$\begin{array}{rrrr} & 8\ \text{L} & 200 & \text{mL} \\ - & 5\ \text{L} & \square & \text{mL} \\ \hline & \square\ \text{L} & 600 & \text{mL} \end{array}$$

17 무게가 똑같은 설탕 4봉지를 담은 상자의 무게가 3 kg 500 g입니다. 상자만의 무게가 1 kg 100 g이라면 설탕 1봉지의 무게는 몇 g입니까?

(　　　　　　　　)

서술형 문제

18 테니스공과 야구공을 양손에 들어 보니 무게가 비슷하여 어느 것이 더 무거운지 알 수 없었습니다. 두 공의 무게를 비교할 수 있는 방법을 써 보시오.

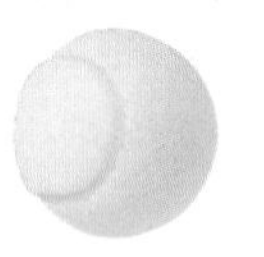 

답 |

19 수조에 물을 가득 채우려면 ㉮, ㉯, ㉰ 컵으로 각각 다음과 같은 횟수만큼 물을 부어야 합니다. 들이가 가장 많은 컵은 어느 것인지 풀이 과정을 쓰고 답을 구해 보시오.

컵	㉮	㉯	㉰
부어야 하는 횟수(번)	8	7	10

풀이 |

답 |

20 8 kg까지 담을 수 있는 서랍장에 무게가 2 kg 600 g인 물건과 2500 g인 물건이 각각 1개씩 들어 있습니다. 서랍장에 더 담을 수 있는 무게는 몇 kg 몇 g인지 풀이 과정을 쓰고 답을 구해 보시오.

풀이 |

답 |

● 정답 33쪽

1 우리나라 고유의 들이 알아보기

▲ 홉과 되를 재는 그릇

예로부터 우리나라는 들이를 잴 때 '홉', '되' 등의 고유의 단위를 사용했습니다. 이 단위들은 곡식, 가루, 액체의 양을 재는 데에 쓰는 그릇이나 그 그릇에 담긴 양을 뜻하는 말로, 지금도 방앗간이나 재래시장에서 사용되고 있습니다.
다음은 1홉과 1되를 mL와 L를 사용하여 나타낸 표입니다.

1홉	1되
약 180 mL	약 1 L 800 mL

도희 어머니께서 재래시장에서 참기름 3홉과 식혜 2되를 사셨습니다. 도희 어머니께서 사신 참기름과 식혜의 양은 모두 약 몇 L 몇 mL입니까?

( )

2 양팔저울로 무게 재기

▲ 양팔저울

양팔저울은 수평 잡기의 원리로 만든 저울로 한쪽 접시에는 무게를 재려는 물체를 올리고 다른 쪽 접시에는 무게를 알고 있는 추를 올립니다.
양팔저울이 수평이 되면 양쪽 물체의 무게가 같다는 뜻으로 추의 무게를 모두 합하면 재려는 물체의 무게를 알 수 있습니다.

양팔저울과 추를 사용하여 필통, 백과사전, 장난감의 무게를 재어 보려고 합니다. 무게가 100 g, 150 g, 200 g, 250 g인 추가 각각 한 개씩 있을 때, 추를 이용하여 무게를 잴 수 없는 물건은 무엇입니까?

필통
350 g

백과사전
650 g

장난감
700 g

( )

수도 호스의 끝을 찾아요!

• 정답 33쪽

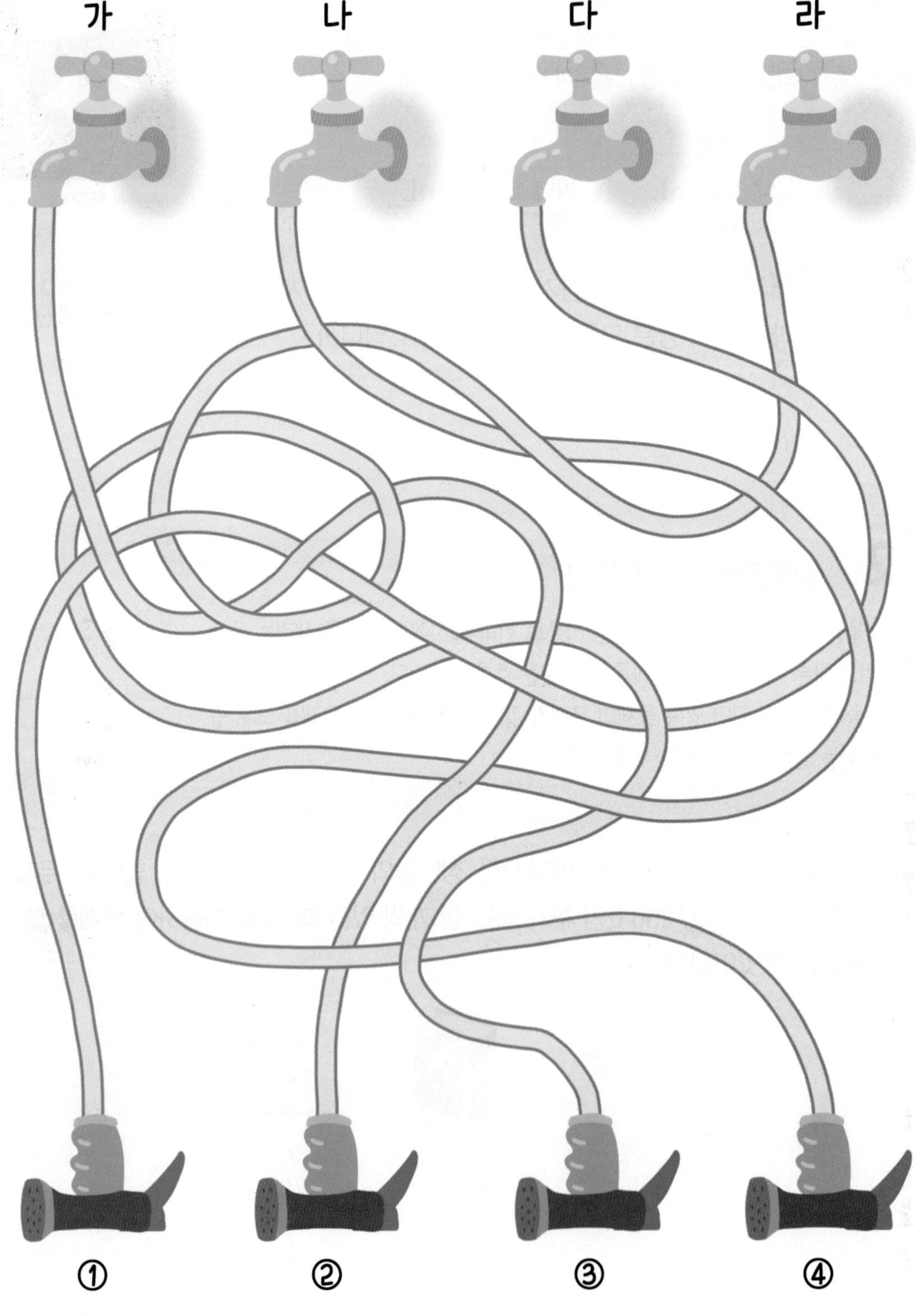

6 그림그래프

이전에 배운 내용

2-1 분류하기
분류하기

2-2 표와 그래프
- 표로 나타내기
- 그래프로 나타내기

이번에 배울 내용

1. 그림그래프
2. 그림그래프로 나타내기
3. 자료를 수집하여 그림그래프로 나타내기

이후에 배울 내용

4-1 막대그래프
- 막대그래프
- 막대그래프로 나타내기
- 막대그래프 해석하기
- 자료를 수집하여 막대그래프로 나타내기

그림그래프

그림그래프: 조사한 자료의 수를 그림으로 나타낸 그래프

좋아하는 악기별 학생 수

악기	학생 수
피아노	(큰 그림 2개, 작은 그림 3개)
바이올린	(큰 그림 2개, 작은 그림 7개)
리코더	(큰 그림 3개, 작은 그림 2개)
플루트	(큰 그림 1개, 작은 그림 7개)

(큰 그림) 10명, (작은 그림) 1명

- (큰 그림)은 10명, (작은 그림)은 1명을 나타냅니다.
- 피아노를 좋아하는 학생 수: (큰 그림)이 2개, (작은 그림)이 3개 ⇨ 23명
- 가장 많은 학생이 좋아하는 악기: 리코더
  큰 그림의 수가 많을수록 자료의 수가 많습니다.
- 가장 적은 학생이 좋아하는 악기: 플루트
  큰 그림의 수가 적을수록 자료의 수가 적습니다.

참고 그림그래프의 편리한 점

- 조사한 것이 무엇인지 그림을 보고 쉽게 알 수 있는 경우도 있습니다.
- 조사한 자료의 수와 크기를 한눈에 쉽게 비교할 수 있습니다.

개념

1 **마을별 심은 나무 수를 조사하여 나타낸 그림그래프입니다. 물음에 답하시오.**

마을별 심은 나무 수

마을	나무 수
중앙	(큰 나무 2개, 작은 나무 6개)
한솔	(큰 나무 1개, 작은 나무 2개)
초원	(큰 나무 3개)
가람	(큰 나무 1개, 작은 나무 7개)

(큰 나무) 10그루, (작은 나무) 1그루

(1) (큰 나무)과 (작은 나무)은 각각 몇 그루를 나타냅니까?

(큰 나무) (　　　　　　), (작은 나무) (　　　　　　)

(2) 중앙 마을에 심은 나무는 몇 그루입니까?

(　　　　　　)

(3) 나무를 가장 많이 심은 마을은 어느 마을입니까?

(　　　　　　)

● 정답 34쪽

2 그림그래프로 나타내기

표를 그림그래프로 나타내는 방법

방과 후 수업별 학생 수

수업	창의 수학	종이접기	로봇 과학	합계
학생 수(명)	33	42	25	100

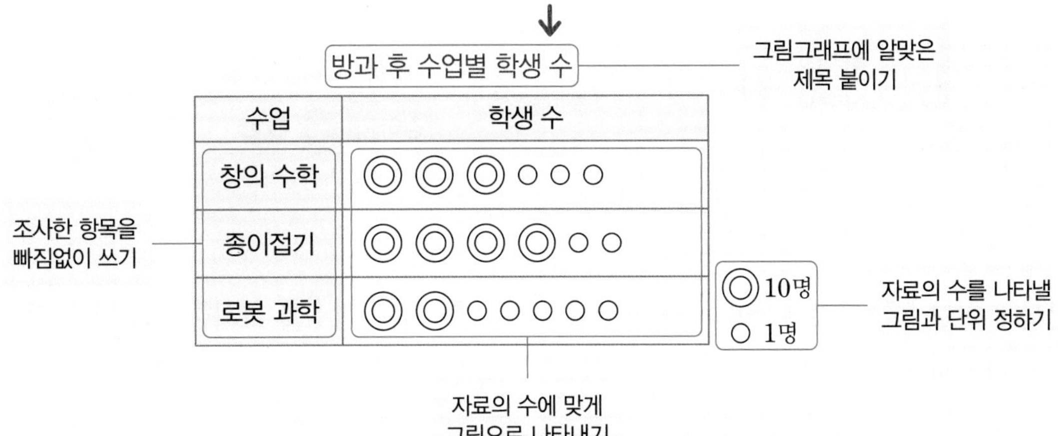

개념

2 농장별 기르고 있는 돼지 수를 조사하여 나타낸 표입니다. 물음에 답하시오.

농장별 기르고 있는 돼지 수

농장	무럭	명랑	씩씩	기쁨	합계
돼지 수(마리)	72	46	54	63	235

(1) 표를 보고 그림그래프로 나타낼 때, 그림의 단위를 몇 가지로 나타내는 것이 좋겠습니까?

( )

(2) 표를 보고 그림그래프를 완성해 보시오.

농장별 기르고 있는 돼지 수

농장	돼지 수
무럭	▣▣▣▣▣▣▣□□
명랑	
씩씩	
기쁨	

▣ 10마리
□ 1마리

• 정답 34쪽

자료를 수집하여 그림그래프로 나타내기

자료를 수집하는 방법에는 직접 손 들기, 투표하기, 붙임딱지 붙이기, 직접 물어보기 등이 있습니다.

❶ 자료 수집하기 → ❷ 표로 나타내기 → ❸ 그림그래프로 나타내기

기르고 싶어 하는 반려동물

고양이 𝍸 𝍸 𝍸 𝍸
토끼 ////
강아지 𝍸 𝍸 //

기르고 싶어 하는 반려동물별 학생 수

동물	고양이	토끼	강아지	합계
학생 수(명)	20	4	12	36

기르고 싶어 하는 반려동물별 학생 수

동물	학생 수
고양이	
토끼	
강아지	

10명
1명

개념

3 **민서네 학교 3학년 학생들이 겨울 방학에 가고 싶어 하는 장소를 조사한 것입니다. 물음에 답하시오.**

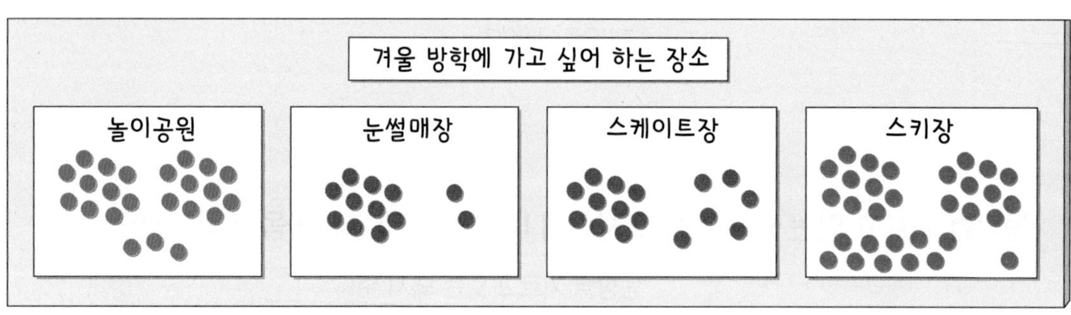

(1) 조사한 자료를 보고 표로 나타내 보시오.

겨울 방학에 가고 싶어 하는 장소별 학생 수

장소	놀이공원	눈썰매장	스케이트장	스키장	합계
학생 수(명)					

(2) 위 (1)의 표를 보고 그림그래프로 나타내 보시오.

장소	학생 수

STEP 1 실전문제

- 교과서 pick 교과서에 자주 나오는 문제
- 교과 역량 생각하는 힘을 키우는 문제

(1~4) 공장별 생산한 인형 수를 조사하여 나타낸 그림그래프입니다. 물음에 답하시오.

공장별 생산한 인형 수

공장	인형 수
가	큰 인형 3개, 작은 인형 2개
나	큰 인형 2개, 작은 인형 8개
다	큰 인형 4개, 작은 인형 3개
라	큰 인형 1개, 작은 인형 3개

(큰 인형) 100상자 (작은 인형) 10상자

1 무엇을 조사하여 나타낸 그림그래프입니까?

(　　　　　　　　　　)

2 (큰 인형)과 (작은 인형)은 각각 몇 상자를 나타냅니까?

(큰 인형) (　　　　　　　　　　)

(작은 인형) (　　　　　　　　　　)

3 가 공장에서 생산한 인형은 몇 상자입니까?

(　　　　　　　　　　)

4 인형을 가장 적게 생산한 공장은 어디입니까?

(　　　　　　　　　　)

(5~7) 민이네 학교 3학년 학생들이 좋아하는 과일을 조사한 것입니다. 물음에 답하시오.

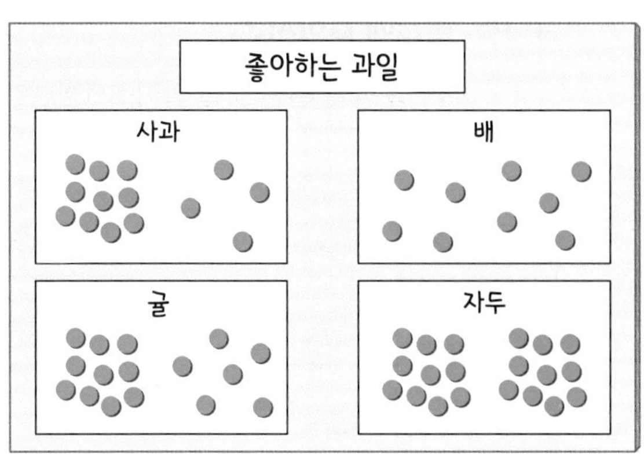

5 자료를 수집하기 위해 사용한 방법을 찾아 기호를 써 보시오.

㉠ 직접 손 들기　㉡ 투표하기
㉢ 붙임딱지 붙이기　㉣ 직접 물어보기

(　　　　　　　　　　)

6 조사한 자료를 보고 표로 나타내 보시오.

좋아하는 과일별 학생 수

과일	사과	배	귤	자두	합계
학생 수 (명)					

7 위 **6**의 표를 보고 그림그래프를 완성해 보시오.

(　　　　　　　　　　)

과일	학생 수
사과	◎ ○ ○ ○ ○
배	
귤	
자두	

◎ [　] 명　○ [　] 명

6 단원

실전문제

(8~10) 어느 아이스크림 가게에서 일주일 동안 팔린 아이스크림 수를 조사하여 나타낸 그림그래프입니다. 물음에 답하시오.

일주일 동안 팔린 맛별 아이스크림 수

맛	아이스크림 수
초콜릿 맛	
바닐라 맛	
체리 맛	
포도 맛	

100개 10개

8 일주일 동안 많이 팔린 아이스크림의 맛부터 차례대로 써 보시오.

( )

교과서 pick

9 이 아이스크림 가게에서 다음 주에는 어떤 맛의 아이스크림을 가장 많이 준비하는 것이 좋겠습니까?

( )

교과 역량

10 일주일 동안 팔린 아이스크림은 모두 몇 개입니까?

( )

(11~12) 농장별 감자 생산량을 조사하여 나타낸 표입니다. 물음에 답하시오.

농장별 감자 생산량

농장	가	나	다	합계
생산량(kg)	380	160	290	830

11 표를 보고 ◎은 100 kg, ○은 10 kg으로 하여 그림그래프로 나타내 보시오.

농장	감자 생산량
가	
나	
다	

◎ 100 kg ○ 10 kg

12 표를 보고 ◎은 100 kg, △은 50 kg, ○은 10 kg으로 하여 그림그래프로 나타내 보시오.

농장	감자 생산량
가	
나	
다	

◎ 100 kg △ 50 kg ○ 10 kg

교과 역량

13 현주네 학교 3학년 학생들의 취미를 조사하여 나타낸 표와 그림그래프입니다. 표와 그림그래프를 각각 완성해 보시오.

취미별 학생 수

취미	운동	독서	게임	노래	합계
학생 수(명)		27	52		153

취미별 학생 수

취미	학생 수
운동	
독서	
게임	
노래	

10명 1명

서술형

14 받고 싶어 하는 선물별 학생 수를 조사한 표를 보고 나타낸 그림그래프입니다. 그림그래프에서 잘못된 점을 찾아 2가지 써 보시오.

받고 싶어 하는 선물별 학생 수

선물	자전거	장난감	책	옷	합계
학생 수(명)	12	23	14	27	76

받고 싶어 하는 선물별 학생 수

선물	학생 수
자전거	
장난감	
책	

10명 1명

답 |

15 줄넘기 대회에서 승우네 반이 얻은 점수를 조사하여 나타낸 그림그래프입니다. 잘못 설명한 사람을 찾아 이름을 써 보시오.

줄넘기 대회에서 얻은 횟수별 점수

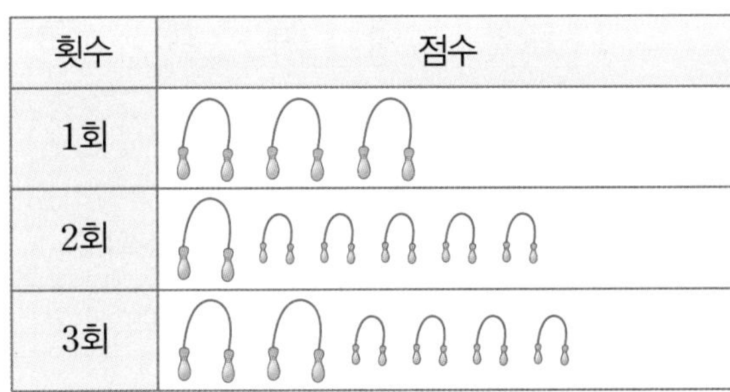

횟수	점수
1회	
2회	
3회	

100점 10점

- 승우: 가장 높은 점수와 가장 낮은 점수의 차는 150점이야.
- 혜빈: 1회의 점수는 2회의 점수의 2배야.
- 주호: 얻은 점수의 합은 700점이야.

(　　　　　　　　)

16 지역별 초등학교 축구부 수를 조사하여 나타낸 그림그래프입니다. 축구부 수가 가장 적은 지역보다 17군데 더 많은 지역은 어디입니까?

지역별 초등학교 축구부 수

지역	축구부 수
가	
나	
다	
라	

10군데 1군데

(　　　　　　　　)

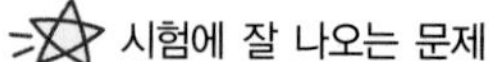

예제 1

목장별 기르고 있는 소의 수를 조사하여 나타낸 표와 그림그래프를 각각 완성해 보시오.

목장별 기르고 있는 소의 수

목장	해	달	별	구름	합계
소의 수 (마리)		14	32		95

목장별 기르고 있는 소의 수

목장	소의 수
해	▣ ▣ □ □ □
달	
별	
구름	

▣ 10마리 □ 1마리

2

과수원별 귤 생산량을 조사하여 나타낸 표와 그림그래프를 각각 완성해 보시오.

과수원별 귤 생산량

과수원	희망	사랑	소망	행복	합계
귤 생산량 (kg)		130		280	960

과수원별 귤 생산량

과수원	귤 생산량
희망	◎ ◎ ○ ○ ○ ○ ○
사랑	
소망	
행복	

◎ 100 kg ○ 10 kg

예제 3

교과서 pick

어느 가게에서 어제 팔린 음식 수를 조사하여 나타낸 그림그래프입니다. 오늘 덮밥이 10그릇 더 팔렸을 때, 많이 팔린 음식부터 차례대로 써 보시오.

어제 팔린 종류별 음식 수

종류	음식 수
비빔밥	(10그릇 3개, 1그릇 1개)
볶음밥	(10그릇 4개)
덮밥	(10그릇 2개, 1그릇 2개)
칼국수	(10그릇 1개, 1그릇 4개)

10그릇 / 1그릇

( )

4

작년 마을별 쓰레기 배출량을 조사하여 나타낸 그림그래프입니다. 올해 가 마을의 쓰레기 배출량이 110톤 더 줄었을 때, 쓰레기 배출량이 적은 마을부터 차례대로 써 보시오.

작년 마을별 쓰레기 배출량

마을	쓰레기 배출량
가	(100톤 4개, 10톤 4개)
나	(100톤 3개, 10톤 2개)
다	(100톤 3개, 10톤 5개)
라	(100톤 5개, 10톤 2개)

100톤 / 10톤

( )

예제 5 지혜네 학교 3학년 학생들이 좋아하는 꽃을 조사하여 나타낸 그림그래프입니다. 3학년 학생들이 모두 90명일 때, 가장 많은 학생이 좋아하는 꽃은 무엇입니까?

좋아하는 꽃별 학생 수

꽃	학생 수
장미	 ☺ ☺☺☺☺
튤립	 ☺☺ ☺☺☺
개나리	
백합	 ☺☺ ☺☺

(큰 그림) 10명, (작은 그림) 1명

( )

6 민수네 학교 도서실에 있는 책의 수를 조사하여 나타낸 그림그래프입니다. 학교 도서실에 있는 책이 모두 740권일 때, 가장 적은 책의 종류는 무엇입니까?

종류별 책의 수

종류	책의 수
만화책	 (큰 그림 1개, 작은 그림 4개)
위인전	
과학책	 (큰 그림 1개, 작은 그림 6개)
동화책	 (큰 그림 2개, 작은 그림 3개)

(큰 그림) 100권, (작은 그림) 10권

( )

예제 7 모둠별로 모은 빈 병의 수를 조사하여 나타낸 그림그래프입니다. 빈 병을 팔면 한 병에 70원씩 받을 수 있다고 합니다. 모은 빈 병을 모두 팔면 얼마를 받을 수 있습니까?

모둠별 모은 빈 병의 수

모둠	빈 병의 수
호수	 (10병 1개, 5병 1개, 1병 3개)
강	 (10병 2개, 1병 1개)
바다	 (10병 3개, 5병 1개, 1병 1개)
하늘	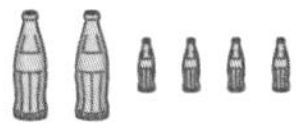  (10병 2개, 1병 4개)

(큰 그림) 10병, (중간 그림) 5병, (작은 그림) 1병

( )

8 반별로 모은 폐휴지의 무게를 조사하여 나타낸 그림그래프입니다. 폐휴지를 팔면 1 kg에 90원씩 받을 수 있다고 합니다. 모은 폐휴지를 모두 팔면 얼마를 받을 수 있습니까?

반별 모은 폐휴지의 무게

반	폐휴지의 무게
1반	 (10 kg 1개, 5 kg 1개, 1 kg 2개)
2반	 (10 kg 2개, 5 kg 1개, 1 kg 3개)
3반	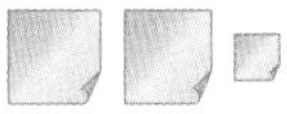 (10 kg 2개, 1 kg 1개)
4반	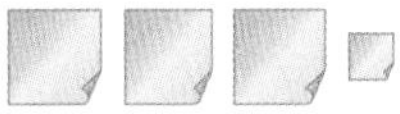  (10 kg 3개, 1 kg 1개)

(큰 그림) 10 kg, (중간 그림) 5 kg, (작은 그림) 1 kg

( )

6 단원

단원 마무리

(1~4) 어느 생선 가게에 있는 종류별 생선 수를 조사하여 나타낸 그림그래프입니다. 물음에 답하시오.

종류별 생선 수

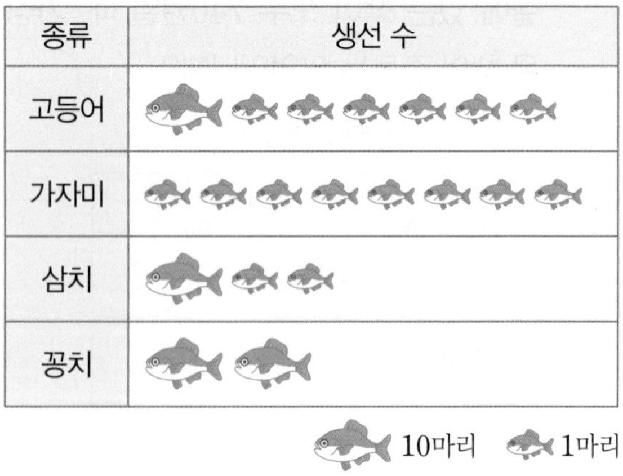

종류	생선 수
고등어	
가자미	
삼치	
꽁치	

10마리 1마리

1  과  은 각각 몇 마리를 나타냅니까?

( )

( )

2 꽁치는 몇 마리입니까?

( )

교과서에 꼭 나오는 문제

3 수가 가장 적은 생선은 무엇입니까?

( )

4 고등어는 삼치보다 몇 마리 더 많습니까?

( )

(5~8) 다미네 학교 3학년 학생들이 하고 싶어 하는 교실 놀이를 조사하여 나타낸 그림그래프입니다. 물음에 답하시오.

하고 싶어 하는 교실 놀이별 학생 수

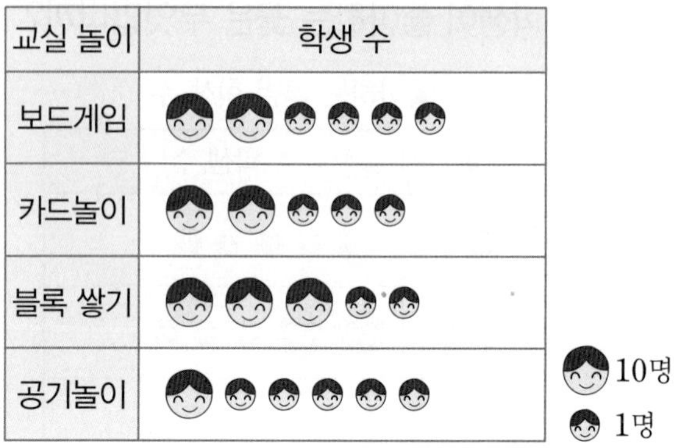

교실 놀이	학생 수
보드게임	
카드놀이	
블록 쌓기	
공기놀이	

10명 1명

5 공기놀이를 하고 싶어 하는 학생은 몇 명입니까?

( )

6 보드게임을 하고 싶어 하는 학생과 카드놀이를 하고 싶어 하는 학생은 모두 몇 명입니까?

( )

7 많은 학생이 하고 싶어 하는 교실 놀이부터 차례대로 써 보시오.

( )

8 그림그래프를 보고 알 수 있는 내용으로 옳지 않은 것의 기호를 써 보시오.

㉠ 보드게임을 하고 싶어 하는 학생보다 더 많은 학생들이 하고 싶어 하는 교실 놀이는 블록 쌓기입니다.

㉡ 블록 쌓기를 하고 싶어 하는 학생은 공기놀이를 하고 싶어 하는 학생보다 15명 더 많습니다.

( )

● 정답 36쪽

(9~12) 마을별 기르고 있는 닭의 수를 조사하여 나타낸 표입니다. 물음에 답하시오.

마을별 기르고 있는 닭의 수

마을	햇살	별빛	행복	초록	합계
닭의 수(마리)	170	210		130	760

9 행복 마을에서 기르고 있는 닭은 몇 마리입니까?

( )

10 표를 보고 그림그래프로 나타낼 때, 그림의 단위로 알맞은 2가지를 골라 ○표 하시오.

1마리 10마리 100마리 1000마리

11 표를 보고 그림그래프로 나타내 보시오.

마을	닭의 수

△ ( )마리 △ ( )마리

잘 틀리는 문제

12 기르고 있는 닭의 수가 햇살 마을보다 많고 행복 마을보다 적은 마을은 어디입니까?

( )

(13~16) 학교 행사에 참여한 학생들이 좋아하는 간식을 조사한 것입니다. 물음에 답하시오.

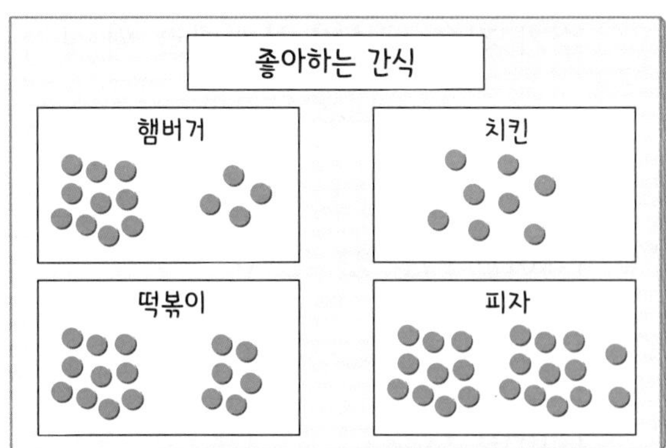

13 조사한 자료를 보고 표로 나타내 보시오.

좋아하는 간식별 학생 수

간식	햄버거	치킨	떡볶이	피자	합계
학생 수(명)					

14 위 13의 표를 보고 그림그래프로 나타내 보시오.

간식	학생 수

◎ 10명 ○ 1명

15 좋아하는 학생 수가 치킨의 2배인 간식은 무엇입니까? ( )

교과서에 꼭 나오는 문제

16 행사에 참여한 학생들이 먹을 간식으로 무엇을 한 가지 준비하는 것이 좋겠습니까?

( )

단원 마무리

잘 틀리는 문제

17 작년 윤정이네 아파트의 동별 주민 수를 조사하여 나타낸 그림그래프입니다. 올해 102동의 주민 수가 30명 더 늘었을 때, 주민 수가 적은 동부터 차례대로 써 보시오.

동별 주민 수

동	주민 수
101동	
102동	
103동	
104동	

100명
50명
10명

(　　　　　　　　　　)

18 현지네 모둠 학생들이 가지고 있는 구슬 수를 조사하여 나타낸 그림그래프입니다. 현지네 모둠 학생들이 가지고 있는 구슬이 모두 106개일 때, 구슬이 가장 많은 사람은 누구입니까?

학생별 가지고 있는 구슬 수

이름	구슬 수
현지	
민호	
세희	
혜미	

10개
1개

(　　　　　　　　　　)

서술형 문제

(19~20) 정아가 월요일부터 목요일까지 휴대 전화로 보낸 문자 메시지 수를 조사하여 나타낸 그림그래프입니다. 물음에 답하시오.

요일별 보낸 문자 메시지 수

요일	문자 메시지 수
월요일	
화요일	
수요일	
목요일	

10건
1건

19 그림그래프를 보고 알 수 있는 내용을 2가지 써 보시오.

답 |

20 휴대 전화의 문자 메시지 요금이 1건에 22원이라면 월요일부터 목요일까지 보낸 문자 메시지 요금은 모두 얼마인지 풀이 과정을 쓰고 답을 구해 보시오.

풀이 |

답 |

창의·융합형 문제

1 미세 먼지 알아보기

미세 먼지란 눈에 보이지 않을 만큼 매우 작은 먼지입니다. 미세 먼지는 석탄, 석유 등의 화석 연료를 태울 때나 공장, 자동차 등의 배출가스에서 많이 발생되고 호흡기, 폐, 피부 질환의 원인이 되어 인체에 매우 위험합니다.

1년 동안 계절별로 미세 먼지가 '나쁨'인 날수를 조사하여 나타낸 그림그래프입니다. 미세 먼지가 '나쁨'인 날수는 봄과 가을이 여름과 겨울보다 며칠 더 많은지 구해 보시오.

계절별 미세 먼지가 '나쁨'인 날수

계절	날수
봄	
여름	
가을	
겨울	

10일 1일

(   )

2 음식 속 지방의 양 알아보기

지방은 탄수화물, 단백질과 함께 3대 영양소 중 하나입니다. 지방은 몸에 필요한 에너지를 만들고 몸을 구성하는 물질로 체온을 유지하는 데 중요한 역할을 합니다.

음식별 150 g에 들어 있는 지방의 양을 조사하여 나타낸 그림그래프입니다. 케이크 300 g과 피자 150 g에 들어 있는 지방의 양은 모두 몇 g인지 구해 보시오.

음식별 150 g에 들어 있는 지방의 양

음식	지방의 양
케이크	
샌드위치	
피자	

10 g 1 g

(   )

문장과 힌트를 보고 단어를 맞혀요!

● 정답 37쪽

★ 꿀은 있고 설탕은 없습니다.

♥ 호박은 있고 당근은 없습니다.

♣ 말은 있고 닭은 없습니다.

♠ 초는 있고 분은 없습니다.

힌트

- 한 글자입니다.
- 이것을 무서워하는 사람들도 있습니다.

메모

메모

개념+유형

정답과 풀이

초등 수학

3·2

책 속의 가접 별책 (특허 제 0557442호)

'정답과 풀이'는 개념책에서 쉽게 분리할 수 있도록 제작되었으므로
유통 과정에서 분리될 수 있으나 파본이 아닌 정상 제품입니다.

visang

우리는 남다른 상상과 혁신으로
교육 문화의 새로운 전형을 만들어
모든 이의 행복한 경험과 성장에 기여한다

개념+유형

파워

정답과 풀이

초등 수학 —

3·2

개념책

1. 곱셈

개념책 6~8쪽

❶ 올림이 없는 (세 자리 수)×(한 자리 수)

1 (위에서부터)
2, 1 / 8, 0, 40 / 4, 0, 0, 200 / 4, 8, 2 /
4, 8, 2

2 (1) 555 (2) 846 (3) 339 (4) 848

3 (1) 369 (2) 628

❷ 올림이 한 번 있는 (세 자리 수)×(한 자리 수)

4 (위에서부터)
6, 3 / 1, 6, 0, 80 / 2, 0, 0, 100 / 3, 6, 6 /
(위에서부터) 1, 3, 6, 6

5 (1) 381 (2) 648 (3) 698 (4) 753

6 (1) 424 (2) 942

❸ 올림이 여러 번 있는 (세 자리 수)×(한 자리 수)

7 (위에서부터)
6, 3 / 1, 2, 0, 60 / 1, 8, 0, 0, 900 / 1, 9, 2, 6 /
(위에서부터) 1, 1, 9, 2, 6

8 (1) 1568 (2) 1972 (3) 771 (4) 2710

9 (1) 2045 (2) 1752

2 (3) $\begin{array}{cccc} & 1 & 1 & 3 \\ \times & & & 3 \\ \hline & 3 & 3 & 9 \end{array}$ (4) $\begin{array}{cccc} & 2 & 1 & 2 \\ \times & & & 4 \\ \hline & 8 & 4 & 8 \end{array}$

3 (1) $\begin{array}{cccc} & 1 & 2 & 3 \\ \times & & & 3 \\ \hline & 3 & 6 & 9 \end{array}$ (2) $\begin{array}{cccc} & 3 & 1 & 4 \\ \times & & & 2 \\ \hline & 6 & 2 & 8 \end{array}$

5 (1) $\begin{array}{cccc} & & 2 & \\ & 1 & 2 & 7 \\ \times & & & 3 \\ \hline & 3 & 8 & 1 \end{array}$ (2) $\begin{array}{cccc} & 2 & & \\ & 1 & 6 & 2 \\ \times & & & 4 \\ \hline & 6 & 4 & 8 \end{array}$

(3) $\begin{array}{cccc} & & 1 & \\ & 3 & 4 & 9 \\ \times & & & 2 \\ \hline & 6 & 9 & 8 \end{array}$ (4) $\begin{array}{cccc} & 1 & & \\ & 2 & 5 & 1 \\ \times & & & 3 \\ \hline & 7 & 5 & 3 \end{array}$

6 (1) $\begin{array}{cccc} & & 2 & \\ & 1 & 0 & 6 \\ \times & & & 4 \\ \hline & 4 & 2 & 4 \end{array}$ (2) $\begin{array}{cccc} & 1 & & \\ & 4 & 7 & 1 \\ \times & & & 2 \\ \hline & 9 & 4 & 2 \end{array}$

8 (1) $\begin{array}{cccc} & 1 & & \\ & 7 & 8 & 4 \\ \times & & & 2 \\ \hline 1 & 5 & 6 & 8 \end{array}$ (2) $\begin{array}{cccc} & 3 & 1 & \\ & 4 & 9 & 3 \\ \times & & & 4 \\ \hline 1 & 9 & 7 & 2 \end{array}$

(3) $\begin{array}{cccc} & 1 & 2 & \\ & 2 & 5 & 7 \\ \times & & & 3 \\ \hline & 7 & 7 & 1 \end{array}$ (4) $\begin{array}{cccc} & 2 & 1 & \\ & 5 & 4 & 2 \\ \times & & & 5 \\ \hline 2 & 7 & 1 & 0 \end{array}$

9 (1) $\begin{array}{cccc} & & 4 & \\ & 4 & 0 & 9 \\ \times & & & 5 \\ \hline 2 & 0 & 4 & 5 \end{array}$ (2) $\begin{array}{cccc} & 1 & 1 & \\ & 8 & 7 & 6 \\ \times & & & 2 \\ \hline 1 & 7 & 5 & 2 \end{array}$

개념책 9쪽 한 번 더 확인

1 884 **2** 954 **3** 882
4 704 **5** 492 **6** 826
7 1536 **8** 687 **9** 2460
10 906 **11** 688 **12** 790
13 282 **14** 1148 **15** 3810

개념책 10~11쪽 실전문제

✎ 서술형 문제는 풀이를 꼭 확인하세요.

1 486 **2** 2492
3 417, 5, 2085 **4** 604, 2416
5 ( )(○)( )
6 > **7** 828 cm
8 1560 m **9** 2224, 2225
✎**10** 2154 **11** 2240원
12 1792회 **13** 9260원
14 4, 5, 8, 3, 1374

1

```
   2 4 3
×      2
───────
   4 8 6
```

2

```
     1
   6 2 3
×      4
───────
 2 4 9 2
```

3 417을 5번 더했으므로 417×5=2085입니다.

4 • 302×2=604
• 604×4=2416

5

```
  1 1          4          1 1
  1 2 2      1 0 6      2 4 4
×     6    ×     7    ×     3
───────    ───────    ───────
  7 3 2      7 4 2      7 3 2
```

6 851×3=2553, 637×4=2548
⇨ 2553>2548

7 (식탁의 네 변의 길이의 합)
=207×4=828(cm)

8 (윤희가 걸은 거리)=780×2=1560(m)

9 742×3=2226이므로 □<2226입니다.
따라서 □ 안에 들어갈 수 있는 수는 2224, 2225입니다.

10 예 100이 3개이면 300, 1이 59개이면 59이므로 359입니다.」❶
따라서 359×6=2154입니다.」❷

채점 기준

❶ 100이 3개, 1이 59개인 수 구하기
❷ 위 ❶의 수를 6배 한 수 구하기

11 (해주가 산 꽈배기 4개의 가격)
=690×4=2760(원)
⇨ (해주가 받아야 하는 거스름돈)
=5000−2760=2240(원)

12 (연석이가 하루에 줄넘기를 한 횟수)
=128×2=256(회)
⇨ (연석이가 7일 동안 줄넘기를 한 횟수)
=256×7=1792(회)

13 • (어른 8명의 입장료)=820×8=6560(원)
• (어린이 5명의 입장료)=540×5=2700(원)
⇨ (전체 입장료)=6560+2700=9260(원)

14 비법 곱이 가장 큰(작은) (세 자리 수)×(한 자리 수) 만들기

네 수의 크기가 0<①<②<③<④일 때

• 곱이 가장 큰 곱셈식	• 곱이 가장 작은 곱셈식
③②① × ④	②③④ × ①
⇨ 큰 수부터 ↖의 순서로 수를 씁니다.	⇨ 작은 수부터 ↖의 순서로 수를 씁니다.

3<4<5<8이므로 곱이 가장 작은 곱셈식은 458×3=1374입니다.

개념책 12~15쪽

❹ (몇십)×(몇십), (몇십몇)×(몇십)

1 (1) 420 / 4200 (2) 84 / 840
2 (1) 2700 (2) 2440 (3) 1000 (4) 960
3 (1) 5600 (2) 1450

❺ (몇)×(몇십몇)

4 320, 40, 360 / (위에서부터) 4, 3, 6, 0
5 (1) 168 (2) 192 (3) 116 (4) 657
6 (1) 111 (2) 392

❻ 올림이 한 번 있는 (몇십몇)×(몇십몇)

7 840, 126, 966 /
(위에서부터) 1, 2, 6, 6 / 8, 4, 0, 40 / 9, 6, 6
8 (1) 351 (2) 546 (3) 208 (4) 552
9 (1) 434 (2) 768

❼ 올림이 여러 번 있는 (몇십몇)×(몇십몇)

10 1350, 108, 1458 /
(위에서부터)
1, 0, 8, 4 / 1, 3, 5, 0, 50 / 1, 4, 5, 8
11 (1) 1645 (2) 2226 (3) 2048 (4) 4602
12 (1) 437 (2) 1225

2 (3) $\underline{50}\times\underline{20}=\underline{1000}$ ← $50\times2=100$

(4) $\underline{12}\times\underline{80}=\underline{960}$ ← $12\times8=96$

3 (1) $\underline{70}\times\underline{80}=\underline{5600}$ ← $70\times8=560$

(2) $\underline{29}\times\underline{50}=\underline{1450}$ ← $29\times5=145$

5 (1)
$$\begin{array}{r} {\scriptstyle 4} \\ 6 \\ \times\ 28 \\ \hline 168 \end{array}$$
(2)
$$\begin{array}{r} {\scriptstyle 1} \\ 3 \\ \times\ 64 \\ \hline 192 \end{array}$$
(3)
$$\begin{array}{r} {\scriptstyle 3} \\ 4 \\ \times\ 29 \\ \hline 116 \end{array}$$
(4)
$$\begin{array}{r} {\scriptstyle 2} \\ 9 \\ \times\ 73 \\ \hline 657 \end{array}$$

6 (1)
$$\begin{array}{r} {\scriptstyle 2} \\ 3 \\ \times\ 37 \\ \hline 111 \end{array}$$
(2)
$$\begin{array}{r} {\scriptstyle 4} \\ 7 \\ \times\ 56 \\ \hline 392 \end{array}$$

8 (1)
$$\begin{array}{r} 27 \\ \times\ 13 \\ \hline 81 \\ 27 \\ \hline 351 \end{array}$$
(2)
$$\begin{array}{r} 26 \\ \times\ 21 \\ \hline 26 \\ 52 \\ \hline 546 \end{array}$$
(3)
$$\begin{array}{r} 16 \\ \times\ 13 \\ \hline 48 \\ 16 \\ \hline 208 \end{array}$$
(4)
$$\begin{array}{r} 46 \\ \times\ 12 \\ \hline 92 \\ 46 \\ \hline 552 \end{array}$$

9 (1)
$$\begin{array}{r} 31 \\ \times\ 14 \\ \hline 124 \\ 31 \\ \hline 434 \end{array}$$
(2)
$$\begin{array}{r} 24 \\ \times\ 32 \\ \hline 48 \\ 72 \\ \hline 768 \end{array}$$

11 (1)
$$\begin{array}{r} 47 \\ \times\ 35 \\ \hline 235 \\ 141 \\ \hline 1645 \end{array}$$
(2)
$$\begin{array}{r} 53 \\ \times\ 42 \\ \hline 106 \\ 212 \\ \hline 2226 \end{array}$$
(3)
$$\begin{array}{r} 32 \\ \times\ 64 \\ \hline 128 \\ 192 \\ \hline 2048 \end{array}$$
(4)
$$\begin{array}{r} 78 \\ \times\ 59 \\ \hline 702 \\ 390 \\ \hline 4602 \end{array}$$

12 (1)
$$\begin{array}{r} 19 \\ \times\ 23 \\ \hline 57 \\ 38 \\ \hline 437 \end{array}$$
(2)
$$\begin{array}{r} 35 \\ \times\ 35 \\ \hline 175 \\ 105 \\ \hline 1225 \end{array}$$

개념책 16쪽 한 번 더 확인

1 1000	**2** 266	**3** 832
4 3570	**5** 756	**6** 765
7 1025	**8** 1044	**9** 4292
10 2120	**11** 322	**12** 702
13 950	**14** 567	**15** 3105

개념책 17~19쪽 실전문제

✎ 서술형 문제는 풀이를 꼭 확인하세요.

1 25, 325	**2** 1500, 3150
3 ㉢	**4** >
5 태하	✎**6** 풀이 참조
7 ㉠, ㉡, ㉢	**8** 793
9 3216	**10** 140개
11 80	**12** 31×90, 66×40
13 26, 12(또는 12, 26)	
14 배, 190개	**15** 240병
16 윤아	**17** 266 cm
18 ㉯ 동	**19** 9, 8, 3, 747

1 13×25는 13×20과 13×5의 곱을 각각 구한 다음 두 곱을 더합니다.
⇨ $13\times20=260$, $13\times5=65$이므로
$13\times25=260+65=325$입니다.

2 • $30\times50=1500$
• $63\times50=3150$

3 ㉠ $30\times70=2100$ ⇨ 2개
㉡ $45\times20=900$ ⇨ 2개
㉢ $80\times50=4000$ ⇨ 3개

4 $31\times25=775$, $41\times18=738$
⇨ $775>738$

5 28은 30보다 작고 $60\times30=1800$이므로 60×28은 1800보다 작습니다.

6 예 46×3의 계산은 실제로 $46\times30=1380$을 나타내는데 138이라고 잘못 썼습니다.」❶

$$\begin{array}{r} 46 \\ \times\ 38 \\ \hline 368 \\ 1380 \\ \hline 1748 \end{array}$$
」❷

채점 기준

❶ 잘못 계산한 이유 쓰기
❷ 바르게 계산하기

7 ㉠ $6\times47=282$
㉡ $9\times32=288$
㉢ $7\times45=315$
⇨ $282<288<315$ (㉠ < ㉡ < ㉢)

8 $61>48>22>13$이므로
가장 큰 수는 61, 가장 작은 수는 13입니다.
⇨ $61\times13=793$

9 ㉠ 10이 6개이면 60, 1이 7개이면 7이므로 67입니다.
㉡ 10이 4개이면 40, 1이 8개이면 8이므로 48입니다.
⇨ $67\times48=3216$

10 (자동차 35대에 있는 바퀴의 수)
$=4\times35=140$(개)

11 $60\times40=2400$
⇨ $30\times80=2400$이므로 □ 안에 알맞은 수는 80입니다.

12 • $28\times40=1120$ • $31\times90=2790$
• $66\times40=2640$ • $59\times30=1770$
• $17\times80=1360$

다른 풀이 • 28×40에서 28을 30으로 어림하면 $30\times40=1200$이므로 2000보다 작습니다.
• 31×90에서 31을 30으로 어림하면 $30\times90=2700$이므로 2000보다 큽니다.
• 66×40에서 66을 60으로 어림하면 $60\times40=2400$이므로 2000보다 큽니다.
• 59×30에서 59를 60으로 어림하면 $60\times30=1800$이므로 2000보다 작습니다.
• 17×80에서 17을 20으로 어림하면 $20\times80=1600$이므로 2000보다 작습니다.

13 수 카드 3장 중에서 2장을 골라 곱셈식을 만들어 보면 $17\times26=442$, $17\times12=204$, $26\times12=312$이므로 곱이 312가 되는 두 수는 26, 12입니다.

14 (30상자에 들어 있는 사과의 수)
$=35\times30=1050$(개)
⇨ $1050<1240$이므로 배가 사과보다 $1240-1050=190$(개) 더 많습니다.

15 (전체 팀의 수)$=3+5+4+4=16$(팀)
⇨ (준비해야 하는 물의 수)$=15\times16=240$(병)

16 • 50시간을 분 단위로 나타내면 $50\times60=3000$(분)입니다.
• 25분을 초 단위로 나타내면 $25\times60=1500$(초)입니다.
따라서 시간의 단위를 잘못 나타낸 사람은 윤아입니다.

17

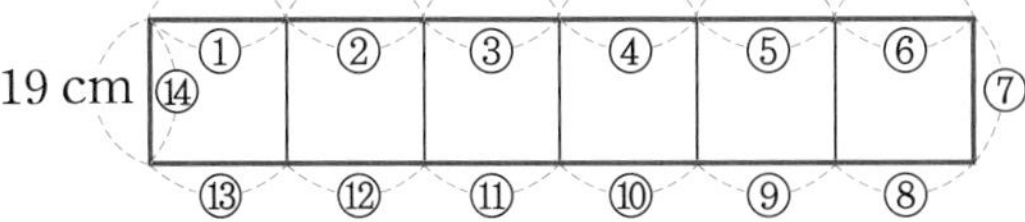

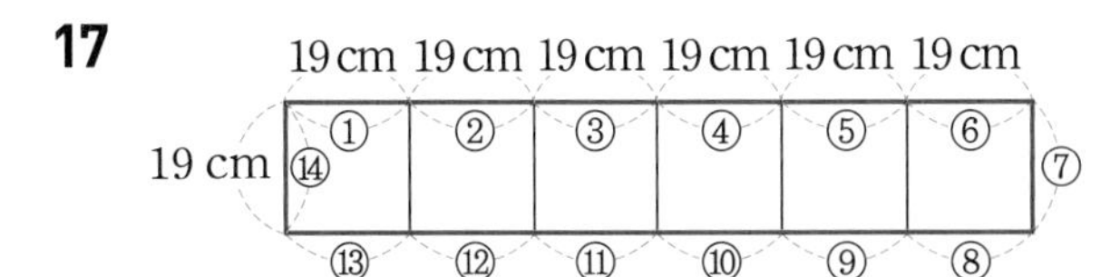

빨간색 선의 길이는 19 cm인 변 14개의 길이의 합입니다.
⇨ (빨간색 선의 길이)$=19\times14=266$(cm)

18 • (㉮ 동에서 배출된 재활용품의 무게)
$=58\times18=1044$(kg)
• (㉯ 동에서 배출된 재활용품의 무게)
$=49\times23=1127$(kg)
⇨ $1044<1127$이므로 배출 기간 동안 배출된 재활용품의 무게가 더 무거운 동은 ㉯ 동입니다.

19 **비법** 곱이 가장 큰(작은) (몇)×(몇십몇) 만들기

세 수의 크기가 0<①<②<③일 때

• 곱이 가장 큰 곱셈식

③
× ② ①

⇨ 큰 수부터 의 순서로 수를 씁니다.

• 곱이 가장 작은 곱셈식

①
× ② ③

⇨ 작은 수부터 의 순서로 수를 씁니다.

3<8<9이므로 곱이 가장 큰 곱셈식은
9×83=747입니다.

개념책 20~21쪽 **응용문제**

1 564개	**2** 790개
3 1798	**4** 4047
5 (위에서부터) 7, 9	**6** (위에서부터) 9, 2
7 3	**8** 5
9 760원	**10** 16개
11 6, 2, 5, 4, 3348(또는 5, 4, 6, 2, 3348)	
12 3, 5, 4, 7, 1645(또는 4, 7, 3, 5, 1645)	

1 • (처음에 있던 옥수수의 수)=28×30=840(개)
• (판 옥수수의 수)=12×23=276(개)
⇨ (팔고 남은 옥수수의 수)
=840−276=564(개)

2 • (처음에 있던 자두의 수)=41×40=1640(개)
• (판 자두의 수)=25×34=850(개)
⇨ (팔고 남은 자두의 수)
=1640−850=790(개)

3 어떤 수를 □라 하면 □+62=91이므로
91−62=□, □=29입니다.
따라서 바르게 계산하면 29×62=1798입니다.

4 어떤 수를 □라 하면 □−57=14이므로
14+57=□, □=71입니다.
따라서 바르게 계산하면 71×57=4047입니다.

5
  2 3 ㉠
× 　 4
㉡ 4 8

㉠×4의 일의 자리 수가 8인 경우는
2×4=8, 7×4=28입니다.
따라서 232×4=928, 237×4=948이므로
㉠=7, ㉡=9입니다.

6
　 ㉠
× 3 6
3 ㉡ 4

㉠×6의 일의 자리 수가 4인 경우는
4×6=24, 9×6=54입니다.
따라서 4×36=144, 9×36=324이므로
㉠=9, ㉡=2입니다.

7 39×10=390, 39×20=780,
39×30=1170, 39×40=1560
따라서 □ 안에 들어갈 수 있는 수는 4보다 작은 수이므로 □ 안에 들어갈 수 있는 가장 큰 수는 3입니다.

8 48×10=480, 48×20=960,
48×30=1440, 48×40=1920,
48×50=2400
따라서 □ 안에 들어갈 수 있는 수는 4보다 큰 수이므로 □ 안에 들어갈 수 있는 가장 작은 수는 5입니다.

9 • (도화지 4장의 값)=160×4=640(원)
• (색종이 20장의 값)=80×20=1600(원)
• (도화지와 색종이의 값의 합)
=640+1600=2240(원)
⇨ (인혜가 받아야 하는 거스름돈)
=3000−2240=760(원)

10 • (가영이가 2일 동안 접은 종이학의 수)
=132×2=264(개)
• (가영이가 20일 동안 접은 종이학의 수)
=36×20=720(개)
• (가영이가 접은 종이학의 수의 합)
=264+720=984(개)
⇨ (가영이가 앞으로 더 접어야 하는 종이학의 수)
=1000−984=16(개)

11 **비법** 곱이 가장 큰 (몇십몇)×(몇십몇) 만들기

네 수의 크기가 0<①<②<③<④일 때
곱이 가장 큰 곱셈식:

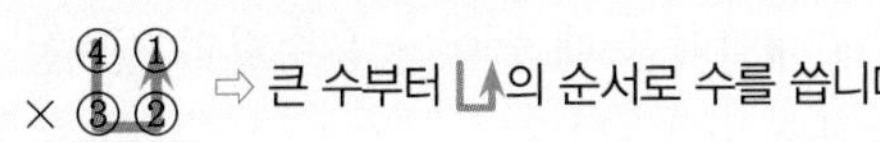
⇨ 큰 수부터 의 순서로 수를 씁니다.

2<4<5<6이므로 곱이 가장 큰 곱셈식은 62×54=3348 또는 54×62=3348입니다.

12 **비법** 곱이 가장 작은 (몇십몇)×(몇십몇) 만들기

네 수의 크기가 0<①<②<③<④일 때
곱이 가장 작은 곱셈식:

①③
×②④
⇨ 작은 수부터 의 순서로 수를 씁니다.

3<4<5<7이므로 곱이 가장 작은 곱셈식은 35×47=1645 또는 47×35=1645입니다.

개념책 22~24쪽 단원 마무리

서술형 문제는 풀이를 꼭 확인하세요.

1 248   2 300

3 (선 잇기)

4 ( )(○)( )

5
```
      8
  × 2 6
    4 8
  1 6 0
  2 0 8
```

6 ④   7 384, 768

8 <   9 ㉢

10 960시간   11 17

12 8쪽   13 615자루

14 복숭아, 2개   15 (위에서부터) 8, 0

16 6

17 2, 4, 3, 9, 936(또는 3, 9, 2, 4, 936)

18 396 cm   19 676

20 2000원

2 5×62에서 6은 십의 자리 수이므로 5×60=300을 나타냅니다.

3
```
    2 3 4          1 5
  ×     2        × 3 2
    4 6 8          3 0
                 4 5
                 4 8 0
```

4 • 90×40=3600
• 50×70=3500
• 60×60=3600

5 8×2는 실제로 8×20을 나타내므로 8×20=160을 자리에 맞춰 써야 합니다.

6 ① 23×70=1610
② 34×60=2040
③ 40×80=3200
⑤ 80×30=2400

7 • 16×24=384
• 384×2=768

8 28×33=924, 133×7=931
⇨ 924<931

9 ㉠ 63×16=1008   ㉡ 37×30=1110
㉢ 20×60=1200   ㉣ 56×21=1176
⇨ 1008(㉠)<1110(㉡)<1176(㉣)<1200(㉢)

10 (40일의 시간)=24×40
=960(시간)

11 3×34=102, 7×17=119
⇨ 119−102=17

12 (소영이가 28일 동안 읽은 책의 쪽수)
=14×28=392(쪽)
⇨ (소영이가 앞으로 더 읽어야 하는 책의 쪽수)
=400−392=8(쪽)

13 (유정이네 학교 3학년 전체 학생 수)
=24+25+26+25+23=123(명)
⇨ (필요한 연필의 수)=123×5=615(자루)

14 • (자두의 수)$=7\times28=196$(개)
• (복숭아의 수)$=6\times33=198$(개)
따라서 $196<198$이므로 복숭아가 자두보다 $198-196=2$(개) 더 많습니다.

15
```
   3 ㉠ 1
×      8
─────────
 3 ㉡ 4 8
```
㉠$\times8$의 일의 자리 수가 4인 경우는 $3\times8=24$, $8\times8=64$입니다.
따라서 $331\times8=2648$, $381\times8=3048$이므로 ㉠$=8$, ㉡$=0$입니다.

16 $67\times10=670$, $67\times20=1340$, $67\times30=2010$, $67\times40=2680$, $67\times50=3350$, $67\times60=4020$
따라서 □ 안에 들어갈 수 있는 수는 5보다 큰 수이므로 □ 안에 들어갈 수 있는 가장 작은 수는 6입니다.

17 $2<3<4<9$이므로 곱이 가장 작은 곱셈식은 $24\times39=936$ 또는 $39\times24=936$입니다.

18 예 삼각형의 한 변의 길이와 변의 수를 곱하면 되므로 132×3을 계산합니다.」❶
따라서 삼각형의 세 변의 길이의 합은 $132\times3=396$(cm)입니다.」❷

채점 기준

❶ 문제에 알맞은 식 만들기	2점
❷ 삼각형의 세 변의 길이의 합 구하기	3점

19 예 어떤 수를 □라 하면 □$-13=39$이므로 $39+13=$□, □$=52$입니다.」❶
따라서 바르게 계산하면 $52\times13=676$입니다.」❷

채점 기준

❶ 어떤 수 구하기	2점
❷ 바르게 계산한 값 구하기	3점

20 예 주하가 모은 돈은 $270\times8=2160$(원)이고, 강빈이가 모은 돈은 $460\times4=1840$(원)입니다.」❶
주하와 강빈이가 모은 돈은 $2160+1840=4000$(원)입니다.」❷
따라서 주하와 강빈이가 모은 돈이 6000원이 되려면 $6000-4000=2000$(원)이 더 필요합니다.」❸

채점 기준

❶ 주하와 강빈이가 모은 돈 각각 구하기	3점
❷ 주하와 강빈이가 모은 돈의 합 구하기	1점
❸ 주하와 강빈이가 모은 돈이 6000원이 되려면 얼마가 더 필요한지 구하기	1점

개념책 25쪽 창의·융합형 문제

1 98 cm　　**2** 2084 킬로칼로리

1 추를 16개 매달았을 때 늘어난 용수철의 길이는 $3\times16=48$(cm)입니다.
⇨ 추를 16개 매달았을 때 용수철의 전체 길이는 $50+48=98$(cm)입니다.

2 • (삶은 고구마 6개의 열량)
$=154\times6=924$(킬로칼로리)
• (김밥 2줄의 열량)$=280\times2=560$(킬로칼로리)
• (귤 12개의 열량)$=50\times12=600$(킬로칼로리)
⇨ (주경이네 가족이 오늘 먹은 간식의 열량의 합)
$=924+560+600=2084$(킬로칼로리)

개념책 26쪽

2. 나눗셈

개념책 28~31쪽

❶ 내림이 없는 (몇십)÷(몇)

1 (1) 1, 10 (2) 2, 20

2 (1) 10 (2) 40 (3) 20 (4) 30

❷ 내림이 있는 (몇십)÷(몇)

3 (위에서부터)

(1) 1, 5, 10, 2, 2, 0, 5, 0

(2) 2, 5, 4, 20, 1, 1, 0, 5, 0

4 (1) 35 (2) 15 (3) 15 (4) 14

❸ 내림이 없는 (몇십몇)÷(몇)

5 (위에서부터)

(1) 1, 2, 10, 6, 6, 2, 0

(2) 2, 1, 8, 20, 4, 4, 1, 0

6 (1) 31 (2) 43 (3) 14 (4) 11

❹ 내림이 없고 나머지가 있는 (몇십몇)÷(몇)

7 (위에서부터)

(1) 9, 1, 8, 9, 1

(2) 2, 1, 6, 20, 5, 3, 1, 2

8 (1) 8⋯4 (2) 32⋯1 (3) 34⋯1 (4) 7⋯3

6 (3)
```
   1 4
2)2 8
  2
  ---
    8
    8
  ---
    0
```
(4)
```
   1 1
4)4 4
  4
  ---
    4
    4
  ---
    0
```

8 (3)
```
   3 4
2)6 9
  6
  ---
    9
    8
  ---
    1
```
(4)
```
     7
7)5 2
  4 9
  ---
    3
```

개념책 32쪽 한 번 더 확인

1 30	**2** 35	**3** 21
4 5⋯2	**5** 24	**6** 15
7 20	**8** 33	**9** 21⋯2
10 10	**11** 45	**12** 11
13 5⋯4	**14** 32	**15** 42⋯1

개념책 33~34쪽 실전문제

✎ 서술형 문제는 풀이를 꼭 확인하세요.

1 22	**2** 23 / 1
3 7	**4** ㉡
5 <	**6** 23
7 2, 3, 1	**8** 11주 후
9 20 cm	**10** 16, 17
✎**11** 32개	**12** 21 / 1
13 15명	**14** 5자루

2
```
   2 3 ← 몫
2)4 7
  4
  ---
    7
    6
  ---
    1 ← 나머지
```

3 나머지는 나누는 수보다 작아야 하므로 어떤 수를 7로 나누었을 때 나머지가 될 수 없는 수는 7입니다.

4 ㉠ 40÷2=20 ㉡ 80÷2=40 ㉢ 60÷3=20
따라서 몫이 다른 하나는 ㉡ 80÷2입니다.

5 70÷5=14, 50÷2=25
⇨ 14<25

6 55÷5=11, 60÷5=12
⇨ 11+12=23

7 39÷3=13, 48÷4=12, 80÷5=16
⇨ 16>13>12

8 수호의 생일은 77÷7=11(주) 후입니다.

9 (정사각형의 한 변)=80÷4=20(cm)

10 90÷6=15이므로 15<□입니다.
따라서 13, 14, 15, 16, 17 중에서 □ 안에 들어갈 수 있는 수는 16, 17입니다.

✎**11** 예 전체 사탕은 66+30=96(개)입니다.」❶
따라서 바구니 한 개에 담을 수 있는 사탕은 96÷3=32(개)입니다.」❷

채점 기준
❶ 전체 사탕의 수 구하기
❷ 바구니 한 개에 담을 수 있는 사탕의 수 구하기

12 6>4>3이므로 만들 수 있는 가장 큰 두 자리 수는 64입니다.
⇨ 64÷3=21⋯1

13 (한 상자에 들어 있는 지우개의 수)=90÷3=30(개)
⇨ (나누어 줄 수 있는 사람 수)=30÷2=15(명)

14 79÷7=11···2이므로 연필을 7명에게 11자루씩 나누어 주면 2자루가 남습니다.
남은 2자루에 5자루를 더해서 7명에게 나누어 주어야 남는 것이 없도록 똑같이 나누어 줄 수 있으므로 연필은 적어도 5자루가 더 필요합니다.

개념책 35~39쪽

⑤ 내림이 있고 나머지가 없는 (몇십몇)÷(몇)

1 (위에서부터)
(1) 1, 5, 10, 2, 5, 5, 0
(2) 2, 4, 8, 20, 1, 6, 1, 6, 4, 0

2 (1) 16 (2) 28 (3) 27 (4) 18

⑥ 내림이 있고 나머지가 있는 (몇십몇)÷(몇)

3 (위에서부터)
(1) 1, 7, 10, 1, 5, 7, 1
(2) 2, 5, 6, 20, 1, 7, 1, 5, 5, 2

4 (1) 13···5 (2) 12···2
(3) 15···1 (4) 29···1

⑦ 나머지가 없는 (세 자리 수)÷(한 자리 수)

5 (위에서부터)
(1) 5, 0, 6, 1, 1, 5
(2) 7, 4, 4, 8, 8, 0

6 (1) 129 (2) 55 (3) 208 (4) 67

⑧ 나머지가 있는 (세 자리 수)÷(한 자리 수)

7 (위에서부터)
(1) 1, 4, 0, 5, 2, 2, 0, 4
(2) 5, 3, 4, 0, 2, 2, 4, 3

8 (1) 284···1 (2) 91···2
(3) 101···3 (4) 56···6

⑨ 계산이 맞는지 확인하기

9 5, 6, 51

10 (1) 2, 4 / 2, 14, 14, 4, 18
(2) 19, 3 / 19, 76, 76, 3, 79

11 (1) 16···1 / 2×16=32, 32+1=33
(2) 13···2 / 5×13=65, 65+2=67

2 (3)
```
   2 7
3)8 1
  6
  ----
  2 1
  2 1
  ----
    0
```
(4)
```
   1 8
4)7 2
  4
  ----
  3 2
  3 2
  ----
    0
```

4 (3)
```
   1 5
3)4 6
  3
  ----
  1 6
  1 5
  ----
    1
```
(4)
```
   2 9
2)5 9
  4
  ----
  1 9
  1 8
  ----
    1
```

6 (3)
```
   2 0 8
2)4 1 6
  4
  ------
    1 6
    1 6
  ------
      0
```
(4)
```
     6 7
8)5 3 6
  4 8
  ------
    5 6
    5 6
  ------
      0
```

8 (3)
```
   1 0 1
4)4 0 7
  4
  ------
      7
      4
  ------
      3
```
(4)
```
     5 6
7)3 9 8
  3 5
  ------
    4 8
    4 2
  ------
      6
```

11 (1)
```
   1 6
2)3 3
  2
  ----
  1 3
  1 2
  ----
    1
```
나눗셈식: 33÷2=16···1
확인: 2×16=32, 32+1=33

(2)
```
   1 3
5)6 7
  5
  ----
  1 7
  1 5
  ----
    2
```
나눗셈식: 67÷5=13···2
확인: 5×13=65, 65+2=67

개념책 35~43쪽

개념책 40쪽 한 번 더 확인

1 16	**2** 27…1	**3** 160
4 178…2	**5** 18	**6** 237
7 201…2	**8** 13…3	**9** 62…1
10 14	**11** 13…4	**12** 135
13 36…1	**14** 60	**15** 246…3

개념책 41~43쪽 실전문제

서술형 문제는 풀이를 꼭 확인하세요.

1 (위에서부터) 19, 38
2 14…3 / 4×14=56, 56+3=59
3 예 100 / 102
4 (   )(○) **5** >
6 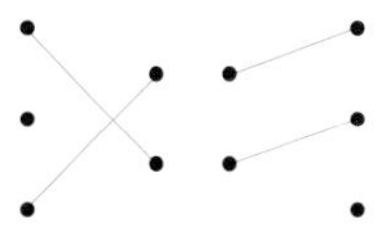
7 풀이 참조 **8** ㉡, ㉢, ㉠
9 87÷5=17…2 / 17 / 2
10 356 **11** 46 cm
12 솔미
13 13권, 8권 / 9×13=117, 117+8=125
14 23 **15** ㉠
16 14 **17** 17개, 1자루
18 13 / 3 **19** 156장
20 30대

1

```
   1 9          3 8
4)7 6        2)7 6
  4            6
  ---          ---
  3 6          1 6
  3 6          1 6
  ---          ---
    0            0
```

2

```
   1 4
4)5 9
  4
  ---
  1 9
  1 6
  ---
    3
```

확인: 4×14=56, 56+3=59

3 918을 900으로 생각하면 900÷9=100이므로 918÷9의 몫은 100쯤으로 어림할 수 있습니다.

```
   1 0 2
9)9 1 8
  9
  -----
    1 8
    1 8
  -----
      0
```

4 • 317÷5=63…2
• 155÷4=38…3

5 260÷2=130, 378÷3=126
⇨ 130>126

6 • 814÷7=116…2
• 301÷3=100…1

7 예 나머지는 나누는 수보다 작아야 하는데 나머지 11이 나누는 수 6보다 크므로 잘못 계산했습니다.」❶

```
   1 2
6)7 7
  6
  ---
  1 7
  1 2
  ---
    5 」❷
```

채점 기준

❶ 잘못 계산한 이유 쓰기
❷ 바르게 계산하기

8 ㉠ 84÷5=16…4
㉡ 73÷4=18…1
㉢ 53÷3=17…2
따라서 몫의 크기를 비교하면 18(㉡)>17(㉢)>16(㉠)입니다.

9 5×17=85, 85+2=87 ⇨ 87÷5=17…2
따라서 몫은 17, 나머지는 2입니다.

10 • 85÷7=12…1 • 91÷7=13
• 356÷7=50…6 • 782÷7=111…5
따라서 나머지의 크기를 비교하면 6>5>1>0이므로 7로 나누었을 때 나머지가 가장 큰 수는 356입니다.

11 (채은이가 사용한 철사의 길이)
=92÷2=46(cm)

12 670÷7=95…5이므로 몫이 두 자리 수이고, 나머지가 5보다 작지 않습니다.
따라서 바르게 설명한 사람은 솔미입니다.

13 125÷9=13…8이므로 한 명이 받을 수 있는 공책은 13권이고, 남는 공책은 8권입니다.

14 어떤 수를 □라 하면 □÷4=5…3입니다.
계산 결과가 맞는지 확인하는 방법을 이용하면 4×5=20, 20+3=23이므로 □=23입니다.
따라서 어떤 수는 23입니다.

15 ㉠ 74÷4=18…2 → 남은 과일의 수: 2개
㉡ 87÷7=12…3 → 남은 과일의 수: 3개
㉢ 69÷5=13…4 → 남은 과일의 수: 4개
⇨ 2개(㉠)<3개(㉡)<4개(㉢)

16 84÷3=28이므로 □×2=28입니다.
⇨ 28÷2=□, □=14

17 예 전체 연필은 12×10=120(자루)입니다.」❶
따라서 120÷7=17…1이므로 연필을 필통 17개에 나누어 넣을 수 있고, 1자루가 남습니다.」❷

채점 기준
❶ 전체 연필의 수 구하기
❷ 나누어 넣을 수 있는 필통의 수와 남는 연필의 수 각각 구하기

18 만들 수 있는 두 자리 수는 47, 49, 74, 79, 94, 97이고, 이 중에서 90에 가장 가까운 수는 94입니다.
⇨ 94÷7=13…3

19 • (긴 변을 잘라서 만들 수 있는 카드의 수) =96÷8=12(장)
• (짧은 변을 잘라서 만들 수 있는 카드의 수) =65÷5=13(장)
⇨ (만들 수 있는 카드의 수) =12×13=156(장)

20 • (오토바이 12대의 바퀴 수)=2×12=24(개)
• (승용차의 바퀴 수)=144−24=120(개)
⇨ (승용차의 수)=120÷4=30(대)

개념책 44~45쪽 응용문제

1 20개 **2** 34개
3 14 / 2 **4** 13 / 6
5 8, 5, 4, 2, 427 **6** 1, 2, 6, 7, 18
7 (위에서부터) 7, 2, 6, 5, 1, 4
8 (위에서부터) 6, 5, 5, 3, 3, 0
9 39 **10** 59
11 2, 6 **12** 2, 8

1 (전체 공책의 수)=13×6=78(권)
⇨ 78÷4=19…2
따라서 공책을 남는 것 없이 모두 담으려면 상자는 적어도 19+1=20(개) 필요합니다.

2 (전체 공깃돌의 수)=24×7=168(개)
⇨ 168÷5=33…3
따라서 공깃돌을 남는 것 없이 모두 담으려면 봉지는 적어도 33+1=34(개) 필요합니다.

3 어떤 수를 □라 하면 □÷6=12입니다.
⇨ 6×12=72이므로 어떤 수는 72입니다.
따라서 바르게 계산하면 72÷5=14…2이므로 몫은 14, 나머지는 2입니다.

4 어떤 수를 □라 하면 □÷5=19…2입니다.
⇨ 5×19=95, 95+2=97이므로 어떤 수는 97입니다.
따라서 바르게 계산하면 97÷7=13…6이므로 몫은 13, 나머지는 6입니다.

5 **비법** 몫이 가장 큰 (세 자리 수)÷(한 자리 수) 만들기
(가장 큰 세 자리 수)÷(가장 작은 한 자리 수)

8>5>4>2이므로 가장 큰 세 자리 수는 854, 가장 작은 한 자리 수는 2입니다.
⇨ 854÷2=427

6 **비법** 몫이 가장 작은 (세 자리 수)÷(한 자리 수) 만들기
(가장 작은 세 자리 수)÷(가장 큰 한 자리 수)

1<2<6<7이므로 가장 작은 세 자리 수는 126, 가장 큰 한 자리 수는 7입니다.
⇨ 126÷7=18

7

```
     3 ㉠
㉡)7 5
   ㉢
  ----
   1 ㉣
   ㉤ ㉥
  ----
      1
```

• 7－㉢＝1이므로 ㉢＝6이고, ㉡×3＝6이므로 ㉡＝2입니다.
• ㉣＝5이고 나머지가 1이므로 15－㉤㉥＝1에서 ㉤＝1, ㉥＝4입니다.
• 2×㉠＝14이므로 ㉠＝7입니다.

8

```
     1 ㉠
㉡)8 3
   ㉢
  ----
   3 ㉣
   ㉤ ㉥
  ----
      3
```

• 8－㉢＝3이므로 ㉢＝5이고, ㉡×1＝5이므로 ㉡＝5입니다.
• ㉣＝3이고 나머지가 3이므로 33－㉤㉥＝3에서 ㉤＝3, ㉥＝0입니다.
• 5×㉠＝30이므로 ㉠＝6입니다.

9 **비법**

(나머지가 될 수 있는 수 중에서 가장 큰 수)
＝(나누는 수)－1

□ 안에 가장 큰 수가 들어가려면 ●는 나머지가 될 수 있는 수 중에서 가장 큰 수인 5－1＝4가 되어야 합니다.
계산 결과가 맞는지 확인하는 방법을 이용하면 5×7＝35, 35＋4＝□, □＝39입니다.

10 □ 안에 가장 큰 수가 들어가려면 ★은 나머지가 될 수 있는 수 중에서 가장 큰 수인 6－1＝5가 되어야 합니다.
계산 결과가 맞는지 확인하는 방법을 이용하면 6×9＝54, 54＋5＝□, □＝59입니다.

11

```
    1 ▲
4)5 □
  4
 ----
  1 □
  1 □
 ----
     0
```

왼쪽 계산에서 나눗셈이 나누어떨어지려면 4×▲＝1□이어야 하므로 4×3＝12, 4×4＝16입니다.
따라서 □ 안에 들어갈 수 있는 수는 2, 6입니다.

12

```
    1 ■
6)7 □
  6
 ----
  1 □
  1 □
 ----
     0
```

왼쪽 계산에서 나눗셈이 나누어떨어지려면 6×■＝1□이어야 하므로 6×2＝12, 6×3＝18입니다.
따라서 □ 안에 들어갈 수 있는 수는 2, 8입니다.

개념책 46~48쪽 단원 마무리

✎ 서술형 문제는 풀이를 꼭 확인하세요.

1 18
2 30
3 59 / 3
4 (　　)(○)
5 12⋯3 / 6×12＝72, 72＋3＝75
6

```
    1 4
4)5 8
  4
 ----
  1 8
  1 6
 ----
    2
```

7 ⑤
8 ＞
9 186, 78
10 ㉡
11 56개
12 12 m
13 17명, 3장
14 18 / 3
15 4개
16 39
17 1, 8
✎**18** 6, 83
✎**19** 21명
✎**20** 53, 2

3

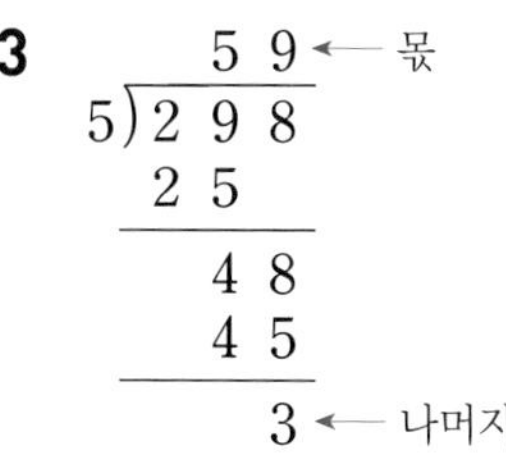

4

```
    2 5          1 5
2)5 0        6)9 0
  4            6
 ----         ----
  1 0          3 0
  1 0          3 0
 ----         ----
    0            0
```

6 나머지는 나누는 수보다 작아야 하는데 나머지 6이 나누는 수 4보다 크므로 잘못 계산했습니다.

7 ⑤ ■÷4는 나누는 수가 4이므로 나머지가 4가 될 수 없습니다.

8 52÷2＝26, 69÷3＝23
⇨ 26＞23

9 • 172÷6＝28⋯4　• 68÷6＝11⋯2
• 186÷6＝31　• 78÷6＝13
• 194÷6＝32⋯2
따라서 6으로 나누었을 때 나누어떨어지는 수는 186, 78입니다.

10 ㉠ $69 \div 6 = 11 \cdots 3$
㉡ $78 \div 7 = 11 \cdots 1$
㉢ $82 \div 5 = 16 \cdots 2$
㉣ $96 \div 7 = 13 \cdots 5$
따라서 나머지의 크기를 비교하면
$\underset{㉡}{1} < \underset{㉢}{2} < \underset{㉠}{3} < \underset{㉣}{5}$입니다.

11 (필요한 봉지의 수)$=280 \div 5 = 56$(개)

12 (자동차로 1초 동안 간 거리)
$=36 \div 3 = 12$(m)

13 $88 \div 5 = 17 \cdots 3$이므로 카드를 17명에게 나누어 줄 수 있고, 3장이 남습니다.

14 $75 \div 4 = 18 \cdots 3$
⇨ 확인: $4 \times \underset{㉠}{18} = 72$, $72 + \underset{㉡}{3} = 75$

15 $92 \div 6 = 15 \cdots 2$이므로 초콜릿을 6명에게 15개씩 나누어 주면 2개가 남습니다.
남은 2개에 4개를 더해서 6명에게 나누어 주어야 남는 것 없이 똑같이 나누어 줄 수 있으므로 초콜릿은 적어도 4개가 더 필요합니다.

16 몫이 가장 작으려면
(가장 작은 세 자리 수)÷(가장 큰 한 자리 수)를 만들면 됩니다.
$2 < 3 < 4 < 6$이므로 가장 작은 세 자리 수는 234, 가장 큰 한 자리 수는 6입니다.
⇨ $234 \div 6 = 39$

17
```
      1 ●
  7 ) 9 □
      7
      2 □
      2 □
        0
```
왼쪽 계산에서 나눗셈이 나누어떨어지려면 7×●=2□이어야 하므로
$7 \times 3 = 2\underline{1}$, $7 \times 4 = 2\underline{8}$입니다.
따라서 □ 안에 들어갈 수 있는 수는 1, 8입니다.

18 예 $83 \div 7 = 11 \cdots 6$이므로
●에 알맞은 수는 6입니다.」❶
$498 \div 6 = 83$이므로 ■에 알맞은 수는 83입니다.」❷

채점 기준

❶ ●에 알맞은 수 구하기	2점
❷ ■에 알맞은 수 구하기	3점

19 예 전체 색종이는 $6 \times 14 = 84$(장)입니다.」❶
따라서 색종이를 $84 \div 4 = 21$(명)이 사용할 수 있습니다.」❷

채점 기준

❶ 전체 색종이의 수 구하기	2점
❷ 색종이를 몇 명이 사용할 수 있는지 구하기	3점

20 예 어떤 수를 □라 하면 □$\div 9 = 35 \cdots 5$입니다.
$9 \times 35 = 315$, $315 + 5 = 320$이므로
어떤 수는 320입니다.」❶
따라서 바르게 계산하면 $320 \div 6 = 53 \cdots 2$이므로
몫은 53, 나머지는 2입니다.」❷

채점 기준

❶ 어떤 수 구하기	2점
❷ 바르게 계산한 몫과 나머지 각각 구하기	3점

개념책 49쪽 창의·융합형 문제

1 ㉮ 자동차 **2** 1분 5초

1 • (㉮ 자동차의 연비)
$=91 \div 7 = 13$(km)
• (㉯ 자동차의 연비)
$=96 \div 8 = 12$(km)
따라서 $13 > 12$에서 ㉮ 자동차의 연비가 더 높으므로 ㉮ 자동차를 사야 합니다.

2 스피드 스케이팅 트랙 한 바퀴는 400 m이고 400 m는 100 m의 4배이므로 100 m를 도는 데 걸린 시간은 $52 \div 4 = 13$(초)입니다.
따라서 500 m는 100 m의 5배이므로 500 m를 도는 데 걸리는 시간은 $13 \times 5 = 65$(초) ⇨ 1분 5초입니다.

개념책 50쪽

②

3. 원

개념책 52~55쪽

❶ 원의 중심, 반지름, 지름

1 (1) ㅇ (2) ㅇㄱ, ㅇㄷ (3) ㄱㄷ

2 7, 7 / (1) 1 (2) 같습니다

❷ 원의 성질

3 (1) ㅁㅂ (2) ㅁㅂ (3) ㅁㅂ

4 (1) 2, 7, 2, 14 (2) 2, 10, 2, 5

❸ 컴퍼스를 이용하여 원 그리기

5 2, 3, 1 /

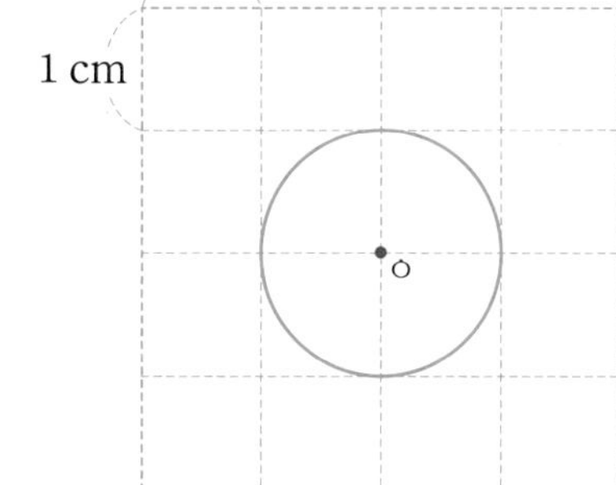

6

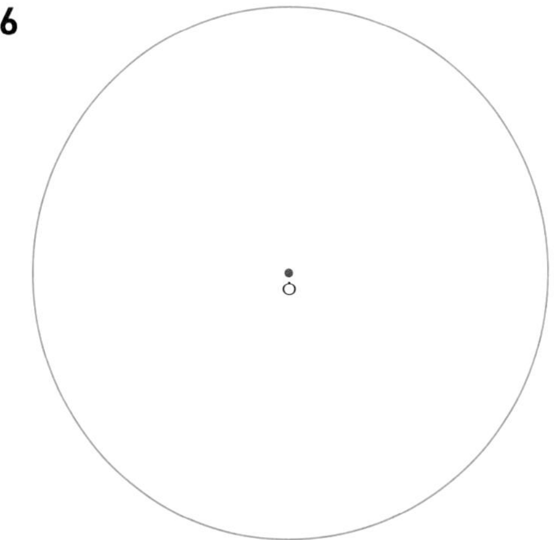

❹ 원을 이용하여 여러 가지 모양 그리기

7 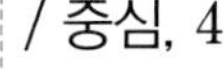 / 중심, 4

8

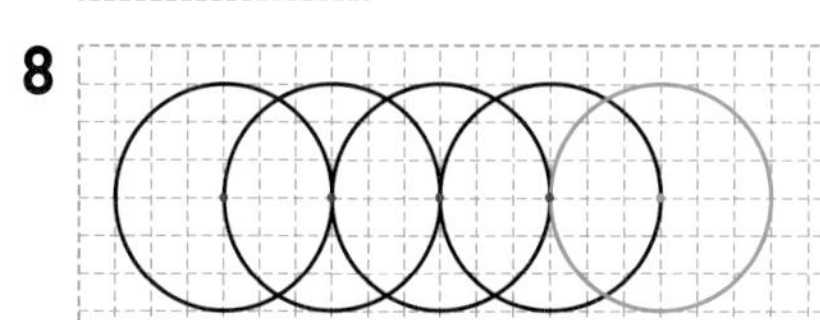

3 (1) 원의 지름은 원의 중심을 지나도록 원 위의 두 점을 이은 선분이므로 선분 ㅁㅂ입니다.
(2) 원 위의 두 점을 이은 선분 중 길이가 가장 긴 선분은 원의 지름이므로 선분 ㅁㅂ입니다.
(3) 원을 똑같이 둘로 나누는 선분은 원의 지름이므로 선분 ㅁㅂ입니다.

5 ① 원의 중심이 되는 점 ㅇ 정하기
② 컴퍼스의 침과 연필의 끝부분 사이를 1 cm만큼 벌리기
③ 컴퍼스의 침을 점 ㅇ에 꽂고 컴퍼스를 돌려서 원 그리기

6 컴퍼스의 침과 연필의 끝부분 사이를 주어진 원의 반지름(3 cm)만큼 벌린 다음 그대로 옮겨서 컴퍼스의 침을 점 ㅇ에 꽂고 컴퍼스를 돌려서 원을 그립니다.

7 정사각형의 각 변의 가운데를 원의 중심으로 하는 원의 일부분을 4개 그립니다. 이때 원의 지름은 정사각형의 한 변의 길이와 같습니다.

8 원의 중심은 오른쪽으로 모눈 3칸씩 이동하고, 원의 반지름은 모눈 3칸으로 같은 규칙입니다.
따라서 원의 중심을 오른쪽으로 모눈 3칸 이동하고, 원의 반지름이 모눈 3칸이 되도록 원을 1개 더 그립니다.

개념책 56쪽 한 번 더 확인

1 점 ㄹ

2 6, 6

3 9

4 ㉡

5 4 / 8

6 5 / 10

7

8

1 원의 중심은 원 위의 모든 점에서 같은 거리에 있는 점이므로 점 ㄹ입니다.

4 길이가 가장 긴 선분은 원의 지름이므로 ㉡입니다.

5 (반지름)$=4$ cm ⇨ (지름)$=4\times2=8$(cm)

6 (지름)$=10$ cm ⇨ (반지름)$=10\div2=5$(cm)

7 컴퍼스의 침과 연필의 끝부분 사이를 주어진 원의 반지름인 2 cm만큼 벌린 다음 컴퍼스의 침을 점 ㅇ에 꽂고 컴퍼스를 돌려서 원을 그립니다.

개념책 57~59쪽 실전문제

✎ 서술형 문제는 풀이를 꼭 확인하세요.

1 중심, 반지름

2 선분 ㅇㄴ, 선분 ㅇㄷ, 선분 ㅇㄹ

3 ⑤

4

5

6 8 cm

✎7 풀이 참조

8

9 ㉡

10 1 cm 1 cm

11

12 ㉣

13 ㉠

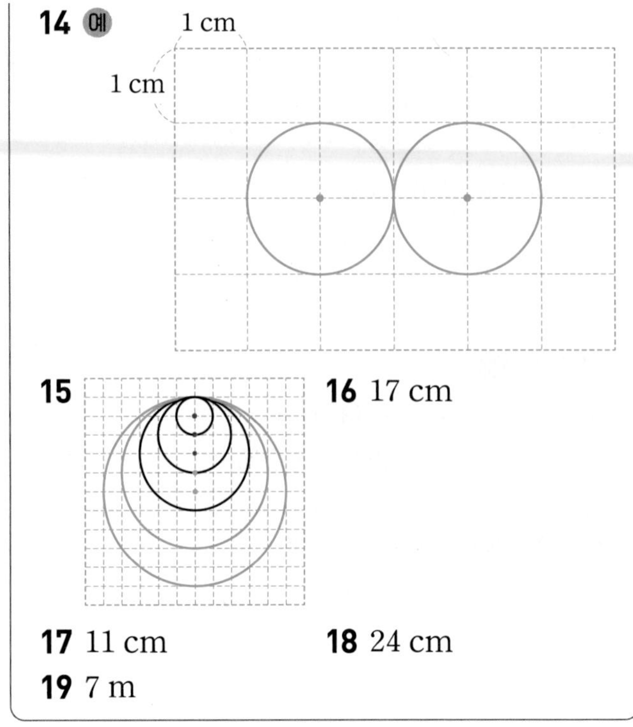

16 17 cm

17 11 cm

18 24 cm

19 7 m

1 • 원의 중심: 원을 그릴 때에 컴퍼스의 침이 꽂혔던 점
• 원의 반지름: 컴퍼스의 침과 연필의 끝부분 사이의 거리

2 원의 중심 ㅇ과 원 위의 한 점을 이은 선분을 모두 찾습니다.

3 누름 못을 원의 중심으로 하여 가장 큰 원을 그리려면 누름 못에서 가장 먼 곳에 연필을 꽂아야 합니다.

4 컴퍼스의 침과 연필의 끝부분 사이를 주어진 선분의 길이(1 cm)만큼 벌린 다음 컴퍼스의 침을 점 ㅇ에 꽂고 컴퍼스를 돌려서 원을 그립니다.

5

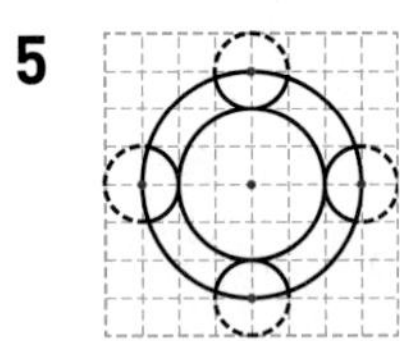

6 컴퍼스의 침과 연필의 끝부분 사이는 원의 반지름과 같으므로 그린 원의 반지름은 4 cm입니다.
따라서 그린 원의 지름은 $4\times2=8$(cm)입니다.

✎7 예 원의 지름은 원의 중심을 지나야 하는데 원의 중심을 지나지 않기 때문입니다.」❶

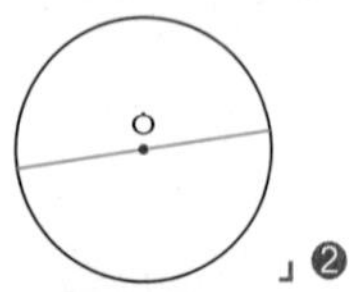

」❷

채점 기준
❶ 원의 지름을 잘못 나타낸 이유 쓰기
❷ 원의 지름을 바르게 나타내기

8 • 지름이 2 cm인 원은 반지름이 $2\div2=1$(cm)인 원과 크기가 같습니다.
• 지름이 8 cm인 원은 반지름이 $8\div2=4$(cm)인 원과 크기가 같습니다.

9 • 한 원에서 지름은 반지름의 2배입니다.
• 한 원에서 원의 중심은 1개입니다.
따라서 원에 대한 설명이 옳은 것은 ㉡입니다.

10 한 변이 4 cm인 정사각형 안에 그릴 수 있는 가장 큰 원은 지름이 4 cm인 원입니다.

11 한 변의 길이를 모눈 6칸으로 하는 정사각형을 그린 다음 정사각형의 네 꼭짓점을 원의 중심으로 하는 원의 일부분을 4개 그립니다.
이때 원의 반지름은 정사각형의 한 변의 길이와 같습니다.

12 ㉠ 원의 반지름은 같게 하고, 원의 중심만 다르게 하여 그린 모양
㉡ 원의 중심은 같게 하고, 원의 반지름만 다르게 하여 그린 모양
㉢ 원의 반지름은 같게 하고, 원의 중심만 다르게 하여 그린 모양

13 원의 반지름 또는 지름이 길수록 원의 크기가 더 크므로 지름을 비교해 봅니다.
㉠ $6\times2=12$(cm) ㉡ 6 cm
㉢ $5\times2=10$(cm) ㉣ 11 cm
⇨ $12>11>10>6$이므로 크기가 가장 큰 원은 ㉠입니다.

14 지름이 2 cm인 원의 반지름은 $2\div2=1$(cm)이므로 반지름이 1 cm인 두 원을 서로 맞닿게 그립니다.

15 원의 중심은 아래쪽으로 모눈 1칸씩 이동하고, 원의 반지름은 모눈 1칸씩 늘어나는 규칙입니다.
따라서 원의 중심을 아래쪽으로 모눈 1칸씩 이동하고, 원의 반지름이 모눈 4칸, 5칸이 되도록 원을 각각 그립니다.

16 한 원에서 반지름은 길이가 모두 같으므로 (변 ㅇㄱ)=(변 ㅇㄴ)=5 cm입니다.
⇨ (삼각형 ㄱㅇㄴ의 세 변의 길이의 합)
$=5+5+7=17$(cm)

17 • (큰 원의 반지름)$=14\div2=7$(cm)
• (작은 원의 반지름)$=8\div2=4$(cm)
⇨ (선분 ㄱㄴ)=(큰 원의 반지름)+(작은 원의 반지름)
$=7+4=11$(cm)

18
4 cm
①②③④⑤⑥

삼각형의 세 변의 길이의 합은 원의 반지름의 6배입니다.
⇨ (삼각형의 세 변의 길이의 합)$=4\times6=24$(cm)

19 (작은 원 모양 화단의 지름)
=(큰 원 모양 화단의 반지름)
$=28\div2=14$(m)
⇨ (작은 원 모양 화단의 반지름)
$=14\div2=7$(m)

개념책 60~61쪽 응용문제

1 4개	**2** 5개
3 42 cm	**4** 20 cm
5 80 cm	**6** 60 cm
7 35 cm	**8** 36 cm
9 24	**10** 22
11 12 cm	**12** 15 cm

1 원의 중심은 원을 그릴 때 컴퍼스의 침을 꽂아야 할 곳입니다.

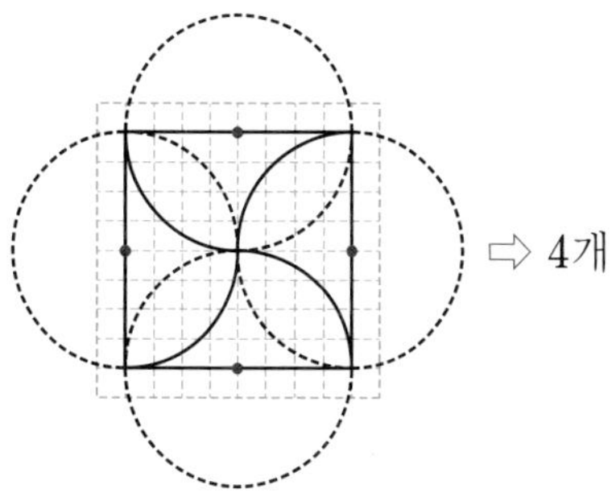

⇨ 4개

2

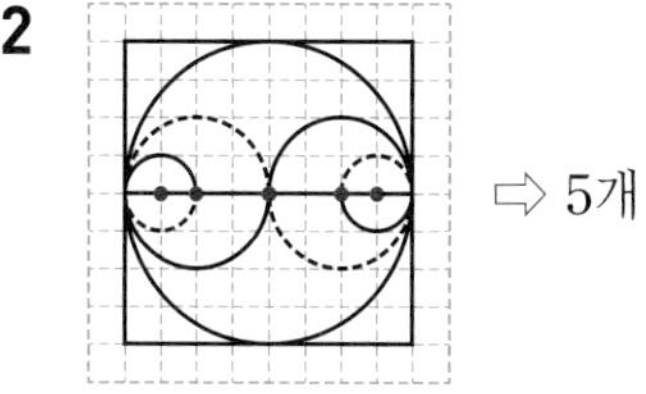

⇨ 5개

3 • (변 ㄴㄱ)=(변 ㄴㄷ)=13 cm
• (변 ㄹㄷ)=(변 ㄹㄱ)=8 cm
⇨ (사각형 ㄱㄴㄷㄹ의 네 변의 길이의 합)
=(변 ㄱㄴ)+(변 ㄴㄷ)+(변 ㄷㄹ)+(변 ㄹㄱ)
=13+13+8+8=42(cm)

4 (변 ㄴㄷ)=(원의 반지름)=5 cm
⇨ 정사각형의 한 변이 5 cm이고, 정사각형은 네 변의 길이가 모두 같으므로 정사각형 ㄱㄴㄷㄹ의 네 변의 길이의 합은 5+5+5+5=20(cm)입니다.

5
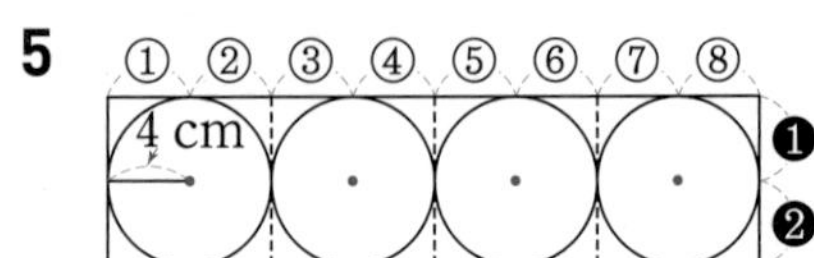

• (직사각형의 긴 변의 길이)=4×8=32(cm)
• (직사각형의 짧은 변의 길이)=4×2=8(cm)
⇨ (직사각형의 네 변의 길이의 합)
=32+8+32+8=80(cm)

6
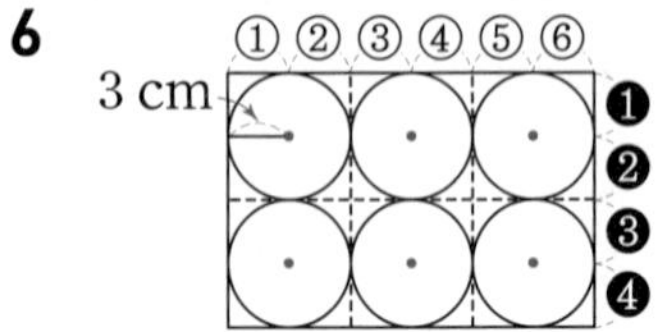

• (직사각형의 긴 변의 길이)=3×6=18(cm)
• (직사각형의 짧은 변의 길이)=3×4=12(cm)
⇨ (직사각형의 네 변의 길이의 합)
=18+12+18+12=60(cm)

7
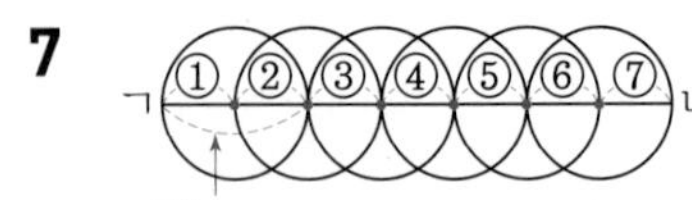

선분 ㄱㄴ의 길이는 원의 반지름의 7배입니다.
(원의 반지름)=10÷2=5(cm)
⇨ (선분 ㄱㄴ)=5×7=35(cm)

8

선분 ㄱㄴ의 길이는 원의 반지름의 9배입니다.
(원의 반지름)=8÷2=4(cm)
⇨ (선분 ㄱㄴ)=4×9=36(cm)

9
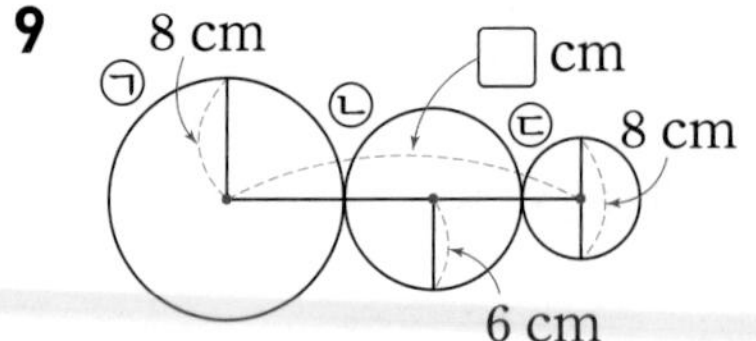

□는 원 ㉠의 반지름, 원 ㉡의 지름, 원 ㉢의 반지름의 합입니다.
• (원 ㉠의 반지름)=8 cm
• (원 ㉡의 지름)=6×2=12(cm)
• (원 ㉢의 반지름)=8÷2=4(cm)
⇨ □=8+12+4=24

10
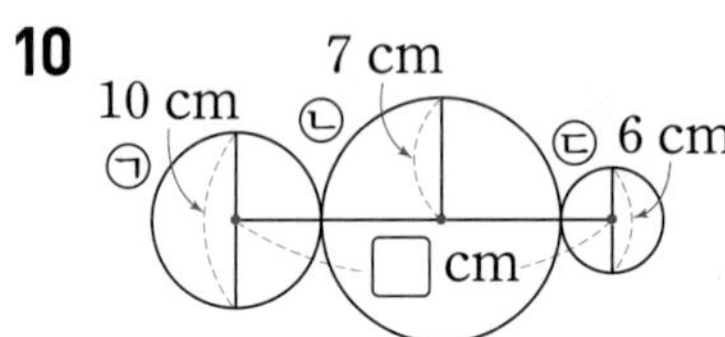

□는 원 ㉠의 반지름, 원 ㉡의 지름, 원 ㉢의 반지름의 합입니다.
• (원 ㉠의 반지름)=10÷2=5(cm)
• (원 ㉡의 지름)=7×2=14(cm)
• (원 ㉢의 반지름)=6÷2=3(cm)
⇨ □=5+14+3=22

11
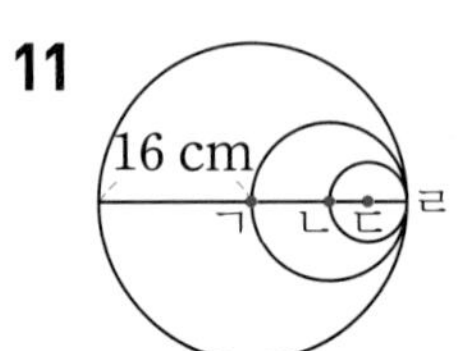

가장 큰 원의 반지름이 16 cm이므로
(선분 ㄱㄴ)=(선분 ㄴㄹ)=16÷2=8(cm),
(선분 ㄴㄷ)=(선분 ㄷㄹ)=8÷2=4(cm)입니다.
⇨ (선분 ㄱㄷ)=(선분 ㄱㄴ)+(선분 ㄴㄷ)
=8+4=12(cm)

12
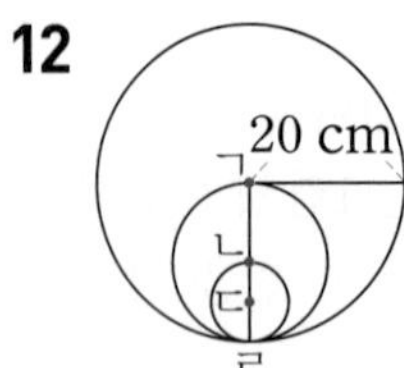

가장 큰 원의 반지름이 20 cm이므로
(선분 ㄱㄴ)=(선분 ㄴㄹ)=20÷2=10(cm),
(선분 ㄴㄷ)=(선분 ㄷㄹ)=10÷2=5(cm)입니다.
⇨ (선분 ㄱㄷ)=(선분 ㄱㄴ)+(선분 ㄴㄷ)
=10+5=15(cm)

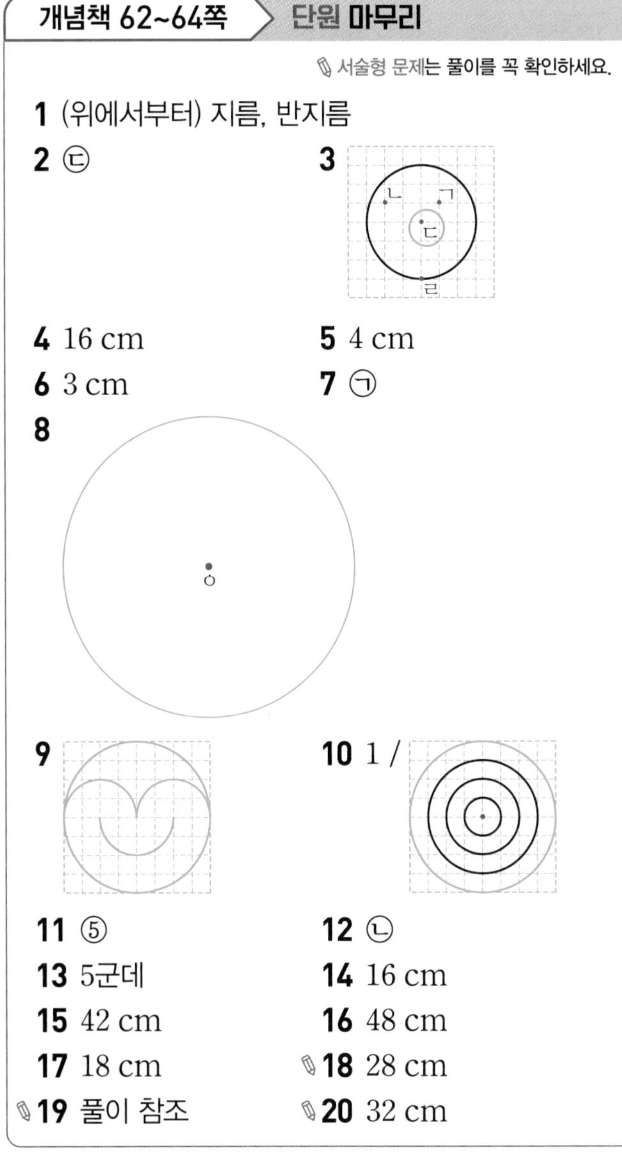

개념책 62~64쪽 **단원 마무리**

서술형 문제는 풀이를 꼭 확인하세요.

1 (위에서부터) 지름, 반지름

2 ㉢ **3**

4 16 cm **5** 4 cm

6 3 cm **7** ㉠

8

9 **10** 1 /

11 ⑤ **12** ㉡

13 5군데 **14** 16 cm

15 42 cm **16** 48 cm

17 18 cm **18** 28 cm

19 풀이 참조 **20** 32 cm

1 • 원의 반지름: 원의 중심 ㅇ과 원 위의 한 점을 이은 선분

• 원의 지름: 원의 중심 ㅇ을 지나도록 원 위의 두 점을 이은 선분

2 한 원에서 반지름은 길이가 모두 같으므로 길이가 다른 선분은 ㉢입니다.

3 원의 지름은 원의 중심을 지나도록 원 위의 두 점을 이은 선분입니다.

⇨ 원에 지름을 그을 때 반드시 지나는 점은 원의 중심입니다.

4 원의 지름은 원의 중심을 지나도록 원 위의 두 점을 이은 선분이므로 16 cm입니다.

5 (지름)=8 cm

⇨ (반지름)=8÷2=4(cm)

6 원을 그릴 때에는 컴퍼스를 원의 반지름만큼 벌려야 합니다.

⇨ 지름이 6 cm인 원을 그리려면 컴퍼스를 6÷2=3(cm)만큼 벌려야 합니다.

7 누름 못을 원의 중심으로 하여 가장 작은 원을 그리려면 누름 못에서 가장 가까운 곳에 연필을 꽂아야 합니다.

8 컴퍼스의 침과 연필의 끝부분 사이를 원의 반지름인 4÷2=2(cm)만큼 벌린 다음 컴퍼스의 침을 점 ㅇ에 꽂고 컴퍼스를 돌려서 원을 그립니다.

9

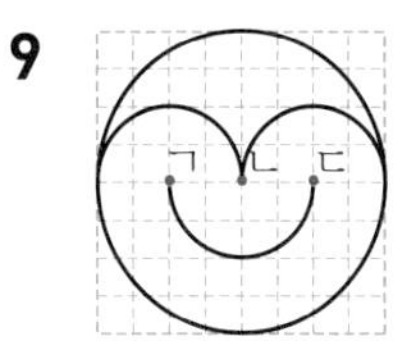

점 ㄴ을 원의 중심으로 하여 원의 반지름이 모눈 4칸인 원을 그립니다. 그 안에 점 ㄴ을 원의 중심으로 하여 원의 반지름이 모눈 2칸인 원의 일부분을 아래쪽에 그리고, 점 ㄱ과 점 ㄷ을 원의 중심으로 하여 원의 반지름이 모눈 2칸인 원의 일부분을 위쪽에 각각 그립니다.

10 원의 중심은 같게 하고, 원의 반지름이 모눈 4칸이 되도록 원을 1개 더 그립니다.

11 한 원에서 반지름은 지름의 반입니다.

12 원의 반지름 또는 지름이 짧을수록 원의 크기가 더 작으므로 반지름을 비교해 봅니다.

㉠ 9 cm ㉡ 16÷2=8(cm) ㉢ 10 cm

⇨ 8<9<10이므로 크기가 가장 작은 원은 ㉡입니다.

13

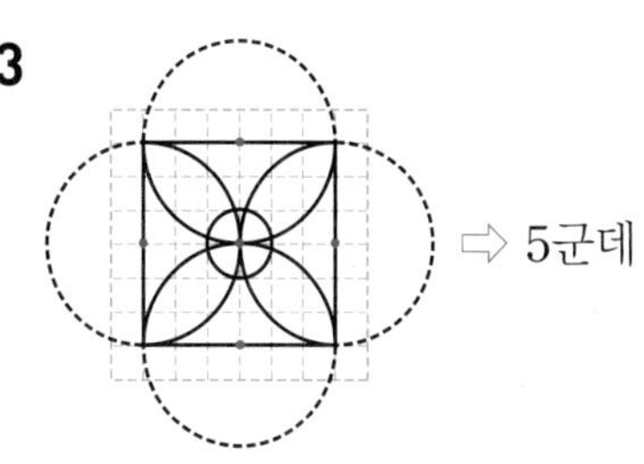

⇨ 5군데

14 (큰 원의 반지름)=(작은 원의 지름)=4×2=8(cm)

⇨ (큰 원의 지름)=8×2=16(cm)

15 • (큰 원의 지름)=12×2=24(cm)

• (작은 원의 지름)=9×2=18(cm)

⇨ (선분 ㄱㄹ)=(큰 원의 지름)+(작은 원의 지름)

=24+18=42(cm)

16 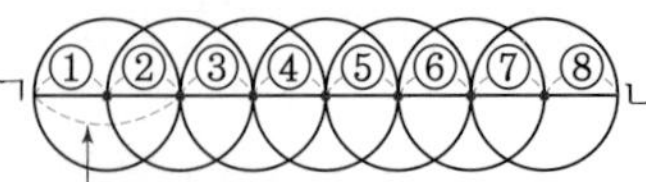

선분 ㄱㄴ의 길이는 원의 반지름의 8배입니다.
(원의 반지름)$=12\div2=6$(cm)
⇨ (선분 ㄱㄴ)$=6\times8=48$(cm)

17 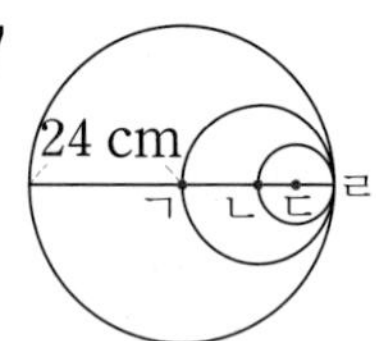

가장 큰 원의 반지름이 24 cm이므로
(선분 ㄱㄴ)=(선분 ㄴㄹ)$=24\div2=12$(cm),
(선분 ㄴㄷ)=(선분 ㄷㄹ)$=12\div2=6$(cm)입니다.
⇨ (선분 ㄱㄷ)=(선분 ㄱㄴ)+(선분 ㄴㄷ)
$=12+6=18$(cm)

✎**18** 예 큰 원의 반지름은 작은 원의 반지름과 9 cm의 합이므로 $5+9=14$(cm)입니다.」❶
따라서 큰 원의 지름은 $14\times2=28$(cm)입니다.」❷

채점 기준

❶ 큰 원의 반지름 구하기	2점
❷ 큰 원의 지름 구하기	3점

✎**19** 예 원의 중심은 오른쪽으로 모눈 4칸, 3칸, 2칸 이동하고, 원의 반지름은 모눈 1칸씩 줄어드는 규칙입니다.」❶

채점 기준

❶ 원의 중심과 반지름을 이용하여 규칙 설명하기	5점

✎**20** 예 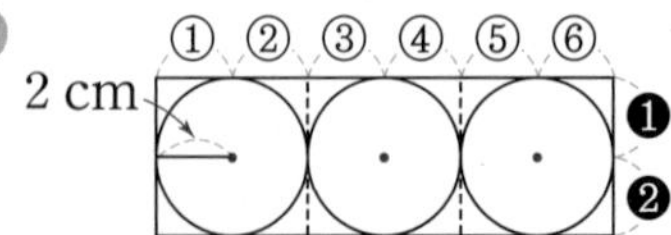

직사각형의 긴 변은 $2\times6=12$(cm)입니다.」❶
직사각형의 짧은 변은 $2\times2=4$(cm)입니다.」❷
따라서 직사각형의 네 변의 길이의 합은
$12+4+12+4=32$(cm)입니다.」❸

채점 기준

❶ 직사각형의 긴 변의 길이 구하기	2점
❷ 직사각형의 짧은 변의 길이 구하기	2점
❸ 직사각형의 네 변의 길이의 합 구하기	1점

개념책 65쪽 창의·융합형 문제

1

2 366 cm

1 원의 반지름은 같게 하고, 원의 중심만 오른쪽으로 모눈 4칸, 아래쪽으로 모눈 3칸 이동하여 원을 그리고, 오른쪽으로 모눈 4칸, 위쪽으로 모눈 3칸 이동하여 원을 그렸습니다.
이 규칙을 한 번 더 반복하여 원의 반지름은 같게 하고, 원의 중심만 이동하여 원을 서로 겹치게 그려 오륜기 모양을 완성합니다.

2 (가장 큰 원의 반지름)
=(가장 작은 원의 반지름)$+46+61+61$
$=15+46+61+61=183$(cm)
⇨ (가장 큰 원의 지름)$=183\times2=366$(cm)

개념책 66쪽

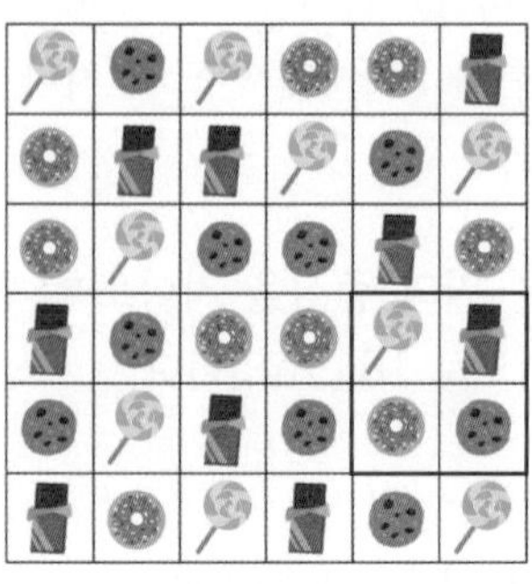

4. 분수

개념책 68~70쪽

❶ 부분은 전체의 얼마인지 분수로 나타내기

1 (1) 1, $\frac{1}{2}$ (2) 3, $\frac{3}{5}$

2 5, 2, $\frac{2}{5}$ / $\frac{2}{5}$

❷ 전체 개수의 분수만큼은 얼마인지 알아보기

3 (1) 예 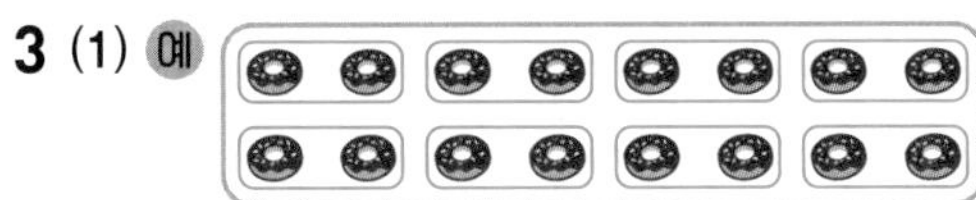

(2) 2, 3 / 6

4 (1) 8 (2) 16

❸ 전체 길이와 시간의 분수만큼은 얼마인지 알아보기

5 (1) 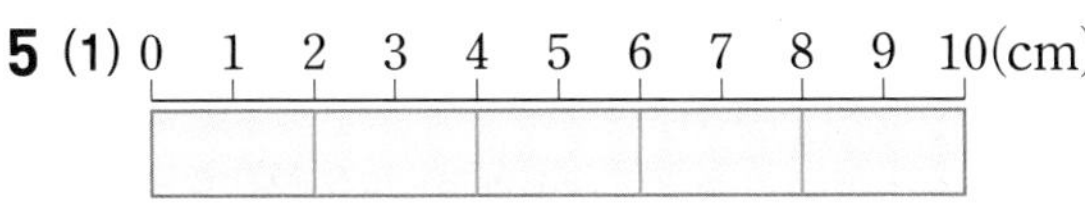

(2) 2, 2 / 4

6 (1) 4 (2) 8

3 (2) 16의 $\frac{1}{8}$은 16을 똑같이 8묶음으로 나눈 것 중의 1묶음이므로 2이고, $\frac{3}{8}$은 $\frac{1}{8}$이 3개입니다.
⇨ 16의 $\frac{3}{8}$은 $2\times3=6$입니다.

4 (1) 24를 똑같이 3묶음으로 나눈 것 중의 1묶음은 8입니다.
(2) 24를 똑같이 3묶음으로 나눈 것 중의 2묶음은 16입니다.

5 (2) 10 cm의 $\frac{1}{5}$은 10 cm를 똑같이 5부분으로 나눈 것 중의 1부분이므로 2 cm이고, $\frac{2}{5}$는 $\frac{1}{5}$이 2개입니다.
⇨ 10 cm의 $\frac{2}{5}$는 $2\times2=4$(cm)입니다.

6 (1) 12시간을 똑같이 3부분으로 나눈 것 중의 1부분은 4시간입니다.
(2) 12시간을 똑같이 3부분으로 나눈 것 중의 2부분은 8시간입니다.

개념책 71쪽 한 번 더 확인

1 $\frac{3}{5}$ **2** $\frac{3}{4}$

3 예

4 예

5 4 **6** 9

7 24 **8** 21

9 3

1 9는 15를 똑같이 5묶음으로 나눈 것 중의 3묶음이므로 9는 15의 $\frac{3}{5}$입니다.

2 15는 20을 똑같이 4묶음으로 나눈 것 중의 3묶음이므로 15는 20의 $\frac{3}{4}$입니다.

3 전체를 똑같이 7묶음으로 나눈 것 중의 2묶음을 색칠합니다.

4 전체를 똑같이 6묶음으로 나눈 것 중의 5묶음을 색칠합니다.

5 24를 똑같이 6묶음으로 나눈 것 중의 1묶음은 4입니다.

6 24를 똑같이 8묶음으로 나눈 것 중의 3묶음은 9입니다.

7 30 cm를 똑같이 5부분으로 나눈 것 중의 4부분은 24 cm입니다.

8 30 cm를 똑같이 10부분으로 나눈 것 중의 7부분은 21 cm입니다.

9 12시간을 똑같이 4부분으로 나눈 것 중의 1부분은 3시간입니다.

개념책 72~73쪽 실전문제

서술형 문제는 풀이를 꼭 확인하세요.

1 $\frac{1}{4}$

2 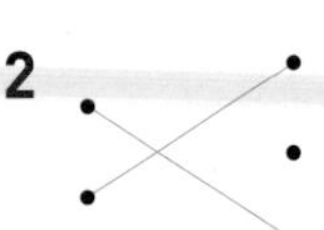

3 (1) 9 (2) 15

4 (1) 50 (2) 80

5 $\frac{4}{5}$

6 6개

7 8시간

8 민서

9 ㉠

10 21개

11 10 cm

12 예원

13 (1) $\frac{1}{6}$ (2) $\frac{3}{8}$ (3) $\frac{3}{4}$

1 흰색 바둑돌은 전체 4묶음 중의 1묶음이므로 전체 바둑돌의 $\frac{1}{4}$입니다.

2 • 색칠한 부분은 전체 9묶음 중의 6묶음이므로 전체의 $\frac{6}{9}$입니다.
• 색칠한 부분은 전체 3묶음 중의 2묶음이므로 전체의 $\frac{2}{3}$입니다.

3 (1) 18을 똑같이 2묶음으로 나눈 것 중의 1묶음은 9입니다.
(2) 18을 똑같이 6묶음으로 나눈 것 중의 5묶음은 15입니다.

4 1 m=100 cm입니다.
(1) 1 m의 $\frac{1}{2}$은 100 cm를 똑같이 2부분으로 나눈 것 중의 1부분이므로 50 cm입니다.
(2) 1 m의 $\frac{4}{5}$는 100 cm를 똑같이 5부분으로 나눈 것 중의 4부분이므로 80 cm입니다.

5 구슬 35개를 7개씩 묶으면 5묶음이 됩니다.
따라서 구슬 28개는 전체 5묶음 중의 4묶음이므로 35개의 $\frac{4}{5}$입니다.

6 8을 똑같이 4묶음으로 나눈 것 중의 3묶음은 6입니다.
따라서 상수가 드론에 사용한 건전지는 6개입니다.

7 하루는 24시간입니다.
24시간을 똑같이 3부분으로 나눈 것 중의 1부분은 8시간입니다.
따라서 재희가 잠을 잔 시간은 8시간입니다.

8 • 민서: 12 km를 똑같이 6부분으로 나눈 것 중의 4부분 ⇨ 8 km
• 수호: 12 km를 똑같이 4부분으로 나눈 것 중의 3부분 ⇨ 9 km
따라서 8<9이므로 더 짧은 거리를 걸은 사람은 민서입니다.

9 ㉠ 63을 9씩 묶으면 7묶음이 되므로 1묶음은 전체의 $\frac{1}{7}$입니다. ⇨ □=7
㉡ 10을 똑같이 5묶음으로 나눈 것 중의 3묶음은 6입니다. ⇨ □=6
따라서 7>6이므로 □ 안에 알맞은 수가 더 큰 것은 ㉠입니다.

10 예 27을 똑같이 3묶음으로 나눈 것 중의 1묶음은 9이므로 재원이는 9개를 먹었고, 27을 똑같이 9묶음으로 나눈 것 중의 4묶음은 12이므로 승주는 12개를 먹었습니다.」 ❶
따라서 두 사람이 먹은 과자는 모두 9+12=21(개)입니다.」 ❷

채점 기준
❶ 두 사람이 먹은 과자는 각각 몇 개인지 구하기
❷ 두 사람이 먹은 과자는 모두 몇 개인지 구하기

11 사용한 연필의 길이는 16 cm를 똑같이 8부분으로 나눈 것 중의 3부분이므로 6 cm입니다.
따라서 연필의 현재 길이는 16−6=10(cm)입니다.

12 • 서진: 20개의 $\frac{1}{4}$ ⇨ 5개
• 예원: 25개의 $\frac{2}{5}$ ⇨ 10개
• 지후: 30개의 $\frac{3}{10}$ ⇨ 9개
따라서 10>9>5이므로 귤을 가장 많이 먹은 사람은 예원입니다.

13 (1) 24를 4씩 묶으면 6묶음이 되고, 4는 전체 6묶음 중의 1묶음이므로 24의 $\frac{1}{6}$입니다.

(2) 24를 3씩 묶으면 8묶음이 되고, 9는 전체 8묶음 중의 3묶음이므로 24의 $\frac{3}{8}$입니다.

(3) 24를 6씩 묶으면 4묶음이 되고, 18은 전체 4묶음 중의 3묶음이므로 24의 $\frac{3}{4}$입니다.

개념책 74~76쪽

❹ 진분수, 가분수

1 (1) (왼쪽에서부터) $\frac{3}{5}$, $\frac{4}{5}$, $\frac{5}{5}$, $\frac{8}{5}$, $\frac{9}{5}$

(2) $\frac{1}{5}$, $\frac{2}{5}$, $\frac{3}{5}$, $\frac{4}{5}$ / $\frac{5}{5}$, $\frac{6}{5}$, $\frac{7}{5}$, $\frac{8}{5}$, $\frac{9}{5}$, $\frac{10}{5}$

2 (1) 진 (2) 자 (3) 가 (4) 가

❺ 대분수

3 $2\frac{1}{4}$

4 (1) $\frac{7}{3}$ (2) $2\frac{1}{6}$

5 (1) $\frac{11}{4}$ (2) $4\frac{1}{2}$ (3) $\frac{16}{5}$ (4) $2\frac{1}{7}$

❻ 분모가 같은 분수의 크기 비교

6 (1) $>$ (2) $<$

7 (1) $<$ (2) $>$ (3) $>$ (4) $<$

1 (1) 분모는 모두 5이고, 분자는 1씩 커집니다.

(2) • 진분수는 분자가 분모보다 작은 분수이므로 $\frac{1}{5}$, $\frac{2}{5}$, $\frac{3}{5}$, $\frac{4}{5}$입니다.

• 가분수는 분자가 분모와 같거나 분모보다 큰 분수이므로 $\frac{5}{5}$, $\frac{6}{5}$, $\frac{7}{5}$, $\frac{8}{5}$, $\frac{9}{5}$, $\frac{10}{5}$입니다.

2 (1) 분자가 분모보다 작으므로 진분수입니다.

(2) 1, 2, 3과 같은 수이므로 자연수입니다.

(3) 분자가 분모보다 크므로 가분수입니다.

(4) 분자가 분모와 같으므로 가분수입니다.

3 색칠한 부분은 2와 $\frac{1}{4}$이므로 대분수로 나타내면 $2\frac{1}{4}$입니다.

4 (1) $2\frac{1}{3}$ ⇨ $\frac{6}{3}$과 $\frac{1}{3}$ ⇨ $\frac{7}{3}$

(2) $\frac{13}{6}$ ⇨ $\frac{12}{6}$와 $\frac{1}{6}$ ⇨ $2\frac{1}{6}$

5 (1) $2\frac{3}{4}$ ⇨ $\frac{8}{4}$과 $\frac{3}{4}$ ⇨ $\frac{11}{4}$

(2) $\frac{9}{2}$ ⇨ $\frac{8}{2}$과 $\frac{1}{2}$ ⇨ $4\frac{1}{2}$

(3) $3\frac{1}{5}$ ⇨ $\frac{15}{5}$와 $\frac{1}{5}$ ⇨ $\frac{16}{5}$

(4) $\frac{15}{7}$ ⇨ $\frac{14}{7}$와 $\frac{1}{7}$ ⇨ $2\frac{1}{7}$

6 (1) $\frac{8}{5}$이 $\frac{6}{5}$보다 더 많이 색칠되어 있으므로 $\frac{8}{5}>\frac{6}{5}$입니다.

(2) $1\frac{5}{6}$가 $1\frac{1}{6}$보다 더 많이 색칠되어 있으므로 $1\frac{1}{6}<1\frac{5}{6}$입니다.

7 (1) $\frac{7}{4}<\frac{9}{4}$ (7<9)

(2) $2\frac{5}{9}>1\frac{8}{9}$ (2>1)

(3) $5\frac{2}{3}>5\frac{1}{3}$ (2>1)

(4) $4\frac{1}{6}=\frac{25}{6}$이므로 $\frac{25}{6}<\frac{29}{6}$입니다.

⇨ $4\frac{1}{6}<\frac{29}{6}$

개념책 77쪽 한 번 더 확인

1 $\frac{2}{5}$, $\frac{9}{10}$, $\frac{5}{7}$ / $\frac{5}{4}$, $\frac{6}{6}$

2 $1\frac{5}{8}$, $6\frac{4}{11}$, $2\frac{6}{7}$

3 $\frac{14}{5}$

4 $\frac{23}{6}$

5 $4\frac{3}{4}$

6 $3\frac{4}{7}$

7 $<$

8 $>$

9 $>$

10 $<$

1 • 진분수: 분자가 분모보다 작은 분수

⇨ $\frac{2}{5}$, $\frac{9}{10}$, $\frac{5}{7}$

• 가분수: 분자가 분모와 같거나 분모보다 큰 분수

⇨ $\frac{5}{4}$, $\frac{6}{6}$

2 대분수: 자연수와 진분수로 이루어진 분수

$\Rightarrow 1\frac{5}{8},\ 6\frac{4}{11},\ 2\frac{6}{7}$

3 $2\frac{4}{5} \Rightarrow \frac{10}{5}$과 $\frac{4}{5} \Rightarrow \frac{14}{5}$

4 $3\frac{5}{6} \Rightarrow \frac{18}{6}$과 $\frac{5}{6} \Rightarrow \frac{23}{6}$

5 $\frac{19}{4} \Rightarrow \frac{16}{4}$과 $\frac{3}{4} \Rightarrow 4\frac{3}{4}$

6 $\frac{25}{7} \Rightarrow \frac{21}{7}$과 $\frac{4}{7} \Rightarrow 3\frac{4}{7}$

7 $11<15$

$\frac{11}{6} < \frac{15}{6}$

8 $3>2$

$3\frac{1}{8} > 2\frac{7}{8}$

9 $5>4$

$5\frac{5}{9} > 5\frac{4}{9}$

10 $\frac{17}{4} = 4\frac{1}{4}$이므로 $4\frac{1}{4} < 4\frac{3}{4}$입니다.

$\Rightarrow \frac{17}{4} < 4\frac{3}{4}$

개념책 78~79쪽 실전문제

서술형 문제는 풀이를 꼭 확인하세요.

1 $1\frac{1}{2}$ (△), $\frac{15}{4}$ (○), $\frac{5}{12}$ (□), $\frac{8}{5}$ (○), $\frac{7}{11}$ (□)

2 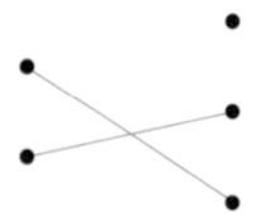

3 (1) $<$ (2) $>$

4 6 / 16 / 3

5 3

6 (위에서부터) $2\frac{7}{9}$, $\frac{24}{9}$, $2\frac{7}{9}$

7 4개

8 6

9 지나

10 (1) $\frac{8}{7}$, $\frac{9}{7}$, $\frac{9}{8}$ (2) $7\frac{8}{9}$, $8\frac{7}{9}$, $9\frac{7}{8}$

11 $2\frac{2}{3}$

12 7, 8, 9

13 $\frac{31}{10}$, $4\frac{3}{10}$

14 1

1 • 진분수: 분자가 분모보다 작은 분수 $\Rightarrow \frac{5}{12}, \frac{7}{11}$

• 가분수: 분자가 분모와 같거나 분모보다 큰 분수

$\Rightarrow \frac{15}{4}, \frac{8}{5}$

• 대분수: 자연수와 진분수로 이루어진 분수 $\Rightarrow 1\frac{1}{2}$

2 • $1\frac{7}{8} \Rightarrow \frac{8}{8}$과 $\frac{7}{8} \Rightarrow \frac{15}{8}$

• $2\frac{5}{8} \Rightarrow \frac{16}{8}$과 $\frac{5}{8} \Rightarrow \frac{21}{8}$

3 (1) $2<3$

$2\frac{8}{9} < 3\frac{4}{9}$

(2) $8>5$

$1\frac{8}{10} > 1\frac{5}{10}$

4 • 자연수 1을 분자가 6인 분수로 나타내면 $\frac{6}{6}$입니다.

• 자연수 1을 분모가 8인 분수로 나타내면 $\frac{8}{8}$이므로

자연수 2는 $\frac{8\times2}{8} = \frac{16}{8}$입니다.

• $\frac{4}{4} = 1$이므로 $\frac{12}{4} = \frac{4\times3}{4} = 3$입니다.

5 $4\frac{\square}{7} \Rightarrow \frac{28}{7}$과 $\frac{\square}{7} \Rightarrow \frac{31}{7}$이므로

$28+\square=31$입니다.

$\Rightarrow \square=31-28=3$

다른 풀이 $\frac{31}{7} \Rightarrow \frac{28}{7}$과 $\frac{3}{7} \Rightarrow 4\frac{3}{7}$이므로 $\square=3$입니다.

6 • $20<24$

$\frac{20}{9} < \frac{24}{9}$

• $7>5$

$2\frac{7}{9} > 2\frac{5}{9}$

• $\frac{24}{9} = 2\frac{6}{9}$이므로 $2\frac{6}{9} < 2\frac{7}{9}$입니다.

$\Rightarrow \frac{24}{9} < 2\frac{7}{9}$

7 예 분모가 5인 진분수의 분자는 5보다 작아야 하므로 1, 2, 3, 4입니다.」❶

따라서 분모가 5인 진분수는 $\frac{1}{5}, \frac{2}{5}, \frac{3}{5}, \frac{4}{5}$로 모두 4개입니다.」❷

채점 기준
❶ 분모가 5인 진분수의 분자 모두 구하기
❷ 분모가 5인 진분수는 모두 몇 개인지 구하기

8 가분수는 분자가 분모와 같거나 분모보다 큰 분수이므로 분모는 6과 같거나 6보다 작아야 합니다.
따라서 ■가 될 수 있는 자연수 중에서 가장 큰 수는 6입니다.

9 $3\frac{5}{8}=\frac{29}{8}$이므로 $\frac{29}{8}>\frac{28}{8}$입니다. ⇨ $3\frac{5}{8}>\frac{28}{8}$
따라서 지나가 찰흙을 더 많이 준비했습니다.

10 (1) • 분모가 7인 경우 ⇨ $\frac{8}{7}$, $\frac{9}{7}$
• 분모가 8인 경우 ⇨ $\frac{9}{8}$
(2) • 자연수가 7인 경우 ⇨ $7\frac{8}{9}$
• 자연수가 8인 경우 ⇨ $8\frac{7}{9}$
• 자연수가 9인 경우 ⇨ $9\frac{7}{8}$

11 자연수가 2이고 분모가 3인 대분수는 $2\frac{\square}{3}$이고, 분자가 될 수 있는 수는 1, 2입니다.
따라서 조건에 알맞은 대분수 중에서 가장 큰 분수는 $2\frac{2}{3}$입니다.

12 • $\frac{\square}{7}$가 가분수이면 □ 안에 들어갈 수 있는 자연수는 7, 8, 9, 10, ...입니다.
• $\frac{9}{\square}$가 가분수이면 □ 안에 들어갈 수 있는 자연수는 9, 8, 7, 6, ...입니다.
• $\frac{\square}{6}$가 가분수이면 □ 안에 들어갈 수 있는 자연수는 6, 7, 8, 9, ...입니다.
따라서 □ 안에 공통으로 들어갈 수 있는 자연수는 7, 8, 9입니다.

13 $5\frac{1}{10}=\frac{51}{10}$, $1\frac{9}{10}=\frac{19}{10}$, $4\frac{3}{10}=\frac{43}{10}$이므로
$\frac{19}{10}<\frac{23}{10}<\frac{31}{10}<\frac{43}{10}<\frac{51}{10}<\frac{56}{10}$입니다.
따라서 $\frac{23}{10}$보다 크고 $5\frac{1}{10}$보다 작은 분수는 $\frac{31}{10}$, $4\frac{3}{10}$입니다.

14 비법

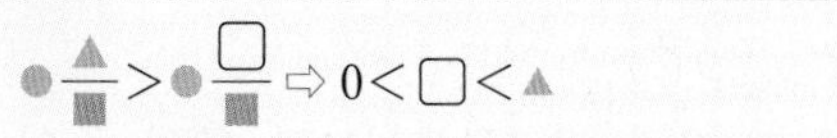

$\frac{12}{5}=2\frac{2}{5}$이므로 $2\frac{2}{5}>2\frac{\square}{5}$입니다.
따라서 □<2이므로 □ 안에 알맞은 자연수는 1입니다.

개념책 80~81쪽 응용문제

1 5개	**2** 4개
3 18	**4** 15
5 6	**6** 10
7 20, 21	**8** 3, 4, 5, 6, 7
9 $\frac{38}{5}$	**10** $\frac{22}{9}$
11 $1\frac{3}{4}$	**12** $3\frac{1}{7}$

1 수정이가 사용한 달걀은 30개의 $\frac{1}{3}$이므로 10개입니다.
수정이가 사용하고 남은 달걀은 30−10=20(개)이므로 지혜가 사용한 달걀은 20개의 $\frac{1}{4}$인 5개입니다.

2 민규가 먹은 귤은 32개의 $\frac{1}{8}$이므로 4개입니다.
민규가 먹고 남은 귤은 32−4=28(개)이므로 동생이 먹은 귤은 28개의 $\frac{1}{7}$인 4개입니다.

3 비법 어떤 수(=전체의 수) 구하기

어떤 수의 $\frac{▲}{■}$가 ●일 때, 어떤 수의 $\frac{1}{■}$은 ●÷▲입니다. → ㉠
⇨ (어떤 수)=㉠×■

4는 어떤 수를 똑같이 9묶음으로 나눈 것 중의 2묶음이므로 1묶음은 4÷2=2입니다.
따라서 어떤 수는 2×9=18입니다.

4 9는 어떤 수를 똑같이 5묶음으로 나눈 것 중의 3묶음이므로 1묶음은 9÷3=3입니다.
따라서 어떤 수는 3×5=15입니다.

5 • 42를 똑같이 6묶음으로 나눈 것 중의 1묶음은 7입니다.

28은 전체 6묶음 중의 4묶음이므로 42의 $\frac{4}{6}$입니다.

→ ㉮=4

• 25를 똑같이 5묶음으로 나눈 것 중의 1묶음은 5입니다.

10은 전체 5묶음 중의 2묶음이므로 25의 $\frac{2}{5}$입니다.

→ ㉯=2

⇨ ㉮+㉯=4+2=6

6 • 35를 똑같이 7묶음으로 나눈 것 중의 1묶음은 5입니다.

25는 전체 7묶음 중의 5묶음이므로 35의 $\frac{5}{7}$입니다.

→ ㉮=5

• 81을 똑같이 9묶음으로 나눈 것 중의 1묶음은 9입니다.

45는 전체 9묶음 중의 5묶음이므로 81의 $\frac{5}{9}$입니다.

→ ㉯=5

⇨ ㉮+㉯=5+5=10

7 $2\frac{5}{7}=\frac{19}{7}$, $3\frac{1}{7}=\frac{22}{7}$이므로

$\frac{19}{7}<\frac{□}{7}<\frac{22}{7}$입니다.

따라서 19<□<22이므로 □ 안에 들어갈 수 있는 자연수는 20, 21입니다.

8 $\frac{11}{9}=1\frac{2}{9}$, $\frac{17}{9}=1\frac{8}{9}$이므로

$1\frac{2}{9}<1\frac{□}{9}<1\frac{8}{9}$입니다.

따라서 2<□<8이므로 □ 안에 들어갈 수 있는 자연수는 3, 4, 5, 6, 7입니다.

9 **비법** 세 수로 가장 큰 대분수 만들기

세 수 ①, ②, ③이 0<①<②<③일 때,

가장 큰 대분수 ⇨ ③$\frac{①}{②}$

만들 수 있는 가장 큰 대분수는 가장 큰 수인 7을 자연수 부분에 놓고, 남은 두 수로 진분수를 만들면 되므로 $7\frac{3}{5}$입니다.

따라서 $7\frac{3}{5}$ ⇨ $\frac{35}{5}$와 $\frac{3}{5}$ ⇨ $\frac{38}{5}$입니다.

10 **비법** 세 수로 가장 작은 대분수 만들기

세 수 ①, ②, ③이 0<①<②<③일 때,

가장 작은 대분수 ⇨ ①$\frac{②}{③}$

만들 수 있는 가장 작은 대분수는 가장 작은 수인 2를 자연수 부분에 놓고, 남은 두 수로 진분수를 만들면 되므로 $2\frac{4}{9}$입니다.

따라서 $2\frac{4}{9}$ ⇨ $\frac{18}{9}$과 $\frac{4}{9}$ ⇨ $\frac{22}{9}$입니다.

11 분모가 4인 분수 중에서 2보다 작은 대분수는 $1\frac{1}{4}$, $1\frac{2}{4}$, $1\frac{3}{4}$이고, 이 중에서 $\frac{6}{4}=1\frac{2}{4}$보다 큰 대분수는 $1\frac{3}{4}$입니다.

12 분모가 7인 분수 중에서 3보다 큰 대분수는 $3\frac{1}{7}$, $3\frac{2}{7}$, …이고, 이 중에서 $\frac{23}{7}=3\frac{2}{7}$보다 작은 대분수는 $3\frac{1}{7}$입니다.

개념책 82~84쪽 단원 마무리

서술형 문제는 풀이를 꼭 확인하세요.

1 $\frac{4}{9}$ **2** 8

3 30

4 $\frac{10}{13}$ (○), $\frac{5}{3}$ (△), $\frac{4}{4}$ (△), $\frac{8}{9}$ (○), $\frac{12}{6}$ (△)

5 $\frac{16}{9}$ **6** >

7 6, 7 **8** 28

9 ( )(○) **10** $3\frac{2}{8}$

11 ㉡ **12** 진호

13 15 m **14** $4\frac{1}{5}$

15 ㉡, ㉢ **16** 72

17 $\frac{60}{7}$ **18** $\frac{2}{3}$

19 동욱 **20** 4, 5, 6

1 색칠한 부분은 전체 9묶음 중의 4묶음이므로 전체의 $\frac{4}{9}$입니다.

2 20을 똑같이 5묶음으로 나눈 것 중의 2묶음은 8입니다.

3 60분을 똑같이 4부분으로 나눈 것 중의 2부분은 30분입니다.

4 • 진분수는 분자가 분모보다 작은 분수이므로 $\frac{10}{13}$, $\frac{8}{9}$입니다.
• 가분수는 분자가 분모와 같거나 분모보다 큰 분수이므로 $\frac{5}{3}$, $\frac{4}{4}$, $\frac{12}{6}$입니다.

5 $1\frac{7}{9}$ ⇨ $\frac{9}{9}$와 $\frac{7}{9}$ ⇨ $\frac{16}{9}$

6 $2\frac{10}{12}=\frac{34}{12}$이므로 $\frac{34}{12}>\frac{21}{12}$입니다.
⇨ $2\frac{10}{12}>\frac{21}{12}$

7 진분수는 분자가 분모보다 작은 분수이므로 $\frac{5}{6}$, $\frac{5}{7}$ 입니다.

8 자연수 1을 분모가 7인 분수로 나타내면 $\frac{7}{7}$이므로 자연수 4는 $\frac{7\times4}{7}=\frac{28}{7}$입니다.

9 • 24시간의 $\frac{4}{6}$는 16시간입니다.
• 24시간의 $\frac{3}{4}$은 18시간입니다.
⇨ 16시간 $<$ 18시간

10 $\frac{25}{8}=3\frac{1}{8}$이므로 $3\frac{2}{8}>3\frac{1}{8}>2\frac{7}{8}$입니다.
따라서 가장 큰 분수는 $3\frac{2}{8}$입니다.

11 ㉠ 6 ㉡ 8 ㉢ 6 ㉣ 6
따라서 나타내는 수가 다른 하나는 ㉡입니다.

12 $\frac{14}{9}=1\frac{5}{9}$이므로 $1\frac{6}{9}>1\frac{5}{9}$입니다.
따라서 진호의 가방이 더 무겁습니다.

13 27 m를 똑같이 9부분으로 나눈 것 중의 4부분은 12 m이므로 동생에게 준 색 테이프는 12 m입니다.
⇨ (남은 색 테이프의 길이)=27−12=15(m)

14 자연수가 4이고 분모가 5인 대분수는 $4\frac{\square}{5}$이고, 분자가 될 수 있는 수는 1, 2, 3, 4입니다.
따라서 조건에 알맞은 대분수 중에서 가장 작은 분수는 $4\frac{1}{5}$입니다.

15 $1\frac{2}{7}=\frac{9}{7}$, ㉡ $2\frac{1}{7}=\frac{15}{7}$, ㉣ $2\frac{6}{7}=\frac{20}{7}$이므로
$\underset{㉠}{\frac{8}{7}}<\frac{9}{7}<\underset{㉢}{\frac{12}{7}}<\underset{㉡}{\frac{15}{7}}<\frac{16}{7}<\underset{㉣}{\frac{20}{7}}$입니다.
따라서 $1\frac{2}{7}$보다 크고 $\frac{16}{7}$보다 작은 분수는 ㉡ $2\frac{1}{7}$, ㉢ $\frac{12}{7}$입니다.

16 27은 어떤 수를 똑같이 8묶음으로 나눈 것 중의 3묶음이므로 1묶음은 27÷3=9입니다.
따라서 어떤 수는 9×8=72입니다.

17 만들 수 있는 가장 큰 대분수는 가장 큰 수인 8을 자연수 부분에 놓고, 남은 두 수로 진분수를 만들면 되므로 $8\frac{4}{7}$입니다.
따라서 $8\frac{4}{7}$ ⇨ $\frac{56}{7}$과 $\frac{4}{7}$ ⇨ $\frac{60}{7}$입니다.

18 예 24를 8씩 묶으면 3묶음이 되고, 16은 전체 3묶음 중의 2묶음입니다.」 ❶
따라서 16개는 24개의 $\frac{2}{3}$입니다.」 ❷

채점 기준

❶ 24와 16을 8씩 묶으면 각각 몇 묶음이 되는지 구하기	3점
❷ 16개는 24개의 얼마인지 분수로 나타내기	2점

19 예 지유가 사용한 리본은 70 cm의 $\frac{5}{7}$이므로 50 cm 입니다.」 ❶
동욱이가 사용한 리본은 60 cm의 $\frac{7}{10}$이므로 42 cm 입니다.」 ❷
따라서 50 cm > 42 cm이므로 리본을 더 적게 사용한 사람은 동욱입니다.」 ❸

채점 기준

❶ 지유가 사용한 리본의 길이 구하기	2점
❷ 동욱이가 사용한 리본의 길이 구하기	2점
❸ 리본을 더 적게 사용한 사람 구하기	1점

20 예 $\frac{19}{8}=2\frac{3}{8}$, $\frac{23}{8}=2\frac{7}{8}$이므로

$2\frac{3}{8}<2\frac{\square}{8}<2\frac{7}{8}$입니다.」 ❶

따라서 $3<\square<7$이므로 □ 안에 들어갈 수 있는 자연수는 4, 5, 6입니다.」 ❷

채점 기준

❶ $\frac{19}{8}$와 $\frac{23}{8}$을 각각 대분수로 나타내 식 정리하기	3점
❷ □ 안에 들어갈 수 있는 자연수 모두 구하기	2점

개념책 85쪽 창의·융합형 문제

1 약 6 m
2 수성, 지구, 천왕성, 토성, 목성

1 10 m를 똑같이 5부분으로 나눈 것 중의 3부분은 6 m입니다.
따라서 탑신부의 높이는 약 6 m입니다.

2 $\frac{47}{5}$을 대분수로 나타내면 $\frac{47}{5}$ ⇨ $\frac{45}{5}$와 $\frac{2}{5}$ ⇨ $9\frac{2}{5}$입니다.
따라서 크기를 비교하면 $\frac{2}{5}<1<4<9\frac{2}{5}<11\frac{1}{5}$이므로 크기가 작은 행성부터 차례대로 쓰면 수성, 지구, 천왕성, 토성, 목성입니다.

개념책 86쪽

	3포			1진	2달	래
4핫	도	5그			걀	
		네			■	
		■	6책	상	■	
		7화	가			
			방			

5. 들이와 무게

개념책 88~91쪽

❶ 들이의 비교
1 나 물병
2 가 그릇

❷ 들이의 단위
3 (1) 8 L / 8 리터
(2) 4 L 700 mL / 4 리터 700 밀리리터
4 (1) 3 (2) 400
5 (1) 6000 (2) 2 (3) 1900 (4) 5, 30

❸ 들이를 어림하고 재어 보기
6 ( ) ( ) (○)
7 (1) mL (2) L

❹ 들이의 덧셈과 뺄셈
8 (1) 3, 700 (2) (위에서부터) 1, 7, 500
9 (1) 6 L 700 mL (2) 8 L 100 mL
10 (1) 2, 600
(2) (위에서부터) 3, 1000, 2, 700
11 (1) 2 L 300 mL (2) 4 L 600 mL

1 나 물병의 물을 옮겨 담은 수조의 물의 높이가 더 높으므로 나 물병의 들이가 더 많습니다.

2 가 그릇은 컵 7개만큼, 나 그릇은 컵 5개만큼 물이 들어가므로 가 그릇의 들이가 더 많습니다.

5 (3) 1 L 900 mL=1 L+900 mL
=1000 mL+900 mL
=1900 mL
(4) 5030 mL=5000 mL+30 mL
=5 L+30 mL
=5 L 30 mL

8 (2) 700 mL+800 mL=1500 mL이므로 1000 mL를 1 L로 받아올림합니다.

9 (2)
```
   1
   6 L  300 mL
 + 1 L  800 mL
 -------------
   8 L  100 mL
```

10 (2) 200 mL에서 500 mL를 뺄 수 없으므로
1 L를 1000 mL로 받아내림합니다.

11 (2)
$$\begin{array}{rr} {}^{6}\not{7}\text{ L} & {}^{1000}500\text{ mL} \\ -2\text{ L} & 900\text{ mL} \\ \hline 4\text{ L} & 600\text{ mL} \end{array}$$

개념책 92쪽 한 번 더 확인

1 5000	**2** 8
3 2400	**4** 7, 100
5 3070	**6** 6, 850
7 4, 90	**8** 5 L 600 mL
9 4 L 200 mL	**10** 8 L 600 mL
11 3 L 500 mL	**12** 8 L 100 mL
13 4 L 900 mL	

10
$$\begin{array}{rr} 7\text{ L} & 100\text{ mL} \\ +1\text{ L} & 500\text{ mL} \\ \hline 8\text{ L} & 600\text{ mL} \end{array}$$

11
$$\begin{array}{rr} 4\text{ L} & 800\text{ mL} \\ -1\text{ L} & 300\text{ mL} \\ \hline 3\text{ L} & 500\text{ mL} \end{array}$$

12
$$\begin{array}{rr} {}^{1}5\text{ L} & 500\text{ mL} \\ +2\text{ L} & 600\text{ mL} \\ \hline 8\text{ L} & 100\text{ mL} \end{array}$$

13
$$\begin{array}{rr} {}^{6}\not{7}\text{ L} & {}^{1000}300\text{ mL} \\ -2\text{ L} & 400\text{ mL} \\ \hline 4\text{ L} & 900\text{ mL} \end{array}$$

개념책 93~94쪽 실전문제

✎ 서술형 문제는 풀이를 꼭 확인하세요.

1 주스병 **2** (선 잇기)

3 꽃병, 3개

4 (1) 종이컵 (2) 숟가락 (3) 항아리

5 (1) 9 L 100 mL (2) 1 L 800 mL

6 정화 **7** 2 L 700 mL

8 ㉰ 컵 ✎**9** 물뿌리개

10 미주 **11** 4 L 650 mL

12 1 L 490 mL

1 물병에 주스가 가득 차고 넘쳤으므로 주스병의 들이가 더 많습니다.

2 • 3 L 500 mL=3 L+500 mL
=3000 mL+500 mL
=3500 mL
• 3 L 50 mL=3 L+50 mL
=3000 mL+50 mL
=3050 mL

3 꽃병은 컵 8개만큼, 물병은 컵 5개만큼 물이 들어가므로 꽃병이 물병보다 컵 8−5=3(개)만큼 들이가 더 많습니다.

5 (1) 700 mL+400 mL=1100 mL이므로
1000 mL를 1 L로 받아올림합니다.
(2) 300 mL에서 500 mL를 뺄 수 없으므로
1 L를 1000 mL로 받아내림합니다.

6 정화: 약병의 들이는 약 120 mL입니다.

7 (성현이가 더 많이 받은 물의 양)
=5 L 900 mL−3 L 200 mL
=2 L 700 mL

8 물을 부어야 하는 횟수가 많을수록 컵의 들이가 더 적습니다.
따라서 9>6>5이므로 들이가 가장 적은 컵은 ㉰ 컵입니다.

✎**9** 예 물뿌리개의 들이인 2 L 300 mL는 2300 mL입니다.」❶
따라서 2300 mL>2200 mL>2030 mL이므로 들이가 가장 많은 물건은 물뿌리개입니다.」❷

채점 기준
❶ 세 물건의 들이의 단위를 같게 나타내기
❷ 들이가 가장 많은 물건 찾기

10 • 지성: 500 mL 우유갑으로 2번쯤 들어가면 주전자의 들이는 약 1 L입니다.
• 민호: 2 L 물병과 들이가 비슷하면 주전자의 들이는 약 2000 mL입니다.

11 (3분 동안 받을 수 있는 물의 양)
=1 L 550 mL+1 L 550 mL+1 L 550 mL
=3 L 100 mL+1 L 550 mL=4 L 650 mL

12 (노란색 페인트와 파란색 페인트의 양의 합)
$=5\text{ L}+3\text{ L}=8\text{ L}$
⇨ (남은 초록색 페인트의 양)
$=8\text{ L}-6\text{ L }510\text{ mL}=1\text{ L }490\text{ mL}$

개념책 95~98쪽

5 무게의 비교

1 지우개
2 배, 12개

6 무게의 단위

3 (1) 3 kg 900 g / 3 킬로그램 900 그램
(2) 6 t / 6 톤
4 (1) 2 (2) 300
5 (1) 5000 (2) 8000 (3) 4500 (4) 2, 10

7 무게를 어림하고 재어 보기

6 ( ) (○)
7 (1) kg (2) t

8 무게의 덧셈과 뺄셈

8 (1) 2, 900 (2) (위에서부터) 1, 8, 400
9 (1) 6 kg 700 g (2) 5 kg 100 g
10 (1) 1, 300
(2) (위에서부터) 4, 1000, 2, 600
11 (1) 5 kg 200 g (2) 2 kg 500 g

1 지우개 쪽으로 기울어졌으므로 지우개가 더 무겁습니다.

2 바둑돌의 수를 비교하면 $3<15$이므로 배가 딸기보다 바둑돌 $15-3=12$(개)만큼 더 무겁습니다.

5 (3) $4\text{ kg }500\text{ g}=4\text{ kg}+500\text{ g}$
$=4000\text{ g}+500\text{ g}$
$=4500\text{ g}$
(4) $2010\text{ g}=2000\text{ g}+10\text{ g}$
$=2\text{ kg}+10\text{ g}$
$=2\text{ kg }10\text{ g}$

6 휴대 전화의 무게를 재려면 100 g 단위를 사용하는 것이 더 편리합니다.

8 (2) $600\text{ g}+800\text{ g}=1400\text{ g}$이므로 1000 g을 1 kg으로 받아올림합니다.

9 (2)
$$\begin{array}{r} {}^{1}\\ 2\text{ kg }\ 900\text{ g}\\ +\,2\text{ kg }\ 200\text{ g}\\ \hline 5\text{ kg }\ 100\text{ g}\end{array}$$

10 (2) 300 g에서 700 g을 뺄 수 없으므로 1 kg을 1000 g으로 받아내림합니다.

11 (2)
$$\begin{array}{r} {}^{5}\quad\ {}^{1000}\\ \cancel{6}\text{ kg }\ 100\text{ g}\\ -\,3\text{ kg }\ 600\text{ g}\\ \hline 2\text{ kg }\ 500\text{ g}\end{array}$$

개념책 99쪽 한 번 더 확인

1 4000	2 9
3 3000	4 5600
5 1, 580	6 2190
7 9, 30	8 7 kg 900 g
9 1 kg 300 g	10 5 kg 900 g
11 4 kg 600 g	12 9 kg 200 g
13 1 kg 750 g	

10
$$\begin{array}{r} 4\text{ kg }\ 500\text{ g}\\ +\,1\text{ kg }\ 400\text{ g}\\ \hline 5\text{ kg }\ 900\text{ g}\end{array}$$

11
$$\begin{array}{r} 7\text{ kg }\ 800\text{ g}\\ -\,3\text{ kg }\ 200\text{ g}\\ \hline 4\text{ kg }\ 600\text{ g}\end{array}$$

12
$$\begin{array}{r} {}^{1}\\ 6\text{ kg }\ 400\text{ g}\\ +\,2\text{ kg }\ 800\text{ g}\\ \hline 9\text{ kg }\ 200\text{ g}\end{array}$$

13
$$\begin{array}{r} {}^{8}\quad\ {}^{1000}\\ \cancel{9}\text{ kg }\ 250\text{ g}\\ -\,7\text{ kg }\ 500\text{ g}\\ \hline 1\text{ kg }\ 750\text{ g}\end{array}$$

개념책 100~101쪽 실전문제	
✎ 서술형 문제는 풀이를 꼭 확인하세요.	
1 ㉠, ㉢, ㉡	**2** 1 kg 700 g
3 (1) 에어컨 (2) 비행기	
4 ㉠, ㉢	
5 (1) 8 kg 400 g (2) 2 kg 900 g	
6 ㉢	**7** 4 kg 400 g
8 5 kg 900 g	**9** 약 100배
✎**10** 윤아	**11** ㉡, ㉠, ㉢, ㉣
12 공깃돌	**13** 64 kg 200 g

2 1000 g=1 kg이므로 1700 g=1 kg 700 g입니다.

4 쌀 1가마니와 사과 1상자의 무게는 1 t보다 가볍고, 코끼리 1마리와 소방차 1대의 무게는 1 t보다 무겁습니다.

5 (1) 900 g+500 g=1400 g이므로
1000 g을 1 kg으로 받아올림합니다.
(2) 500 g에서 600 g을 뺄 수 없으므로
1 kg을 1000 g으로 받아내림합니다.

6 ㉢ 6000 kg=6 t

7 (남은 딸기의 무게)=6 kg 700 g−2 kg 300 g
=4 kg 400 g

8 (현우가 어제와 오늘 캔 고구마의 무게)
=2 kg 800 g+3 kg 100 g=5 kg 900 g

9 5 t은 5000 kg이고 50의 100배는 5000입니다.
따라서 고래의 무게는 사슴의 무게의 약 100배입니다.

✎**10** 예 어림한 무게와 실제 무게의 차가 가장 작은 사람이 가장 가깝게 어림한 것입니다.」❶
수호: 200 g, 수민: 500 g, 윤아: 50 g
따라서 의자의 실제 무게에 가장 가깝게 어림한 사람은 윤아입니다.」❷

채점 기준
❶ 무게를 가장 가깝게 어림한 사람을 구하는 방법 설명하기
❷ 의자의 실제 무게에 가장 가깝게 어림한 사람 구하기

11 ㉠ 5 kg 200 g=5200 g ㉢ 5 kg 440 g=5440 g
⇨ 5050 g(㉡)<5200 g(㉠)<5440 g(㉢)<5800 g(㉣)

12 똑같은 물건의 무게를 재는 데 더 적은 개수를 사용한 쪽이 한 개의 무게가 더 무겁습니다.
바둑돌의 수와 공깃돌의 수를 비교하면 15>10으로 공깃돌의 수가 더 적으므로 한 개의 무게가 더 무거운 것은 공깃돌입니다.

13 (은비의 몸무게)=33 kg 400 g−2 kg 600 g
=30 kg 800 g
⇨ (형우와 은비의 몸무게의 합)
=33 kg 400 g+30 kg 800 g=64 kg 200 g

개념책 102~103쪽 응용문제	
1 3배	**2** 4배
3 1 L 200 mL	**4** 1 L 900 mL
5 (위에서부터) 600, 3	**6** (위에서부터) 700, 3
7 1 kg 700 g	**8** 3 kg 500 g
9 시아, 100 mL	**10** 혁재, 300 mL
11 300 g	**12** 700 g

1 15>10>5이므로 가장 무거운 물건은 손난로이고, 가장 가벼운 물건은 주사위입니다.
손난로는 구슬 15개의 무게와 같고, 주사위는 구슬 5개의 무게와 같으므로 손난로의 무게는 주사위의 무게의 15÷5=3(배)입니다.

2 24>12>6이므로 가장 무거운 물건은 계산기이고, 가장 가벼운 물건은 지우개입니다.
계산기는 바둑돌 24개의 무게와 같고, 지우개는 바둑돌 6개의 무게와 같으므로 계산기의 무게는 지우개의 무게의 24÷6=4(배)입니다.

3 눈금을 읽으면 수조에 들어 있는 물의 양은 2 L 800 mL입니다.
(800 mL씩 2번 덜어 낸 물의 양)
=800+800=1600(mL)
→ 1 L 600 mL
⇨ (수조에 남아 있는 물의 양)
=2 L 800 mL−1 L 600 mL
=1 L 200 mL

4 눈금을 읽으면 수조에 들어 있는 물의 양은 3 L 700 mL입니다.
(600 mL씩 3번 덜어 낸 물의 양)
=600+600+600=1800(mL)
→ 1 L 800 mL
⇨ (수조에 남아 있는 물의 양)
=3 L 700 mL−1 L 800 mL
=1 L 900 mL

5

$$\begin{array}{r} 2\text{ kg}\ \ ㉠\text{ g} \\ +\,㉡\text{kg}\ \ 700\text{ g} \\ \hline 6\text{ kg}\ \ 300\text{ g} \end{array}$$

- g끼리의 계산에서 ㉠+700=1300이므로 ㉠=1300−700=600입니다.
- kg끼리의 계산에서 1+2+㉡=6이므로 ㉡=3입니다.

6

$$\begin{array}{r} 9\text{ L}\ \ 100\text{ mL} \\ -\ 5\text{ L}\ \ ㉠\text{ mL} \\ \hline ㉡\text{L}\ \ 400\text{ mL} \end{array}$$

- mL끼리의 계산에서 1000 mL를 받아내림하면 1100−㉠=400이므로 ㉠=1100−400=700입니다.
- L끼리의 계산에서 9−1−5=㉡이므로 ㉡=3입니다.

7 (가방에 들어 있는 물건의 무게)
=2 kg 400 g+1900 g
=2 kg 400 g+1 kg 900 g=4 kg 300 g
⇨ (가방에 더 담을 수 있는 무게)
=6 kg−4 kg 300 g=1 kg 700 g

8 (바구니에 들어 있는 물건의 무게)
=3 kg 700 g+2800 g
=3 kg 700 g+2 kg 800 g=6 kg 500 g
⇨ (바구니에 더 담을 수 있는 무게)
=10 kg−6 kg 500 g=3 kg 500 g

9 • (시아가 산 주스의 양)
=1 L 200 mL+950 mL=2 L 150 mL
• (명수가 산 주스의 양)
=1 L 400 mL+650 mL=2 L 50 mL
⇨ 2 L 150 mL−2 L 50 mL=100 mL이므로 시아가 산 주스의 양이 100 mL 더 많습니다.

10 • (윤서가 마신 물의 양)
=350 mL+1 L 750 mL=2 L 100 mL
• (혁재가 마신 물의 양)
=850 mL+1 L 550 mL=2 L 400 mL
⇨ 2 L 400 mL−2 L 100 mL=300 mL이므로 혁재가 마신 물의 양이 300 mL 더 많습니다.

11 (음료수 캔 4개의 무게)
=1 kg 650 g−450 g
=1 kg 200 g=1200 g
⇨ 300 g+300 g+300 g+300 g=1200 g이므로 음료수 캔 1개의 무게는 300 g입니다.

12 (동화책 5권의 무게)
=4 kg 600 g−1 kg 100 g
=3 kg 500 g=3500 g
⇨ 700 g+700 g+700 g+700 g+700 g =3500 g이므로 동화책 1권의 무게는 700 g 입니다.

개념책 104~106쪽 〉 단원 마무리

✎ 서술형 문제는 풀이를 꼭 확인하세요.

1 나 물병 **2** 300
3 1 kg 300 g **4** <
5 ㉡ **6** (선 잇기)
7 붓, 2개
8 7 L 300 mL / 1 L 700 mL
9 ㉡ **10** 2 kg 100 g
11 15 L 200 mL **12** 약 10배
13 ㉣, ㉡, ㉠, ㉢ **14** 현우
15 2 L 100 mL **16** (위에서부터) 600, 2
17 600 g ✎**18** 풀이 참조
✎**19** ㉯ 컵 ✎**20** 2 kg 900 g

1 나 물병의 물을 옮겨 담은 수조의 물의 높이가 더 낮으므로 나 물병의 들이가 더 적습니다.

3 1000 g=1 kg이므로 1300 g=1 kg 300 g입니다.

4 6 kg 50 g=6000 g+50 g=6050 g
⇨ 6050 g<6300 g

5 1 t=1000 kg으로 비행기 1대, 버스 1대, 배 1척은 모두 1 t보다 무겁습니다.
세탁기 1대는 1 t보다 가볍습니다.

7 100원짜리 동전의 수를 비교하면 3<5이므로 붓이 물감보다 100원짜리 동전 5−3=2(개)만큼 더 무겁습니다.

8 2800 mL=2 L 800 mL
⇨ 합: 2 L 800 mL+4 L 500 mL
=7 L 300 mL
차: 4 L 500 mL−2 L 800 mL
=1 L 700 mL

9 ㉡ 물병의 들이는 약 2 L입니다.

10 (딸기와 망고의 무게의 차)
=3 kg 600 g−1 kg 500 g=2 kg 100 g

11 (두 물통에 들어 있는 물의 양)
=8 L 300 mL+6 L 900 mL=15 L 200 mL

12 3 t은 3000 kg이고 300의 10배는 3000입니다.
따라서 코끼리의 무게는 북극곰의 무게의 약 10배입니다.

13 ㉡ 2900 mL=2 L 900 mL
㉢ 3100 mL=3 L 100 mL
⇨ 2 L 240 mL(㉣)<2 L 900 mL(㉡)
<3 L 70 mL(㉠)<3 L 100 mL(㉢)

14 바나나의 실제 무게는 2300 g=2 kg 300 g입니다.
어림한 무게와 실제 무게의 차가 더 작은 사람을 찾습니다.
• 민서: 2 kg 300 g−2 kg=300 g
• 현우: 2 kg 550 g−2 kg 300 g=250 g
따라서 바나나의 실제 무게에 더 가깝게 어림한 사람은 현우입니다.

15 눈금을 읽으면 수조에 들어 있는 물의 양은
3 L 500 mL입니다.
(700 mL씩 2번 덜어낸 물의 양)=700+700
=1400(mL)
→ 1 L 400 mL
⇨ (수조에 남아 있는 물의 양)
=3 L 500 mL−1 L 400 mL
=2 L 100 mL

16
```
   8 L  200 mL
 − 5 L   ㉠ mL
   ㉡L  600 mL
```
• mL끼리의 계산에서 1000 mL를 받아내림하면 1200−㉠=600이므로 ㉠=1200−600=600입니다.
• L끼리의 계산에서 8−1−5=㉡이므로 ㉡=2입니다.

17 (설탕 4봉지의 무게)=3 kg 500 g−1 kg 100 g
=2 kg 400 g=2400 g
⇨ 600 g+600 g+600 g+600 g=2400 g이므로
설탕 1봉지의 무게는 600 g입니다.

18 예 양팔저울의 양쪽 접시에 테니스공과 야구공을 각각 올렸을 때, 기울어진 쪽의 공이 더 무겁습니다.」 ❶

채점 기준

❶ 두 공의 무게를 비교할 수 있는 방법 쓰기	5점

19 예 물을 부어야 하는 횟수가 적을수록 컵의 들이가 더 많습니다.」 ❶
따라서 7<8<10이므로 들이가 가장 많은 컵은
㉯ 컵입니다.」 ❷

채점 기준

❶ 들이가 가장 많은 컵을 구하는 방법 설명하기	2점
❷ 들이가 가장 많은 컵 구하기	3점

20 예 서랍장에 들어 있는 물건의 무게는
2 kg 600 g+2500 g=2 kg 600 g+2 kg 500 g
=5 kg 100 g입니다.」 ❶
따라서 서랍장에 더 담을 수 있는 무게는
8 kg−5 kg 100 g=2 kg 900 g입니다.」 ❷

채점 기준

❶ 서랍장에 들어 있는 물건의 무게 구하기	3점
❷ 서랍장에 더 담을 수 있는 무게 구하기	2점

개념책 107쪽 창의·융합형 문제

1 약 4 L 140 mL **2** 백과사전

1 180 mL+180 mL+180 mL=540 mL이므로 참기름 3홉은 약 540 mL이고,
1 L 800 mL+1 L 800 mL=3 L 600 mL이므로 식혜 2되는 약 3 L 600 mL입니다.
따라서 540 mL+3 L 600 mL=4 L 140 mL이므로 도희 어머니께서 사신 참기름과 식혜의 양은 모두 약 4 L 140 mL입니다.

2 • 필통: 350 g=100 g+250 g
또는 350 g=150 g+200 g
• 장난감: 700 g=100 g+150 g+200 g+250 g
따라서 주어진 추로 650 g은 잴 수 없으므로 무게를 잴 수 없는 물건은 백과사전입니다.

개념책 108쪽

가 − ②, 나 − ④, 다 − ①, 라 − ③

6. 그림그래프

개념책 110~112쪽

❶ 그림그래프

1 (1) 10그루 / 1그루 (2) 26그루 (3) 초원 마을

❷ 그림그래프로 나타내기

2 (1) 예 2가지

(2) 농장별 기르고 있는 돼지 수

농장	돼지 수
무럭	▣▣▣▣▣▣▣□□
명랑	▣▣▣▣□□□□□□
씩씩	▣▣▣▣▣□□□□
기쁨	▣▣▣▣▣▣□□□

▣10마리 □1마리

❸ 자료를 수집하여 그림그래프로 나타내기

3 (1) 23, 12, 16, 31, 82

(2) 예 겨울 방학에 가고 싶어 하는 장소별 학생 수

장소	학생 수
놀이공원	■■□□□
눈썰매장	■□□
스케이트장	■□□□□□□
스키장	■■■□

■10명 □1명

1 (2) 큰 그림이 2개, 작은 그림이 6개이므로 26그루입니다.

(3) 큰 그림의 수가 가장 많은 마을은 초원 마을입니다.

2 (1) 돼지 수가 몇십몇 마리이므로 10마리, 1마리를 나타내는 그림 2가지로 나타내는 것이 좋습니다.

(2) • 명랑 농장: ▣ 4개, □ 6개

• 씩씩 농장: ▣ 5개, □ 4개

• 기쁨 농장: ▣ 6개, □ 3개

3 (1) 장소별 학생 수를 세어 표의 빈칸에 쓰고, 합계를 구합니다.

⇨ (합계)$=23+12+16+31=82$(명)

(2) 학생 수가 몇십몇 명이므로 10명, 1명을 나타내는 그림으로 나타내는 것이 좋습니다.

개념책 113~115쪽 실전문제

✎ 서술형 문제는 풀이를 꼭 확인하세요.

1 예 공장별 생산한 인형 수

2 100상자 / 10상자　**3** 320상자

4 라 공장　**5** ㉢

6 14, 9, 16, 20, 59

7 예 좋아하는 과일별 학생 수

과일	학생 수
사과	◎○○○○
배	○○○○○○○○○
귤	◎○○○○○○
자두	◎◎

◎ 10 명　○ 1 명

8 초콜릿 맛, 체리 맛, 바닐라 맛, 포도 맛

9 예 초콜릿 맛　**10** 850개

11 예 농장별 감자 생산량

농장	감자 생산량
가	◎◎◎○○○○○○○○
나	◎○○○○○○
다	◎◎○○○○○○○○○

◎100 kg ○10 kg

12 예 농장별 감자 생산량

농장	감자 생산량
가	◎◎◎△○○○
나	◎△○
다	◎◎△○○○○

◎100 kg △50 kg ○10 kg

13 40, 34 /

취미별 학생 수

취미	학생 수
운동	●●●●
독서	●●•••••••
게임	●●●●●••
노래	●●●••••

● 10명 • 1명

✎ **14** 풀이 참조　**15** 주호

16 라 지역

3 큰 그림이 3개, 작은 그림이 2개이므로 320상자입니다.

4 큰 그림의 수가 가장 적은 공장은 라 공장입니다.

6 과일별 학생 수를 세어 표의 빈칸에 쓰고, 합계를 구합니다.
⇨ (합계)=14+9+16+20=59(명)

8 큰 그림의 수를 비교하면 3>2>1이고, 큰 그림의 수가 1인 바닐라 맛과 포도 맛 아이스크림의 작은 그림의 수를 비교하면 6>4입니다.
따라서 많이 팔린 아이스크림의 맛부터 차례대로 쓰면 초콜릿 맛, 체리 맛, 바닐라 맛, 포도 맛입니다.

9 일주일 동안 초콜릿 맛 아이스크림이 가장 많이 팔렸으므로 다음 주에도 초콜릿 맛 아이스크림이 많이 팔릴 것입니다. 따라서 다음 주에는 초콜릿 맛 아이스크림을 가장 많이 준비하는 것이 좋겠습니다.
참고 가장 많이 팔린 아이스크림이 아니더라도 타당한 이유를 제시하면 정답이 될 수 있습니다.

10 초콜릿 맛: 320개, 바닐라 맛: 160개,
체리 맛: 230개, 포도 맛: 140개
⇨ 320+160+230+140=850(개)

12 ○ 5개를 △ 1개로 바꾸어 나타냅니다.

참고 **단위를 나타내는 그림의 가짓수가 다를 경우 비교하기**
• 단위를 나타내는 그림이 2가지일 때보다 3가지일 때 그림그래프에 그리는 그림의 수가 더 적습니다.
• 단위를 나타내는 그림이 늘어나면 복잡하게 보일 수 있습니다.

13 • 그림그래프에서 취미가 운동과 노래인 학생 수를 보고 표를 완성합니다.
• 표에서 취미가 독서와 게임인 학생 수를 보고 그림그래프를 완성합니다.

14 예 • 선물 중에서 옷이 빠졌습니다.」❶
• 책에서 10명과 1명을 나타내는 그림이 서로 바뀌었습니다.」❷

채점 기준
❶ 잘못된 점 한 가지 쓰기
❷ 잘못된 점 다른 한 가지 쓰기

15 • 승우: 가장 높은 점수는 1회의 300점이고, 가장 낮은 점수는 2회의 150점입니다.
⇨ 점수의 차는 300−150=150(점)입니다.
• 혜빈: 150×2=300이므로 1회의 점수는 2회의 점수의 2배입니다.
• 주호: 얻은 점수의 합은
300+150+240=690(점)입니다.

16 가 지역: 41군데, 나 지역: 15군데,
다 지역: 24군데, 라 지역: 32군데
축구부 수가 가장 적은 지역은 나 지역입니다.
따라서 축구부 수가 15군데보다 17군데 더 많은 지역은 15+17=32(군데)인 라 지역입니다.

개념책 116~117쪽 응용문제

1 23, 26 /

목장별 기르고 있는 소의 수

목장	소의 수
해	□□ ○○○
달	□ ○○○○
별	□□□ ○○
구름	□□ ○○○○○○

□ 10마리 ○ 1마리

2 250, 300 /

과수원별 귤 생산량

과수원	귤 생산량
희망	◎◎○○○○○
사랑	◎○○○
소망	◎◎◎
행복	◎◎○○○○○○○○

◎100 kg ○10 kg

3 볶음밥, 덮밥, 비빔밥, 칼국수
4 나 마을, 가 마을, 다 마을, 라 마을
5 개나리 **6** 만화책
7 6930원 **8** 8730원

1 해 목장의 소의 수는 그림그래프를 보면 23마리입니다.
⇨ 구름 목장: 95−23−14−32=26(마리)

2 희망 과수원의 귤 생산량은 그림그래프를 보면 250 kg입니다.
⇨ 소망 과수원: 960−250−130−280=300(kg)

3 오늘 팔린 음식 수는
비빔밥: 31그릇, 볶음밥: 40그릇,
덮밥: 22+10=32(그릇),
칼국수: 14그릇입니다.
40>32>31>14이므로 많이 팔린 음식부터 차례대로 쓰면 볶음밥, 덮밥, 비빔밥, 칼국수입니다.

4 올해 쓰레기 배출량은
가 마을: 440−110=330(톤), 나 마을: 320톤,
다 마을: 350톤, 라 마을: 520톤입니다.
320<330<350<520이므로 쓰레기 배출량이 적은 마을부터 차례대로 쓰면 나 마을, 가 마을, 다 마을, 라 마을입니다.

5 **비법**

(모르는 항목의 수)
=(전체 항목의 수의 합)−(주어진 모든 항목의 수)

장미: 14명, 튤립: 23명, 백합: 22명
⇨ 개나리: 90−14−23−22=31(명)
따라서 31>23>22>14이므로 가장 많은 학생이 좋아하는 꽃은 개나리입니다.

6 만화책: 140권, 과학책: 160권, 동화책: 230권
⇨ 위인전: 740−140−160−230=210(권)
따라서 140<160<210<230이므로 가장 적은 책의 종류는 만화책입니다.

7 호수 모둠: 18병, 강 모둠: 21병,
바다 모둠: 36병, 하늘 모둠: 24병
⇨ (모은 전체 빈 병의 수)
=18+21+36+24=99(병)
따라서 모은 빈 병을 모두 팔면 70×99=6930(원)을 받을 수 있습니다.

8 1반: 17 kg, 2반: 28 kg, 3반: 21 kg, 4반: 31 kg
⇨ (모은 전체 폐휴지의 무게)
=17+28+21+31=97(kg)
따라서 모은 폐휴지를 모두 팔면 90×97=8730(원)을 받을 수 있습니다.

개념책 118~120쪽 단원 마무리

서술형 문제는 풀이를 꼭 확인하세요.

1 10마리 / 1마리 **2** 20마리
3 가자미 **4** 4마리
5 15명 **6** 47명
7 블록 쌓기, 보드게임, 카드놀이, 공기놀이
8 ㉡ **9** 250마리
10 10마리, 100마리
11 예

마을별 닭의 수

마을	닭의 수
햇살	△△△△△△△△
별빛	△△△
행복	△△△△△△△
초록	△△△△

△(큰) 100마리 △(작은) 10마리

12 별빛 마을 **13** 14, 8, 16, 22, 60
14 예

좋아하는 간식별 학생 수

간식	학생 수
햄버거	◎○○○○
치킨	○○○○○○○○
떡볶이	◎○○○○○○
피자	◎◎○○

◎10명 ○1명

15 떡볶이 **16** 예 피자
17 101동, 102동, 104동, 103동
18 혜미 **19** 풀이 참조
20 2090원

2 (큰 생선 그림)이 2개이므로 20마리입니다.

3 (큰 생선 그림)의 수를 비교하면 0<1<2이므로 생선 수가 가장 적은 생선은 가자미입니다.

4 • 고등어: (큰 생선) 1개, (작은 생선) 6개 ⇨ 16마리
• 삼치: (큰 생선) 1개, (작은 생선) 2개 ⇨ 12마리
⇨ 16−12=4(마리)

5 (큰 얼굴)이 1개, (작은 얼굴)이 5개이므로 15명입니다.

6 • 보드게임: (큰 그림) 2개, (작은 그림) 4개 ⇨ 24명
• 카드놀이: (큰 그림) 2개, (작은 그림) 3개 ⇨ 23명
⇨ 24＋23＝47(명)

7 큰 그림의 수를 비교한 다음, 큰 그림의 수가 같으면 작은 그림의 수를 비교합니다.

8 ㉡ 블록 쌓기: 32명, 공기놀이: 15명
⇨ 32－15＝17(명) 더 많습니다.

9 760－170－210－130＝250(마리)

10 닭의 수가 몇백몇십 마리이므로 100마리, 10마리를 나타내는 그림으로 나타내는 것이 좋습니다.

12 기르고 있는 닭의 수를 비교하면
행복 마을＞별빛 마을＞햇살 마을＞초록 마을이므로 기르고 있는 닭의 수가 햇살 마을보다 많고 행복 마을보다 적은 마을은 별빛 마을입니다.

15 치킨: 8명
⇨ 좋아하는 학생 수가 8×2＝16(명)인 간식은 떡볶이입니다.

16 가장 많은 학생이 좋아하는 간식이 피자이므로 피자를 준비하는 것이 좋겠습니다.
참고 가장 많은 학생이 좋아하는 간식이 아니더라도 타당한 이유를 제시한다면 정답이 될 수 있습니다.

17 101동: 310명, 102동: 290＋30＝320(명),
103동: 450명, 104동: 430명
310＜320＜430＜450이므로 주민 수가 적은 동부터 차례대로 쓰면 101동, 102동, 104동, 103동입니다.
참고 그림의 단위가 3가지이므로 각 항목별 수를 구할 때 주의합니다.

18 현지: 25개, 민호: 26개, 세희: 19개
⇨ 혜미: 106－25－26－19＝36(개)
따라서 36＞26＞25＞19이므로 구슬이 가장 많은 사람은 혜미입니다.

19 예 • 월요일에 보낸 문자 메시지 수는 17건입니다.」 ❶
• 문자 메시지를 가장 많이 보낸 요일은 목요일입니다.」 ❷

채점 기준

❶ 그림그래프를 보고 알 수 있는 내용 한 가지 쓰기	1개 2점, 2개 5점
❷ 그림그래프를 보고 알 수 있는 내용 다른 한 가지 쓰기	

20 예 월요일 17건, 화요일 20건, 수요일 23건, 목요일 35건이므로 월요일부터 목요일까지 보낸 문자 메시지 수는 모두 17＋20＋23＋35＝95(건)입니다.」 ❶
따라서 월요일부터 목요일까지 보낸 문자 메시지 요금은 모두 22×95＝2090(원)입니다.」 ❷

채점 기준

❶ 월요일부터 목요일까지 보낸 문자 메시지 수 구하기	3점
❷ 월요일부터 목요일까지 보낸 문자 메시지 요금 구하기	2점

개념책 121쪽 창의·융합형 문제

1 45일 **2** 75 g

1 봄: 62일, 여름: 35일, 가을: 42일, 겨울: 24일이므로 미세 먼지가 '나쁨'인 봄과 가을의 날수는
62＋42＝104(일)이고, 여름과 겨울의 날수는
35＋24＝59(일)입니다.
따라서 미세 먼지가 '나쁨'인 날수는 봄과 가을이 여름과 겨울보다 104－59＝45(일) 더 많습니다.

2 • 케이크 150 g에 들어 있는 지방의 양: 20 g
• 피자 150 g에 들어 있는 지방의 양: 35 g
따라서 케이크 300 g에 들어 있는 지방의 양은
20×2＝40(g)이므로 케이크 300 g과 피자 150 g에 들어 있는 지방의 양은 모두 40＋35＝75(g)입니다.

개념책 122쪽

벌

유형책

1. 곱셈

유형책 4~13쪽 실전유형 강화

✎ 서술형 문제는 풀이를 꼭 확인하세요.

1 (위에서부터) 505, 486

2

3 하민

4 <

5 609권

6 488 cm

7 660명

8 945

9 $\begin{array}{r} 171 \\ \times \quad 4 \\ \hline 684 \end{array}$

10 민기

11 348마리

12 3개

✎13 476장

14 예 4500 / 4419

15 3143

16 1460일

17 477개

✎18 2160

19 소영, 20회

20

21 서울

22 9

23 2730원

24 1516개

25 해, 바, 라, 기

26 860 km

27 135

28 ㉡

29 104개

30 88살

31 891

✎32 65개

33 $\begin{array}{r} 43 \\ \times 23 \\ \hline 129 \\ 860 \\ \hline 989 \end{array}$

34 697

35 >

36 예 / 221

37 624장

38 588명

39 540가구

40 (위에서부터) 1610, 2345, 1540

41 ㉡

42 1625명

43 17, 28(또는 28, 17)

44 1152개

✎45 1944

46 1680문제

47 자연 사랑, 17그루

48 2208

49 1296개

50 175

51 5728

52 1254

53 1, 2, 3, 4

54 8, 9

55 3

56 (위에서부터) 6, 2

57 (왼쪽에서부터) 6, 7

58 (위에서부터) 9, 9, 2, 5

59 7, 4, 2, 9, 6678

60 6, 7, 9, 5, 3395

61 3740

62 5, 1, 4, 2, 2142(또는 4, 2, 5, 1, 2142)

63 2, 7, 4, 9, 1323(또는 4, 9, 2, 7, 1323)

64 6838

1 $\begin{array}{r} 101 \\ \times \quad 5 \\ \hline 505 \end{array}$ $\begin{array}{r} 243 \\ \times \quad 2 \\ \hline 486 \end{array}$

2 $\begin{array}{r} 432 \\ \times \quad 2 \\ \hline 864 \end{array}$ $\begin{array}{r} 112 \\ \times \quad 4 \\ \hline 448 \end{array}$

3 • 하경: $214 \times 2 = 428$
• 예은: $321 \times 3 = 963$

4 $231 \times 2 = 462$, $120 \times 4 = 480$
⇨ $462 < 480$

5 (책장 3개에 꽂혀 있는 책의 수)$=203 \times 3 = 609$(권)

6 (정사각형의 네 변의 길이의 합)
$=122 \times 4 = 488$(cm)

7 (하루에 탈 수 있는 사람 수)$=110 \times 3 = 330$(명)
⇨ (2일 동안 탈 수 있는 사람 수)
$=330 \times 2 = 660$(명)

8 $\begin{array}{r} {}^{1} \\ 315 \\ \times \quad 3 \\ \hline 945 \end{array}$

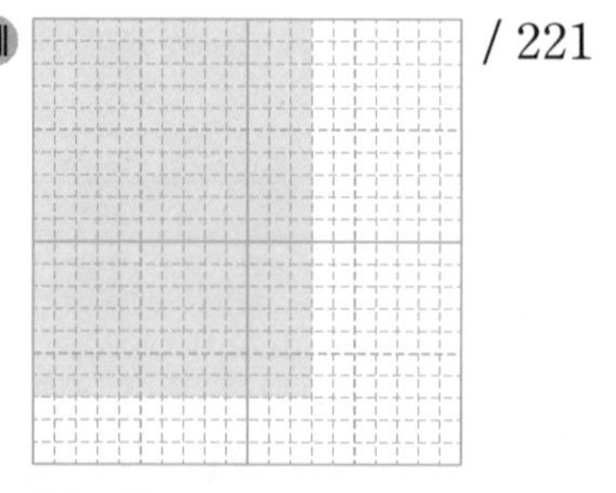

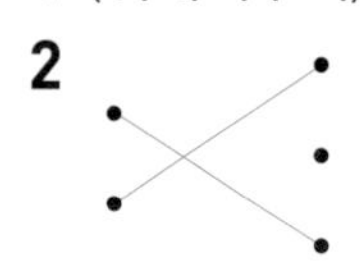

9 십의 자리에서 올림한 수 2를 백의 자리에 더해서 계산합니다.
$\begin{array}{r} {}^{2} \\ 171 \\ \times \quad 4 \\ \hline 684 \end{array}$

10 • 민기: $437\times2=874$ • 지윤: $291\times3=873$
⇨ $874>873$이므로 계산 결과가 더 큰 곱셈을 가지고 있는 사람은 민기입니다.

11 (초록 목장에 있는 양의 수)$=116\times3=348$(마리)

12 $207\times4=828$, $416\times2=832$
⇨ 828과 832 사이에 있는 세 자리 수는 829, 830, 831이므로 모두 3개입니다.

13 예 지혜네 학교 3학년 전체 학생은
$26+23+25+23+22=119$(명)입니다.」 ❶
따라서 도화지는 모두 $119\times4=476$(장) 필요합니다.」 ❷

채점 기준
❶ 지혜네 학교 3학년 전체 학생 수 구하기
❷ 필요한 도화지의 수 구하기

14 491을 500으로 생각하면 $500\times9=4500$이므로 491×9를 4500쯤으로 어림할 수 있습니다.

$$\begin{array}{r} \scriptstyle 8 \\ 491 \\ \times\quad 9 \\ \hline 4419 \end{array}$$

15 $769\times2=1538$, $535\times3=1605$
⇨ $1538+1605=3143$

16 (4년의 날수)$=365\times4=1460$(일)

17 (훈기가 가지고 있는 구슬의 수)
$=\underset{\text{인식}}{153}+6=159$(개)
⇨ (주미가 가지고 있는 구슬의 수)
$=\underset{\text{훈기}}{159}\times3=477$(개)

18 예 작은 눈금 한 칸은 10을 나타내므로 수직선에서 화살표가 가리키는 수는 270입니다.」 ❶
따라서 270과 8의 곱은 $270\times8=2160$입니다.」 ❷

채점 기준
❶ 화살표(↓)가 가리키는 수 구하기
❷ 화살표(↓)가 가리키는 수와 8의 곱 구하기

19 • (현호가 줄넘기를 한 횟수)$=136\times5=680$(회)
• (소영이가 줄넘기를 한 횟수)$=175\times4=700$(회)
⇨ $680<700$이므로 소영이가 줄넘기를 $700-680=20$(회) 더 많이 했습니다.

20 • $40\times40=1600$ • $50\times60=3000$
• $90\times20=1800$ • $60\times30=1800$
• $32\times50=1600$

21 서율: 56×60에서 $56=50+6$이므로 50×60과 6×60의 합으로 구할 수 있습니다.

22 $40\times\square0=3600$
$40\times\square=360$
$40\times\square=360$ ⇨ $\square=9$

23 (유정이가 가지고 있는 돈)$=39\times70=2730$(원)

24 (30상자에 담은 딸기의 수)$=50\times30=1500$(개)
⇨ (전체 딸기의 수)$=1500+16=1516$(개)

25 • $17\times30=510$ ⇨ 해 • $40\times80=3200$ ⇨ 바
• $29\times90=2610$ ⇨ 라 • $53\times20=1060$ ⇨ 기

26 • (자전거로 20시간 동안 갈 수 있는 거리)
$=17\times20=340$(km)
• (버스로 20시간 동안 갈 수 있는 거리)
$=60\times20=1200$(km)
⇨ 20시간 동안 버스로 갈 수 있는 거리는 자전거로 갈 수 있는 거리보다 $1200-340=860$(km) 더 멉니다.

다른 풀이 (버스와 자전거로 한 시간 동안 갈 수 있는 거리의 차)
$=60-17=43$(km)
⇨ 20시간 동안 버스로 갈 수 있는 거리는 자전거로 갈 수 있는 거리보다 $43\times20=860$(km) 더 멉니다.

27 사각형 안에 있는 수는 5와 27입니다.
⇨ $5\times27=135$

28 ㉠ $8\times18=144$ ㉡ $5\times32=160$
㉢ $2\times73=146$
⇨ $\underset{㉡}{160}>\underset{㉢}{146}>\underset{㉠}{144}$

29 (옷 26벌에 달려 있는 단추의 수)$=4\times26=104$(개)

30 (동생의 나이)$=10-2=8$(살)
⇨ (할머니의 나이)$=8\times11=88$(살)

유형책 4~13쪽

31 한 자리 수 중에서 가장 큰 수는 9이고, 두 자리 수 중에서 가장 큰 수는 99입니다.
⇨ $9 \times 99 = 891$

32 예 처음에 있던 감자는 $3 \times 47 = 141$(개)입니다.」 ❶
판 감자는 $2 \times 38 = 76$(개)입니다.」 ❷
따라서 팔고 남은 감자는 $141 - 76 = 65$(개)입니다.」 ❸

채점 기준
❶ 처음에 있던 감자의 수 구하기
❷ 판 감자의 수 구하기
❸ 팔고 남은 감자의 수 구하기

33 43×2의 계산은 실제로 43×20을 나타내므로 $43 \times 20 = 860$을 자리에 맞춰 써야 합니다.

34 $41 > 36 > 25 > 17$이므로
가장 큰 수는 41, 가장 작은 수는 17입니다.
⇨ $41 \times 17 = 697$

35 $24 \times 31 = 744$, $35 \times 21 = 735$
⇨ $744 > 735$

36
$$\begin{array}{r} 1\ 3 \\ \times\ 1\ 7 \\ \hline 9\ 1 \\ 1\ 3\ \ \\ \hline 2\ 2\ 1 \end{array}$$

37 (52상자에 들어 있는 딱지의 수)$= 12 \times 52 = 624$(장)

38 (버스 한 대에 탄 사람 수)$= 45 - 3 = 42$(명)
⇨ (상규네 학교 선생님과 학생 수의 합)
$= 42 \times 14 = 588$(명)

39 (튼튼 아파트 ㉮ 동에 살고 있는 가구의 수)
$= 12 \times 15 = 180$(가구)
⇨ (튼튼 아파트 ㉮, ㉯, ㉰ 동에 살고 있는 가구의 수)
$= 180 \times 3 = 540$(가구)

40
- $46 \times 35 = 1610$
- $67 \times 35 = 2345$
- $44 \times 35 = 1540$

41 ㉠ $24 \times 64 = 1536$
㉡ $36 \times 46 = 1656$
㉢ $32 \times 48 = 1536$

42 (케이블카 65대에 탈 수 있는 사람 수)
$= 25 \times 65 = 1625$(명)

43 계산 결과 476의 일의 자리 수인 6이 나오는 곱셈식은 17×18 또는 17×28입니다.
⇨ $17 \times 18 = 306$(×), $17 \times 28 = 476$(○)

44 진주와 경태가 가지고 있는 바늘은 모두 $24 + 24 = 48$(쌈)입니다.
⇨ $24 \times 48 = 1152$(개)

45 예 10이 3개이면 30, 1이 6개이면 6이므로 ㉠이 나타내는 수는 36입니다.」 ❶
6씩 9묶음인 수는 6의 9배인 수이므로 ㉡이 나타내는 수는 $6 \times 9 = 54$입니다.」 ❷
따라서 ㉠과 ㉡이 나타내는 수의 곱은 $36 \times 54 = 1944$입니다.」 ❸

채점 기준
❶ ㉠이 나타내는 수 구하기
❷ ㉡이 나타내는 수 구하기
❸ ㉠과 ㉡이 나타내는 수의 곱 구하기

46 (지우가 8주 동안 수학 문제를 푸는 날수)
$= 6 \times 8 = 48$(일)
⇨ (지우가 8주 동안 풀어야 하는 수학 문제의 수)
$= 35 \times 48 = 1680$(문제)

47
- (좋은 나무에서 심은 나무의 수)
$= 18 \times 34 = 612$(그루)
- (자연 사랑에서 심은 나무의 수)
$= 17 \times 37 = 629$(그루)

⇨ $612 < 629$이므로 자연 사랑이 나무를 $629 - 612 = 17$(그루) 더 많이 심었습니다.

48 $2 < 3 < 6 < 9$이므로 만들 수 있는 가장 큰 두 자리 수는 96, 가장 작은 두 자리 수는 23입니다.
⇨ $96 \times 23 = 2208$

49 1시간$=$60분이므로 1시간은 10분의 6배입니다.
(한 시간 동안 만드는 인형의 수)$= 9 \times 6 = 54$(개)
⇨ (24시간 동안 만드는 인형의 수)
$= 54 \times 24 = 1296$(개)

50 어떤 수를 □라 하면 □$+35=40$이므로
$40-35=$□, □$=5$입니다.
따라서 바르게 계산하면 $5\times35=175$입니다.

51 어떤 수를 □라 하면 □$-8=708$이므로
$708+8=$□, □$=716$입니다.
따라서 바르게 계산하면 $716\times8=5728$입니다.

52 어떤 수를 □라 하면 □$-19=3$이므로
$3+19=$□, □$=22$입니다.
따라서 바르게 계산하면 $22\times19=418$이므로
바르게 계산한 값과 잘못 계산한 값의 곱은
$418\times3=1254$입니다.

53 $1\times72=72$, $2\times72=144$, $3\times72=216$,
$4\times72=288$, $5\times72=360$
따라서 □ 안에 들어갈 수 있는 수는
5보다 작은 1, 2, 3, 4입니다.

54 $6\times51=306$이므로 □$\times39>306$이 될 수 있는
□를 모두 구합니다.
$9\times39=351$, $8\times39=312$, $7\times39=273$
따라서 □ 안에 들어갈 수 있는 수는
7보다 큰 8, 9입니다.

55 $40\times60=2400$이므로 $746\times$□<2400이 될 수 있는 □ 중에서 가장 큰 수를 구합니다.
$746\times1=746$, $746\times2=1492$, $746\times3=2238$,
$746\times4=2984$
따라서 □ 안에 들어갈 수 있는 가장 큰 수는 4보다 작은 수 중 가장 큰 수인 3입니다.

56

```
      ㉠
  × ㉡ 6
  1 5 6
```

• ㉠$\times6$의 일의 자리 수가 6인 경우는
$1\times6=6$, $6\times6=36$이고, 계산 결과가 세 자리 수이므로 ㉠$=6$입니다.
• $6\times6=36$에서 올림한 수 3을 더한 수가 15이므로
$6\times$㉡$=12$, ㉡$=2$입니다.

57

```
    ㉠ 3 ㉡
  ×      4
  2  5 4 8
```

• ㉡$\times4$의 일의 자리 수가 8인 경우는
$2\times4=8$, $7\times4=28$이고, 이 중에서 $3\times4=12$에 올림한 수를 더한 값의 일의 자리 수가 4가 되려면 올림한 수가 2여야 하므로 ㉡$=7$입니다.
• ㉠$\times4$에 십의 자리 계산에서 올림한 수 1을 더한 수가 25이므로 ㉠$\times4=24$, ㉠$=6$입니다.

58

```
      ㉠ 3
    × 4 ㉡
    8 3 7
  3 7 ㉢
  4 5 ㉣ 7
```

• $3\times$㉡의 일의 자리 수가 7인 경우는
$3\times9=27$이므로 ㉡$=9$입니다.
• $3\times9=27$에서 올림한 수 2를 더한 수가 83이므로
㉠$\times9=81$, ㉠$=9$입니다.
• ㉢은 $3\times4=12$에서 일의 자리 수이므로 ㉢$=2$입니다.
• $93\times49=4557$이므로 ㉣$=5$입니다.

59 $2<4<7<9$이므로 곱이 가장 큰 곱셈식은
$742\times9=6678$입니다.

60 $5<6<7<9$이므로 곱이 가장 작은 곱셈식은
$679\times5=3395$입니다.

61 • 곱이 가장 큰 곱셈식: $643\times8=5144$
• 곱이 가장 작은 곱셈식: $468\times3=1404$
⇨ $5144-1404=3740$

62 $1<2<4<5$이므로 곱이 가장 큰 곱셈식은
$51\times42=2142$ 또는 $42\times51=2142$입니다.

63 $2<4<7<9$이므로 곱이 가장 작은 곱셈식은
$27\times49=1323$ 또는 $49\times27=1323$입니다.

64 • 곱이 가장 큰 곱셈식: $82\times65=5330$
• 곱이 가장 작은 곱셈식: $26\times58=1508$
⇨ $5330+1508=6838$

유형책 14~19쪽 **상위권유형 강화**

65 ❶ 1500, 1976　　❷ 5, 6
66 4, 5, 6, 7　　**67** 2, 3, 4
68 ❶ 937개　　❷ 1000개
❸ 63개
69 48권　　**70** 57개
71 ❶ 9군데　　❷ 6075 cm
72 100 m　　**73** 460 m
74 ❶ 113, 8, 8　　❷ 968
75 1404　　**76** 74
77 ❶ 992 cm　　❷ 70 cm
❸ 922 cm
78 705 cm　　**79** 660 cm
80 ❶ 19, 20　　❷ 380
81 1722　　**82** 4160

65 ❷ $1500<316\times\square<1976$입니다.
316을 약 300으로 어림하면 300×5=1500이므로 □ 안에 5부터 넣어 봅니다.
316×5=1580, 316×6=1896, 316×7=2212
따라서 □ 안에 들어갈 수 있는 수는 5, 6입니다.

66 20×40=800, 48×36=1728이므로
$800<235\times\square<1728$입니다.
235를 약 200으로 어림하면 200×4=800이므로
□ 안에 4부터 넣어 봅니다.
235×4=940, 235×5=1175, 235×6=1410,
235×7=1645, 235×8=1880
따라서 □ 안에 들어갈 수 있는 수는 4, 5, 6, 7입니다.

67 16×75=1200, 47×59=2773이므로
$1200<620\times\square<2773$입니다.
620을 약 600으로 어림하면 600×2=1200이므로
□ 안에 2부터 넣어 봅니다.
620×2=1240, 620×3=1860, 620×4=2480,
620×5=3100
따라서 □ 안에 들어갈 수 있는 수는 2, 3, 4입니다.

68 ❶ (사탕을 한 명에게 23개씩 40명에게 나누어 줄 때 필요한 사탕의 수)=23×40=920(개)
⇨ (가지고 있는 전체 사탕의 수)
=920+17=937(개)
❷ (사탕을 한 명에게 20개씩 50명에게 나누어 줄 때 필요한 사탕의 수)=20×50=1000(개)
❸ (적어도 더 필요한 사탕의 수)=1000−937=63(개)

69 • (공책을 한 명에게 11권씩 37명에게 나누어 줄 때 필요한 공책의 수)=11×37=407(권)
⇨ (가지고 있는 전체 공책의 수)=407+9=416(권)
• (공책을 한 명에게 8권씩 58명에게 나누어 줄 때 필요한 공책의 수)=8×58=464(권)
따라서 공책은 적어도 464−416=48(권) 더 필요합니다.

70 • (초콜릿을 한 명에게 28개씩 39명에게 나누어 줄 때 필요한 초콜릿의 수)=28×39=1092(개)
⇨ (가지고 있는 전체 초콜릿의 수)
=1092+26=1118(개)
• (초콜릿을 한 명에게 25개씩 47명에게 나누어 줄 때 필요한 초콜릿의 수)=25×47=1175(개)
따라서 초콜릿은 적어도 1175−1118=57(개) 더 필요합니다.

71 **비법** 곧게 뻗은 도로에서 가로등의 수와 간격 수의 관계

• 도로의 처음부터 끝까지 가로등을 세우는 경우
❶ ❷ ❸
간격① 간격②
⇨ (간격 수)=(가로등의 수)−1

• 도로의 양 끝에 가로등을 세우지 않는 경우
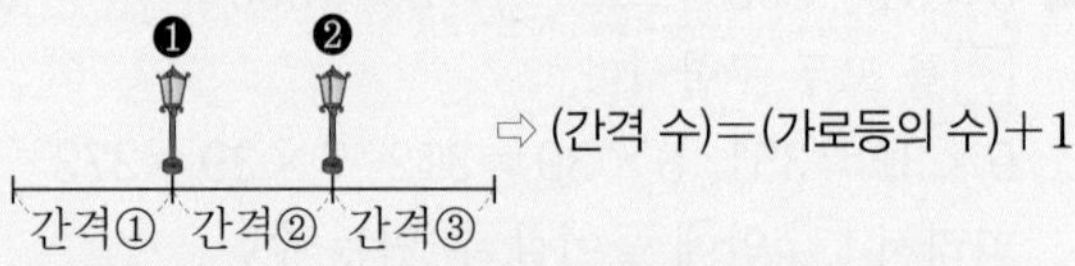

• 도로의 한쪽 끝에만 가로등을 세우는 경우
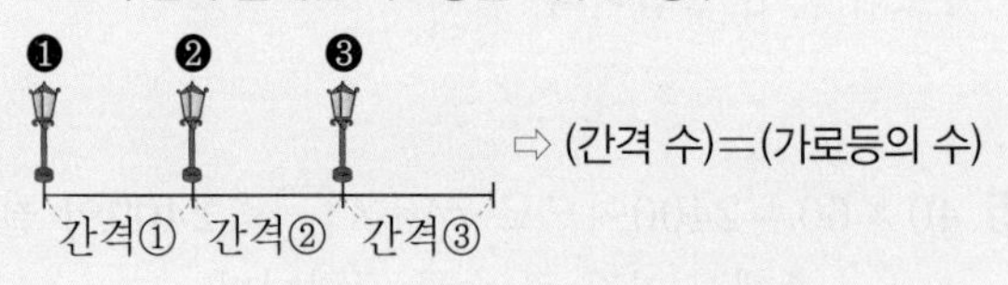

❶ (가로등 사이의 간격 수)=10−1=9(군데)
❷ (도로의 길이)=675×9=6075(cm)

72 (가로수 사이의 간격 수)=26−1=25(군데)
⇨ (도로의 길이)=4×25=100(m)

73 21+21=42이므로 도로의 한쪽에 세운 가로등은 21개입니다.
(도로의 한쪽에 세운 가로등 사이의 간격 수)
=21−1=20(군데)
⇨ (도로의 길이)=23×20=460(m)

74 ❷ 113+8=121이므로 121과 8의 곱을 식으로 나타내면 121×8입니다.
⇨ 113▲8=121×8=968

75 27◆79 ⇨ 27과 (79−27)의 곱
79−27=52이므로 27과 52의 곱을 식으로 나타내면 27×52입니다.
⇨ 27◆79=27×52=1404

76 19★145 ⇨ (145×3)과 (19×19)의 차
145×3=435, 19×19=361이므로 435와 361의 차를 식으로 나타내면 435−361입니다.
⇨ 19★145=435−361=74

77 ❶ (색 테이프 8장의 길이의 합)
=124×8=992(cm)
❷ (겹쳐진 부분의 수)=8−1=7(군데)
⇨ (겹쳐진 부분의 길이의 합)=10×7=70(cm)
❸ (이어 붙인 색 테이프의 전체 길이)
=992−70=922(cm)

78 • (색 테이프 20장의 길이의 합)
=40×20=800(cm)
• (겹쳐진 부분의 수)=20−1=19(군데)
• (겹쳐진 부분의 길이의 합)=5×19=95(cm)
⇨ (이어 붙인 색 테이프의 전체 길이)
=800−95=705(cm)

79 • (색 테이프 16장의 길이의 합)
=45×16=720(cm)
• (겹쳐진 부분의 수)=16−1=15(군데)
• (겹쳐진 부분의 길이의 합)=4×15=60(cm)
⇨ (이어 붙인 색 테이프의 전체 길이)
=720−60=660(cm)

80 ❶ 연속하는 두 수를 각각 □, (□+1)이라 할 때, □+(□+1)=39, □+□=38, □=19이므로 연속하는 두 수는 19, 20입니다.
❷ 연속하는 두 수의 곱은 19×20=380입니다.

81 연속하는 두 수를 각각 □, (□+1)이라 할 때, □+(□+1)=83, □+□=82, □=41입니다. 따라서 연속하는 두 수는 41, 42이므로 두 수의 곱은 41×42=1722입니다.

82 소설책의 펼친 두 면의 쪽수는 연속하는 두 수입니다. 연속하는 두 수를 각각 □, (□+1)이라 할 때, □+(□+1)=129, □+□=128, □=64입니다.
따라서 연속하는 두 수는 64, 65이므로 펼친 두 면의 쪽수의 곱은 64×65=4160입니다.

유형책 20~22쪽 〉 **응용 단원 평가**

✎ 서술형 문제는 풀이를 꼭 확인하세요.

1 996 **2** 1380
3 (위에서부터) 252, 336
4 (선 잇기) **5** 750, 6000
6
```
      3 6
    × 5 3
    -----
    1 0 8
  1 8 0 0
  -------
  1 9 0 8
```
7 =
8 ㉠, ㉣
9 408개
10 966
11 1036대 **12** 448장
13 감, 133개 **14** 1406
15 (위에서부터) 3, 7, 5
16 1, 2, 3 **17** 464 m
✎**18** 1078개 ✎**19** 549개
✎**20** 4571

2 46×30=1380
46×3=138

3
```
    7
    9
  × 2 8
  -----
  2 5 2
```
```
    3
    6
  × 5 6
  -----
  3 3 6
```

4
```
    1
  1 2 5
  ×   3
  -----
  3 7 5
```
```
    2 5
  × 1 3
  -----
    7 5
  2 5
  -----
  3 2 5
```

5 • 25×30=750 • 750×8=6000

6 36×5의 계산은 실제로 36×50을 나타내므로 36×50=1800을 자리에 맞춰 써야 합니다.

7 73×40=2920, 584×5=2920
⇨ 2920=2920

8 ㉠ 26×31=806 ㉡ 313×2=626
㉢ 30×20=600 ㉣ 249×3=747
따라서 806(㉠)>700, 626(㉡)<700, 600(㉢)<700, 747(㉣)>700이므로 계산 결과가 700보다 큰 것은 ㉠, ㉣입니다.

9 (4상자에 들어 있는 공의 수)$=102\times4=408$(개)

10 ㉠ 10이 2개이면 20, 1이 3개이면 3이므로 23입니다.
㉡ 10이 4개이면 40, 1이 2개이면 2이므로 42입니다.
⇨ $23\times42=966$

11 (2주의 날수)$=7\times2=14$(일)
⇨ (2주 동안 출발하는 기차의 수)
$=74\times14=1036$(대)

12 (학생 한 명에게 남은 색종이의 수)
$=20-6=14$(장)
⇨ (연지네 반 학생 32명에게 남은 색종이의 수)
$=14\times32=448$(장)

13 • (감의 수)$=7\times39=273$(개)
• (배의 수)$=5\times28=140$(개)
⇨ $273>140$이므로 감이 $273-140=133$(개) 더 많습니다.

14 어떤 수를 □라 하면 □$+37=75$이므로
$75-37=$□, □$=38$입니다.
따라서 바르게 계산하면 $38\times37=1406$입니다.

15
```
     ㉠ 9
   × 2 7
  ------
   2 7 3
   ㉡8 0
  ------
  1 0㉢3
```
• $9\times7=63$에서 올림한 수 6을 더한 수가 27이므로 ㉠$\times7=21$, ㉠$=3$입니다.
• $39\times2=78$ ⇨ ㉡$=7$
• $39\times27=1053$ ⇨ ㉢$=5$

16 $41\times33=1353$이므로 $1353>347\times$□가 될 수 있는 □를 모두 구합니다.
$347\times1=347$, $347\times2=694$, $347\times3=1041$, $347\times4=1388$
따라서 □ 안에 들어갈 수 있는 수는 4보다 작은 1, 2, 3입니다.

17 (가로수 사이의 간격 수)$=30-1=29$(군데)
⇨ (도로의 길이)$=16\times29=464$(m)

18 예 하루에 굽는 빵의 수에 일주일의 날수인 7을 곱하면 되므로 154×7을 계산합니다.」❶
따라서 빵집에서 일주일 동안 굽는 빵은 모두 $154\times7=1078$(개)입니다.」❷

채점 기준

❶ 문제에 알맞은 식 만들기	2점
❷ 빵집에서 일주일 동안 굽는 빵의 수 구하기	3점

19 예 처음에 있던 사과는 $24\times30=720$(개)입니다.」❶
판 사과는 $9\times19=171$(개)입니다.」❷
따라서 팔고 남은 사과는 $720-171=549$(개)입니다.」❸

채점 기준

❶ 처음에 있던 사과의 수 구하기	2점
❷ 판 사과의 수 구하기	2점
❸ 팔고 남은 사과의 수 구하기	1점

20 예 (세 자리 수)의 각 자리 수에 모두 곱해지는 (한 자리 수)에 가장 큰 수인 7을 쓰고, (세 자리 수)의 높은 자리부터 큰 수를 차례대로 써서 만든 두 수를 곱합니다.」❶
$3<5<6<7$이므로 곱이 가장 큰 곱셈식은
$653\times7=4571$입니다.」❷

채점 기준

❶ 곱이 가장 큰 (세 자리 수)×(한 자리 수) 만드는 방법 알기	2점
❷ 곱이 가장 큰 (세 자리 수)×(한 자리 수)의 곱 구하기	3점

유형책 23~24쪽 심화 단원 평가

서술형 문제는 풀이를 꼭 확인하세요.

1 (위에서부터) 1900, 912
2 9
3 ㉠, ㉣, ㉢, ㉡
4 848개
5 402개
6 5240원
7 90번
8 1349
9 1953개
10 726 cm

1
```
    3 8        3 8
  × 5 0      × 2 4
  -----      -----
  1 9 0 0    1 5 2
             7 6
             -----
             9 1 2
```

2 $60\times$□$0=5400$
$60\times$□$=540$
$60\times$□$=540$ ⇨ □$=9$

3 ㉠ $7\times93=651$ ㉡ $33\times19=627$
㉢ $213\times3=639$ ㉣ $32\times20=640$
⇨ $651>640>639>627$

4 (4상자에 담은 방울토마토의 수)
$=212\times4=848$(개)

5 (경민이가 친구들에게 나누어 준 구슬의 수)
$=13\times30=390$(개)
⇨ (처음에 경민이가 가지고 있던 구슬의 수)
$=390+12=402$(개)

6 • (귤 5개의 가격)$=280\times5=1400$(원)
• (사과 4개의 가격)$=960\times4=3840$(원)
⇨ (지선이가 산 과일의 값)
$=1400+3840=5240$(원)

7 • (형태가 145번씩 3일 동안 한 윗몸말아올리기 횟수)
$=145\times3=435$(번)
• (형태가 25번씩 19일 동안 한 윗몸말아올리기 횟수)
$=25\times19=475$(번)
⇨ (형태가 한 윗몸말아올리기 횟수의 합)
$=435+475=910$(번)
따라서 형태는 앞으로 $1000-910=90$(번) 더 해야 합니다.

8 26⊙45 ⇨ $(45-26)$과 $(26+45)$의 곱
$45-26=19$, $26+45=71$이므로 19와 71의 곱을 식으로 나타내면 19×71입니다.
⇨ 26⊙45$=19\times71=1349$

9 예 1시간은 60분이고, 20분의 3배이므로 1시간 동안 만들 수 있는 인형은 모두 $217\times3=651$(개)입니다.」❶
따라서 3시간 동안 만들 수 있는 인형은 모두 $651\times3=1953$(개)입니다.」❷

채점 기준

❶ 1시간 동안 만들 수 있는 인형의 수 구하기	6점
❷ 3시간 동안 만들 수 있는 인형의 수 구하기	4점

10 예 색 테이프 30장의 길이의 합은 $30\times30=900$(cm)입니다.」❶
겹쳐진 부분은 $30-1=29$(군데)이므로 겹쳐진 부분의 길이의 합은 $6\times29=174$(cm)입니다.」❷
따라서 이어 붙인 색 테이프의 전체 길이는 $900-174=726$(cm)입니다.」❸

채점 기준

❶ 색 테이프 30장의 길이의 합 구하기	4점
❷ 겹쳐진 부분의 길이의 합 구하기	4점
❸ 이어 붙인 색 테이프의 전체 길이 구하기	2점

2. 나눗셈

유형책 26~37쪽 실전유형 강화

서술형 문제는 풀이를 꼭 확인하세요.

1 40, 10
2 (선 잇기)
3 10, 1, 10
4 ( )(○)( )
5 ㉡
6 20권
7 30장
8 14, 16
9
$$\begin{array}{r} 12 \\ 5\overline{)60} \\ \underline{5} \\ 10 \\ \underline{10} \\ 0 \end{array}$$
10 10
11 15
12 15, 16, 17
13 15줄
14 25포기
15 32, 44
16 ④
17 =
18 33 cm
19 4, 8 / 12
20 22, 11
21 (위에서부터) 7, 4 / 10, 3
22 2개
23 ㉣
24 ㉡
25 64, 95
26 송이, 2개
27 11명, 1개
28 16, 14
29 >
30 ㉡
31 31
32 ②
33 24
34 16개
35 15 cm
36 49
37 28쪽
38 (위에서부터) 17, 1 / 24, 3
39
$$\begin{array}{r} 23 \\ 3\overline{)71} \\ \underline{6} \\ 11 \\ \underline{9} \\ 2 \end{array}$$
40 ㉠
41 서율
42 ㉡, ㉠, ㉢
43 18봉지
44 13개
45 5, 6, 7
46 18, 2
47 128, 80

48
$$\begin{array}{r} 103 \\ 3\overline{)309} \\ 3 \\ \hline 9 \\ 9 \\ \hline 0 \end{array}$$

49 >
50 192명
51 주성, 3개
52 54, 55
53 (　　)(　○　)
54 ㉡
55 242
56 ㉢, ㉣, ㉠, ㉡
57 32주 4일
✎**58** 17장, 7장
59

60 (1) 14···1 / 4×14=56, 56+1=57
(2) 13···5 / 6×13=78, 78+5=83
61 형우
62 495÷4=123···3 / 123 / 3
63 46
64 21 / 5
65 11 / 1
66 24 / 2
67 25
68 438
69 45 / 1
70 (위에서부터) 4, 7, 9, 7, 2, 8, 1
71 (위에서부터) 0, 9, 5, 4, 5, 8, 4, 5
72 0, 5
73 2, 5, 8
74 1, 8

2 • 80÷4=20　• 30÷3=10
• 70÷7=10　• 60÷3=20
• 90÷3=30

4 20÷2=10, 80÷4=20, 60÷6=10

5 ㉠ 90÷3=30 ㉡ 40÷4=10 ㉢ 60÷3=20
⇨ 10<20<30 (㉡ ㉢ ㉠)

6 (책꽂이 한 칸에 꽂아야 할 책의 수)
=40÷2=20(권)

7 (전체 색종이의 수)=10×6=60(장)
⇨ (한 모둠이 받을 수 있는 색종이의 수)
=60÷2=30(장)

9 십의 자리 수인 6을 5로 나눌 수 있으므로 십의 자리부터 나누어야 하는데 일의 자리부터 나누었으므로 잘못 계산했습니다.

10 70÷2=35, 90÷2=45
⇨ 45−35=10

11 60>12>6>4
가장 큰 수: 60, 가장 작은 수: 4
⇨ 60÷4=15

12 90÷5=18이므로 □ 안에 들어갈 수 있는 수는 18보다 작은 수인 15, 16, 17입니다.

13 (전체 학생 수)=48+42=90(명)
⇨ (줄 수)=90÷6=15(줄)

✎**14** 예 지우가 심고 남은 모종은
65−15=50(포기)입니다.」❶
따라서 어머니가 심어야 하는 모종은
50÷2=25(포기)입니다.」❷

채점 기준

❶ 지우가 심고 남은 모종의 수 구하기
❷ 어머니가 심어야 하는 모종의 수 구하기

16 ① 84÷2=42 ② 48÷2=24 ③ 69÷3=23
④ 26÷2=13 ⑤ 99÷9=11

17 33÷3=11, 88÷8=11

18 (한 도막의 길이)=99÷3=33(cm)

19 만들 수 있는 두 자리 수는 46, 48, 64, 68, 84, 86이고, 이 중에서 50에 가장 가까운 수는 48입니다.
⇨ 48÷4=12

✎**20** 예 66÷3=22이므로 ■에 알맞은 수는 22입니다.」❶
따라서 ▲×2=22이므로 ▲=22÷2=11입니다.」❷

채점 기준

❶ ■에 알맞은 수 구하기
❷ ▲에 알맞은 수 구하기

22 나머지는 나누는 수보다 작아야 하므로 7보다 작은 수를 모두 찾으면 5, 6으로 2개입니다.

23 나머지가 4가 되려면 나누는 수가 4보다 커야 합니다.
㉣ □÷4는 나누는 수가 4이므로 나머지가 4가 될 수 없습니다.

24 ㉠ 83÷2=41···1　㉡ 44÷4=11
㉢ 65÷3=21···2

25 • 39÷3=13　• 64÷3=21···1
• 66÷3=22　• 95÷3=31···2

26 • 찬희: $55 \div 5 = 11$ • 송이: $50 \div 8 = 6 \cdots 2$
따라서 남는 구슬이 있는 사람은 송이이고, 남는 구슬은 2개입니다.

27 (한 상자에 들어 있는 초콜릿의 수)$=90 \div 2 = 45$(개)
따라서 $45 \div 4 = 11 \cdots 1$이므로 초콜릿을 11명에게 나누어 줄 수 있고, 1개가 남습니다.

29 $38 \div 2 = 19$, $65 \div 5 = 13$ ⇨ $19 > 13$

30 ㉠ $51 \div 3 = 17$ ㉡ $91 \div 7 = 13$ ㉢ $72 \div 6 = 12$

31 $54 \div 3 = 18$, $78 \div 6 = 13$ ⇨ $18 + 13 = 31$

32 ① $75 \div 5 = 15$ ② $84 \div 7 = 12$ ③ $57 \div 3 = 19$
④ $96 \div 6 = 16$ ⑤ $42 \div 3 = 14$
⇨ $\underset{②}{12} < \underset{⑤}{14} < \underset{①}{15} < \underset{④}{16} < \underset{③}{19}$

33 10이 7개, 1이 2개인 수: 72
⇨ $72 \div 3 = 24$

34 (먹고 남은 젤리의 수)$=77-13=64$(개)
⇨ (필요한 봉지의 수)$=64 \div 4 = 16$(개)

35 (삼각형의 한 변)$=45 \div 3 = 15$(cm)

36 $9 > 8 > 2$이므로 만들 수 있는 가장 큰 두 자리 수는 98입니다.
⇨ $98 \div 2 = 49$

37 예 과학책의 전체 쪽수는 $12 \times 7 = 84$(쪽)입니다.」 ❶
따라서 도운이가 3일 만에 모두 읽으려면 하루에 $84 \div 3 = 28$(쪽)씩 읽어야 합니다.」 ❷

채점 기준
❶ 과학책의 전체 쪽수 구하기
❷ 하루에 읽어야 하는 쪽수 구하기

39 나머지는 나누는 수보다 작아야 하는데 나머지 5가 나누는 수 3보다 크므로 잘못 계산했습니다.

40 ㉠ $73 \div 5 = 14 \cdots 3$ ㉡ $79 \div 6 = 13 \cdots 1$
따라서 나머지의 크기를 비교하면 $\underset{㉠}{3} > \underset{㉡}{1}$입니다.

41 $81 \div 7 = 11 \cdots 4$
• 나머지가 4이므로 나누어떨어지지 않습니다.
• 몫이 11이므로 10보다 큽니다.
• 나머지가 4이므로 5보다 작습니다.
따라서 잘못 설명한 사람은 서율입니다.

42 ㉠ $44 \div 3 = 14 \cdots 2$ ㉡ $94 \div 8 = 11 \cdots 6$
㉢ $65 \div 4 = 16 \cdots 1$
따라서 몫의 크기를 비교하면 $\underset{㉡}{11} < \underset{㉠}{14} < \underset{㉢}{16}$입니다.

43 $88 \div 5 = 17 \cdots 3$이므로 과자를 한 반에 17봉지씩 나누어 주고 3봉지가 남습니다.
남은 과자는 1반, 2반, 3반에 한 봉지씩 더 주어야 하므로 3학년 2반이 받을 과자는 $17+1=18$(봉지)입니다.

44 (전체 학생 수)$=7 \times 9 = 63$(명)
⇨ $63 \div 5 = 12 \cdots 3$
따라서 학생들이 모두 앉으려면 긴 의자는 적어도 $12+1=13$(개) 필요합니다.

45
```
    1 6
 4)6 □
   4
   2 □
   2 4
     ●
```
왼쪽 나눗셈이 나누어떨어지지 않으므로 나머지인 ●는 나누는 수 4보다 작은 1, 2, 3이 될 수 있습니다.
$24+1=25$, $24+2=26$, $24+3=27$
따라서 □ 안에 들어갈 수 있는 수는 5, 6, 7입니다.

46 예 어떤 수를 □라 하면 $□ \div 8 = 7$이고, $7 \times 8 = 56$이므로 어떤 수는 56입니다.」 ❶
따라서 어떤 수를 3으로 나누면 $56 \div 3 = 18 \cdots 2$이므로 몫은 18, 나머지는 2입니다.」 ❷

채점 기준
❶ 어떤 수 구하기
❷ 어떤 수를 3으로 나눈 몫과 나머지 각각 구하기

48 십의 자리 계산에서 0을 3으로 나눌 수 없으므로 몫의 십의 자리에 0을 써야 합니다.

49 $792 \div 6 = 132$, $520 \div 4 = 130$ ⇨ $132 > 130$

50 (도화지를 나누어 줄 수 있는 사람 수)
$=384 \div 2 = 192$(명)

51 • (주성이가 한 상자에 담은 체리의 수)
$=128 \div 4 = 32$(개)
• (재우가 한 상자에 담은 체리의 수)
$=174 \div 6 = 29$(개)
따라서 $32 > 29$이므로 주성이가 한 상자에 체리를 $32-29=3$(개) 더 많이 담았습니다.

52 $448 \div 8 = 56$, $371 \div 7 = 53$
따라서 $56 > □ > 53$이므로 □ 안에 들어갈 수 있는 두 자리 수는 54, 55입니다.

53 $651\div4=162\cdots3$, $403\div2=201\cdots1$
⇨ $162<200$, $201>200$

54 ㉠ $585\div4=146\cdots1$　㉡ $473\div5=94\cdots3$
㉢ $718\div7=102\cdots4$
다른 풀이 나누어지는 수의 백의 자리 수가 나누는 수보다 작으면 몫은 두 자리 수가 됩니다.
$\underline{4}73\div\underline{5}$ ⇨ $4<5$이므로 몫이 두 자리 수인 나눗셈은 ㉡입니다.

55 • $389\div9=43\cdots2$　• $517\div9=57\cdots4$
• $242\div9=26\cdots8$　• $923\div9=102\cdots5$
따라서 나머지의 크기를 비교하면 $8>5>4>2$이므로 9로 나누었을 때 나머지가 가장 큰 수는 242입니다.

56 ㉠ $458\div4=114\cdots2$　㉡ $619\div7=88\cdots3$
㉢ $547\div3=182\cdots1$　㉣ $724\div6=120\cdots4$
따라서 몫의 크기를 비교하면 $\underset{㉢}{182}>\underset{㉣}{120}>\underset{㉠}{114}>\underset{㉡}{88}$입니다.

57 $228\div7=32\cdots4$이므로 동생이 태어난 지 32주 4일이 되었습니다.

58 예 전체 색종이는 $20\times8=160$(장)입니다.」 ❶
$160\div9=17\cdots7$이므로 색종이를 한 명에게 17장씩 줄 수 있고, 7장이 남습니다.」 ❷

채점 기준
❶ 전체 색종이의 수 구하기
❷ 한 명에게 줄 수 있는 색종이의 수와 남는 색종이의 수 각각 구하기

59 • $43\div9=4\cdots7$ ⇨ 확인: $9\times4=36$, $36+7=43$
• $58\div6=9\cdots4$ ⇨ 확인: $6\times9=54$, $54+4=58$
• $77\div4=19\cdots1$ ⇨ 확인: $4\times19=76$, $76+1=77$

60 나누는 수와 몫의 곱에 나머지를 더한 결과가 나누어지는 수가 되면 나눗셈의 계산이 맞습니다.

61 계산 결과가 맞는지 확인하는 방법을 이용합니다.
• 민정: $6\times14=84$, $84+4=88$
• 형우: $9\times12=108$, $108+3=111$
따라서 바르게 계산한 사람은 형우입니다.

62 $4\times123=492$, $492+3=\underline{495}$ ⇨ $\underline{495}\div4=123\cdots3$
따라서 몫은 123, 나머지는 3입니다.

63 어떤 수를 □라 하면 $□\div7=6\cdots4$입니다.
계산 결과가 맞는지 확인하는 방법을 이용하면 $7\times6=42$, $42+4=46$이므로 □$=46$입니다.
따라서 어떤 수는 46입니다.

64 어떤 수를 □라 하면 $□\times6=786$이고, $786\div6=131$이므로 어떤 수는 131입니다.
따라서 바르게 계산하면 $131\div6=21\cdots5$이므로 몫은 21, 나머지는 5입니다.

65 어떤 수를 □라 하면 $□\div6=13$이고, $13\times6=78$이므로 어떤 수는 78입니다.
따라서 바르게 계산하면 $78\div7=11\cdots1$이므로 몫은 11, 나머지는 1입니다.

66 어떤 수를 □라 하면 $□\div7=17\cdots3$입니다.
계산 결과가 맞는지 확인하는 방법을 이용하면 $7\times17=119$, $119+3=122$이므로 어떤 수는 122입니다.
따라서 바르게 계산하면 $122\div5=24\cdots2$이므로 몫은 24, 나머지는 2입니다.

67 $7>5>3$이므로 가장 큰 몇십몇은 75이고, 가장 작은 몇은 3입니다.
⇨ $75\div3=25$

68 $8>7>6>2$이므로 가장 큰 세 자리 수는 876이고, 가장 작은 한 자리 수는 2입니다.
⇨ $876\div2=438$

69 $0<4<6<9$이므로 가장 작은 세 자리 수는 406이고, 가장 큰 한 자리 수는 9입니다.
⇨ $406\div9=45\cdots1$

70
```
     1㉠
㉡) 9㉢
    ㉣
    2 9
    ㉤㉥
      ㉦
```
• ㉢$=9$
• $9-$㉣$=2$ ⇨ ㉣$=7$
• ㉡$\times1=7$ ⇨ ㉡$=7$
• 29에는 7이 4번 들어가므로 ㉠$=4$입니다.
• $7\times4=$㉤㉥ ⇨ ㉤$=2$, ㉥$=8$
• $29-28=$㉦ ⇨ ㉦$=1$

71
```
     1㉠㉡
㉢) 5㉣8
    ㉤
     4㉥
     ㉦㉧
       3
```
• $5-$㉤$=0$ ⇨ ㉤$=5$
• ㉢$\times1=5$ ⇨ ㉢$=5$
• ㉣$=4$, ㉥$=8$
• 4를 5로 나눌 수 없으므로 ㉠$=0$입니다.
• 48에는 5가 9번 들어가므로 ㉡$=9$입니다.
• $5\times9=$㉦㉧ ⇨ ㉦$=4$, ㉧$=5$

72

$$\begin{array}{r} 1\,★ \\ 5\overline{)\,8\,\square} \\ 5 \\ \hline 3\,\square \\ 3\,\square \\ \hline 0 \end{array}$$

5로 나누어떨어지므로 5×★=3□입니다.
5단 곱셈구구에서 곱의 십의 자리 수가 3인 경우는 5×6=30, 5×7=35입니다.
따라서 □ 안에 들어갈 수 있는 수는 0, 5입니다.

73

$$\begin{array}{r} 1\,★ \\ 3\overline{)\,4\,\square} \\ 3 \\ \hline 1\,\square \\ 1\,\square \\ \hline 0 \end{array}$$

3으로 나누어떨어지므로 3×★=1□입니다.
3단 곱셈구구에서 곱의 십의 자리 수가 1인 경우는 3×4=12, 3×5=15, 3×6=18입니다.
따라서 □ 안에 들어갈 수 있는 수는 2, 5, 8입니다.

74

$$\begin{array}{r} 2\,★ \\ 7\overline{)\,1\,6\,\square} \\ 1\,4 \\ \hline 2\,\square \\ 2\,\square \\ \hline 0 \end{array}$$

7로 나누어떨어지므로 7×★=2□입니다.
7단 곱셈구구에서 곱의 십의 자리 수가 2인 경우는 7×3=21, 7×4=28입니다.
따라서 □ 안에 들어갈 수 있는 수는 1, 8입니다.

유형책 38~43쪽 상위권유형 강화

75 ❶ 2 ❷ 53 ❸ 13 / 1
76 13 / 4
77 256 / 1
78 ❶ 36÷9, 39÷6, 63÷9, 69÷3, 93÷6, 96÷3 ❷ 4가지
79 3가지
80 5가지
81 ❶ 31군데 ❷ 32개
82 16그루
83 88개
84 ❶ 66 cm ❷ 22 cm ❸ 88 cm
85 21 cm
86 80 cm
87 ❶ 2명 ❷ 1명 ❸ 3명
88 6명
89 11명
90 ❶ 52, 56, 60, 64, 68 ❷ 56 ❸ 56
91 96
92 128

75 ❶ 3으로 나누었을 때 나올 수 있는 나머지 중 가장 큰 수는 3−1=2입니다.
❷ 어떤 수를 □라 하면 □÷3=17⋯2이고, 3×17=51, 51+2=53이므로 어떤 수는 53입니다.
❸ 53÷4=13⋯1이므로 어떤 수를 4로 나눈 몫은 13, 나머지는 1입니다.

76 4로 나누었을 때 나올 수 있는 나머지 중 가장 큰 수는 4−1=3입니다.
어떤 수를 □라 하면 □÷4=23⋯3이고, 4×23=92, 92+3=95이므로 어떤 수는 95입니다.
⇨ 95÷7=13⋯4
따라서 어떤 수를 7로 나눈 몫은 13, 나머지는 4입니다.

77 7로 나누었을 때 나올 수 있는 나머지 중 가장 큰 수는 7−1=6입니다.
어떤 수를 □라 하면 □÷7=109⋯6이고, 7×109=763, 763+6=769이므로 어떤 수는 769입니다.
⇨ 769÷3=256⋯1
따라서 어떤 수를 3으로 나눈 몫은 256, 나머지는 1입니다.

78 ❶ 수 카드로 만들 수 있는 (몇십몇)÷(몇)은 36÷9, 39÷6, 63÷9, 69÷3, 93÷6, 96÷3입니다.
❷ 36÷9=4, 39÷6=6⋯3, 63÷9=7, 69÷3=23, 93÷6=15⋯3, 96÷3=32
따라서 나누어떨어지는 나눗셈은 모두 4가지입니다.

79 수 카드로 만들 수 있는 (몇십몇)÷(몇)은 35÷7, 37÷5, 53÷7, 57÷3, 73÷5, 75÷3입니다.
⇨ 35÷7=5, 37÷5=7⋯2, 53÷7=7⋯4, 57÷3=19, 73÷5=14⋯3, 75÷3=25
따라서 나누어떨어지는 나눗셈은 모두 3가지입니다.

80 수 카드로 만들 수 있는 (몇십몇)÷(몇)은 28÷9, 29÷8, 82÷9, 89÷2, 92÷8, 98÷2입니다.
⇨ 28÷9=3⋯1, 29÷8=3⋯5, 82÷9=9⋯1, 89÷2=44⋯1, 92÷8=11⋯4, 98÷2=49
따라서 나누어떨어지지 않는 나눗셈은 모두 5가지입니다.

81 비법 곧게 뻗은 길에서 기둥의 수와 간격 수의 관계

• 길의 처음부터 끝까지 기둥을 세우는 경우

❶ ❷ ❸ 간격 ① 간격 ② ⇨ (기둥의 수)=(간격 수)+1

• 길의 양 끝에 기둥을 세우지 않는 경우

❶ ❷ 간격 ① 간격 ② 간격 ③ ⇨ (기둥의 수)=(간격 수)−1

• 길의 한쪽 끝에만 기둥을 세우는 경우

❶ ❷ ❸ 간격 ① 간격 ② 간격 ③ ⇨ (기둥의 수)=(간격 수)

❶ (기둥 사이의 간격 수)
$=93\div3=31$(군데)
❷ (필요한 기둥의 수)
$=31+1=32$(개)

82 (가로수 사이의 간격 수)
$=120\div8=15$(군데)
⇨ (필요한 가로수의 수)
$=15+1=16$(그루)

83 • (다리의 한쪽에 세우는 가로등 사이의 간격 수)
$=387\div9=43$(군데)
• (다리의 한쪽에 세우는 데 필요한 가로등의 수)
$=43+1=44$(개)
⇨ (다리의 양쪽에 세우는 데 필요한 가로등의 수)
$=44\times2=88$(개)

84 ❶ (가장 큰 정사각형의 한 변)
$=264\div4=66$(cm)
❷ (가장 작은 정사각형의 한 변)
$=66\div3=22$(cm)
❸ (가장 작은 정사각형 한 개의 네 변의 길이의 합)
$=22\times4=88$(cm)

85 • (가장 큰 삼각형의 한 변)
$=84\div3=28$(cm)
• (가장 작은 삼각형의 한 변)
$=28\div4=7$(cm)
⇨ (가장 작은 삼각형 한 개의 세 변의 길이의 합)
$=7\times3=21$(cm)

86 • (가장 큰 정사각형의 한 변)
$=192\div4=48$(cm)
• (가장 작은 직사각형의 짧은 변)
$=48\div3=16$(cm)
• (가장 작은 직사각형의 긴 변)
$=48\div2=24$(cm)
⇨ (가장 작은 직사각형 한 개의 네 변의 길이의 합)
$=16+24+16+24=80$(cm)

87 ❶ 87명이 5명씩 짝을 지으면 $87\div5=17\cdots2$에서 $5\times17=85$(명)이 짝을 짓고, 2명이 남습니다.
❷ 첫 번째에서 짝을 지은 학생은 85명이므로 7명씩 짝을 지으면 $85\div7=12\cdots1$에서 $7\times12=84$(명)이 짝을 짓고, 1명이 남습니다.
❸ 첫 번째와 두 번째에서 짝을 짓지 못하고 남은 학생은 모두 $2+1=3$(명)입니다.

88 • 첫 번째: 93명이 8명씩 짝을 지으면 $93\div8=11\cdots5$에서 $8\times11=88$(명)이 짝을 짓고, 5명이 남습니다.
• 두 번째: 첫 번째에서 짝을 지은 학생은 88명이므로 3명씩 짝을 지으면 $88\div3=29\cdots1$에서 $3\times29=87$(명)이 짝을 짓고, 1명이 남습니다.
따라서 첫 번째와 두 번째에서 짝을 짓지 못하고 남은 학생은 모두 $5+1=6$(명)입니다.

89 • 첫 번째: 161명이 9명씩 짝을 지으면 $161\div9=17\cdots8$에서 $9\times17=153$(명)이 짝을 짓고, 8명이 남습니다.
• 두 번째: 첫 번째에서 짝을 지은 학생은 153명이므로 4명씩 짝을 지으면 $153\div4=38\cdots1$에서 $4\times38=152$(명)이 짝을 짓고, 1명이 남습니다.
• 세 번째: 두 번째에서 짝을 지은 학생은 152명이므로 6명씩 짝을 지으면 $152\div6=25\cdots2$에서 $6\times25=150$(명)이 짝을 짓고, 2명이 남습니다.
따라서 첫 번째, 두 번째, 세 번째에서 짝을 짓지 못하고 남은 학생은 모두 $8+1+2=11$(명)입니다.

90 ❶ $50\div4=12\cdots2$이므로 50보다 큰 수 중에서 4로 나누어떨어지는 가장 작은 수는 $12+1=13$에 4를 곱한 수입니다.
⇨ $13\times4=52$
따라서 52에 4씩 더한 수도 모두 4로 나누어떨어지므로 52, 56, 60, 64, 68입니다.
❷ $52\div5=10\cdots2$, $56\div5=11\cdots1$, $60\div5=12$, $64\div5=12\cdots4$, $68\div5=13\cdots3$

91 $70 \div 6 = 11 \cdots 4$이므로 70보다 큰 수 중에서 6으로 나누어떨어지는 가장 작은 수는 $11+1=12$에 6을 곱한 수입니다.
⇨ $12 \times 6 = 72$
72에 6씩 더한 수도 모두 6으로 나누어떨어지므로 70보다 크고 100보다 작은 수 중에서 6으로 나누어떨어지는 수는 72, 78, 84, 90, 96입니다.
$72 \div 7 = 10 \cdots 2$, $78 \div 7 = 11 \cdots 1$, $84 \div 7 = 12$,
$90 \div 7 = 12 \cdots 6$, $96 \div 7 = 13 \cdots 5$이므로 7로 나누면 나머지가 5인 수는 96입니다.
따라서 조건을 모두 만족하는 수는 96입니다.

92 $100 \div 8 = 12 \cdots 4$이므로 100보다 큰 수 중에서 8로 나누어떨어지는 가장 작은 수는 $12+1=13$에 8을 곱한 수입니다.
⇨ $13 \times 8 = 104$
104에 8씩 더한 수도 모두 8로 나누어떨어지므로 100보다 크고 140보다 작은 수 중에서 8로 나누어떨어지는 수는 104, 112, 120, 128, 136입니다.
$104 \div 9 = 11 \cdots 5$, $112 \div 9 = 12 \cdots 4$,
$120 \div 9 = 13 \cdots 3$, $128 \div 9 = 14 \cdots 2$,
$136 \div 9 = 15 \cdots 1$이므로 9로 나누면 나머지가 2인 수는 128입니다.
따라서 조건을 모두 만족하는 수는 128입니다.

유형책 44~46쪽 응용 단원 평가

서술형 문제는 풀이를 꼭 확인하세요.

1 15 **2** 15 / 2
3 26, 32
4 $3 \times 12 = 36$, $36+1=37$
5 ③ **6** <
7 ㉠
8
9 ③, ④
10 3개
11 1개
12 66상자 **13** 21쪽
14 23대
15 (위에서부터) 2, 7, 7, 1, 4, 6
16 0, 4, 8 **17** 144그루
18 30 cm **19** 24
20 113

2
```
     1 5 ← 몫
  3)4 7
    3
   ───
    1 7
    1 5
   ───
      2 ← 나머지
```

3 $78 \div 3 = 26$, $96 \div 3 = 32$

4 나누는 수와 몫의 곱에 나머지를 더한 결과가 나누어지는 수가 되면 나눗셈의 계산이 맞습니다.

5 나머지가 7이 되려면 나누는 수가 7보다 커야 합니다.
③ $\square \div 9$는 나누는 수가 9이므로 나머지가 7이 될 수 있습니다.

6 $40 \div 2 = 20$, $90 \div 3 = 30$
⇨ $20 < 30$

7 ㉠ $73 \div 6 = 12 \cdots 1$
㉡ $98 \div 5 = 19 \cdots 3$
㉢ $38 \div 3 = 12 \cdots 2$
따라서 나머지의 크기를 비교하면 $\underset{㉠}{1} < \underset{㉢}{2} < \underset{㉡}{3}$입니다.

8 • $295 \div 5 = 59$ • $206 \div 2 = 103$
• $348 \div 6 = 58$ • $232 \div 4 = 58$
• $413 \div 7 = 59$

9 ① $82 \div 5 = 16 \cdots 2$ ② $67 \div 3 = 22 \cdots 1$
③ $52 \div 4 = 13$ ④ $90 \div 5 = 18$
⑤ $87 \div 7 = 12 \cdots 3$

10 $474 \div 3 = 158$, $648 \div 4 = 162$
따라서 $158 < \square < 162$이므로 □ 안에 들어갈 수 있는 세 자리 수는 159, 160, 161로 모두 3개입니다.

11 $49 \div 4 = 12 \cdots 1$이므로 구슬을 12봉지에 담을 수 있고, 1개가 남습니다.
따라서 동생에게 줄 구슬은 1개입니다.

12 $530 \div 8 = 66 \cdots 2$이므로 배를 66상자에 담을 수 있고, 2개가 남습니다.
따라서 팔 수 있는 배는 66상자입니다.

13 (책의 전체 쪽수)$= 14 \times 6 = 84$(쪽)
⇨ (하루에 읽어야 하는 쪽수)
$= 84 \div 4 = 21$(쪽)

14 • (두발자전거 47대의 바퀴 수)
$=2\times47=94$(개)
• (세발자전거의 전체 바퀴 수)
$=163-94=69$(개)
⇨ (세발자전거의 수)$=69\div3=23$(대)

15 1㉠ / ㉡)9 0 / ㉢ / 2 0 / ㉣㉤ / ㉥

• 9−㉢=2 ⇨ ㉢=7
• ㉡×1=7 ⇨ ㉡=7
• 20에는 7이 2번 들어가므로 ㉠=2입니다.
• 7×2=㉣㉤ ⇨ ㉣=1, ㉤=4
• 20−14=㉥ ⇨ ㉥=6

16 1▲ / 4)6□ / 4 / 2□ / 2□ / 0

4로 나누어떨어지므로
4×▲=2□입니다.
4단 곱셈구구에서 곱의 십의 자리 수가 2인 경우는 $4\times5=20$, $4\times6=24$, $4\times7=28$입니다.
따라서 □ 안에 들어갈 수 있는 수는 0, 4, 8입니다.

17 • (도로의 한쪽에 심는 나무 사이의 간격 수)
$=568\div8=71$(군데)
• (도로의 한쪽에 심는 데 필요한 나무의 수)
$=71+1=72$(그루)
⇨ (도로의 양쪽에 심는 데 필요한 나무의 수)
$=72\times2=144$(그루)

18 예 1 m=100 cm이므로 1 m 20 cm=120 cm입니다.」❶
정사각형은 네 변의 길이가 모두 같으므로
정사각형의 한 변은 $120\div4=30$(cm)입니다.」❷

채점 기준

❶ 정사각형의 네 변의 길이의 합을 cm 단위로 나타내기	2점
❷ 정사각형의 한 변의 길이 구하기	3점

19 예 9>6>4이므로 만들 수 있는 가장 큰 몇십몇은 96, 가장 작은 몇은 4입니다.」❶
따라서 $96\div4=24$이므로 몫은 24입니다.」❷

채점 기준

❶ 만들 수 있는 가장 큰 몇십몇과 가장 작은 몇 각각 구하기	2점
❷ 몫이 가장 큰 나눗셈의 몫 구하기	3점

20 예 9로 나누었을 때 나올 수 있는 나머지 중 가장 큰 수는 9−1=8입니다.」❶
어떤 수를 □라 하면 □÷9=87…8이고,
$9\times87=783$, $783+8=791$이므로
어떤 수는 791입니다.」❷
따라서 $791\div7=113$이므로 어떤 수를 7로 나눈 몫은 113입니다.」❸

채점 기준

❶ 나올 수 있는 나머지 중 가장 큰 수 구하기	1점
❷ 어떤 수 구하기	2점
❸ 어떤 수를 7로 나눈 몫 구하기	2점

유형책 47~48쪽 심화 단원 평가

서술형 문제는 풀이를 꼭 확인하세요.

1 13…3 / $4\times13=52$, $52+3=55$
2 1 5 3 / 6)9 2 0 / 6 / 3 2 / 3 0 / 2 0 / 1 8 / 2
3 ㉢
4 ㉣
5 15개
6 ㉮ 기계
7 7, 8, 9
8 98
9 46, 2
10 90 cm

2 백의 자리 수인 9를 6으로 나눌 수 있으므로 백의 자리부터 나누어야 하는데 십의 자리부터 나누었으므로 잘못 계산했습니다.

3 $84\div7=12$
㉠ $26\div2=13$ ㉡ $66\div6=11$
㉢ $36\div3=12$

4 ㉠ 50÷3=16…2 ㉡ 29÷2=14…1
㉢ 73÷5=14…3 ㉣ 77÷6=12…5
따라서 나머지의 크기를 비교하면 5(㉣)>3(㉢)>2(㉠)>1(㉡)입니다.

5 (한 상자에 담은 딸기의 수)
$=270\div3=90$(개)
⇨ (한 명이 먹을 수 있는 딸기의 수)
$=90\div6=15$(개)

6 • (㉮ 기계가 1분 동안 만들 수 있는 물건의 수)
$=65 \div 5=13$(개)
• (㉯ 기계가 1분 동안 만들 수 있는 물건의 수)
$=96 \div 8=12$(개)
따라서 $13>12$이므로 1분 동안 물건을 더 많이 만들 수 있는 기계는 ㉮ 기계입니다.

7 (세로셈: 3)5□ → 몫 ㉡㉠, ㉢, ㉣㉤, □□, 0)
• 5에는 3이 한 번 들어가므로 ㉡=1이고, ㉢$=3\times1=3$, ㉣$=5-3=2$입니다.
• $3\times$㉠$=2$㉤이 되는 경우는 $3\times7=21$, $3\times8=24$, $3\times9=27$입니다.
따라서 ㉠에 알맞은 수는 7, 8, 9입니다.

8 $90 \div 7=12 \cdots 6$이므로 90보다 큰 수 중에서 7로 나누어떨어지는 가장 작은 수는 $12+1=13$에 7을 곱한 수입니다.
⇨ $13\times7=91$
91에 7씩 더한 수도 모두 7로 나누어떨어지므로 90보다 크고 110보다 작은 수 중에서 7로 나누어떨어지는 수는 91, 98, 105입니다.
$91 \div 9=10 \cdots 1$, $98 \div 9=10 \cdots 8$, $105 \div 9=11 \cdots 6$이므로 9로 나누면 나머지가 8인 수는 98입니다.
따라서 조건을 모두 만족하는 수는 98입니다.

9 예 어떤 수를 □라 하면 $□ \div 9=36$이고, $36\times9=324$이므로 어떤 수는 324입니다.」❶
따라서 바르게 계산하면 $324 \div 7=46 \cdots 2$이므로 몫은 46, 나머지는 2입니다.」❷

채점 기준

❶ 어떤 수 구하기	4점
❷ 바르게 계산한 몫과 나머지 각각 구하기	6점

10 예 가장 큰 정사각형의 한 변은 $240 \div 4=60$(cm)입니다.」❶
가장 작은 직사각형의 긴 변은 $60 \div 2=30$(cm),
가장 작은 직사각형의 짧은 변은 $60 \div 4=15$(cm)입니다.」❷
따라서 가장 작은 직사각형 한 개의 네 변의 길이의 합은 $30+15+30+15=90$(cm)입니다.」❸

채점 기준

❶ 가장 큰 정사각형의 한 변의 길이 구하기	4점
❷ 가장 작은 직사각형의 긴 변과 짧은 변의 길이 각각 구하기	4점
❸ 가장 작은 직사각형 한 개의 네 변의 길이의 합 구하기	2점

3. 원

유형책 50~57쪽 실전유형 강화

서술형 문제는 풀이를 꼭 확인하세요.

1 예 / 많을수록

2 ㉤

3

4 풀이 참조

5 선분 ㅇㄱ, 선분 ㅇㄷ, 선분 ㅇㄹ

6 10 cm

7 4 cm

8 8 cm

9 34 cm

10 56 cm

11 6 cm / 12 cm

12 ㉡, ㉢

13 선분 ㄴㄹ, 10 cm

14 6 cm

15 ㉣, ㉢, ㉠, ㉡

16 14 cm

17 18 cm

18 96 cm

19

20 ㉢

21

22 예

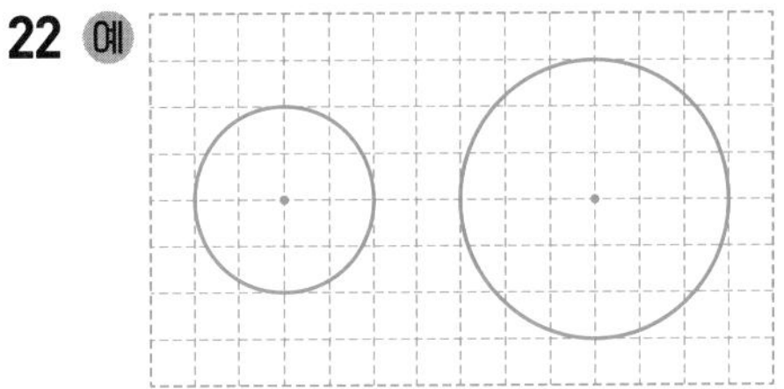

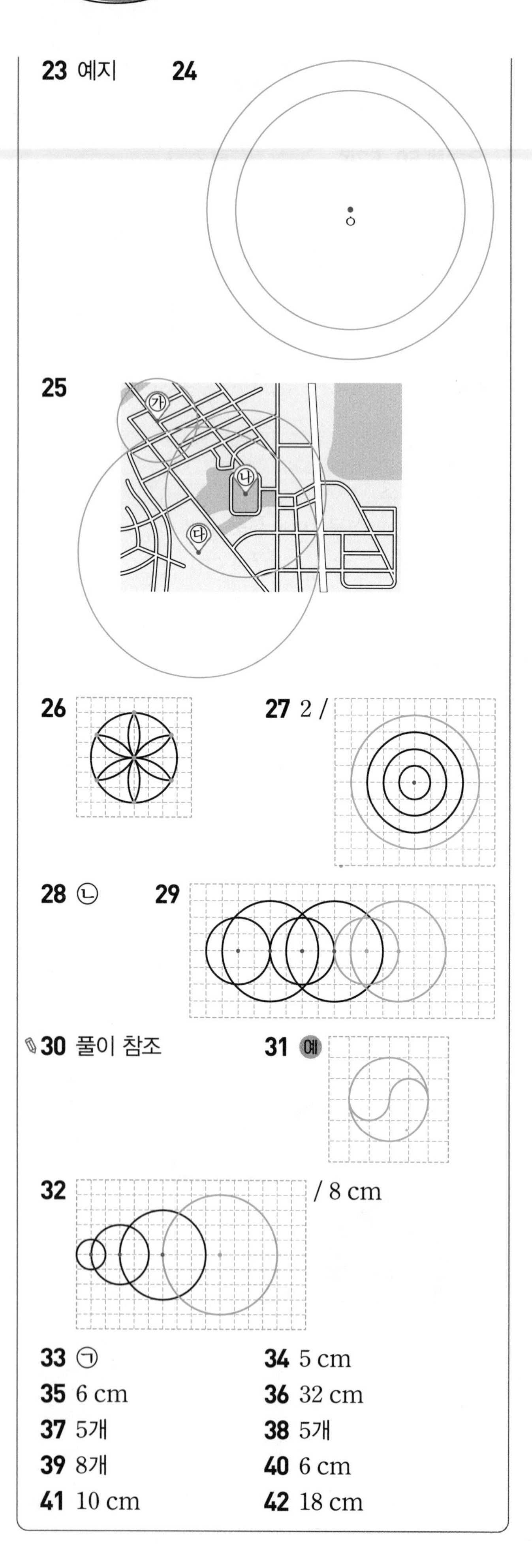

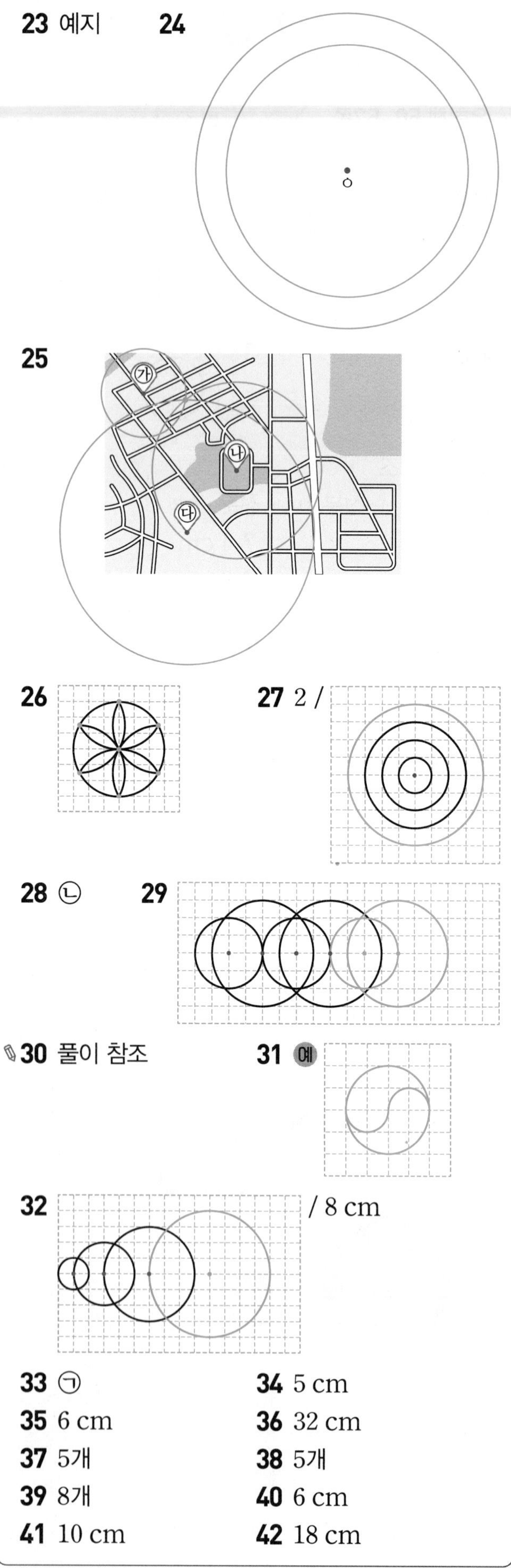

23 예지 24

25

26 27 2 /

28 ㉡ 29

30 풀이 참조 31 예

32 / 8 cm

33 ㉠ 34 5 cm

35 6 cm 36 32 cm

37 5개 38 5개

39 8개 40 6 cm

41 10 cm 42 18 cm

2 누름 못을 원의 중심으로 하여 가장 작은 원을 그리려면 누름 못에서 가장 가까운 곳에 연필을 꽂아야 합니다.

3 원을 그릴 때 누름 못이 꽂혔던 곳을 찾아 점으로 표시합니다.

4 민재」 ❶
예 한 원에서 그을 수 있는 지름은 무수히 많습니다.」 ❷

채점 기준
❶ 잘못 말한 사람 찾기
❷ 이유 쓰기

5 원의 중심 ㅇ과 원 위의 한 점을 이은 선분을 모두 찾습니다.
⇨ 선분 ㅇㄱ, 선분 ㅇㄷ, 선분 ㅇㄹ

6 (큰 원의 반지름)=(작은 원의 반지름)+6
=4+6=10(cm)

7 • (왼쪽 원의 반지름)=17 cm
• (오른쪽 원의 반지름)=13 cm
⇨ (두 원의 반지름의 차)=17−13=4(cm)

8 직사각형 ㄱㄴㅇㄷ은 한 변이 32÷4=8(cm)인 정사각형입니다.
따라서 원의 반지름은 직사각형 ㄱㄴㅇㄷ의 한 변의 길이와 같으므로 8 cm입니다.

9 • (변 ㄴㄷ)=(변 ㄴㄱ)=7 cm
• (변 ㄹㄷ)=(변 ㄹㄱ)=10 cm
⇨ (사각형 ㄱㄴㄷㄹ의 네 변의 길이의 합)
=(변 ㄱㄴ)+(변 ㄴㄷ)+(변 ㄷㄹ)+(변 ㄹㄱ)
=7+7+10+10=34(cm)

10 사각형의 네 변의 길이의 합은 원의 반지름의 8배입니다.
⇨ (사각형의 네 변의 길이의 합)=7×8=56(cm)

11 (반지름)=6 cm ⇨ (지름)=6×2=12(cm)

12 • 원의 지름은 원을 똑같이 둘로 나눕니다.
• 한 원에서 원의 지름은 무수히 많이 그을 수 있습니다.

13 길이가 가장 긴 선분은 원의 지름이므로 선분 ㄴㄹ입니다. ⇨ (선분 ㄴㄹ)=5×2=10(cm)

14 정사각형의 한 변의 길이는 원의 지름과 같습니다.
⇨ (반지름)=12÷2=6(cm)

15 원의 반지름 또는 지름이 길수록 원의 크기가 더 크므로 지름을 비교해 봅니다.

㉠ 13 cm　　㉡ $6\times2=12$(cm)

㉢ 14 cm　　㉣ $8\times2=16$(cm)

따라서 $16>14>13>12$이므로 큰 원부터 차례대로 쓰면 ㉣, ㉢, ㉠, ㉡입니다.

16 선분 ㄱㄴ의 길이는 작은 원의 반지름과 큰 원의 반지름의 합입니다.

• (작은 원의 반지름)=5 cm

• (큰 원의 반지름)=$18\div2=9$(cm)

⇨ (선분 ㄱㄴ)=$5+9=14$(cm)

17 예 새로 그린 원의 반지름은 $3\times3=9$(cm)입니다.」❶ 따라서 새로 그린 원의 지름은 $9\times2=18$(cm)입니다.」❷

채점 기준
❶ 새로 그린 원의 반지름 구하기
❷ 새로 그린 원의 지름 구하기

18 (정사각형의 한 변의 길이)=$6\times4=24$(cm)

⇨ (정사각형의 네 변의 길이의 합)

$=24+24+24+24=96$(cm)

19 컴퍼스의 침과 연필의 끝부분 사이를 주어진 선분의 길이(2 cm)만큼 벌린 다음 컴퍼스의 침을 점 ㅇ에 꽂고 컴퍼스를 돌려서 원을 그립니다.

20 컴퍼스의 침과 연필의 끝부분 사이의 거리는 원의 반지름을 나타냅니다.

따라서 지름이 4 cm인 원을 그리려면 컴퍼스의 침과 연필의 끝부분 사이가 $4\div2=2$(cm)만큼 벌어진 것을 찾습니다.

21 컴퍼스를 자전거 앞바퀴의 반지름만큼 벌린 다음 컴퍼스의 침을 점 ㅇ에 꽂고 컴퍼스를 돌려서 원을 그립니다.

23 • 성규: 지름이 $6\times2=12$(cm)인 원

• 예지: 지름이 $12\times2=24$(cm)인 원

• 주희: 지름이 12 cm인 원

따라서 크기가 다른 원을 그린 사람은 예지입니다.

24 • (지름이 4 cm인 원)=(반지름이 2 cm인 원)이므로 점 ㅇ을 중심으로 하여 반지름이 2 cm인 원을 그립니다.

• (지름이 5 cm인 원)=(반지름이 2 cm 5 mm인 원)이므로 점 ㅇ을 중심으로 하여 반지름이 2 cm 5 mm인 원을 그립니다.

25 주어진 조건을 만족하는 세 원을 그린 다음 세 원이 만나는 점을 찾습니다.

26

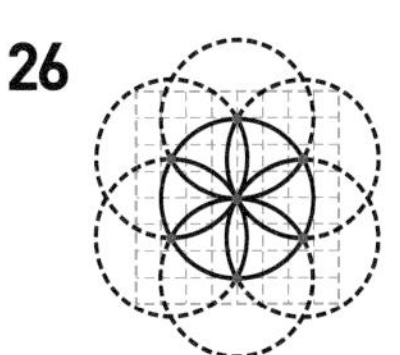

27 원의 중심은 같게 하고, 원의 지름이 모눈 8칸이 되도록 원을 1개 더 그립니다.

28 ㉠, ㉢ 원의 중심과 원의 반지름을 모두 다르게 하여 그린 모양

29 원의 중심은 오른쪽으로 모눈 2칸씩 이동하고, 원의 반지름은 모눈 2칸인 원과 모눈 3칸인 원이 반복되는 규칙입니다.

따라서 원의 중심을 오른쪽으로 모눈 2칸 이동하고, 원의 반지름이 모눈 2칸인 원을 1개 그린 다음, 원의 중심을 오른쪽으로 모눈 2칸 이동하고, 원의 반지름이 모눈 3칸인 원을 1개 더 그립니다.

30

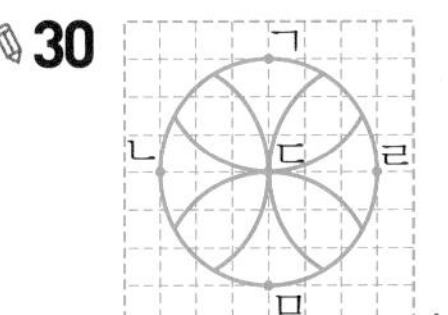

」❶ 예 점 ㄷ을 원의 중심으로 하여 원의 반지름이 모눈 3칸인 원을 그리고, 그 원 위의 점 ㄱ, 점 ㄴ, 점 ㅁ, 점 ㄹ을 원의 중심으로 하여 원의 반지름이 모눈 3칸인 원의 일부분 4개를 각각 그립니다.」❷

채점 기준
❶ 주어진 모양과 똑같이 그리기
❷ 모양을 그린 방법 설명하기

31 원의 반지름이 모눈 2칸인 큰 원을 그리고 원의 반지름이 모눈 1칸인 작은 원 2개를 큰 원의 중심에서 만나도록 그립니다. 이때 왼쪽 작은 원은 아랫부분만, 오른쪽 작은 원은 윗부분만 그립니다.

32 원의 중심은 오른쪽으로 모눈 2칸, 3칸, ...씩 이동하고, 원의 반지름은 모눈 1칸씩 늘어나는 규칙입니다.

원의 중심을 오른쪽으로 모눈 4칸 이동하고, 원의 반지름이 모눈 4칸인 원을 그립니다.

따라서 모눈 1칸은 1 cm이므로 그린 원의 지름은 $4\times2=8$(cm)입니다.

33 ㉠

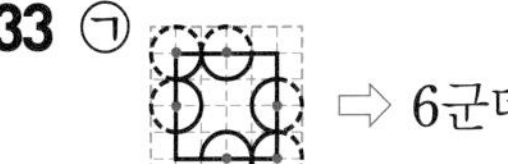

⇨ 6군데

㉡

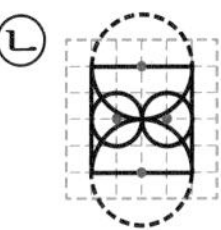

⇨ 4군데

34 • (큰 원의 반지름)=20÷2=10(cm)
• (작은 원의 지름)=(큰 원의 반지름)=10 cm
⇨ (선분 ㄱㄴ)=(작은 원의 반지름)
=10÷2=5(cm)

35 (작은 원의 지름)=(큰 원의 지름)÷3
=36÷3=12(cm)
⇨ (작은 원의 반지름)=12÷2=6(cm)

36 • (선분 ㄴㄷ)=(가장 작은 원의 반지름)=4 cm
• (중간 크기의 원의 반지름)
=(가장 작은 원의 지름)=4×2=8(cm)
• (가장 큰 원의 반지름)
=(중간 크기의 원의 지름)=8×2=16(cm)
⇨ (가장 큰 원의 지름)=16×2=32(cm)

37 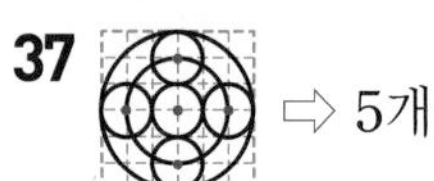 ⇨ 5개

38 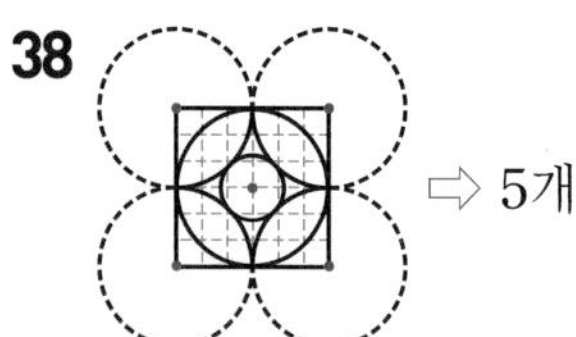
⇨ 5개

39 

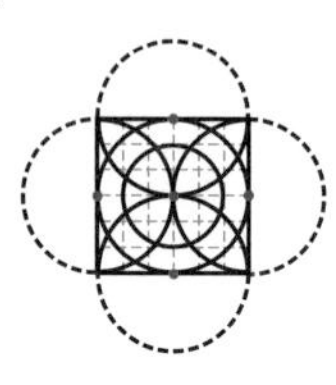

→ 5개

㉯

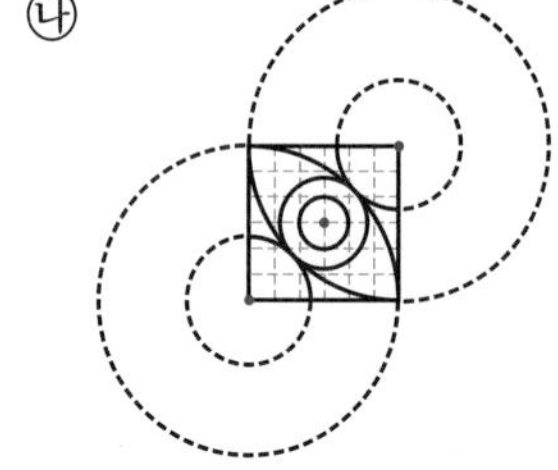

→ 3개

⇨ (㉮와 ㉯의 원의 중심의 수의 합)=5+3=8(개)

40 (선분 ㅇㄱ)=(선분 ㅇㄴ)=(원의 반지름)입니다.
원의 반지름을 □cm라 하면
□+8+□=20입니다.
⇨ □+□=12, □=6이므로 원의 반지름은 6 cm입니다.

41 (선분 ㅇㄱ)=(선분 ㅇㄴ)=(원의 반지름)입니다.
원의 반지름을 □cm라 하면
□+□+16+12=48입니다.
⇨ □+□=20, □=10이므로 원의 반지름은 10 cm입니다.

42 (선분 ㅇㄱ)=(선분 ㅇㄴ)=(원의 반지름)입니다.
원의 반지름을 □cm라 하면 □+□+13=31입니다.
⇨ □+□=18이므로 원의 지름은 18 cm입니다.

유형책 58~61쪽 상위권유형 강화

43 ❶ 10	❷ 30 cm
44 60 cm	**45** 128 cm
46 ❶ 9, 9, 9	❷ 27 cm
47 32 cm	**48** 35 cm
49 ❶ 4배	❷ 7 cm
50 5 cm	**51** 4 cm
52 ❶ 1 cm	❷ 12 cm
53 26 cm	**54** 50 cm

43 ❶
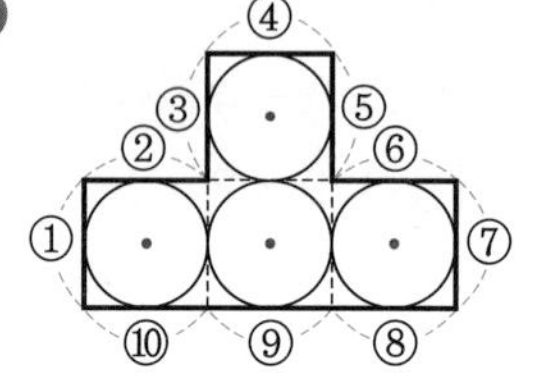

❷ (굵은 선의 길이)=3×10=30(cm)

44
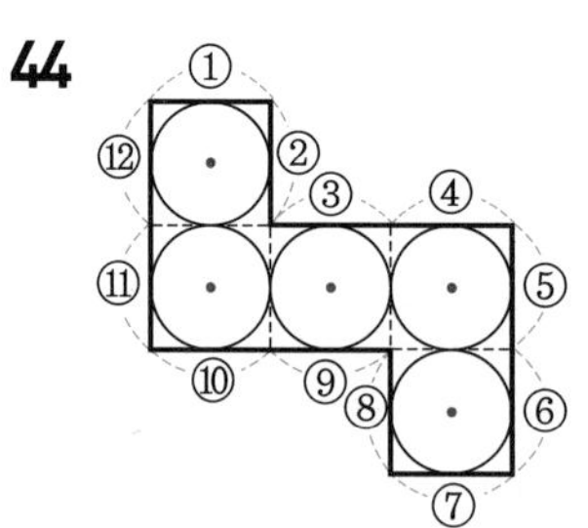

원을 둘러싼 굵은 선의 길이는 원의 지름의 12배입니다.
⇨ (굵은 선의 길이)=5×12=60(cm)

45
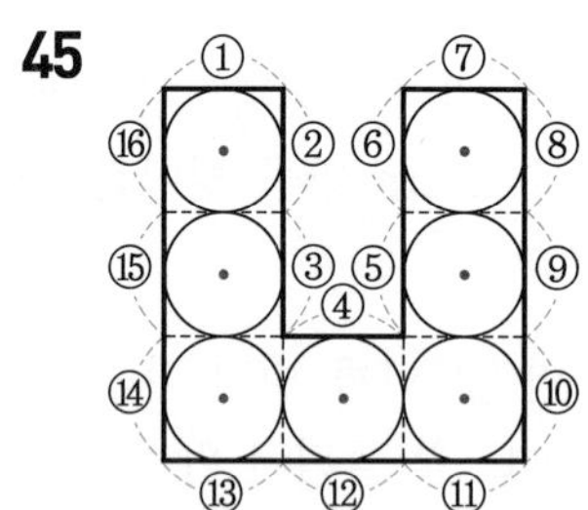

• 원을 둘러싼 굵은 선의 길이는 원의 지름의 16배입니다.
• (원의 지름)=4×2=8(cm)
⇨ (굵은 선의 길이)=8×16=128(cm)

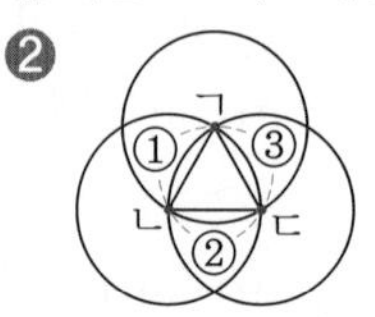

46 ❶ (변 ㄱㄴ)=(변 ㄴㄷ)=(변 ㄷㄱ)=(원의 반지름)
❷ 삼각형 ㄱㄴㄷ의 세 변의 길이의 합은 원의 반지름의 3배입니다.
⇨ (삼각형 ㄱㄴㄷ의 세 변의 길이의 합)
=9×3=27(cm)

47 (변 ㄱㄴ)=(변 ㄴㄷ)=(변 ㄷㄹ)=(변 ㄹㄱ)
=(원의 반지름)

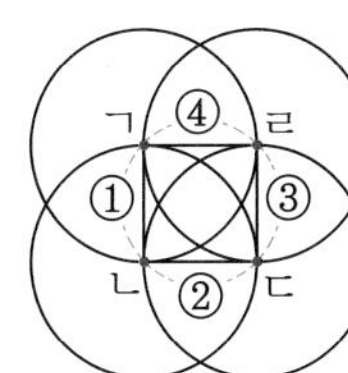

사각형 ㄱㄴㄷㄹ의 네 변의 길이의 합은 원의 반지름의 4배입니다.
⇨ (사각형 ㄱㄴㄷㄹ의 네 변의 길이의 합)$=8\times4=32$(cm)

48 • (변 ㄱㄴ)=(원의 반지름)
• (변 ㄴㄷ)=(원의 반지름)$\times2$
• (변 ㄷㄱ)=(원의 반지름)$\times2$

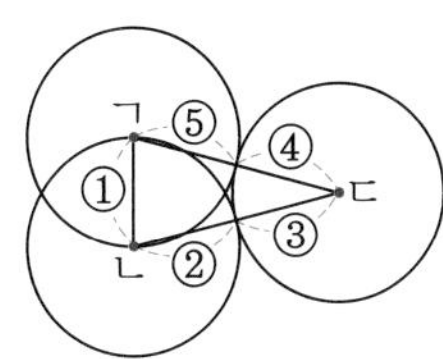

삼각형 ㄱㄴㄷ의 세 변의 길이의 합은 원의 반지름의 5배입니다.
⇨ (삼각형 ㄱㄴㄷ의 세 변의 길이의 합)$=7\times5=35$(cm)

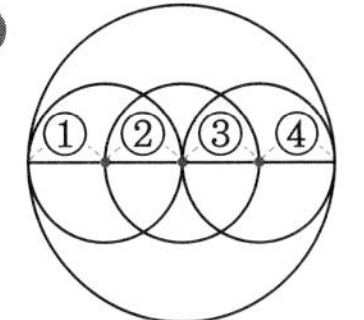

49 ❶ 큰 원의 지름은 작은 원의 반지름의 $3+1=4$(배)입니다.

❷ (작은 원의 반지름)=(큰 원의 지름)$\div4$
$=28\div4=7$(cm)

50

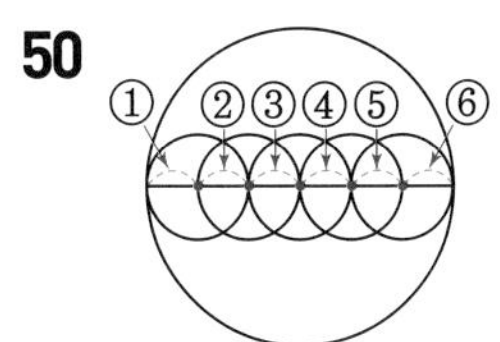

큰 원의 지름은 작은 원의 반지름의 $5+1=6$(배)입니다.
⇨ (작은 원의 반지름)
=(큰 원의 지름)$\div6$
$=30\div6=5$(cm)

51 큰 원 안에 작은 원 8개를 서로 원의 중심이 지나도록 겹쳐서 그리면 오른쪽과 같으므로 큰 원의 지름은 작은 원의 반지름의 $8+1=9$(배)입니다.

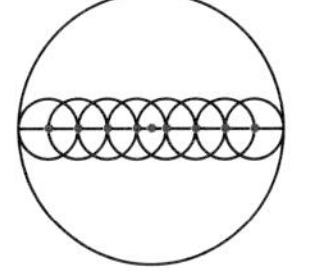

⇨ (작은 원의 반지름)=(큰 원의 지름)$\div9$
$=36\div9=4$(cm)

52 ❶ 원의 반지름이 $3-2=1$(cm)씩 늘어나는 규칙입니다.
(둘째 원의 반지름)−(첫째 원의 반지름)

❷ (다섯째 원의 반지름)
$=2+1+1+1+1=6$(cm)
1 cm씩 $5-1=4$(번) 더합니다.
⇨ (다섯째 원의 지름)$=6\times2=12$(cm)

53 원의 반지름이 $5-3=2$(cm)씩 늘어나는 규칙입니다.
(둘째 원의 반지름)−(첫째 원의 반지름)
(여섯째 원의 반지름)
$=3+2+2+2+2+2=13$(cm)
2 cm씩 $6-1=5$(번) 더합니다.
⇨ (여섯째 원의 지름)$=13\times2=26$(cm)

54 원의 반지름이 $7-4=3$(cm)씩 늘어나는 규칙입니다.
(둘째 원의 반지름)−(첫째 원의 반지름)
(여덟째 원의 반지름)
$=4+3+3+3+3+3+3+3=25$(cm)
3 cm씩 $8-1=7$(번) 더합니다.
⇨ (여덟째 원의 지름)$=25\times2=50$(cm)

유형책 62~64쪽 응용 단원 평가

✎ 서술형 문제는 풀이를 꼭 확인하세요.

1 ㉡ **2** ㉢
3 ㉢, ㉠, ㉡ 또는 ㉠, ㉢, ㉡
4 10 **5** 4 cm
6 ㉡
7

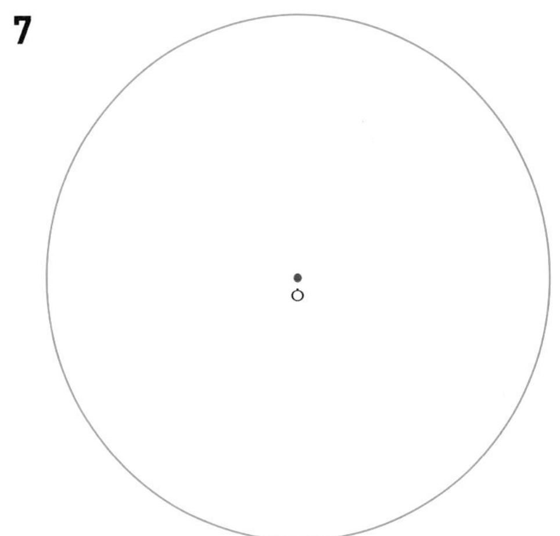

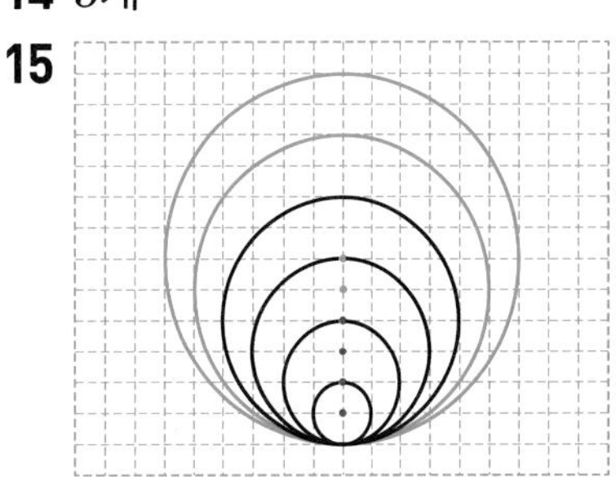

8 13 cm **9** ㉢
10
11 16 cm
12 4 cm
13 미희
14 5개
15
16 24 cm **17** 18 cm
✎**18** 선분 ㄷㅂ ✎**19** 4 cm
✎**20** 80 cm

유형책 58~64쪽

5 원을 그릴 때는 컴퍼스를 원의 반지름만큼 벌려야 합니다.
따라서 지름이 8 cm인 원을 그리려면 컴퍼스를 원의 반지름인 $8 \div 2 = 4$(cm)만큼 벌려야 합니다.

6 • 한 원에서 원의 중심은 1개입니다.
• 원의 중심을 지나도록 원 위의 두 점을 이은 선분은 원의 지름입니다.
따라서 원에 대한 설명이 옳은 것은 ㉡입니다.

7 지름이 6 cm인 원의 반지름은 $6 \div 2 = 3$(cm)입니다.
따라서 컴퍼스의 침과 연필의 끝부분 사이를 3 cm만큼 벌린 다음 컴퍼스의 침을 점 ㅇ에 꽂고 컴퍼스를 돌려서 원을 그립니다.

8 선분 ㄱㄴ의 길이는 두 원의 반지름의 합입니다.
⇨ (선분 ㄱㄴ)$=6+7=13$(cm)

9 ㉠ 원의 중심은 같게 하고, 원의 반지름만 다르게 하여 그린 모양
㉡ 원의 반지름은 같게 하고, 원의 중심만 다르게 하여 그린 모양

10 한 변의 길이가 모눈 6칸인 정사각형을 그리고, 점 ㄴ을 원의 중심으로 하는 원을 아래쪽에 반만 그린 다음 점 ㄱ과 점 ㄷ을 원의 중심으로 하는 원의 일부분 2개를 위쪽에 각각 그립니다.
이때 원의 반지름은 모눈 3칸과 같습니다.

11 가장 큰 원을 그리려면 원의 지름을 정사각형의 한 변의 길이와 같게 그립니다.

12 (큰 원의 반지름)$=20 \div 2 = 10$(cm)
⇨ (작은 원의 반지름)$=10-6=4$(cm)

13 원의 반지름 또는 지름이 짧을수록 원의 크기가 더 작으므로 반지름을 비교해 봅니다.
• 미희: 7 cm • 영규: 11 cm
• 지후: $20 \div 2 = 10$(cm) • 슬아: 9 cm
따라서 $7<9<10<11$이므로 크기가 가장 작은 원을 그린 사람은 미희입니다.

14 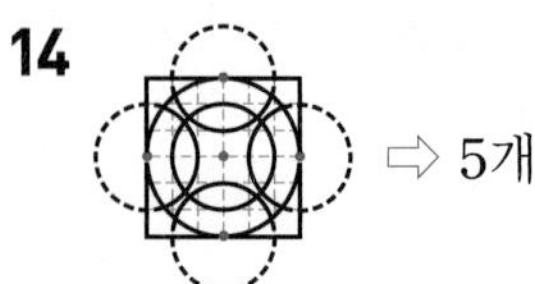 ⇨ 5개

15 원의 중심은 위쪽으로 모눈 1칸씩 이동하고, 원의 반지름은 모눈 1칸씩 늘어나는 규칙입니다.
따라서 원의 중심을 위쪽으로 모눈 1칸 이동하고, 원의 반지름이 모눈 5칸인 원을 1개 그린 다음, 원의 중심을 위쪽으로 모눈 1칸 이동하고, 원의 반지름이 모눈 6칸인 원을 1개 더 그립니다.

16 가장 큰 원의 지름은 중간 크기의 원의 지름과 가장 작은 원의 지름의 합입니다.
⇨ (가장 큰 원의 지름)$=12 \times 2 = 24$(cm)
(12 = (중간 크기의 원의 반지름)+(가장 작은 원의 반지름))

17 (변 ㄱㄴ)=(변 ㄴㄷ)=(변 ㄷㄱ)=(원의 반지름)
삼각형 ㄱㄴㄷ의 세 변의 길이의 합은 원의 반지름의 3배입니다.
⇨ (삼각형 ㄱㄴㄷ의 세 변의 길이의 합)
$=6 \times 3 = 18$(cm)

18 예 선분 ㄱㄹ은 원의 중심을 지나도록 원 위의 두 점을 이은 선분이므로 원의 지름입니다.」❶
따라서 선분 ㄱㄹ과 길이가 같은 선분은 원의 지름인 선분 ㄷㅂ입니다.」❷

채점 기준

❶ 선분 ㄱㄹ이 원의 지름임을 알기	2점
❷ 선분 ㄱㄹ과 길이가 같은 선분 찾기	3점

19 예 작은 원의 지름은 $32 \div 4 = 8$(cm)입니다.」❶
따라서 작은 원의 반지름은 $8 \div 2 = 4$(cm)입니다.」❷

채점 기준

❶ 작은 원의 지름 구하기	2점
❷ 작은 원의 반지름 구하기	3점

20 예 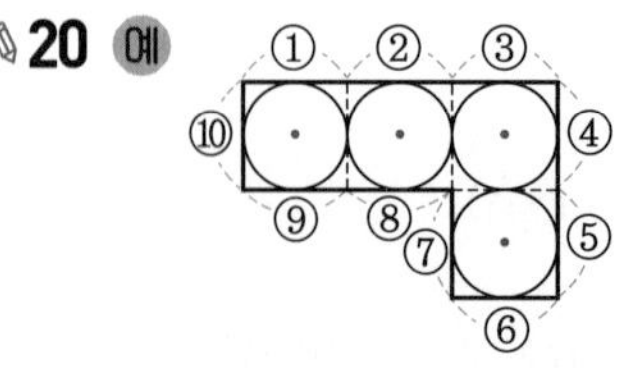

원을 둘러싼 굵은 선의 길이는 원의 지름의 10배입니다.」❶
따라서 굵은 선의 길이는 $8 \times 10 = 80$(cm)입니다.」❷

채점 기준

❶ 굵은 선의 길이는 원의 지름의 몇 배인지 구하기	2점
❷ 굵은 선의 길이 구하기	3점

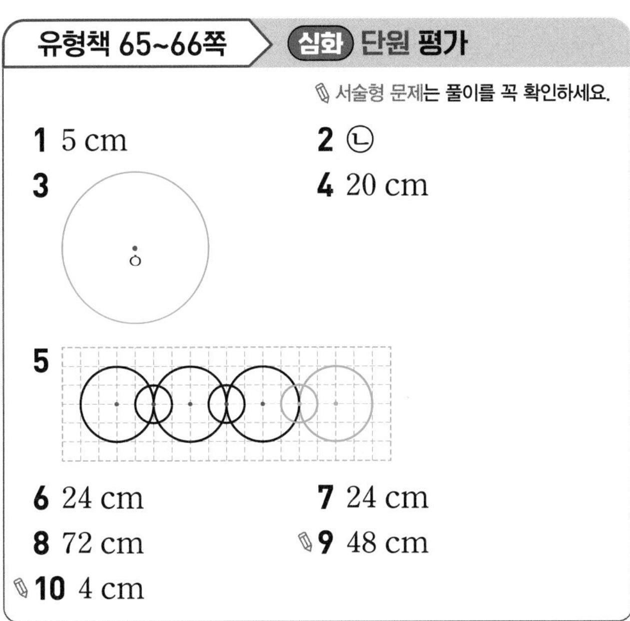

유형책 65~66쪽 심화 단원 평가

서술형 문제는 풀이를 꼭 확인하세요.

1 5 cm　　2 ㉡

3　　4 20 cm

5

6 24 cm　　7 24 cm

8 72 cm　　9 48 cm

10 4 cm

1 원의 지름이 10 cm이므로 반지름은 $10 \div 2 = 5$(cm)입니다.

2 원의 반지름은 같게 하고, 원의 중심만 다르게 하여 그린 모양입니다.

3 컴퍼스의 침과 연필의 끝부분 사이를 주어진 원의 반지름(1 cm)만큼 벌린 다음 컴퍼스의 침을 점 ㅇ에 꽂고 컴퍼스를 돌려서 원을 그립니다.

4

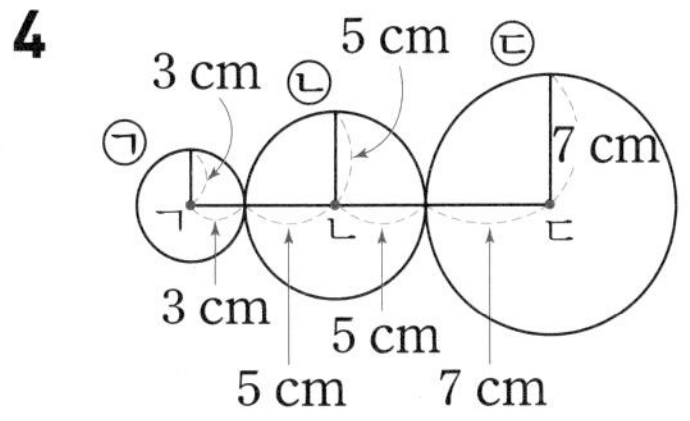

선분 ㄱㄷ의 길이는 원 ㉠의 반지름, 원 ㉡의 지름, 원 ㉢의 반지름의 합입니다.

- (원 ㉠의 반지름)=3 cm
- (원 ㉡의 지름)$=5 \times 2 = 10$(cm)
- (원 ㉢의 반지름)=7 cm

⇨ (선분 ㄱㄷ)$=3+10+7=20$(cm)

5 원의 중심은 오른쪽으로 모눈 2칸씩 이동하고, 원의 반지름은 모눈 2칸인 원과 모눈 1칸인 원이 반복되는 규칙입니다.
따라서 원의 중심을 오른쪽으로 모눈 2칸 이동하고, 원의 반지름이 모눈 1칸인 원을 1개 그린 다음, 원의 중심을 오른쪽으로 모눈 2칸 이동하고, 원의 반지름이 모눈 2칸인 원을 1개 더 그립니다.

6

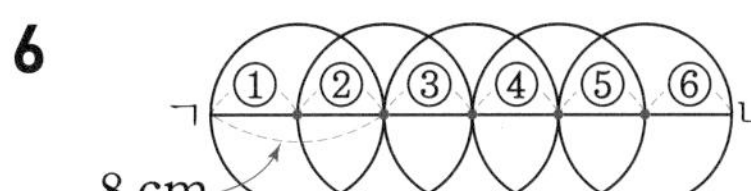

선분 ㄱㄴ의 길이는 원의 반지름의 6배입니다.
(원의 반지름)$=8 \div 2 = 4$(cm)
⇨ (선분 ㄱㄴ)$=4 \times 6 = 24$(cm)

7
- (선분 ㄱㄴ)$=32 \div 2 = 16$(cm)
- (선분 ㄴㄷ)$=16 \div 2 = 8$(cm)

⇨ (선분 ㄱㄷ)=(선분 ㄱㄴ)+(선분 ㄴㄷ)
$=16+8=24$(cm)

8 원의 반지름이 $11-6=5$(cm)씩 늘어나는 규칙입니다.
(둘째 원의 반지름)−(첫째 원의 반지름)
(일곱째 원의 반지름)
$=6+5+5+5+5+5+5=36$(cm)
5 cm씩 $7-1=6$(번) 더합니다.
⇨ (일곱째 원의 지름)$=36 \times 2 = 72$(cm)

9 예

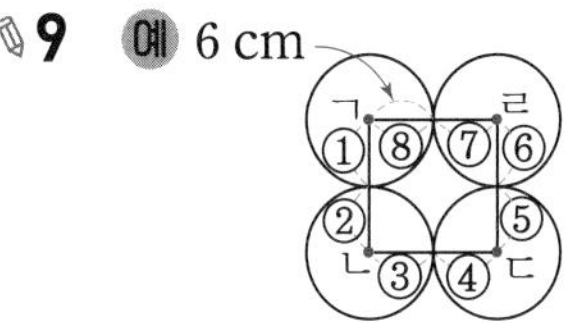

사각형 ㄱㄴㄷㄹ의 네 변의 길이의 합은 원의 반지름의 8배입니다.」❶
따라서 사각형 ㄱㄴㄷㄹ의 네 변의 길이의 합은 $6 \times 8 = 48$(cm)입니다.」❷

채점 기준	
❶ 사각형 ㄱㄴㄷㄹ의 네 변의 길이의 합은 원의 반지름의 몇 배인지 구하기	4점
❷ 사각형 ㄱㄴㄷㄹ의 네 변의 길이의 합 구하기	6점

10 예

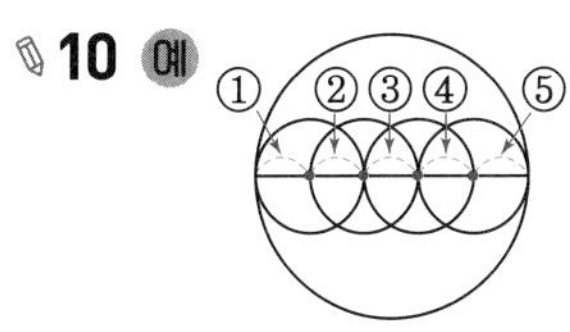

큰 원의 지름은 작은 원의 반지름의 $4+1=5$(배)입니다.」❶
따라서 작은 원의 반지름은 $20 \div 5 = 4$(cm)입니다.」❷

채점 기준	
❶ 큰 원의 지름은 작은 원의 반지름의 몇 배인지 구하기	4점
❷ 작은 원의 반지름 구하기	6점

4. 분수

유형책 68~75쪽 실전유형 강화

서술형 문제는 풀이를 꼭 확인하세요.

1 $\frac{4}{9}$ / $\frac{5}{9}$

2 11

3 (1) $\frac{1}{6}$ (2) $\frac{3}{5}$

4 $\frac{2}{4}$

5 풀이 참조

6 (1) 12 (2) 4 (3) 20

7

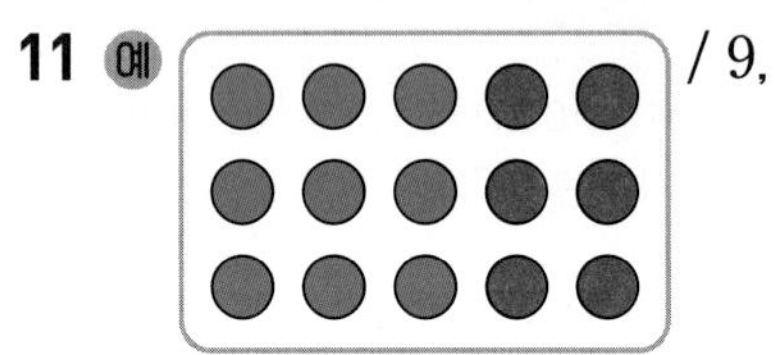

8 ㉢

9 5장

10 500 m

11 예 / 9, 6

12 15 km

13 상수, 3개

14 6 cm

15 $1\frac{2}{7}$, $5\frac{5}{6}$

16 1개

17 $\frac{21}{7}$

18

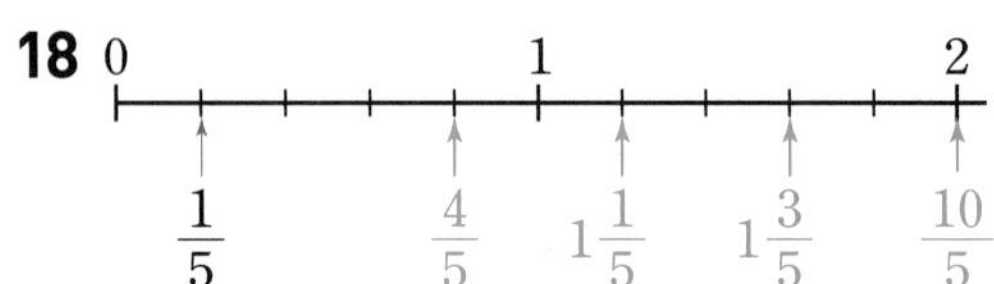

19 8

20 4개

21 $2\frac{5}{8}$, $5\frac{2}{8}$, $8\frac{2}{5}$

22 $1\frac{1}{2}$ / $\frac{7}{4}$ / $\frac{4}{3}$

23 23개

24 28

25 $\frac{27}{6}$

26 $2\frac{1}{8}$

27 $5\frac{1}{4}$컵

28 $4\frac{3}{5}$

29 (1) $>$ (2) $<$ (3) $<$

30 ㉡

31 $\frac{23}{6}$, $\frac{29}{6}$, $\frac{35}{6}$

32 독서

33 세연

34 $2\frac{2}{7}$, $\frac{8}{7}$

35 3개

36 $6\frac{1}{9}$, $6\frac{2}{9}$, $6\frac{3}{9}$, $6\frac{4}{9}$

37 5개

38 12 cm

39 10자루

40 1

41 32

42 5개

43 (1) 77 (2) 45

44 15 cm

45 윤아

46 $1\frac{3}{4}$

47 $\frac{39}{4}$

48 $\frac{23}{9}$

1 • 파란색 구슬은 전체 9묶음 중의 4묶음이므로 전체 구슬의 $\frac{4}{9}$입니다.

• 초록색 구슬은 전체 9묶음 중의 5묶음이므로 전체 구슬의 $\frac{5}{9}$입니다.

2 42를 6씩 묶으면 7묶음이 되고, 24는 전체 7묶음 중의 4묶음이므로 42의 $\frac{4}{7}$입니다. → ㉠=4, ㉡=7

⇨ ㉠+㉡=4+7=11

3 (1) 30을 5씩 묶으면 6묶음이 되고, 5는 전체 6묶음 중의 1묶음이므로 30의 $\frac{1}{6}$입니다.

(2) 30을 6씩 묶으면 5묶음이 되고, 18은 전체 5묶음 중의 3묶음이므로 30의 $\frac{3}{5}$입니다.

4 12를 3씩 묶으면 4묶음이 되고, 6은 전체 4묶음 중의 2묶음이므로 12의 $\frac{2}{4}$입니다.

따라서 준호가 나누어 준 사과 6개는 12개의 $\frac{2}{4}$입니다.

5 지후」❶

예 36을 9씩 묶으면 27은 36의 $\frac{3}{4}$이야.」❷

채점 기준
❶ 잘못 말한 사람 찾기
❷ 잘못 말한 내용 바르게 고치기

6 (1) 18을 똑같이 3묶음으로 나눈 것 중의 2묶음은 12입니다.

(2) 36 cm를 똑같이 9부분으로 나눈 것 중의 1부분은 4 cm입니다.

(3) 60분을 똑같이 6부분으로 나눈 것 중의 2부분은 20분입니다.

7 • 15를 똑같이 5묶음으로 나눈 것 중의 1묶음은 3입니다.

• 21을 똑같이 7묶음으로 나눈 것 중의 2묶음은 6입니다.

8 ㉠ 28을 똑같이 4묶음으로 나눈 것 중의 1묶음은 7입니다.

㉡ 35를 똑같이 5묶음으로 나눈 것 중의 1묶음은 7입니다.

㉢ 42를 똑같이 7묶음으로 나눈 것 중의 1묶음은 6입니다.

9 30을 똑같이 6묶음으로 나눈 것 중의 1묶음은 5입니다. 따라서 유리가 친구에게 준 딱지는 5장입니다.

10 • 어제 달린 거리: 400 m를 똑같이 2부분으로 나눈 것 중의 1부분 ⇨ 200 m

• 오늘 달린 거리: 400 m를 똑같이 4부분으로 나눈 것 중의 3부분 ⇨ 300 m

따라서 준하가 어제와 오늘 운동장을 달린 거리는 모두 $200+300=500$(m)입니다.

11 • 파란색: 15를 똑같이 5묶음으로 나눈 것 중의 3묶음은 9 ⇨ 9개

• 빨간색: 15를 똑같이 5묶음으로 나눈 것 중의 2묶음은 6 ⇨ 6개

12 수아네 집에서 공원까지의 거리는 21 km의 $\frac{5}{7}$입니다.

따라서 수아네 집에서 공원까지의 거리는 21 km를 똑같이 7부분으로 나눈 것 중의 5부분이므로 15 km입니다.

13 • 상수: 27개의 $\frac{2}{3}$ ⇨ 18개

• 희서: 27개의 $\frac{5}{9}$ ⇨ 15개

따라서 상수가 사탕을 $18-15=3$(개) 더 많이 먹었습니다.

14 (민규가 받은 철사의 길이)$=32\div2=16$(cm)

따라서 민규가 사용한 철사는 16 cm의 $\frac{3}{8}$이므로 6 cm입니다.

15 자연수와 진분수로 이루어진 분수를 모두 찾으면 $1\frac{2}{7}$, $5\frac{5}{6}$입니다.

16 • 진분수: $\frac{7}{8}$, $\frac{1}{2}$, $\frac{2}{4}$ ⇨ 3개

• 가분수: $\frac{6}{5}$, $\frac{9}{9}$ ⇨ 2개

따라서 진분수는 가분수보다 $3-2=1$(개) 더 많습니다.

17 예 자연수 1을 분모가 7인 분수로 나타내면 $\frac{7}{7}$입니다.」❶

따라서 자연수 3을 분모가 7인 분수로 나타내면

$\frac{7\times3}{7}=\frac{21}{7}$입니다.」❷

채점 기준

❶ 자연수 1을 분모가 7인 분수로 나타내기
❷ 자연수 3을 분모가 7인 분수로 나타내기

18 수직선에서 작은 눈금 한 칸의 크기는 $\frac{1}{5}$입니다.

$\frac{4}{5}$와 $\frac{10}{5}$은 $\frac{1}{5}$이 각각 4개, 10개이므로 4칸, 10칸 간 곳에 나타내고, $1\frac{1}{5}$은 1에서 1칸, $1\frac{3}{5}$은 1에서 3칸 더 간 곳에 나타냅니다.

19 진분수는 분자가 분모보다 작은 분수이므로 분자는 9보다 작아야 합니다.

따라서 9보다 작은 수 중에서 가장 큰 자연수는 8입니다.

20 가분수는 분자가 분모와 같거나 분모보다 큰 분수이므로 분모가 될 수 있는 수는 2, 3, 4, 5로 모두 4개입니다.

21 자연수와 진분수로 이루어진 분수를 모두 만듭니다.

• 자연수가 2인 경우 ⇨ $2\frac{5}{8}$

• 자연수가 5인 경우 ⇨ $5\frac{2}{8}$

• 자연수가 8인 경우 ⇨ $8\frac{2}{5}$

22 • $\frac{3}{2}$ ⇨ $\frac{2}{2}$와 $\frac{1}{2}$ ⇨ $1\frac{1}{2}$

• $1\frac{3}{4}$ ⇨ $\frac{4}{4}$와 $\frac{3}{4}$ ⇨ $\frac{7}{4}$

• $1\frac{1}{3}$ ⇨ $\frac{3}{3}$과 $\frac{1}{3}$ ⇨ $\frac{4}{3}$

23 $3\frac{2}{7}$ ⇨ $\frac{21}{7}$과 $\frac{2}{7}$ ⇨ $\frac{23}{7}$이므로

$3\frac{2}{7}$는 $\frac{1}{7}$이 23개입니다.

24 • $4\frac{3}{5}$ ⇨ $\frac{20}{5}$과 $\frac{3}{5}$ ⇨ $\frac{23}{5}$이므로 ㉠$=23$

• $\frac{31}{6}$ ⇨ $\frac{30}{6}$과 $\frac{1}{6}$ ⇨ $5\frac{1}{6}$이므로 ㉡$=5$

⇨ ㉠$+$㉡$=23+5=28$

25 • $\frac{27}{6}$ ⇨ $\frac{24}{6}$와 $\frac{3}{6}$ ⇨ $4\frac{3}{6}$

• $\frac{23}{9}$ ⇨ $\frac{18}{9}$과 $\frac{5}{9}$ ⇨ $2\frac{5}{9}$

• $\frac{25}{8}$ ⇨ $\frac{24}{8}$와 $\frac{1}{8}$ ⇨ $3\frac{1}{8}$

따라서 $4>3>2$이므로 대분수로 나타냈을 때 자연수가 가장 큰 가분수는 $\frac{27}{6}$입니다.

26 분모와 분자의 합이 25이고 분모가 8인 가분수는 $\frac{17}{8}$입니다.

따라서 $\frac{17}{8}$ ⇨ $\frac{16}{8}$과 $\frac{1}{8}$ ⇨ $2\frac{1}{8}$입니다.

27 3주일은 21일이므로 은지가 3주일 동안 마신 우유는 $\frac{21}{4}$컵입니다.

따라서 대분수로 나타내면

$\frac{21}{4}$ ⇨ $\frac{20}{4}$과 $\frac{1}{4}$ ⇨ $5\frac{1}{4}$이므로 은지가 3주일 동안 마신 우유는 모두 $5\frac{1}{4}$컵입니다.

28 $\frac{19}{5}$ ⇨ $\frac{15}{5}$와 $\frac{4}{5}$ ⇨ $3\frac{4}{5}$

어떤 대분수는 $3\frac{4}{5}$에서 자연수와 분자를 바꾸면 되므로 $4\frac{3}{5}$입니다.

29 (1) $\frac{12}{5} > \frac{11}{5}$ (12>11)

(2) $2\frac{3}{6} < 2\frac{5}{6}$ (3<5)

(3) $4\frac{3}{8} < 5\frac{1}{8}$ (4<5)

30 ㉡ $4\frac{3}{4}=\frac{19}{4}$이므로 $\frac{19}{4}>\frac{17}{4}$입니다.

⇨ $4\frac{3}{4}>\frac{17}{4}$

31 • $\frac{1}{6}$이 29개인 수 ⇨ $\frac{29}{6}$ • $3\frac{5}{6}=\frac{23}{6}$

따라서 크기가 작은 분수부터 차례대로 가분수로 나타내면 $\frac{23}{6}$, $\frac{29}{6}$, $\frac{35}{6}$입니다.

32 예 숙제를 한 시간을 가분수로 나타내면 $1\frac{2}{5}=\frac{7}{5}$입니다.」❶

따라서 $\frac{9}{5}>\frac{7}{5}$이므로 다현이는 독서와 숙제 중에서 독서를 더 오래 했습니다.」❷

채점 기준
❶ 숙제를 한 시간을 가분수로 나타내기
❷ 독서와 숙제 중에서 어느 것을 더 오래 했는지 구하기

33 $\frac{25}{8}=3\frac{1}{8}$이므로 $3\frac{1}{8}<3\frac{3}{8}<3\frac{7}{8}$입니다.
(세연, 우진, 민재)

따라서 찰흙을 가장 적게 사용한 사람은 세연입니다.

34 $3\frac{3}{7}=\frac{24}{7}$, $2\frac{2}{7}=\frac{16}{7}$이므로

$\frac{8}{7}<\frac{16}{7}<\frac{24}{7}<\frac{27}{7}<\frac{38}{7}$입니다.

따라서 $\frac{16}{7}$과 같거나 $\frac{16}{7}$보다 작은 분수는 $2\frac{2}{7}$, $\frac{8}{7}$입니다.

35 $3\frac{3}{7}=\frac{24}{7}$, $2\frac{2}{7}=\frac{16}{7}$, $5\frac{1}{7}=\frac{36}{7}$이므로

$\frac{8}{7}<\frac{11}{7}<\frac{16}{7}<\frac{24}{7}<\frac{27}{7}<\frac{36}{7}<\frac{38}{7}$입니다.

따라서 $\frac{11}{7}$보다 크고 $5\frac{1}{7}$보다 작은 분수는 $2\frac{2}{7}$, $3\frac{3}{7}$, $\frac{27}{7}$로 모두 3개입니다.

36 분모가 9이고 6보다 큰 대분수는 $6\frac{1}{9}$, $6\frac{2}{9}$, $6\frac{3}{9}$, $6\frac{4}{9}$, $6\frac{5}{9}$, ...입니다.

이 중에서 $\frac{59}{9}=6\frac{5}{9}$보다 작은 대분수는 $6\frac{1}{9}$, $6\frac{2}{9}$, $6\frac{3}{9}$, $6\frac{4}{9}$입니다.

37 20을 똑같이 4묶음으로 나눈 것 중의 3묶음은 15이므로 먹은 방울토마토는 15개입니다.

⇨ (남은 방울토마토의 수)$=20-15=5$(개)

38 36 cm를 똑같이 6부분으로 나눈 것 중의 4부분은 24 cm이므로 사용한 철사는 24 cm입니다.

⇨ (남은 철사의 길이)$=36-24=12$(cm)

39 언니에게 준 색연필은 45자루의 $\frac{4}{9}$이므로 20자루이고, 동생에게 준 색연필은 45자루의 $\frac{1}{3}$이므로 15자루입니다.
⇨ (남은 색연필의 수)$=45-20-15=10$(자루)

40 $\frac{20}{6}=3\frac{2}{6}$이므로 $3\frac{\square}{6}<3\frac{2}{6}$입니다.
따라서 $\square<2$이므로 $\square$ 안에 알맞은 자연수는 1입니다.

41 $4\frac{1}{8}=\frac{33}{8}$이므로 $\frac{\square}{8}<\frac{33}{8}$입니다.
따라서 $\square<33$이므로 $\square$ 안에 들어갈 수 있는 자연수는 1, 2, 3, ..., 30, 31, 32이고 이 중에서 가장 큰 수는 32입니다.

42 $2\frac{6}{11}=\frac{28}{11}$, $3\frac{1}{11}=\frac{34}{11}$이므로 $\frac{28}{11}<\frac{\square}{11}<\frac{34}{11}$입니다.
따라서 $28<\square<34$이므로 $\square$ 안에 들어갈 수 있는 자연수는 29, 30, 31, 32, 33으로 모두 5개입니다.

43 (1) $\square$의 $\frac{1}{7}$은 11 ⇨ $\square=11\times7=77$
(2) $\square$의 $\frac{4}{9}$는 20 ⇨ $\square$의 $\frac{1}{9}$은 $20\div4=5$
⇨ $\square=5\times9=45$

44 전체 리본의 $\frac{3}{5}$이 9 cm이므로 전체 리본의 $\frac{1}{5}$은 $9\div3=3$(cm)입니다.
⇨ (전체 리본의 길이)$=3\times5=15$(cm)

45 • 준수: 가지고 있는 전체 구슬의 $\frac{1}{6}$이 $25\div5=5$(개)이므로 전체 구슬은 $5\times6=30$(개)입니다.
• 윤아: 가지고 있는 전체 구슬의 $\frac{1}{8}$이 $12\div3=4$(개)이므로 전체 구슬은 $4\times8=32$(개)입니다.
따라서 $30<32$이므로 전체 구슬이 더 많은 사람은 윤아입니다.

46 $4<6<7$이므로 만들 수 있는 가장 큰 가분수는 $\frac{7}{4}$입니다.
따라서 $\frac{7}{4}$ ⇨ $\frac{4}{4}$와 $\frac{3}{4}$ ⇨ $1\frac{3}{4}$입니다.

47 $3<4<9$이므로 만들 수 있는 가장 큰 대분수는 $9\frac{3}{4}$입니다.
따라서 $9\frac{3}{4}$ ⇨ $\frac{36}{4}$과 $\frac{3}{4}$ ⇨ $\frac{39}{4}$입니다.

48 $2<5<8<9$이므로 가장 작은 수인 2를 자연수 부분에 놓고, 남은 세 수 중 두 수로 가장 작은 진분수를 만들면 $\frac{5}{9}$이므로 만들 수 있는 가장 작은 대분수는 $2\frac{5}{9}$입니다.
따라서 $2\frac{5}{9}$ ⇨ $\frac{18}{9}$과 $\frac{5}{9}$ ⇨ $\frac{23}{9}$입니다.

유형책 76~79쪽 상위권유형 강화

49 ❶ 6, 5, 4 ❷ 3, 5 ❸ $\frac{3}{5}$
50 $\frac{9}{4}$ **51** $2\frac{1}{6}$
52 ❶ 60 cm ❷ 50 cm
53 32 cm **54** 27 m
55 ❶ 15개 ❷ 8묶음 / 5묶음 ❸ $\frac{5}{8}$
56 $\frac{4}{7}$ **57** $\frac{7}{12}$
58 ❶ 3, 1 ❷ 5
59 8 **60** 5 / 9

49 ❶ 합이 8이 되는 두 수를 찾아 표를 완성합니다.
❷ 합이 8인 두 수 중에서 차가 2인 두 수를 찾으면 3, 5입니다.
❸ 구하려는 진분수는 분모가 5, 분자가 3이므로 $\frac{3}{5}$입니다.

50

합이 13인 두 수	1	2	3	4
	12	11	10	9

합이 13인 두 수 중에서 차가 5인 두 수를 찾으면 4, 9입니다.
따라서 구하려는 가분수는 분모가 4, 분자가 9이므로 $\frac{9}{4}$입니다.

유형책 76~79쪽

51

합이 19인 두 수	1	2	3	4	5	6
	18	17	16	15	14	13

합이 19인 두 수 중에서 차가 7인 두 수를 찾으면 6, 13입니다. 구하려는 가분수는 분모가 6, 분자가 13이므로 $\frac{13}{6}$입니다.

따라서 $\frac{13}{6}$을 대분수로 나타내면 $2\frac{1}{6}$입니다.

52 ❶ 첫 번째로 튀어 오르는 공의 높이는 72 cm의 $\frac{5}{6}$이므로 60 cm입니다.

❷ 두 번째로 튀어 오르는 공의 높이는 첫 번째로 튀어 오르는 공의 높이의 $\frac{5}{6}$인 60 cm의 $\frac{5}{6}$입니다. 따라서 두 번째로 튀어 오르는 공의 높이는 60 cm의 $\frac{5}{6}$이므로 50 cm입니다.

53 첫 번째로 튀어 오르는 공의 높이는 98 cm의 $\frac{4}{7}$이므로 56 cm입니다. 따라서 두 번째로 튀어 오르는 공의 높이는 56 cm의 $\frac{4}{7}$이므로 32 cm입니다.

54 첫 번째로 튀어 오르는 공의 높이는 64 m의 $\frac{3}{4}$이므로 48 m입니다. 두 번째로 튀어 오르는 공의 높이는 48 m의 $\frac{3}{4}$이므로 36 m입니다. 따라서 세 번째로 튀어 오르는 공의 높이는 36 m의 $\frac{3}{4}$이므로 27 m입니다.

55 ❶ 남은 쿠키는 $24-9=15$(개)입니다.

❷ 처음에 있던 쿠키 24개를 3개씩 묶으면 8묶음이 되고, 남은 쿠키 15개는 전체 8묶음 중의 5묶음입니다.

❸ 처음에 있던 쿠키는 8묶음이고, 남은 쿠키는 5묶음이므로 남은 쿠키는 처음에 있던 쿠키의 $\frac{5}{8}$입니다.

56 남은 초콜릿은 $35-15=20$(개)입니다.
처음에 있던 초콜릿 35개를 5개씩 묶으면 7묶음이 되고, 남은 초콜릿 20개는 전체 7묶음 중의 4묶음입니다.
따라서 남은 초콜릿은 처음에 있던 초콜릿의 $\frac{4}{7}$입니다.

57 친구에게 준 귤은 $48-20=28$(개)입니다.
처음에 있던 귤 48개를 4개씩 묶으면 12묶음이 되고, 친구에게 준 귤 28개는 전체 12묶음 중의 7묶음입니다.
따라서 친구에게 준 귤은 처음에 있던 귤의 $\frac{7}{12}$입니다.

58 ❶ $3\frac{1}{㉠}$ ⇨ 3과 $\frac{1}{㉠}$ ⇨ $\frac{3\times㉠}{㉠}$과 $\frac{1}{㉠}$ ⇨ $\frac{16}{㉠}$

❷ $\left(\frac{3\times㉠}{㉠}과 \frac{1}{㉠}\right)=\frac{16}{㉠}$이므로 $3\times㉠$과 1을 더한 값이 16이 되어야 합니다.
따라서 $3\times㉠=15$이므로 $㉠=5$입니다.

59 $4\frac{5}{㉠}$ ⇨ 4와 $\frac{5}{㉠}$ ⇨ $\frac{4\times㉠}{㉠}$과 $\frac{5}{㉠}$ ⇨ $\frac{37}{㉠}$
$\left(\frac{4\times㉠}{㉠}과 \frac{5}{㉠}\right)=\frac{37}{㉠}$이므로 $4\times㉠$과 5를 더한 값이 37이 되어야 합니다.
따라서 $4\times㉠=32$이므로 $㉠=8$입니다.

60 $㉠\frac{4}{11}$ ⇨ ㉠과 $\frac{4}{11}$ ⇨ $\frac{㉠\times11}{11}$과 $\frac{4}{11}$ ⇨ $\frac{5㉡}{11}$
$\left(\frac{㉠\times11}{11}과 \frac{4}{11}\right)=\frac{5㉡}{11}$이므로 $㉠\times11$과 4를 더한 값이 5㉡이 되어야 합니다.
- $㉠=4$이면 $4\times11=44$, $44+4=48$ (×)
- $㉠=5$이면 $5\times11=55$, $55+4=59$ (○)

따라서 $㉠=5$, $㉡=9$입니다.

유형책 80~82쪽 〉 응용 단원 평가

✎ 서술형 문제는 풀이를 꼭 확인하세요.

1 6 / $\frac{5}{6}$
2 12
3 $\frac{1}{5}$, $\frac{5}{12}$ / $\frac{8}{3}$, $\frac{5}{5}$ / $1\frac{3}{7}$, $3\frac{2}{3}$
4 >
5 $1\frac{4}{5}$
6 ③
7 $1\frac{7}{8}$, $\frac{13}{8}$, $\frac{8}{8}$
8 $1\frac{5}{6}$
9 $\frac{2}{5}$
10 7명
11 보라, 3장
12 27 m
13 17시간
14 5개
15 4, 5, 6, 7
16 8
17 $\frac{7}{8}$
✎**18** 강아지
✎**19** $\frac{65}{7}$
✎**20** $\frac{3}{5}$

1 18을 3씩 묶으면 6묶음이 됩니다.
15는 전체 6묶음 중의 5묶음이므로 18의 $\frac{5}{6}$입니다.

2 16을 똑같이 4묶음으로 나눈 것 중의 3묶음은 12입니다.

4 $3\frac{2}{5}$ ⇨ $\frac{15}{5}$와 $\frac{2}{5}$ ⇨ $\frac{17}{5}$이므로 $\frac{18}{5}>\frac{17}{5}$입니다.
⇨ $\frac{18}{5}>3\frac{2}{5}$

5 분자의 크기를 비교하면 가장 큰 가분수는 $\frac{9}{5}$입니다.
따라서 대분수로 나타내면 $\frac{9}{5}$ ⇨ $\frac{5}{5}$와 $\frac{4}{5}$ ⇨ $1\frac{4}{5}$입니다.

6 ① 12 cm ② 9 cm ③ 20 cm
④ 14 cm ⑤ 18 cm

7 $1\frac{7}{8}=\frac{15}{8}$이므로 $\frac{15}{8}>\frac{13}{8}>\frac{8}{8}$입니다.
⇨ $1\frac{7}{8}>\frac{13}{8}>\frac{8}{8}$

8 분모와 분자의 합이 17이고 분모가 6인 가분수는 $\frac{11}{6}$입니다.
따라서 $\frac{11}{6}$ ⇨ $\frac{6}{6}$과 $\frac{5}{6}$ ⇨ $1\frac{5}{6}$입니다.

9 35를 7씩 묶으면 5묶음이 되고, 14는 전체 5묶음 중의 2묶음이므로 35의 $\frac{2}{5}$입니다.
따라서 14명은 35명의 $\frac{2}{5}$입니다.

10 21을 똑같이 3묶음으로 나눈 것 중의 2묶음은 14이므로 안경을 쓴 학생은 14명입니다.
⇨ (안경을 쓰지 않은 학생 수)$=21-14=7$(명)

11 • 보라: 25의 $\frac{2}{5}$는 10 ⇨ 10장
• 윤수: 28의 $\frac{1}{4}$은 7 ⇨ 7장
따라서 보라는 윤수보다 붙임딱지를 $10-7=3$(장) 더 많이 모았습니다.

12 전체 색 테이프의 $\frac{4}{9}$가 12 m이므로 전체 색 테이프의 $\frac{1}{9}$은 $12\div4=3$(m)입니다.
⇨ (전체 색 테이프의 길이)$=3\times9=27$(m)

13 하루는 24시간입니다.
• 공부를 한 시간: 24시간의 $\frac{1}{6}$ ⇨ 4시간
• 운동을 한 시간: 24시간의 $\frac{1}{8}$ ⇨ 3시간
따라서 서연이가 하루 동안 공부와 운동을 하고 남은 시간은 $24-4-3=17$(시간)입니다.

14 $\frac{78}{8}=9\frac{6}{8}$이므로 $9\frac{\square}{8}<9\frac{6}{8}$입니다.
따라서 $\square<6$이므로 $\square$ 안에 들어갈 수 있는 자연수는 1, 2, 3, 4, 5로 모두 5개입니다.

15 $\frac{19}{5}=3\frac{4}{5}$, $\frac{23}{3}=7\frac{2}{3}$입니다.
따라서 $3\frac{4}{5}$보다 크고 $7\frac{2}{3}$보다 작은 자연수는 4, 5, 6, 7입니다.

16 어떤 수의 $\frac{5}{6}$는 10 ⇨ 어떤 수의 $\frac{1}{6}$은 $10\div5=2$
⇨ (어떤 수)$=2\times6=12$
따라서 어떤 수의 $\frac{2}{3}$는 12의 $\frac{2}{3}$이므로 8입니다.

17

합이 15인 두 수	1	2	3	4	5	6	7
	14	13	12	11	10	9	8

합이 15이고 차가 1인 두 수를 찾으면 7, 8입니다.
따라서 구하려는 진분수는 $\frac{7}{8}$입니다.

18 예 강아지의 무게를 가분수로 나타내면 $3\frac{3}{4}$ ⇨ $\frac{12}{4}$와 $\frac{3}{4}$ ⇨ $\frac{15}{4}$입니다.」❶
따라서 $\frac{15}{4}>\frac{13}{4}$이므로 더 무거운 것은 강아지입니다.」❷

채점 기준

❶ 강아지의 무게를 가분수로 나타내기	3점
❷ 더 무거운 것은 무엇인지 구하기	2점

19 예 $2<7<9$이므로 만들 수 있는 가장 큰 대분수는 $9\frac{2}{7}$입니다.」❶
따라서 $9\frac{2}{7}$ ⇨ $\frac{63}{7}$과 $\frac{2}{7}$ ⇨ $\frac{65}{7}$입니다.」❷

채점 기준

❶ 수 카드로 만들 수 있는 가장 큰 대분수 구하기	3점
❷ 위 ❶의 대분수를 가분수로 나타내기	2점

20 예 남은 도넛은 $20-8=12$(개)입니다.」❶
처음에 있던 도넛 20개를 4개씩 묶으면 5묶음이 되고, 남은 도넛 12개는 전체 5묶음 중의 3묶음입니다.」❷
따라서 남은 도넛은 처음에 있던 도넛의 $\frac{3}{5}$입니다.」❸

채점 기준

❶ 남은 도넛 수 구하기	1점
❷ 처음에 있던 도넛과 남은 도넛은 각각 몇 묶음인지 구하기	2점
❸ 남은 도넛은 처음에 있던 도넛의 얼마인지 분수로 나타내기	2점

유형책 83~84쪽 심화 단원 평가

서술형 문제는 풀이를 꼭 확인하세요.

1 >
2 ④
3 ( )(○)
4 $\frac{2}{3}$
5 9
6 ㉡, ㉢
7 18개
8 49 cm
9 12
10 7

1 $2\frac{4}{11}=\frac{26}{11}$이므로 $\frac{26}{11}>\frac{23}{11}$입니다.
⇨ $2\frac{4}{11}>\frac{23}{11}$

2 ④ $\frac{60}{9}$ ⇨ $\frac{54}{9}$와 $\frac{6}{9}$ ⇨ $6\frac{6}{9}$

3 1시간=60분입니다.
• 1시간(=60분)의 $\frac{2}{5}$는 24분입니다.
• 1시간(=60분)의 $\frac{8}{10}$은 48분입니다.
⇨ 24분<48분

4 24를 8씩 묶으면 3묶음이 되고, 16은 전체 3묶음 중의 2묶음이므로 24의 $\frac{2}{3}$입니다.
따라서 16명은 24명의 $\frac{2}{3}$입니다.

5 • 14를 똑같이 7묶음으로 나눈 것 중의 3묶음은 6이므로 ㉮=6입니다.
• 54를 똑같이 6묶음으로 나눈 것 중의 1묶음은 9입니다. 27은 전체 6묶음 중의 3묶음이므로 54의 $\frac{3}{6}$입니다. → ㉯=3
⇨ ㉮+㉯=6+3=9

6 $1\frac{2}{5}=\frac{7}{5}$, ㉡ $3\frac{1}{5}=\frac{16}{5}$, ㉣ $3\frac{4}{5}=\frac{19}{5}$이므로
$\frac{6}{5}<\frac{7}{5}<\underset{㉢}{\frac{13}{5}}<\underset{㉡}{\frac{16}{5}}<\frac{18}{5}<\frac{19}{5}$입니다.
따라서 $1\frac{2}{5}$보다 크고 $\frac{18}{5}$보다 작은 분수는 ㉡ $3\frac{1}{5}$, ㉢ $\frac{13}{5}$입니다.

7 귤은 54개의 $\frac{4}{9}$이므로 24개이고, 나머지 과일은 $54-24=30$(개)입니다.
따라서 사과는 30개의 $\frac{3}{5}$이므로 18개입니다.

8 첫 번째로 튀어 오르는 공의 높이는 81 cm의 $\frac{7}{9}$이므로 63 cm입니다.
따라서 두 번째로 튀어 오르는 공의 높이는 63 cm의 $\frac{7}{9}$이므로 49 cm입니다.

9 예 $1\frac{5}{6}=\frac{11}{6}$, $2\frac{1}{6}=\frac{13}{6}$이므로 $\frac{11}{6}<\frac{□}{6}<\frac{13}{6}$입니다.」❶
따라서 11<□<13이므로 □ 안에 알맞은 자연수는 12입니다.」❷

채점 기준

❶ $1\frac{5}{6}$와 $2\frac{1}{6}$을 각각 가분수로 나타내 식 정리하기	6점
❷ □ 안에 알맞은 자연수 구하기	4점

10 예 $5\frac{4}{㉠}$ ⇨ 5와 $\frac{4}{㉠}$ ⇨ $\frac{5\times㉠}{㉠}$과 $\frac{4}{㉠}$ ⇨ $\frac{39}{㉠}$입니다.」❶
$\left(\frac{5\times㉠}{㉠}\text{과 }\frac{4}{㉠}\right)=\frac{39}{㉠}$이므로 5×㉠과 4를 더한 값이 39가 되어야 합니다. 따라서 5×㉠=35이므로 ㉠=7입니다.」❷

채점 기준

❶ $5\frac{4}{㉠}$를 가분수로 나타내기	5점
❷ ㉠에 알맞은 수 구하기	5점

5. 들이와 무게

유형책 86~97쪽 실전유형 강화

✎ 서술형 문제는 풀이를 꼭 확인하세요.

1 나, 다, 가
2 우유갑, 물병, 2
3 다
4 ㉮ 컵
5 2배
6 꽃병
✎7 풀이 참조
8 나은
9 (그림)
10 (1) 5210 (2) 9, 340
11 (1) < (2) =
12 (○) ( ) ( )
13 성아
14 4800 mL
15 ㉡
16 ㉢, ㉡, ㉠
17 노란색
18 7, 8, 9
19 (1) mL (2) L
20 (1) 주사기 (2) 물병 (3) 양동이
21 ㉡
22 ㉡
23 윤아
✎24 풀이 참조
25 8, 300 / 3, 700
26 8 L 800 mL / 4 L 200 mL
27 4 L 800 mL
28 1 L 700 mL
29 ㉠
✎30 700 mL
31 ㉡, ㉢
32 (위에서부터) 500, 4
33 1 L 400 mL
34 정수
35 연희
36 선재
37 사과
38 가위, 3개
39 3배
40 ㉠ 구슬
41 비누, 치약, 칫솔
✎42 풀이 참조
43 (그림)
44 (1) > (2) < (3) = (4) <
45 ( ) (○) ( )
46 3150 g
47 ②, ⑤
48 ㉡, ㉢, ㉣, ㉠
49 6008
50 보미
51 화분
52 3개
53 (그림)
54 ( ) (○) ( )
55 예 약 800 g
56 선미
✎57 풀이 참조
58 예 약 33배
59 (위에서부터) 7, 200 / 3, 300
60 ( ) (○)
61 ㉠
62 2 kg 900 g
63 1 kg 400 g
64 7 kg 500 g
✎65 68 kg 100 g
66 (위에서부터) 600, 2
67 2 kg 200 g
68 450 g
69 520 g
70 600 g

1 모양과 크기가 같은 수조에 옮겨 담았을 때 물의 높이가 낮을수록 들이가 더 적습니다.

2 우유갑은 컵 6개만큼, 물병은 컵 4개만큼 물이 들어가므로 우유갑이 물병보다 컵 $6-4=2$(개)만큼 들이가 더 많습니다.

3 들이가 많을수록 항아리에 물을 부어야 하는 횟수가 더 적습니다.
따라서 물을 부어야 하는 횟수가 가장 적은 것은 들이가 가장 많은 다입니다.

4 물을 부어야 하는 횟수가 적을수록 컵의 들이가 더 많습니다.
따라서 $3<4<6$이므로 들이가 가장 많은 컵은 ㉮ 컵입니다.

5 비커는 ㉮ 컵 3개만큼, 물병은 ㉮ 컵 6개만큼 물이 들어가므로 물병의 들이는 비커의 들이의 $6\div3=2$(배)입니다.

6 냄비가 어항보다 들이가 더 적고 꽃병이 냄비보다 들이가 더 적습니다.
따라서 들이가 가장 적은 것은 꽃병입니다.

✎**7** 예 우유병에 물을 가득 채운 후 주스병으로 옮겨 담아 두 병의 들이를 비교할 수 있습니다.」❶
우유병과 주스병에 물을 가득 채운 후 모양과 크기가 같은 큰 그릇에 각각 옮겨 담아 두 병의 들이를 비교할 수 있습니다.」❷

채점 기준
❶ 두 병의 들이를 비교하는 방법 1가지 쓰기
❷ 두 병의 들이를 비교하는 다른 방법 1가지 쓰기

8 나은: 분무기의 들이는 그릇의 들이의 $9\div3=3$(배)입니다.

9 • 4 L 200 mL=4 L+200 mL
=4000 mL+200 mL
=4200 mL
• 4 L 20 mL=4 L+20 mL
=4000 mL+20 mL=4020 mL

10 (1) 5 L 210 mL=5 L+210 mL
=5000 mL+210 mL
=5210 mL
(2) 9340 mL=9000 mL+340 mL
=9 L+340 mL=9 L 340 mL

11 (1) 7950 mL=7000 mL+950 mL
=7 L+950 mL=7 L 950 mL
⇨ 7 L 950 mL<8 L
(2) 2060 mL=2000 mL+60 mL
=2 L+60 mL=2 L 60 mL
⇨ 2060 mL=2 L 60 mL

12 6 L 100 mL=6100 mL이므로 들이가 다른 것은 6010 mL입니다.

13 큰 눈금 한 칸은 1 L이고 작은 눈금 한 칸은 100 mL입니다.
• 성아: 2 L와 작은 눈금 5칸 ⇨ 2 L 500 mL
• 강호: 1 L와 작은 눈금 7칸 ⇨ 1 L 700 mL

14 수조에 들어 있는 물의 양은 4 L보다 800 mL 더 많으므로 4 L 800 mL=4800 mL입니다.

15 ㉠ 3 L 700 mL=3 L+700 mL
=3000 mL+700 mL
=3700 mL
㉡ 4 L 2 mL=4 L+2 mL
=4000 mL+2 mL=4002 mL
㉢ 7 L 90 mL=7 L+90 mL
=7000 mL+90 mL=7090 mL

16 ㉡ 1 L 50 mL=1050 mL
⇨ 1400 mL(㉢)>1050 mL(㉡)>1000 mL(㉠)

17 노란색 페인트: 3 L 200 mL=3200 mL
⇨ 3200 mL>3020 mL이므로 더 많이 사용한 페인트는 노란색입니다.

18 8 L 650 mL=8650 mL이므로
8650 mL<8□00 mL에서 □ 안에 들어갈 수 있는 수는 7, 8, 9입니다.

21 욕조, 주전자, 항아리의 들이는 200 mL보다 많습니다. 따라서 들이가 200 mL에 가장 가까운 물건은 종이컵입니다.

22 ㉡ 30 L는 아주 많은 들이이므로 화분 한 개에 준 물의 양은 30 mL가 알맞습니다.

23 윤아: 1 L 우유갑과 들이가 비슷하면 음료수병의 들이는 약 1000 mL입니다.

24 예 약 2 L」❶
들이가 1 L인 비커의 반은 약 500 mL입니다. 물이 약 500 mL씩 4개이므로 약 2 L입니다.」❷

채점 기준
❶ 생수병의 들이 어림하기
❷ 이유 쓰기

25 • 400 mL+900 mL=1300 mL이므로 1000 mL를 1 L로 받아올림합니다.
• 300 mL에서 600 mL를 뺄 수 없으므로 1 L를 1000 mL로 받아내림합니다.

26 2300 mL=2 L 300 mL
⇨ 합: 6 L 500 mL+2 L 300 mL
=8 L 800 mL
차: 6 L 500 mL−2 L 300 mL
=4 L 200 mL

27 (처음 물통에 들어 있던 물의 양)
=1 L 200 mL+3 L 600 mL=4 L 800 mL

28 (남은 간장의 양)=2 L 100 mL−400 mL
=1 L 700 mL

29 ㉠ 3500 mL+3800 mL
=7300 mL=7 L 300 mL
㉡ 8 L 700 mL−2100 mL
=8 L 700 mL−2 L 100 mL=6 L 600 mL
⇨ ㉠ 7 L 300 mL>㉡ 6 L 600 mL

30 예 5 L 200 mL=5200 mL입니다.
5600 mL>5200 mL>4900 mL이므로 들이가 가장 많은 것은 5600 mL이고, 들이가 가장 적은 것은 4900 mL입니다.」❶
따라서 들이가 가장 많은 것과 가장 적은 것의 차는 5600 mL−4900 mL=700 mL입니다.」❷

채점 기준
❶ 들이가 가장 많은 것과 가장 적은 것 각각 찾기
❷ 들이가 가장 많은 것과 가장 적은 것의 차 구하기

31 2900 mL=2 L 900 mL
- ㉠과 ㉡을 섞으면
4 L 800 mL+2 L 900 mL=7 L 700 mL입니다.
- ㉠과 ㉢을 섞으면
4 L 800 mL+3 L 500 mL=8 L 300 mL입니다.
- ㉡과 ㉢을 섞으면
2 L 900 mL+3 L 500 mL=6 L 400 mL입니다.

따라서 ㉡과 ㉢을 섞어야 들이가 6 L 400 mL인 액체를 만들 수 있습니다.

32
- mL끼리의 계산에서 ㉠+700=1200이므로 ㉠=1200−700=500입니다.
- L끼리의 계산에서 1+3+㉡=8이므로 ㉡=4입니다.

33 (수조에 담겨 있는 물의 양)=800 mL+800 mL
=1 L 600 mL
⇨ (더 부어야 하는 물의 양)=3 L−1 L 600 mL
=1 L 400 mL

34 어림한 들이와 실제 들이의 차가 가장 작은 사람을 찾습니다.
선예: 100 mL, 영도: 150 mL, 정수: 50 mL
따라서 냄비의 실제 들이에 가장 가깝게 어림한 사람은 정수입니다.

35 물통의 들이는 2 L 300 mL이므로 어림한 들이와 2 L 300 mL의 차가 가장 작은 사람을 찾습니다.
연희: 100 mL, 동주: 400 mL, 미소: 200 mL
따라서 물통의 실제 들이에 가장 가깝게 어림한 사람은 연희입니다.

36 양팔저울에 올려놓았을 때 기울어진 쪽이 더 무거우므로 인형이 탁구공보다 더 무겁습니다.
따라서 바르게 설명한 사람은 선재입니다.

37 딸기와 사과 중에서 사과가 더 무겁고, 사과와 방울토마토 중에서 사과가 더 무거우므로 가장 무거운 과일은 사과입니다.

38 지우개는 공깃돌 11개의 무게와 같고, 가위는 공깃돌 14개의 무게와 같으므로 가위가 지우개보다 공깃돌 14−11=3(개)만큼 더 무겁습니다.

39 바둑돌의 수가 45>30>15이므로 가장 무거운 채소는 가지이고, 가장 가벼운 채소는 피망입니다.
⇨ 15×3=45이므로 가지의 무게는 피망의 무게의 3배입니다.

40 ㉡ 구슬은 ㉠ 구슬보다 더 무겁고 ㉢ 구슬은 ㉡ 구슬보다 더 무거우므로 무거운 구슬부터 차례대로 쓰면 ㉢ 구슬, ㉡ 구슬, ㉠ 구슬입니다.
따라서 저울에 ㉠ 구슬과 ㉢ 구슬을 올려놓으면 ㉠ 구슬을 올려놓은 접시가 위로 올라갑니다.

41
- 비누 한 개의 무게는 치약 2개의 무게와 같으므로 비누 한 개가 치약 한 개보다 더 무겁습니다.
- 치약 한 개의 무게는 칫솔 3개의 무게와 같으므로 치약 한 개가 칫솔 한 개보다 더 무겁습니다.

따라서 한 개의 무게가 무거운 것부터 차례대로 쓰면 비누, 치약, 칫솔입니다.

42 무게를 옳게 비교하지 않았습니다.」❶
예 100원짜리 동전 20개와 500원짜리 동전 20개의 무게가 다르기 때문입니다.」❷

채점 기준
❶ 선우가 무게를 옳게 비교했는지 쓰기
❷ 이유 쓰기

43
- 5 kg 700 g=5 kg+700 g
=5000 g+700 g=5700 g
- 5000 kg=5 t

44 (1) 3 kg=3000 g ⇨ 3000 g>2890 g
(2) 7 kg 40 g=7000 g+40 g=7040 g
⇨ 7040 g<7400 g
(3) 6200 g=6000 g+200 g=6 kg 200 g
⇨ 6200 g=6 kg 200 g
(4) 8 t=8000 kg ⇨ 8000 kg<8010 kg

45
- 5 kg 30 g=5030 g
- 5 kg보다 30 g 더 무거운 무게
⇨ 5 kg 30 g=5030 g

46 3 kg보다 150 g 더 무거운 무게는 3 kg 150 g입니다.
⇨ 3 kg 150 g=3 kg+150 g
=3000 g+150 g=3150 g

47 ② 8007 g=8 kg 7 g
⑤ 2 t=2000 kg

48 ㉠ 1 kg 200 g=1200 g
㉣ 2 kg 80 g=2080 g
⇨ 3500 g(㉡)>2300 g(㉢)>2080 g(㉣)>1200 g(㉠)

49
- 6 t=6000 kg이므로 ㉠=6000입니다.
- 8000 g=8 kg이므로 ㉡=8입니다.

따라서 ㉠과 ㉡에 알맞은 수의 합은 6000+8=6008입니다.

유형책 83~97쪽

50 4 kg 570 g=4570 g입니다.
따라서 4570 g<5210 g이므로 귤을 더 많이 딴 사람은 보미입니다.

51 상자의 무게는 700 g, 화분의 무게는 1300 g이므로 화분이 더 무겁습니다.

52 1 kg 320 g=1320 g이므로
1320 g>1□00 g에서 □ 안에 들어갈 수 있는 수는 3, 2, 1이므로 모두 3개입니다.

54 의자와 자전거의 무게는 kg으로 나타내기에 알맞습니다.

55 카메라의 무게는 휴대 전화의 무게의 4배쯤 되어 보이므로 약 800 g이라고 어림할 수 있습니다.

56 어림한 무게와 실제 무게의 차가 가장 작은 사람을 찾습니다.
선미: 200 g, 준호: 300 g, 지영: 500 g
따라서 수박의 실제 무게에 가장 가깝게 어림한 사람은 선미입니다.

57 우재」 ❶
예 나는 감자를 약 1 kg 샀어.」 ❷

채점 기준
❶ 무게의 단위를 잘못 사용한 사람의 이름 쓰기
❷ 바르게 고치기

58 1 t=1000 kg이므로 나진이의 몸무게를 기준으로 2배, 3배, ...의 무게를 생각합니다.
⇨ 30×32=960, 30×33=990, 30×34=1020, ...이므로 1 t은 나진이의 몸무게의 약 33배입니다.

59 • 700 g+500 g=1200 g이므로 1000 g을 1 kg으로 받아올림합니다.
• 200 g에서 900 g을 뺄 수 없으므로 1 kg을 1000 g으로 받아내림합니다.

60 • 4 kg 100 g+2 kg 300 g=6 kg 400 g
• 3 kg 600 g+2 kg 900 g=6 kg 500 g
⇨ 6 kg 400 g<6 kg 500 g

61 ㉠ 9 kg 300 g−2 kg 500 g=6 kg 800 g
㉡ 4 kg 800 g+1 kg 400 g=6 kg 200 g
㉢ 7 kg 900 g−1 kg 700 g=6 kg 200 g
따라서 계산한 무게가 다른 것은 ㉠입니다.

62 (지민이와 영서가 캔 고구마의 무게)
=1 kg 300 g+1 kg 600 g=2 kg 900 g

63 (감자 한 상자와 콩 한 봉지의 무게의 차)
=3 kg 200 g−1 kg 800 g=1 kg 400 g

64 3600 g=3 kg 600 g, 2900 g=2 kg 900 g이므로
4 kg 600 g>4 kg 370 g>3 kg 600 g>2 kg 900 g입니다.
• 무게가 가장 무거운 것: 4 kg 600 g
• 무게가 가장 가벼운 것: 2 kg 900 g
⇨ 4 kg 600 g+2 kg 900 g=7 kg 500 g

65 예 현주의 몸무게는
35 kg 300 g−2 kg 500 g=32 kg 800 g입니다.」 ❶
따라서 태수와 현주의 몸무게의 합은
35 kg 300 g+32 kg 800 g=68 kg 100 g입니다.」 ❷

채점 기준
❶ 현주의 몸무게 구하기
❷ 태수와 현주의 몸무게의 합 구하기

66 • g끼리의 계산에서 1000 g을 받아내림하면 1300−㉠=700이므로 ㉠=1300−700=600입니다.
• kg끼리의 계산에서 7−1−4=㉡이므로 ㉡=2입니다.

67 (여행 가방에 들어 있는 물건의 무게)
=3 kg 100 g+2700 g
=3 kg 100 g+2 kg 700 g=5 kg 800 g
⇨ (여행 가방에 더 담을 수 있는 물건의 무게)
=8 kg−5 kg 800 g=2 kg 200 g

68 (음료수 캔 2개의 무게)
=2 kg 250 g−1 kg 650 g=600 g
(음료수 캔 4개의 무게)
=600 g+600 g=1 kg 200 g
⇨ (빈 상자의 무게)=1 kg 650 g−1 kg 200 g
=450 g

69 (장난감 4개의 무게)=7 kg 240 g−3 kg 880 g
=3 kg 360 g
(장난감 8개의 무게)=3 kg 360 g+3 kg 360 g
=6 kg 720 g
⇨ (빈 상자의 무게)=7 kg 240 g−6 kg 720 g
=520 g

70 (동화책 3권의 무게)$=4$ kg 100 g-2 kg
$=2$ kg 100 g
700 g$+700$ g$+700$ g$=2100$ g이므로
동화책 1권의 무게는 700 g입니다.
(동화책 5권의 무게)$=700\times5=3500$(g)
$\rightarrow 3$ kg 500 g
⇨ (빈 상자의 무게)$=4$ kg 100 g-3 kg 500 g
$=600$ g

유형책 98~103쪽 상위권유형 강화

71 ❶ 1100
❷ 예 250 mL$+250$ mL$+600$ mL
❸ 예 들이가 250 mL인 그릇에 물을 가득 채워 빈 수조에 2번 붓고, 들이가 600 mL인 그릇에 물을 가득 채워 1번 붓습니다.

72 예 들이가 950 mL인 그릇에 물을 가득 채워 빈 대야에 2번 부은 후 대야에 있는 물을 들이가 300 mL인 그릇에 가득 담아 2번 덜어 냅니다.

73 예 들이가 1 L인 그릇에 물을 가득 채워 빈 양동이에 2번 붓고, 들이가 700 mL인 그릇에 물을 가득 채워 1번 부은 후 양동이에 있는 물을 들이가 200 mL인 그릇에 가득 담아 1번 덜어 냅니다.

74 ❶ 660 g ❷ 220 g ❸ 1100 g ❹ 550 g

75 162 g **76** 420 g

77 ❶ 5600 kg ❷ 3대

78 2대 **79** 4대

80 ❶ 1 L 600 mL ❷ 800 mL

81 700 mL **82** 550 mL

83 ❶ 4 ❷ 13 kg ❸ 17 kg

84 8 kg

85 2 kg 750 g, 4 kg 250 g

86 ❶ 250 mL ❷ 8초

87 4분 **88** 8 L 100 mL

71 ❷ 250 mL$+250$ mL$=500$ mL
⇨ 500 mL$+600$ mL$=1100$ mL

72 예 950 mL$+950$ mL$=1900$ mL
$=1$ L 900 mL
⇨ 1 L 900 mL-300 mL-300 mL
$=1$ L 600 mL-300 mL
$=1$ L 300 mL

73 예 1 L$+1$ L$=2$ L
⇨ 2 L$+700$ mL$=2$ L 700 mL
⇨ 2 L 700 mL-200 mL$=2$ L 500 mL

74 ❶ (귤 3개의 무게)$=$(사과 2개의 무게)
$=330\times2=660$(g)
❷ (귤 1개의 무게)$=660\div3=220$(g)
❸ (귤 5개의 무게)$=220\times5=1100$(g)
❹ (배 2개의 무게)$=$(귤 5개의 무게)$=1100$ g이고, 550 g$+550$ g$=1100$ g이므로 배 1개의 무게는 550 g입니다.

75 (고구마 5개의 무게)$=$(감자 3개의 무게)
$=180\times3=540$(g)
(고구마 1개의 무게)$=540\div5=108$(g)
(당근 2개의 무게)$=$(고구마 3개의 무게)
$=108\times3=324$(g)
따라서 $324\div2=162$이므로 당근 1개의 무게는 162 g입니다.

76 (풀 4개의 무게)$=$(지우개 3개의 무게)
$=160\times3=480$(g)
(풀 1개의 무게)$=480\div4=120$(g)
(가위 2개의 무게)$=$(풀 5개의 무게)
$=120\times5=600$(g)
(가위 1개의 무게)$=600\div2=300$(g)
따라서 풀 1개와 가위 1개의 무게의 합은 $120+300=420$(g)입니다.

77 ❶ (인형 700상자의 무게)$=8\times700=5600$(kg)
❷ 5600 kg$=5000$ kg$+600$ kg$=5$ t 600 kg
트럭 한 대에 2 t까지 실을 수 있으므로 $5\div2=2\cdots1$에서 트럭 2대에 $2\times2=4$(t)을 싣고, 5 t 600 kg-4 t$=1$ t 600 kg이 남습니다.
따라서 남는 1 t 600 kg도 실어야 하므로 트럭은 적어도 $2+1=3$(대)가 필요합니다.

78 (신발 90상자의 무게)$=60\times90=5400$(kg)
⇨ 5400 kg$=5000$ kg$+400$ kg$=5$ t 400 kg
트럭 한 대에 3 t까지 실을 수 있으므로 $5\div3=1\cdots2$에서 트럭 1대에 $3\times1=3$(t)을 싣고,
5 t 400 kg-3 t$=2$ t 400 kg이 남습니다.
따라서 남는 2 t 400 kg도 실어야 하므로 트럭은 적어도 $1+1=2$(대)가 필요합니다.

79 (가지 75상자의 무게) $=40\times75=3000$(kg)
(호박 85상자의 무게) $=50\times85=4250$(kg)
⇨ (가지와 호박의 전체 무게) $=3000$ kg $+4250$ kg
$=7250$ kg
$=7000$ kg $+250$ kg
$=7$ t 250 kg
트럭 한 대에 2 t까지 실을 수 있으므로 $7\div2=3\cdots1$에서 트럭 3대에 $2\times3=6$(t)을 싣고, 7 t 250 kg$-$6 t$=$1 t 250 kg이 남습니다.
따라서 남는 1 t 250 kg도 실어야 하므로 트럭은 적어도 $3+1=4$(대)가 필요합니다.

80 ❶ (두 그릇에 들어 있는 물의 양의 차)
$=$7 L 200 mL$-$5 L 600 mL$=$1 L 600 mL
❷ ㉯ 그릇에서 ㉮ 그릇으로 옮겨야 하는 물의 양은 1 L 600 mL의 절반인 800 mL입니다.
다른풀이 (두 그릇에 들어 있는 물의 양의 합)
$=$5 L 600 mL$+$7 L 200 mL
$=$12 L 800 mL
12 L 800 mL$=$6 L 400 mL$+$6 L 400 mL이므로 두 그릇의 물의 양을 같게 하려면 각 그릇에 물이 6 L 400 mL씩 들어 있어야 합니다.
따라서 ㉯ 그릇에서 ㉮ 그릇으로 옮겨야 하는 물의 양은 7 L 200 mL$-$6 L 400 mL$=$800 mL입니다.

81 (두 수조에 들어 있는 물의 양의 차)
$=$8 L 100 mL$-$6700 mL
$=$8 L 100 mL$-$6 L 700 mL$=$1 L 400 mL
따라서 ㉮ 수조에서 ㉯ 수조로 옮겨야 하는 물의 양은 1 L 400 mL의 절반인 700 mL입니다.
다른풀이 (두 수조에 들어 있는 물의 양의 합)
$=$8 L 100 mL$+$6 L 700 mL
$=$14 L 800 mL
14 L 800 mL$=$7 L 400 mL$+$7 L 400 mL이므로 두 수조의 물의 양을 같게 하려면 각 수조에 물이 7 L 400 mL씩 들어 있어야 합니다.
따라서 ㉮ 수조에서 ㉯ 수조로 옮겨야 하는 물의 양은 8 L 100 mL$-$7 L 400 mL$=$700 mL입니다.

82 (민규가 사용하고 남은 물의 양)
$=$5 L 300 mL$-$400 mL$=$4 L 900 mL
(두 사람이 가지고 있는 물의 양의 차)
$=$4 L 900 mL$-$3 L 800 mL$=$1 L 100 mL
따라서 민규가 현선이에게 주어야 하는 물의 양은 1 L 100 mL의 절반인 550 mL입니다.
다른풀이 (민규가 사용하고 남은 물의 양)
$=$5 L 300 mL$-$400 mL$=$4 L 900 mL
(두 사람이 가지고 있는 물의 양의 합)
$=$3 L 800 mL$+$4 L 900 mL$=$8 L 700 mL
8 L 700 mL$=$4 L 350 mL$+$4 L 350 mL이므로 두 사람이 가지고 있는 물의 양을 같게 하려면 한 사람이 물을 4 L 350 mL씩 가지고 있어야 합니다.
따라서 민규가 현선이에게 주어야 하는 물의 양은 4 L 900 mL$-$4 L 350 mL$=$550 mL입니다.

83 ❶ 민성이가 딴 귤의 무게를 ■ kg이라 하면 수지가 딴 귤의 무게는 (■$+4$) kg입니다.
❷ ■$+$(■$+4$)$=30$이므로 ■$+$■$=26$입니다.
$13+13=26$이므로 ■$=13$입니다.
❸ ■$+4=13+4=17$이므로 수지가 딴 귤의 무게는 17 kg입니다.

84 설탕의 무게를 ■ kg이라 하면 소금의 무게는 (■$+2$) kg입니다.
■$+$(■$+2$)$=18$이므로 ■$+$■$=16$입니다.
$8+8=16$이므로 ■$=8$입니다.
따라서 설탕의 무게는 8 kg입니다.

85 7 kg$=$7000 g이고 1 kg 500 g$=$1500 g입니다.
더 적게 담긴 통의 밀가루의 무게를 ■ g이라 하면 더 많이 담긴 통의 밀가루의 무게는 (■$+1500$) g입니다.
■$+$(■$+1500$)$=7000$이므로 ■$+$■$=5500$입니다.
$2750+2750=5500$이므로 ■$=2750$입니다.
따라서 더 적게 담긴 통의 밀가루의 무게는 2750 g$=$2 kg 750 g이고 더 많이 담긴 통의 밀가루의 무게는 2 kg 750 g$+$1 kg 500 g$=$4 kg 250 g입니다.

86 ❶ (1초 동안 물통에 받을 수 있는 물의 양)
$=$300 mL$-$50 mL$=$250 mL
❷ 물통의 들이: 2 L$=$2000 mL
⇨ $250\times8=2000$(mL)이므로 물통에 물을 가득 채우는 데 걸리는 시간은 8초입니다.

87 (1분 동안 항아리에 받을 수 있는 물의 양)
$=$1 L 200 mL$-$450 mL$=$750 mL
물통의 들이: 3 L$=$3000 mL
⇨ $750\times4=3000$(mL)이므로 항아리에 물을 가득 채우는 데 걸리는 시간은 4분입니다.

88 (1분 동안 채운 물의 양)
$=1$ L 300 mL $-$ 400 mL $=$ 900 mL
따라서 (9분 동안 채운 물의 양)$=900\times9=8100$(mL)
이므로 수조의 들이는 8 L 100 mL입니다.

유형책 104~106쪽 **응용 단원 평가**

✎ 서술형 문제는 풀이를 꼭 확인하세요.

1 수조	**2** ④
3 3400 mL	**4** <
5 수박	**6** 자, 2개
7 3 L 800 mL	**8** ㉡, ㉣, ㉠, ㉢
9 ㉯ 컵	**10** ㉢
11 1 kg 300 g	**12** 재우
13 9 L 200 mL	**14** (위에서부터) 6, 800
15 1 L 800 mL	**16** 480 g
17 2대	✎**18** 풀이 참조
✎**19** 59 L 100 mL	✎**20** 600 mL

1 수조에 물이 가득 차지 않았으므로 수조의 들이가 더 많습니다.

2 ① 요구르트병, ② 종이컵, ③ 주사기, ⑤ 음료수 캔은 mL를 사용하는 것이 알맞습니다.

3 세숫대야의 들이는 1000 mL씩 3개와 400 mL이므로 3400 mL입니다.

4 7 kg 60 g$=$7060 g ⇨ 7060 g$<$7600 g

6 자는 공깃돌 7개의 무게와 같고, 연필은 공깃돌 5개의 무게와 같으므로 자가 연필보다 공깃돌
$7-5=2$(개)만큼 더 무겁습니다.

7
$$\begin{array}{rr} \overset{7}{\cancel{8}}\text{ L} & \overset{1000}{400}\text{ mL} \\ -\;4\text{ L} & 600\text{ mL} \\ \hline 3\text{ L} & 800\text{ mL} \end{array}$$

8 손으로 들었을 때 힘이 조금 드는 것부터 차례대로 씁니다.
⇨ 알약(㉡)$<$수학책(㉣)$<$전자레인지(㉠)$<$냉장고(㉢)

9 물을 부어야 하는 횟수가 많을수록 컵의 들이가 더 적습니다.
따라서 $15>14>12$이므로 들이가 가장 적은 컵은 ㉯ 컵입니다.

10 ㉢ 파인애플 한 개의 무게는 약 3 kg입니다.

11 (무의 무게)$=$3 kg 200 g$-$1 kg 900 g
$=$1 kg 300 g

12 어림한 들이와 실제 들이의 차가 가장 작은 사람을 찾습니다.
재우: 30 mL, 명수: 50 mL, 혜지: 100 mL
따라서 물의 실제 들이에 가장 가깝게 어림한 사람은 재우입니다.

13 6100 mL$=$6 L 100 mL,
2700 mL$=$2 L 700 mL이므로
6 L 500 mL$>$6 L 100 mL$>$4 L 800 mL
$>$2 L 700 mL입니다.
• 들이가 가장 많은 것: 6 L 500 mL
• 들이가 가장 적은 것: 2 L 700 mL
⇨ 6 L 500 mL$+$2 L 700 mL$=$9 L 200 mL

14
$$\begin{array}{rr} ㉠\text{kg} & 300\text{ g} \\ +\;1\text{ kg} & ㉡\text{ g} \\ \hline 8\text{ kg} & 100\text{ g} \end{array}$$
• g끼리의 계산에서 $300+㉡=1100$이므로
㉡$=1100-300=800$입니다.
• kg끼리의 계산에서 $1+㉠+1=8$이므로 ㉠$=6$입니다.

15 6명이 200 mL씩 마신 우유의 양은
$200\times6=1200$(mL)입니다.
1200 mL$=$1 L 200 mL이므로 남은 우유의 양은
3 L$-$1 L 200 mL$=$1 L 800 mL입니다.

16 (오렌지 3개의 무게)$=$2 kg 550 g$-$1 kg 860 g
$=$690 g
(오렌지 6개의 무게)$=$690 g$+$690 g$=$1 kg 380 g
⇨ (빈 상자의 무게)$=$1 kg 860 g$-$1 kg 380 g
$=$480 g

17 (책 84상자의 무게)$=50\times84=4200$(kg)
⇨ 4200 kg$=$4000 kg$+$200 kg$=$4 t 200 kg
트럭 한 대에 3 t까지 실을 수 있으므로 $4\div3=1\cdots1$에서 트럭 1대에 $3\times1=3$(t)을 싣고,
4 t 200 kg$-$3 t$=$1 t 200 kg이 남습니다.
따라서 남는 1 t 200 kg도 실어야 하므로 트럭은 적어도 $1+1=2$(대)가 필요합니다.

18 포도」 ❶

예 바나나의 무게인 1400 g은 1 kg 400 g입니다.
따라서 1 kg 500 g>1 kg 400 g>1 kg 200 g이므로 무게가 가장 가벼운 것은 포도입니다.」 ❷

채점 기준

❶ 무게가 가장 가벼운 과일 찾기	2점
❷ 이유 쓰기	3점

19 예 9500 mL=9 L 500 mL입니다.」 ❶
따라서 욕조에 담긴 물의 양은
49 L 600 mL+9 L 500 mL=59 L 100 mL입니다.」 ❷

채점 기준

❶ 들이의 단위를 같게 나타내기	2점
❷ 욕조에 담긴 물의 양 구하기	3점

20 예 두 통에 들어 있는 물의 양의 차는
4 L−2 L 800 mL=1 L 200 mL입니다.」 ❶
따라서 나 통에서 가 통으로 옮겨야 하는 물의 양은
1 L 200 mL의 절반인 600 mL입니다.」 ❷

채점 기준

❶ 두 통에 들어 있는 물의 양의 차 구하기	2점
❷ 나 통에서 가 통으로 옮겨야 하는 물의 양 구하기	3점

유형책 107~108쪽 심화 단원 평가

서술형 문제는 풀이를 꼭 확인하세요.

1 채영	**2** 9, 300
3 ④	**4** 4배
5 ㉢	**6** 자물쇠
7 6 L 900 mL	**8** 11 kg
9 38 kg 300 g	**10** 5분

1 채영: 어항의 들이는 약 4 L입니다.

2 2600 mL=2 L 600 mL

```
  1
  2 L  600 mL
+ 6 L  700 mL
  9 L  300 mL
```

3 ④ 12 kg 50 g=12050 g

4 ㉮ 컵으로는 3번, ㉯ 컵으로는 12번 물을 부어야 하므로 ㉮ 컵의 들이는 ㉯ 컵의 들이의 12÷3=4(배)입니다.

5 어림한 무게와 3 kg의 차가 가장 작은 것을 찾습니다.
㉠ 3 kg 45 g−3 kg=45 g
㉡ 3 kg−2980 g=3000 g−2980 g=20 g
㉢ 3010 g−3 kg=3010 g−3000 g=10 g
㉣ 3 kg−2850 g=3000 g−2850 g=150 g
따라서 가장 가깝게 어림한 것은 ㉢입니다.

6
- 구슬 6개의 무게는 지우개 3개의 무게와 같으므로 지우개 한 개가 구슬 한 개보다 더 무겁습니다.
- 지우개 2개의 무게는 자물쇠 한 개의 무게와 같으므로 자물쇠 한 개가 지우개 한 개보다 더 무겁습니다.

따라서 한 개의 무게가 가장 무거운 물건은 자물쇠입니다.

7 4 L 600 mL=2 L 300 mL+2 L 300 mL이므로 바가지에 물을 가득 채워 1번 부으면 2 L 300 mL입니다.
따라서 바가지에 물을 가득 채워 3번 부으면
4 L 600 mL+2 L 300 mL=6 L 900 mL가 됩니다.

8 상수가 딴 딸기의 무게를 ■ kg이라 하면 인혜가 딴 딸기의 무게는 (■+2) kg입니다.
■+(■+2)=24이므로 ■+■=22입니다.
11+11=22이므로 ■=11입니다.
따라서 상수가 딴 딸기의 무게는 11 kg입니다.

9 예 강아지의 무게는
35 kg 500 g−32 kg 700 g=2 kg 800 g
입니다.」 ❶
따라서 선민이가 강아지를 안고 저울에 올라가면
35 kg 500 g+2 kg 800 g=38 kg 300 g이 됩니다.」 ❷

채점 기준

❶ 강아지의 무게 구하기	4점
❷ 선민이가 강아지를 안고 저울에 올라간 무게 구하기	6점

10 예 1분 동안 양동이에 받을 수 있는 물의 양은
1 L 50 mL−250 mL=800 mL입니다.」 ❶
따라서 양동이의 들이는 4 L=4000 mL이고
800×5=4000(mL)이므로 양동이에 물을 가득 채우는 데 걸리는 시간은 5분입니다.」 ❷

채점 기준

❶ 1분 동안 양동이에 받을 수 있는 물의 양 구하기	4점
❷ 양동이에 물을 가득 채우는 데 걸리는 시간 구하기	6점

6. 그림그래프

유형책 110~115쪽 실전유형 강화

✎ 서술형 문제는 풀이를 꼭 확인하세요.

1 사회, 15명 **2** 과학

3 참치김밥, 멸치김밥, 치즈김밥, 고추김밥

4 예 참치김밥 **5** 60줄

6 43, 35, 51, 26, 155

✎**7** 풀이 참조

8 농장별 기르고 있는 닭의 수

농장	닭의 수
은빛	◎○○○○○○○○
별빛	◎◎
달빛	◎◎○○○○○○○○
금빛	◎○○○○○○

◎10마리 ○1마리

9 표

10 예 종목별 메달 수

종목	메달 수
태권도	◎◎○○○○○
양궁	◎◎◎◎◎
사격	◎◎○○○
펜싱	◎○○○○○○○○○

◎10개 ○1개

11 예 종목별 메달 수

종목	메달 수
태권도	◎◎△
양궁	◎◎◎◎◎
사격	◎◎○○○
펜싱	◎△○○○○

◎10개 △5개 ○1개

12 ㉯ 받고 싶어 하는 선물별 학생 수

선물	학생 수
옷	◎△○○○
게임기	◎◎△○
장난감	◎△

◎10명 △5명 ○1명

13 250, 300 /

학생별 줄넘기 횟수

이름	줄넘기 횟수
수연	◎◎○○○○○
예준	◎○○○
정원	◎◎◎
건우	◎◎○○○○○○

◎100번 ○10번

14 23, 30, 41, 17, 111

15 1병, 10병

16 예 반별 모은 빈 병의 수

반	빈 병의 수
1반	▣▣□□□
2반	▣▣▣
3반	▣▣▣▣□
4반	▣□□□□□□□□

▣ 10 병 □ 1 병

17 370, 12, 40, 174, 596

18 예 3가지

19 예 2023년 계절별 산불 발생 건수

계절	건수
봄	⚠⚠⚠△△△△△△△△
여름	△▲▲
가을	△△△△
겨울	⚠△△△△△△△▲▲▲▲

⚠100건 △10건 ▲1건

✎**20** 풀이 참조 **21** 27그루

22 260 kg **23** 2050원

24 680원 **25** 라 목장

26 별빛 마을

1 (얼굴)의 수가 가장 적은 과목은 사회이고, (큰 얼굴)이 1개, (작은 얼굴)이 5개이므로 15명입니다.

2 (큰 얼굴)의 수를 비교하면 수학은 3개, 과학은 4개이므로 좋아하는 학생이 더 많은 과목은 과학입니다.

3 (큰 김밥)의 수를 비교한 다음 (큰 김밥)의 수가 같으면 (작은 김밥)의 수를 비교합니다.

4 가장 많이 팔린 참치김밥의 재료를 가장 많이 준비하는 것이 좋겠습니다.

참고 가장 많이 팔린 김밥이 아니더라도 타당한 이유를 제시한다면 정답이 될 수 있습니다.

5 참치김밥: 320줄, 치즈김밥: 230줄,
고추김밥: 150줄, 멸치김밥: 240줄
⇨ $320+230+150+240=940$(줄)
따라서 김밥을 $1000-940=60$(줄) 더 팔았어야 합니다.

6 (합계)$=43+35+51+26=155$(명)

7 태인」 ❶
예 AB형인 학생은 B형인 학생보다 9명 더 적어.」 ❷

채점 기준
❶ 잘못 말한 사람 찾기
❷ 잘못 말한 내용을 바르게 고치기

9 표의 합계를 보고 네 농장에서 기르고 있는 닭은 모두 몇 마리인지 쉽게 알 수 있으므로 표가 더 편리합니다.

11 ○ 5개를 △ 1개로 바꾸어 그립니다.

참고 **단위를 3가지로 나타낼 때 좋은 점**
- 더 간단하게 나타낼 수 있습니다.
- 한눈에 쉽게 비교가 됩니다.

12 ○ 5개를 △ 1개로 바꾸어 그립니다.

13 수연이의 줄넘기 횟수는 그림그래프를 보면 250번입니다.
⇨ 정원: $940-250-130-260=300$(번)

15 빈 병의 수가 몇십몇 병이므로 10병, 1병을 나타내는 그림 2가지로 나타내는 것이 좋습니다.

18 계절별 산불 발생 건수가 몇백몇십몇 건이므로 100건, 10건, 1건을 나타내는 그림 3가지로 나타내는 것이 좋겠습니다.

20 예 산불이 가장 많이 발생하는 계절은 봄입니다.」 ❶
산불이 두 번째로 많이 발생하는 계절은 겨울입니다.」 ❷

채점 기준
❶ 그림그래프를 보고 알 수 있는 내용 한 가지 쓰기
❷ 그림그래프를 보고 알 수 있는 내용 다른 한 가지 쓰기

21 소나무: 50그루, 벚나무: 36그루, 은행나무: 42그루
⇨ 단풍나무: $155-50-36-42=27$(그루)

22 초록 과수원: 420 kg, 마음 과수원: 160 kg,
푸른 과수원: 310 kg
⇨ 싱싱 과수원:
$1150-420-160-310=260$(kg)

23 사탕 그림의 수를 비교하면 사탕이 가장 많이 팔린 가게는 가 가게이고, 41개 팔렸습니다.
⇨ (사탕 판매액)$=41\times50=2050$(원)

24 ■의 수를 비교하면 색종이가 가장 적게 팔린 요일은 화요일이고, 17장 팔렸습니다.
⇨ (색종이 판매액)$=17\times40=680$(원)

25 젖소 그림의 수를 비교하면 젖소 수가 가장 많은 목장은 나 목장이고, 60마리입니다.
따라서 젖소 수가 60마리보다 15마리 더 적은 목장은 $60-15=45$(마리)인 라 목장입니다.

26 사람 그림의 수를 비교하면 관광객 수가 가장 적은 마을은 희망 마을이고, 13명입니다.
따라서 관광객 수가 13명보다 12명 더 많은 마을은 $13+12=25$(명)인 별빛 마을입니다.

유형책 116~119쪽 상위권유형 강화

27 ❶ 10 kg / 1 kg ❷ 42 kg
28 530개
29 930명
30 ❶ 96 kg ❷ 32개
31 15개
32 80개

33 ❶ ④ / ②

❷ ③ / ①

❸ 보고 싶어 하는 공연별 학생 수

공연	학생 수
① 연극	●●••••
② 연주회	●•••••••
③ 뮤지컬	●●●•••
④ 콘서트	●●●●

● 10명 • 1명

34 마을별 학생 수

마을	학생 수
① 은행	●●••••••
② 버들	●●••••
③ 매화	●●●•••
④ 장미	●•••••

● 10명 • 1명

35 문구점별 손님 수

문구점	손님 수
① 희망	◎◎○○○
② 소망	◎◎◎◎◎○
③ 사랑	◎◎◎◎○○
④ 행복	◎◎◎○○○

◎ 100명 ○ 10명

36 ❶ 24개 / 33개

❷ 15개 / 17개

❸ 지역별 서점 수

지역	서점 수
가	▣□□□□□
나	▣▣□□□□
다	▣□□□□□□□□
라	▣▣▣□□□

▣ 10개 □ 1개

37 좋아하는 동물별 학생 수

동물	학생 수
사자	◎◎○○
펭귄	◎◎○○○○○○○○○
원숭이	◎◎○○○○○○
호랑이	◎◎◎○○

◎ 10명 ○ 1명

38 마을별 주민 수

마을	주민 수
하늘	◎○○○○○
구름	◎◎○○○○○
숲속	◎○○○○○○○
바람	◎○○○○○○○○

◎ 100명 ○ 10명

27 ❶ 1모둠에서 모은 신문지의 무게인 23 kg을 ▣ 2개와 □ 3개로 나타냈으므로 ▣은 10 kg, □은 1 kg을 나타냅니다.

❷ 3모둠에서 모은 신문지의 무게는 ▣ 4개, □ 2개이므로 42 kg입니다.

28 열심 공장의 침대 생산량인 320개를 ● 3개와 • 2개로 나타냈으므로 ●은 100개, •은 10개를 나타냅니다.

따라서 성공 공장의 침대 생산량은 ● 5개, • 3개이므로 530개입니다.

29 2월의 공원 이용객인 300명을 ● 3개로 나타냈으므로 ●은 100명, •은 10명을 나타냅니다.

따라서 1월: 210명, 2월: 300명, 3월: 420명이므로 1월부터 3월까지의 공원 이용객은 모두 210+300+420=930(명)입니다.

30 ❶ 가 나무: 40 kg, 나 나무: 15 kg, 다 나무: 7 kg, 라 나무: 34 kg

⇨ (전체 감 생산량)
=40+15+7+34=96(kg)

❷ 전체 감 생산량 96 kg을 한 봉지에 3 kg씩 담아야 하므로 (필요한 봉지 수)=96÷3=32(개)입니다.

31 가 목장: 42 kg, 나 목장: 31 kg, 다 목장: 24 kg, 라 목장: 23 kg

(전체 우유 생산량)=42+31+24+23=120(kg)

⇨ (필요한 통의 수)=120÷8=15(개)

32 가 공장: 140 kg, 나 공장: 320 kg, 다 공장: 260 kg

(가, 나, 다 공장의 밀가루 생산량)
=140+320+260=720(kg)

⇨ (필요한 포대의 수)=720÷9=80(개)

33 ❶ • 콘서트: ●의 수가 가장 많은 칸 ⇨ ④

• 연주회: ●의 수가 가장 적은 칸 ⇨ ②

❷ ③이 ①보다 ●의 수가 더 많습니다.

⇨ 뮤지컬: ③, 연극: ①

유형책 116~119쪽

34 • 매화: ◎의 수가 가장 많은 칸 ⇨ ③
• 장미: ◎의 수가 가장 적은 칸 ⇨ ④
• ①과 ②의 ◎의 수는 같고, ①이 ②보다 ○의 수가 더 많습니다.
⇨ 은행: ①, 버들: ②

35 • 소망: ◎의 수가 가장 많은 칸 ⇨ ②
• 사랑: ◎의 수가 두 번째로 많은 칸 ⇨ ③
• ①이 ④보다 ◎의 수가 더 적습니다.
⇨ 희망: ①, 행복: ④

36 ❶ • 나 지역의 서점: ▣ 2개, □ 4개 ⇨ 24개
• 라 지역의 서점: ▣ 3개, □ 3개 ⇨ 33개
❷ 가 지역의 서점 수를 □개라 하면 다 지역의 서점 수는 (□+2)개이므로
□+24+(□+2)+33=89입니다.
⇨ □+□+59=89, □+□=30, □=15
따라서 가 지역의 서점은 15개이고, 다 지역의 서점은 15+2=17(개)입니다.

37 펭귄을 좋아하는 학생은 28명이고, 호랑이를 좋아하는 학생은 32명입니다.
사자를 좋아하는 학생 수를 □명이라 하면 원숭이를 좋아하는 학생 수는 (□+4)명이므로
□+28+(□+4)+32=108입니다.
⇨ □+□+64=108, □+□=44, □=22
따라서 사자를 좋아하는 학생은 22명이고, 원숭이를 좋아하는 학생은 22+4=26(명)입니다.

38 구름 마을의 주민은 250명이고, 숲속 마을의 주민은 170명입니다.
하늘 마을의 주민 수를 □명이라 하면 바람 마을의 주민 수는 (□+30)명이므로
□+250+170+(□+30)=750입니다.
⇨ □+□+450=750, □+□=300,
□=150
따라서 하늘 마을의 주민은 150명이고, 바람 마을의 주민은 150+30=180(명)입니다.

유형책 120~122쪽 〉 응용 단원 평가

✎ 서술형 문제는 **풀이를 꼭 확인하세요.**

1 25대 **2** 102동
3 7대 **4** 94대
5 즐겨 읽는 책별 학생 수

책	학생 수
동화책	◎◎○○○○
위인전	◎○○○○○○
과학책	◎◎◎○○
만화책	◎◎◎◎○

◎10명 ○1명

6 ㉠ **7** 만화책
8 동화책 **9** 18, 16, 10, 11, 55
10 좋아하는 운동별 학생 수

운동	학생 수
축구	◎○○○○○○○○
야구	◎○○○○○○
수영	◎
줄넘기	◎○

◎10명 ○1명

11 야구 **12** 그림그래프
13 23명
14 예 반별 휴대 전화를 가지고 있는 학생 수

반	학생 수
1반	◎○○○○○
2반	◎◎○○○
3반	◎◎○○○○○○○
4반	◎◎◎

◎10명 ○1명

15 예 반별 휴대 전화를 가지고 있는 학생 수

반	학생 수
1반	◎△
2반	◎◎○○○
3반	◎◎△○
4반	◎◎◎

◎10명 △5명 ○1명

16 190상자 **17** 가 나무
18 21개 ✎**19** 풀이 참조
✎**20** 35벌

1 (큰 자전거)이 2개, (작은 자전거)이 5개이므로 25대입니다.

2 자전거의 수가 가장 적은 동을 찾으면 102동입니다.

3 101동: 23대, 103동: 30대
⇨ 30－23＝7(대)

4 101동: 23대, 102동: 16대,
103동: 30대, 104동: 25대
⇨ 23＋16＋30＋25＝94(대)

6 ㉠ 학생 수를 나타낼 때 ○을 가장 적게 그리는 책은 만화책입니다.

7 ◎의 수가 가장 많은 책은 만화책이므로 가장 많은 학생이 즐겨 읽는 책은 만화책입니다.

8 ◎의 수가 두 번째로 적은 책은 동화책이므로 두 번째로 적은 학생이 즐겨 읽는 책은 동화책입니다.

9 좋아하는 운동별 학생 수를 세어 표의 빈칸에 쓰고, 합계를 구합니다.
⇨ (합계)＝18＋16＋10＋11＝55(명)

11 학생 수를 비교하면 축구＞야구＞줄넘기＞수영이므로 학생 수가 줄넘기보다 많고 축구보다 적은 운동은 야구입니다.

12 그림그래프는 조사한 자료의 수를 그림의 크기로 비교하기 때문에 가장 편리합니다.

13 94－15－26－30＝23(명)

15 ○ 5개를 △ 1개로 바꾸어 그립니다.

16 금강 마을: 250상자, 한라 마을: 210상자
⇨ 설악 마을: 650－250－210＝190(상자)

17 귤을 가장 많이 생산한 나무는 다 나무이고, 31 kg 생산했습니다.
따라서 31 kg보다 8 kg 더 적게 생산한 나무는 31－8＝23(kg)인 가 나무입니다.

18 가 나무: 23 kg, 나 나무: 30 kg,
다 나무: 31 kg, 라 나무: 21 kg
(전체 귤 생산량)＝23＋30＋31＋21＝105(kg)
⇨ (필요한 상자 수)＝105÷5＝21(개)

19 예 사과」 ❶
가장 많은 학생이 좋아하는 과일이 사과이므로 사과를 주면 좋을 것 같습니다.」 ❷

채점 기준

❶ 어떤 과일을 주면 좋을지 쓰기	2점
❷ 이유 쓰기	3점

참고 가장 많은 학생이 좋아하는 과일이 아니더라도 타당한 이유를 제시한다면 정답이 될 수 있습니다.

20 예 예쁜 가게에서 팔린 옷인 22벌을 큰 옷 2개와 작은 옷 2개로 나타냈으므로 큰 옷은 10벌, 작은 옷은 1벌을 나타냅니다.」 ❶
따라서 멋진 가게에서 팔린 옷은 큰 옷 3개, 작은 옷이 5개이므로 35벌입니다.」 ❷

채점 기준

❶ 큰 옷과 작은 옷이 각각 몇 벌을 나타내는지 구하기	3점
❷ 멋진 가게에서 팔린 옷의 수 구하기	2점

유형책 123~124쪽 심화 단원 평가

서술형 문제는 풀이를 꼭 확인하세요.

1 23명 **2** 피자, 만두
3 예 햄버거 **4** 40명
5 120명
6 예

키우고 싶어 하는 동물별 학생 수

동물	학생 수
햄스터	◎◎○○○○○○○
고양이	◎◎◎○○○○
강아지	◎◎◎◎
도마뱀	◎○○○○○○○○○

◎ 10 명 ○ 1 명

7 290, 380 /

가게별 팔린 과자 수

가게	과자 수
가	◎○○○○○○○
나	◎◎○○○○○○○○○
다	◎◎○○○○○○
라	◎◎◎○○○○○○○○

◎100개 ○10개

8 종류별 채소 수

종류	채소 수
오이	◎◎◎○○
무	◎
가지	◎◎○○○○
양파	◎◎◎

◎10상자
○ 1상자

9 15명　　**10** 90개

1 떡볶이를 좋아하는 학생은 이 2개, 이 3개이므로 23명입니다.

2 의 수와 의 수가 각각 같은 간식은 피자와 만두입니다.

3 가장 많은 학생이 좋아하는 간식이 햄버거이므로 햄버거를 주면 좋겠습니다.

4 (강아지를 키우고 싶어 하는 학생 수)
$=34+6=40$(명)

5 (희진이네 학교 3학년 학생 수)
$=27+34+40+19=120$(명)

6 27명을 ◎ 2개, ○ 7개로 나타냈으므로 ◎은 10명, ○은 1명을 나타냅니다.

7 그림그래프를 보면 나 가게의 팔린 과자 수는 290개입니다.
⇨ 라 가게: $1100-170-290-260=380$(개)

8 오이는 32상자이고, 무는 10상자입니다.
가지 수를 □상자라 하면 양파 수는 (□+6)상자이므로 32+10+□+(□+6)=96입니다.
⇨ □+□+48=96, □+□=48, □=24
따라서 가지는 24상자이고, 양파는 $24+6=30$(상자)입니다.

9 예 의 수를 비교하면 $3>2>1$이므로 가장 많은 학생의 장래 희망은 연예인으로 32명이고, 가장 적은 학생의 장래 희망은 의사로 17명입니다.」❶
따라서 가장 많은 학생의 장래 희망과 가장 적은 학생의 장래 희망의 학생 수의 차는 $32-17=15$(명)입니다.」❷

채점 기준

❶ 가장 많은 학생의 장래 희망과 가장 적은 학생의 장래 희망의 학생 수 각각 구하기	6점
❷ 가장 많은 학생의 장래 희망과 가장 적은 학생의 장래 희망의 학생 수의 차 구하기	4점

10 예 밤 생산량이 가 마을은 220 kg, 나 마을은 150 kg, 다 마을은 260 kg이므로
(전체 밤 생산량)$=220+150+260=630$(kg)입니다.」❶
따라서 필요한 포대는 $630\div7=90$(개)입니다.」❷

채점 기준

❶ 전체 밤 생산량 구하기	6점
❷ 필요한 포대 수 구하기	4점

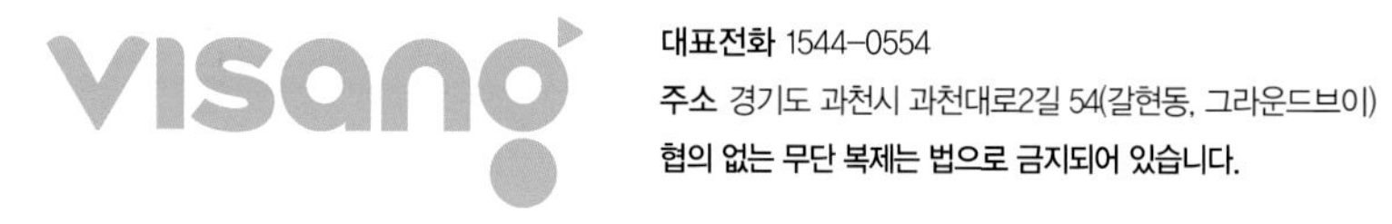

✢ 개념·플러스·유형·시리즈 개념과 유형이 하나로! 가장 효과적인 수학 공부 방법을 제시합니다.

대표전화 1544-0554
주소 경기도 과천시 과천대로2길 54(갈현동, 그라운드브이)

visang
+ − × ÷
개념부터
연산까지
빠르고
정확하게!
개념+연산
라이트
개념+연산
파워
4-1
4-1

✣ 개념·플러스·유형·시리즈 개념과 유형이 하나로! 가장 효과적인 수학 공부 방법을 제시합니다.

https://book.visang.com/

발간 이후에 발견되는 오류 초등교재 › 학습자료실 › 정오표

본 교재의 정답 초등교재 › 학습자료실 › 정답과해설

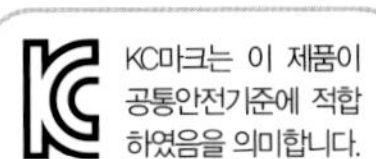

초등학교 반 번 이름

품질혁신코드 VS01QI25

개념과 유형이 하나로

유형 강화 시스템으로 **응용 완성**

파워 유형책

초등 수학

3·2

- 응용을 완성하는 **실전유형강화학습**
- 상위권으로 가는 **상위권유형강화학습**
- 어려운 시험까지 대비하는 **응용·심화 단원평가**

ABOVE IMAGINATION

우리는 남다른 상상과 혁신으로
교육 문화의 새로운 전형을 만들어
모든 이의 행복한 경험과 성장에 기여한다

개념+유형

파워

유형책

초등 수학

3·2

개념+유형 파워

"유형책에서는
실전·상위권 유형을 통해
응용 유형을 강화합니다"

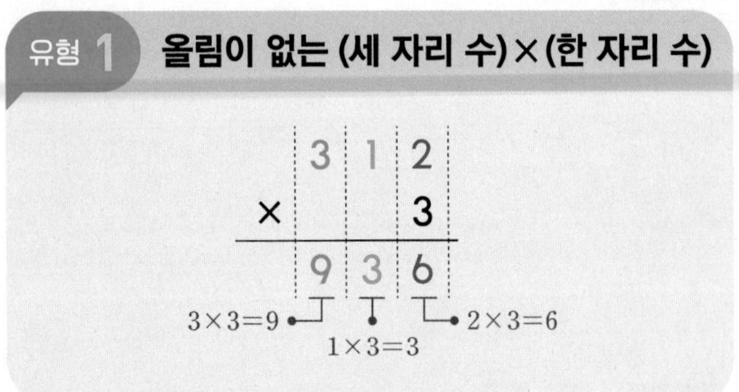

1 곱셈

- 파워pick 교과서에 자주 나오는 응용 문제
- 교과 역량 생각하는 힘을 키우는 문제

개념책 6쪽

유형 1 올림이 없는 (세 자리 수)×(한 자리 수)

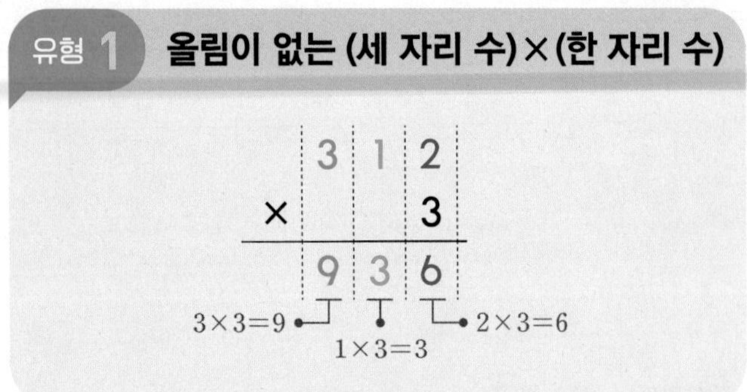

1 빈칸에 알맞은 수를 써넣으시오.

×

101	5	
243	2	

2 계산 결과를 찾아 선으로 이어 보시오.

432×2 •	• 448
112×4 •	• 969
	• 864

3 바르게 계산한 사람을 찾아 이름을 써 보시오.

- 하경: $214\times2=436$
- 예은: $321\times3=663$
- 하민: $430\times2=860$

(　　　　　　　　)

4 계산 결과의 크기를 비교하여 ○ 안에 >, =, < 중 알맞은 것을 써넣으시오.

231×2 ○ 120×4

5 책이 책장 한 개에 203권씩 꽂혀 있습니다. 책장 3개에 꽂혀 있는 책은 모두 몇 권입니까?

(　　　　　　　　)

6 한 변이 122 cm인 정사각형의 네 변의 길이의 합은 몇 cm입니까?

(　　　　　　　　)

교과 역량

7 한 번에 110명씩 탈 수 있는 배가 하루 3회 운항합니다. 이 배에 2일 동안 탈 수 있는 사람은 모두 몇 명입니까?

(　　　　　　　　)

개념책 7쪽

유형 2 올림이 한 번 있는 (세 자리 수)×(한 자리 수)

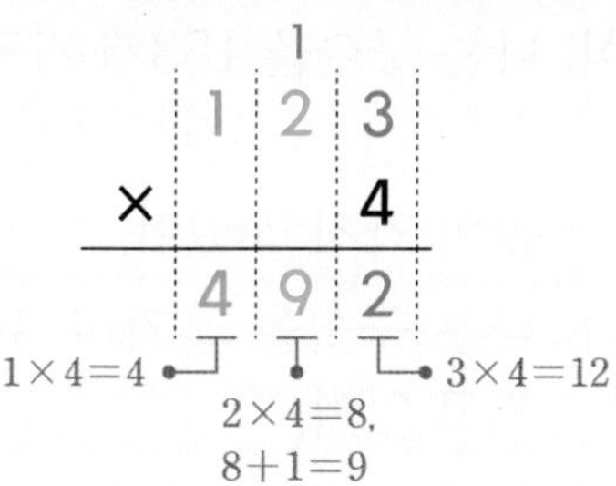

8 빈칸에 두 수의 곱을 써넣으시오.

315 3

9 잘못 계산한 곳을 찾아 바르게 계산해 보시오.

$$\begin{array}{r} 171 \\ \times \quad 4 \\ \hline 484 \end{array} \Rightarrow \begin{array}{r} 171 \\ \times \quad 4 \\ \hline \end{array}$$

10 계산 결과가 더 큰 곱셈을 가지고 있는 사람은 누구입니까?

( )

11 푸른 목장에 양이 116마리 있습니다. 초록 목장에는 양이 푸른 목장의 3배만큼 있다면 초록 목장에 있는 양은 모두 몇 마리입니까?

( )

교과 역량

12 두 곱셈의 계산 결과 사이에 있는 세 자리 수는 모두 몇 개입니까?

207×4 416×2

( )

서술형

13 지혜네 학교 3학년 각 반의 학생 수를 나타낸 표입니다. 도화지를 한 명에게 4장씩 모든 학생에게 나누어 주려면 도화지는 모두 몇 장 필요한지 풀이 과정을 쓰고 답을 구해 보시오.

반	1반	2반	3반	4반	5반
학생 수(명)	26	23	25	23	22

풀이 |

답 |

1 단원

실전유형 강화

개념책 8쪽

유형 3 올림이 여러 번 있는 (세 자리 수)×(한 자리 수)

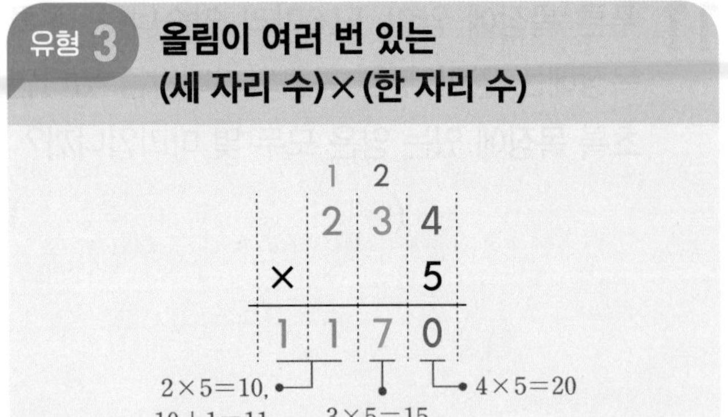

14 두 수의 곱을 어림하고 계산해 보시오.

491　　9

어림한 값 (　　　　　　　)
계산 결과 (　　　　　　　)

15 두 곱의 합은 얼마입니까?

769×2　　535×3

(　　　　　　　)

16 1년을 365일이라고 할 때, 4년은 모두 며칠입니까?

(　　　　　　　)

교과 역량

17 인식, 훈기, 주미가 구슬을 가지고 있습니다. 주미가 가지고 있는 구슬은 몇 개입니까?

- 인식: 나는 구슬을 153개 가지고 있어.
- 훈기: 나는 인식이보다 구슬을 6개 더 많이 가지고 있어.
- 주미: 나는 구슬을 훈기의 3배만큼 가지고 있어.

(　　　　　　　)

서술형

18 수직선에서 화살표(↓)가 가리키는 수와 8의 곱은 얼마인지 풀이 과정을 쓰고 답을 구해 보시오.

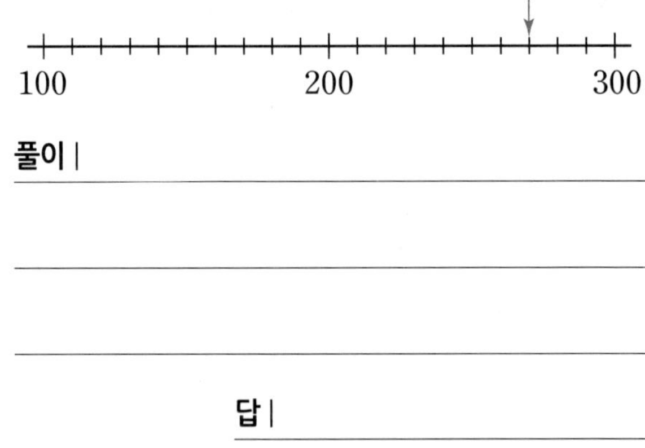

풀이 |

답 |

19 줄넘기를 현호는 매일 136회씩 5일 동안 했고, 소영이는 매일 175회씩 4일 동안 했습니다. 줄넘기를 더 많이 한 사람은 누구이고, 몇 회 더 많이 했습니까?

(　　　　　,　　　　　)

● 정답 38쪽

개념책 12쪽

유형 4 (몇십)×(몇십), (몇십몇)×(몇십)

● (몇십)×(몇십)

20 × 3 = 60

10배 10배

20 × 30 = 600

● (몇십몇)×(몇십)

14 × 4 = 56

10배 10배

14 × 40 = 560

20 계산 결과가 같은 것끼리 선으로 이어 보시오.

		• 50 × 60
40 × 40 •		
		• 60 × 30
90 × 20 •		
		• 32 × 50

21 56 × 60의 계산 과정을 잘못 설명한 사람은 누구입니까?

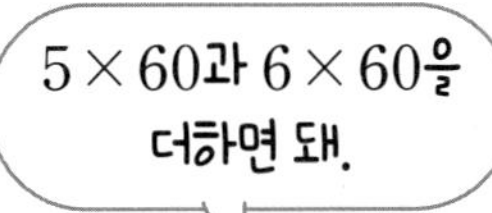

서율 현우

( )

22 □ 안에 알맞은 수를 써넣으시오.

40 × □0 = 3600

교과 역량

23 유정이는 태국 돈 70밧을 가지고 있습니다. 1밧이 우리나라 돈으로 39원일 때, 70밧은 우리나라 돈으로 얼마입니까?

(밧: 태국의 화폐 단위)

( )

24 딸기를 한 상자에 50개씩 30상자에 담았더니 딸기가 16개 남았습니다. 딸기는 모두 몇 개입니까?

( )

25 계산 결과에 해당하는 글자를 찾아 □ 안에 써넣으시오.

1060 ⇨ 기　3200 ⇨ 바
510 ⇨ 해　2610 ⇨ 라

17 × 30	40 × 80	29 × 90	53 × 20
□	□	□	□

26 자전거로 한 시간에 17 km를 갈 수 있고, 버스로 한 시간에 60 km를 갈 수 있다고 할 때 20시간 동안 버스로 갈 수 있는 거리는 자전거로 갈 수 있는 거리보다 몇 km 더 멉니까?

( )

실전유형 강화

개념책 13쪽

유형 5 (몇)×(몇십몇)

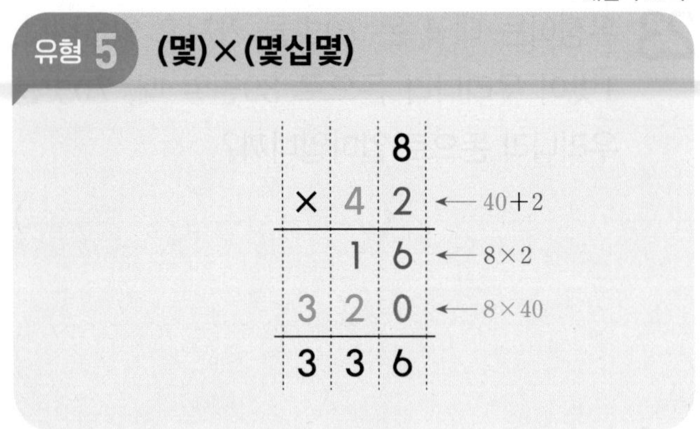

27 사각형 안에 있는 수의 곱은 얼마입니까?

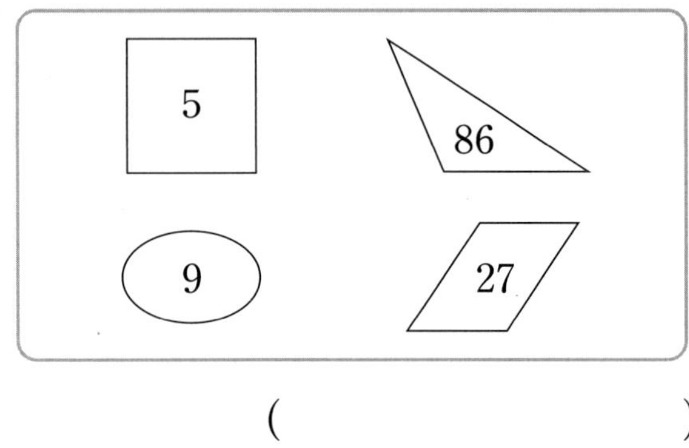

( )

28 계산 결과가 가장 큰 것을 찾아 기호를 써 보시오.

㉠ 8×18	㉡ 5×32	㉢ 2×73

( )

29 옷 한 벌에 단추가 4개씩 달려 있습니다. 똑같은 옷 26벌에 달려 있는 단추는 모두 몇 개입니까?

( )

교과 역량

30 지호의 나이는 10살이고, 동생은 지호보다 2살이 더 적습니다. 할머니의 나이는 동생 나이의 11배일 때, 할머니의 나이는 몇 살입니까?

( )

31 한 자리 수 중에서 가장 큰 수와 두 자리 수 중에서 가장 큰 수의 곱은 얼마입니까?

( )

서술형

32 감자가 한 묶음에 3개씩 47묶음 있습니다. 이 감자를 다시 한 묶음에 2개씩 묶어서 38묶음을 팔았습니다. 팔고 남은 감자는 몇 개인지 풀이 과정을 쓰고 답을 구해 보시오.

풀이 |

답 |

개념책 14쪽

유형 6 올림이 한 번 있는 (몇십몇)×(몇십몇)

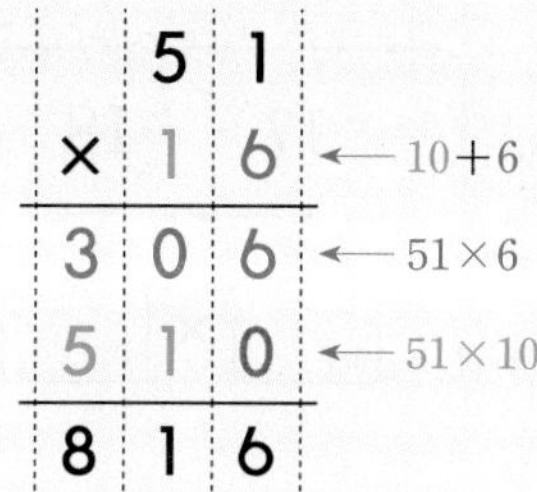

33 잘못 계산한 곳을 찾아 바르게 계산해 보시오.

$$\begin{array}{r} 43 \\ \times\ 23 \\ \hline 129 \\ 86 \\ \hline 215 \end{array} \Rightarrow \begin{array}{r} 43 \\ \times\ 23 \\ \hline \end{array}$$

34 가장 큰 수와 가장 작은 수의 곱은 얼마입니까?

25	41	36	17

(　　　　　　　　)

35 계산 결과의 크기를 비교하여 ○ 안에 >, =, < 중 알맞은 것을 써넣으시오.

24×31 ○ 35×21

36 모눈종이를 이용하여 13×17을 나타내고, 그 곱을 구해 보시오.

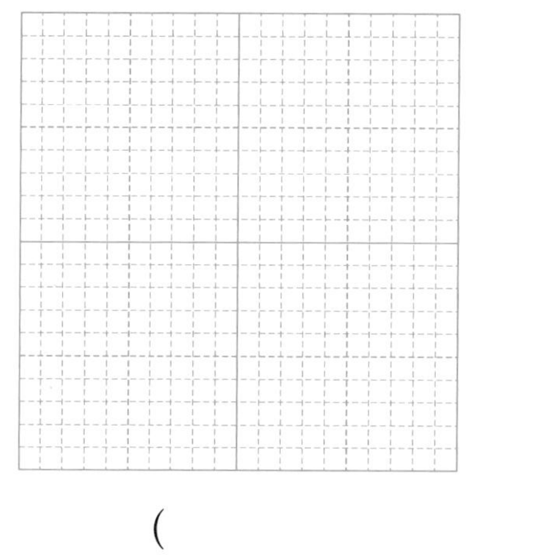

(　　　　　　　　)

37 한 상자에 딱지가 12장씩 들어 있습니다. 52상자에 들어 있는 딱지는 모두 몇 장입니까?

(　　　　　　　　)

38 상규네 학교 선생님과 학생이 소풍을 가려고 45인승 버스 14대에 나누어 탔습니다. 버스마다 3자리씩 비어 있다면 상규네 학교 선생님과 학생은 모두 몇 명입니까?

(　　　　　　　　)

39 튼튼 아파트 ㉮ 동은 한 층에 12가구씩 살고 있고, 15층까지 있습니다. 튼튼 아파트 ㉮, ㉯, ㉰ 동에 살고 있는 가구의 수가 모두 같다면 튼튼 아파트 ㉮, ㉯, ㉰ 동에 살고 있는 가구는 모두 몇 가구입니까?

(　　　　　　　　)

실전유형 강화

개념책 15쪽

유형 7 올림이 여러 번 있는 (몇십몇)×(몇십몇)

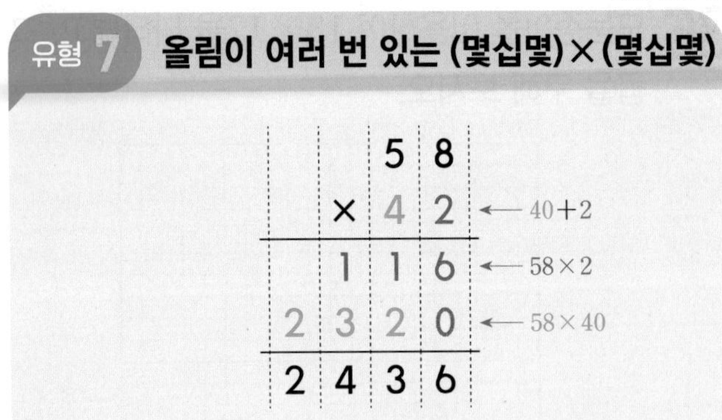

40 빈칸에 알맞은 수를 써넣으시오.

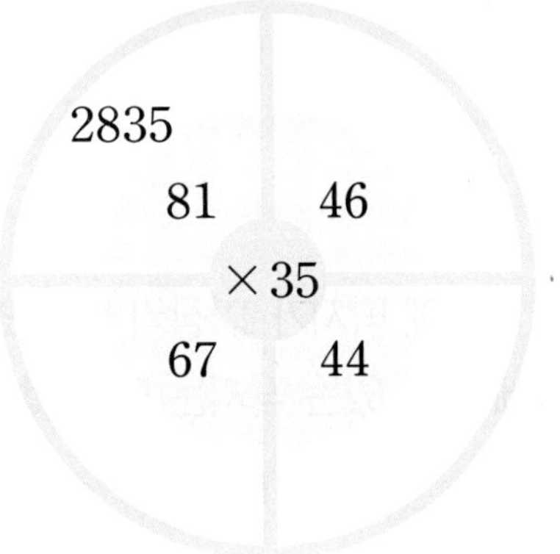

41 계산 결과가 다른 하나를 찾아 기호를 써 보시오.

㉠ 24×64
㉡ 36×46
㉢ 32×48

( )

42 한 대에 25명까지 탈 수 있는 케이블카가 있습니다. 케이블카 65대에는 몇 명까지 탈 수 있습니까?

( )

43 주어진 수 중 알맞은 수를 골라 곱셈식을 완성해 보시오.

17 18 28

□×□=476

44 바늘 24개를 한 쌈이라고 합니다. 진주와 경태는 바늘을 각각 24쌈씩 가지고 있습니다. 진주와 경태가 가지고 있는 바늘은 모두 몇 개입니까?

( )

파워 pick 서술형

45 ㉠과 ㉡이 나타내는 수의 곱은 얼마인지 풀이 과정을 쓰고 답을 구해 보시오.

㉠ 10이 3개, 1이 6개인 수
㉡ 6씩 9묶음인 수

풀이 |

답 |

46 지우는 수학 문제를 하루에 35문제씩 풀려고 합니다. 1주일에 6일씩 8주 동안 풀어야 하는 수학 문제는 모두 몇 문제입니까?

( )

교과 역량

47 자원봉사 단체별로 산에서 나무를 심은 기간과 하루에 심은 나무의 수를 각각 나타낸 표입니다. 어느 자원봉사 단체가 나무를 몇 그루 더 많이 심었습니까?

자원봉사 단체	나무를 심은 기간	하루에 심은 나무의 수
좋은 나무	18일	34그루
자연 사랑	17일	37그루

(,)

파워 pick

48 수 카드 4장 중에서 2장을 뽑아 한 번씩만 사용하여 두 자리 수를 만들려고 합니다. 만들 수 있는 가장 큰 두 자리 수와 가장 작은 두 자리 수의 곱은 얼마입니까?

6 2 3 9

( )

49 인형을 10분에 9개씩 만드는 공장이 있습니다. 이 공장에서 24시간 동안 만드는 인형은 모두 몇 개입니까?

( )

✱까다로운✱

유형 8 바르게 계산한 값 구하기

❶ 어떤 수를 □라 하여 잘못 계산한 식 만들기
❷ 잘못 계산한 식을 이용하여 어떤 수 구하기
❸ 바르게 계산한 값 구하기

50 어떤 수에 35를 곱해야 할 것을 잘못하여 어떤 수에 35를 더했더니 40이 되었습니다. 바르게 계산하면 얼마입니까?

( )

51 어떤 수에 8을 곱해야 할 것을 잘못하여 어떤 수에서 8을 뺐더니 708이 되었습니다. 바르게 계산하면 얼마입니까?

( )

52 어떤 수에 19를 곱해야 할 것을 잘못하여 어떤 수에서 19를 뺐더니 30이 되었습니다. 바르게 계산한 값과 잘못 계산한 값의 곱은 얼마입니까?

( )

실전유형 강화

★비법 있는★

유형 9 곱셈의 크기 비교에서 □ 안에 들어갈 수 있는 수 구하기

□×▲<■	□×▲>■
□ 안에 **작은 수부터** 차례대로 넣어 조건에 알맞은 수를 구합니다.	□ 안에 **큰 수부터** 차례대로 넣어 조건에 알맞은 수를 구합니다.

53 1부터 9까지의 수 중에서 □ 안에 들어갈 수 있는 수를 모두 구해 보시오.

$\square \times 72 < 300$

(　　　　　　　　　　)

54 1부터 9까지의 수 중에서 □ 안에 들어갈 수 있는 수를 모두 구해 보시오.

$\square \times 39 > 6 \times 51$

(　　　　　　　　　　)

55 1부터 9까지의 수 중에서 □ 안에 들어갈 수 있는 가장 큰 수를 구해 보시오.

$746 \times \square < 40 \times 60$

(　　　　　　　　　　)

★까다로운★

유형 10 곱셈식 완성하기

$$\begin{array}{r} 1\ 4\ ㉠ \\ \times \quad\ \ 3 \\ \hline 4\ ㉡\ 5 \end{array}$$

• ㉠×3의 일의 자리 수가 5이므로 5×3=15 ⇨ ㉠=5
• 145×3=435 ⇨ ㉡=3

56 □ 안에 알맞은 수를 써넣으시오.

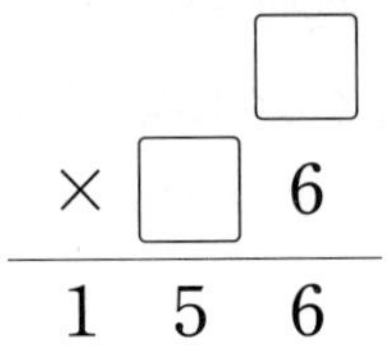

57 □ 안에 알맞은 수를 써넣으시오.

$$\begin{array}{r} \square\ 3\ \square \\ \times \quad\quad\ 4 \\ \hline 2\ 5\ 4\ 8 \end{array}$$

58 □ 안에 알맞은 수를 써넣으시오.

$$\begin{array}{r} \square\ 3 \\ \times\ 4\ \square \\ \hline 8\ 3\ 7 \\ 3\ 7\ \square\ \ \\ \hline 4\ 5\ \square\ 7 \end{array}$$

★비법 있는★

유형 11 곱이 가장 큰(작은) (세 자리 수)×(한 자리 수) 만들기

네 수의 크기가 0<①<②<③<④일 때

- 곱이 **가장 큰** (세 자리 수)×(한 자리 수)

  ③②① × ④ : 큰 수부터 의 순서로 수를 씁니다.

- 곱이 **가장 작은** (세 자리 수)×(한 자리 수)

  ②③④ × ① : 작은 수부터 의 순서로 수를 씁니다.

59 수 카드 4장을 한 번씩만 사용하여 곱이 가장 큰 (세 자리 수)×(한 자리 수)를 만들고, 계산해 보시오.

4 2 7 9

□□□×□=□

60 수 카드 4장을 한 번씩만 사용하여 곱이 가장 작은 (세 자리 수)×(한 자리 수)를 만들고, 계산해 보시오.

6 7 9 5

□□□×□=□

61 수 카드 4장을 한 번씩만 사용하여 (세 자리 수)×(한 자리 수)를 만들려고 합니다. 곱이 가장 클 때와 곱이 가장 작을 때의 곱의 차는 얼마입니까?

3 8 6 4

(　　　　　　　　)

★비법 있는★

유형 12 곱이 가장 큰(작은) (몇십몇)×(몇십몇) 만들기

네 수의 크기가 0<①<②<③<④일 때

- 곱이 **가장 큰** (몇십몇)×(몇십몇)

  ④① × ③② : 큰 수부터 의 순서로 수를 씁니다.

- 곱이 **가장 작은** (몇십몇)×(몇십몇)

  ①③ × ②④ : 작은 수부터 의 순서로 수를 씁니다.

62 수 카드 4장을 한 번씩만 사용하여 곱이 가장 큰 (몇십몇)×(몇십몇)을 만들고, 계산해 보시오.

2 1 5 4

□□×□□=□

63 수 카드 4장을 한 번씩만 사용하여 곱이 가장 작은 (몇십몇)×(몇십몇)을 만들고, 계산해 보시오.

7 4 2 9

□□×□□=□

64 수 카드 4장을 한 번씩만 사용하여 (몇십몇)×(몇십몇)을 만들려고 합니다. 곱이 가장 클 때와 곱이 가장 작을 때의 곱의 합은 얼마입니까?

6 2 8 5

(　　　　　　　　)

유형 13 • 세 수의 크기 비교에서 □ 안에 들어갈 수 있는 수 구하기 •

(세 자리 수)×□에서 세 자리 수를 몇백으로 어림하여 □ 안에 넣을 수를 구해!

대표문제

65 1부터 9까지의 수 중에서 □ 안에 들어갈 수 있는 수를 모두 구해 보시오.

문제 풀이

$30 \times 50 < 316 \times \square < 52 \times 38$

❶ 30×50, 52×38의 값 각각 구하기

$30 \times 50 = \square$,

$52 \times 38 = \square$

❷ □ 안에 들어갈 수 있는 수 모두 구하기

(　　　　　　　　)

66 1부터 9까지의 수 중에서 □ 안에 들어갈 수 있는 수를 모두 구해 보시오.

$20 \times 40 < 235 \times \square < 48 \times 36$

(　　　　　　　　)

67 1부터 9까지의 수 중에서 □ 안에 들어갈 수 있는 수를 모두 구해 보시오.

$16 \times 75 < 620 \times \square < 47 \times 59$

(　　　　　　　　)

유형 14 • 적어도 더 필요한 물건의 수 구하기 •

(적어도 더 필요한 물건의 수)=(나누어 줄 물건의 수)−(가지고 있는 물건의 수)

대표문제

68 사탕을 한 명에게 23개씩 40명에게 나누어 주면 17개가 남습니다. 이 사탕을 한 명에게 20개씩 50명에게 나누어 주려면 사탕은 적어도 몇 개 더 필요합니까?

문제 풀이

❶ 가지고 있는 전체 사탕의 수 구하기

( )

❷ 사탕을 한 명에게 20개씩 50명에게 나누어 줄 때 필요한 사탕의 수 구하기

( )

❸ 적어도 더 필요한 사탕의 수 구하기

( )

69 공책을 한 명에게 11권씩 37명에게 나누어 주면 9권이 남습니다. 이 공책을 한 명에게 8권씩 58명에게 나누어 주려면 공책은 적어도 몇 권 더 필요합니까?

( )

70 초콜릿을 한 명에게 28개씩 39명에게 나누어 주면 26개가 남습니다. 이 초콜릿을 한 명에게 25개씩 47명에게 나누어 주려면 초콜릿은 적어도 몇 개 더 필요합니까?

( )

유형 15 • 도로의 길이 구하기 •

도로의 한쪽에 처음부터 끝까지 가로등을 세울 때, (간격 수)=(가로등의 수)−1

대표문제

71 곧게 뻗은 도로의 한쪽에 처음부터 끝까지 가로등 10개를 675 cm 간격으로 세웠습니다. 이 도로의 길이는 몇 cm입니까? (단, 가로등의 두께는 생각하지 않습니다.)

문제 풀이

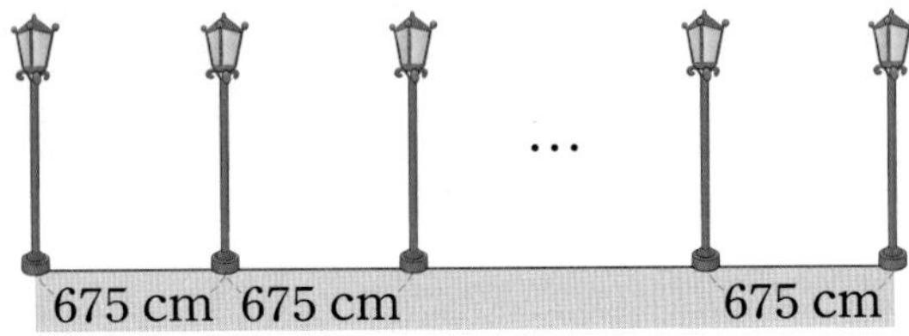

❶ 가로등 사이의 간격 수 구하기

(　　　　　　　　)

❷ 도로의 길이 구하기

(　　　　　　　　)

72 곧게 뻗은 도로의 한쪽에 처음부터 끝까지 가로수 26그루를 4 m 간격으로 심었습니다. 이 도로의 길이는 몇 m입니까? (단, 가로수의 두께는 생각하지 않습니다.)

(　　　　　　　　)

73 곧게 뻗은 도로의 양쪽에 처음부터 끝까지 가로등 42개를 23 m 간격으로 세웠습니다. 이 도로의 길이는 몇 m입니까? (단, 가로등의 두께는 생각하지 않습니다.)

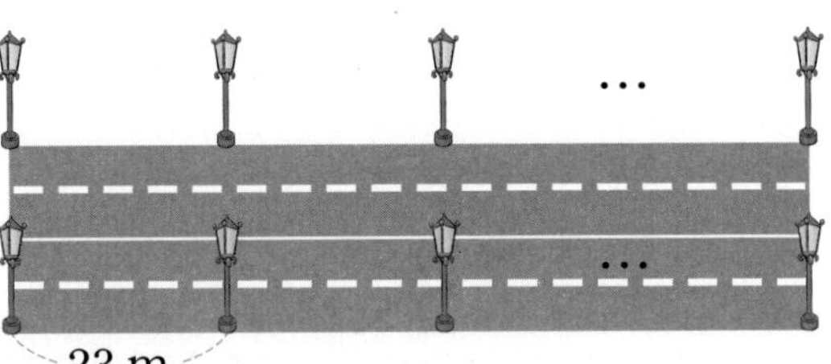

(　　　　　　　　)

유형 16 • 약속에 따라 계산하기 •

기호 앞과 뒤의 수를 약속에 따라 간단한 식으로 정리하여 구해!

74 기호 ▲에 대하여 다음과 같이 약속할 때, 113▲8은 얼마입니까?

문제 풀이

㉠▲㉡ ⇨ (㉠+㉡)과 ㉡의 곱

❶ 약속에 따라 ☐ 안에 알맞은 수 써넣기

113▲8
⇨ (☐+☐)과 ☐의 곱

❷ 113▲8의 값 구하기

( )

75 기호 ◆에 대하여 다음과 같이 약속할 때, 27◆79는 얼마입니까?

㉠◆㉡ ⇨ ㉠과 (㉡−㉠)의 곱

( )

76 기호 ★에 대하여 다음과 같이 약속할 때, 19★145는 얼마입니까?

㉠★㉡ ⇨ (㉡×3)과 (㉠×㉠)의 차

( )

유형 17 • 이어 붙인 색 테이프의 전체 길이 구하기 •

색 테이프 여러 장을 겹쳐서 이어 붙일 때, (겹쳐진 부분의 수)=(색 테이프의 수)−1

대표문제

77 길이가 124 cm인 색 테이프 8장을 그림과 같이 10 cm씩 겹쳐서 한 줄로 길게 이어 붙였습니다. 이어 붙인 색 테이프의 전체 길이는 몇 cm입니까?

문제 풀이

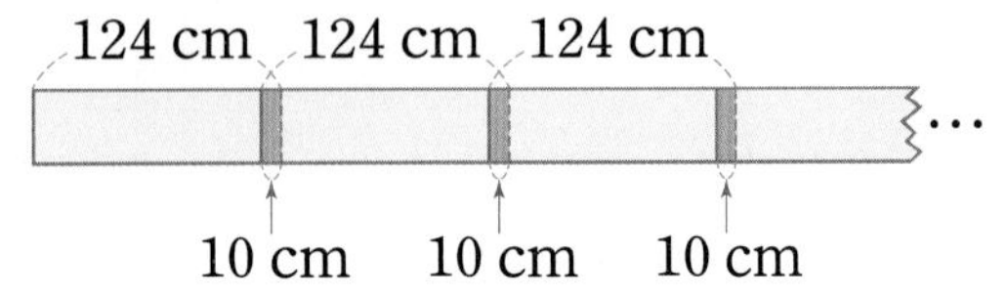

❶ 색 테이프 8장의 길이의 합 구하기

( )

❷ 겹쳐진 부분의 길이의 합 구하기

( )

❸ 이어 붙인 색 테이프의 전체 길이 구하기

( )

78 길이가 40 cm인 색 테이프 20장을 그림과 같이 5 cm씩 겹쳐서 한 줄로 길게 이어 붙였습니다. 이어 붙인 색 테이프의 전체 길이는 몇 cm입니까?

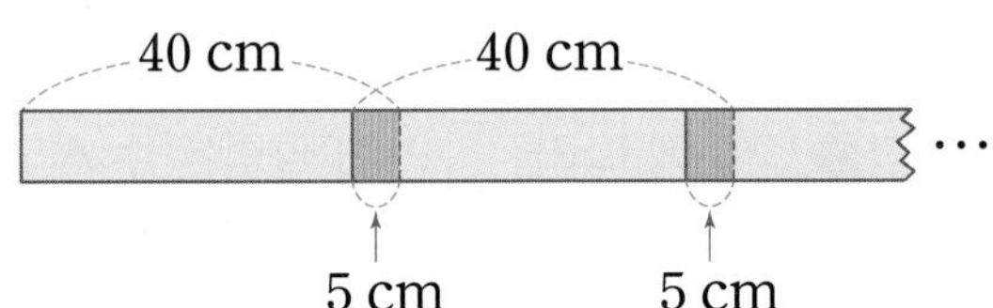

( )

79 길이가 45 cm인 색 테이프 16장을 4 cm씩 겹쳐서 한 줄로 길게 이어 붙였습니다. 이어 붙인 색 테이프의 전체 길이는 몇 cm입니까?

( )

유형 18 • 연속하는 두 수의 곱 구하기 •

연속하는 두 수는 □와 □+1로 나타내!

대표문제

80 연속하는 두 수의 합이 39일 때, 이 두 수의 곱은 얼마입니까?

문제 풀이

❶ 연속하는 두 수 구하기

(,)

❷ 연속하는 두 수의 곱 구하기

( )

81 연속하는 두 수의 합이 83일 때, 이 두 수의 곱은 얼마입니까?

( )

82 영지가 소설책을 펼쳤더니 펼친 두 면의 쪽수의 합이 129였습니다. 펼친 두 면의 쪽수의 곱은 얼마입니까?

( )

1 계산해 보시오.

$$\begin{array}{r} 3\,3\,2 \\ \times \quad\;\; 3 \\ \hline \end{array}$$

2 두 수의 곱은 얼마입니까?

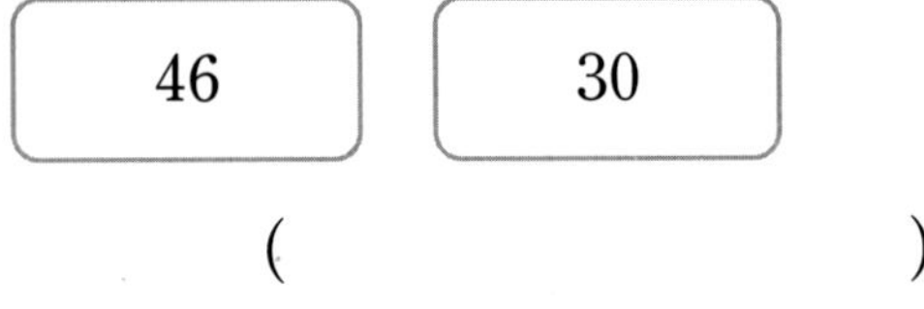

(　　　　　　　　　　)

3 빈칸에 알맞은 수를 써넣으시오.

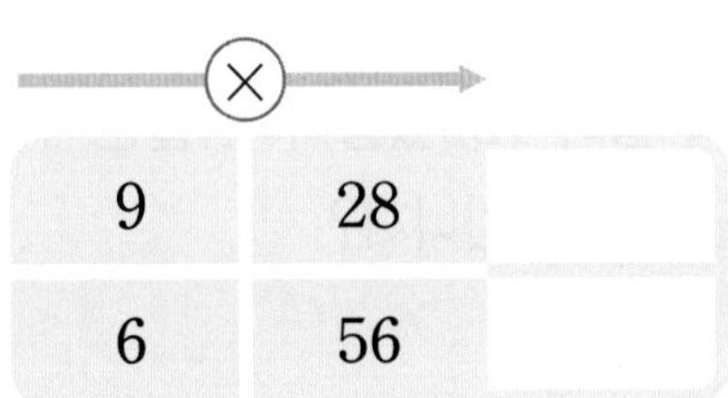

9	28	
6	56	

4 계산 결과를 찾아 선으로 이어 보시오.

	• 325
125×3 •	• 365
25×13 •	• 375

5 빈칸에 알맞은 수를 써넣으시오.

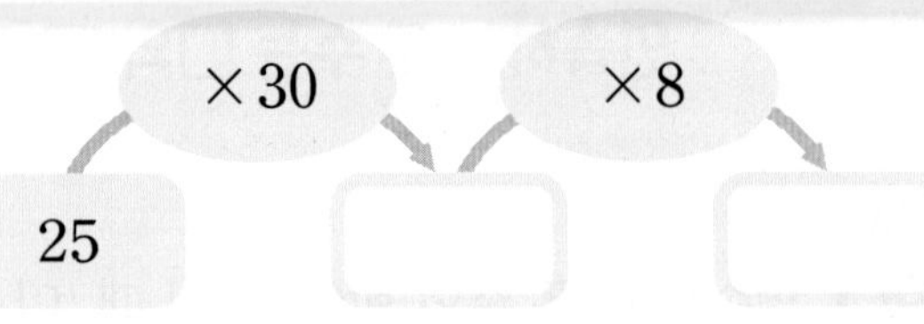

6 잘못 계산한 곳을 찾아 바르게 계산해 보시오.

$$\begin{array}{r} 3\,6 \\ \times\,5\,3 \\ \hline 1\,0\,8 \\ 1\,8\,0 \\ \hline 2\,8\,8 \end{array} \Rightarrow \begin{array}{r} 3\,6 \\ \times\,5\,3 \\ \hline \end{array}$$

7 계산 결과의 크기를 비교하여 ◯ 안에 >, =, < 중 알맞은 것을 써넣으시오.

73×40 ◯ 584×5

8 계산 결과가 700보다 큰 것을 모두 찾아 기호를 써 보시오.

㉠ 26×31	㉡ 313×2
㉢ 30×20	㉣ 249×3

( )

9 한 상자에 공이 102개씩 들어 있습니다. 4상자에 들어 있는 공은 모두 몇 개입니까?

( )

10 ㉠과 ㉡이 나타내는 수의 곱은 얼마입니까?

㉠ 10이 2개, 1이 3개인 수
㉡ 10이 4개, 1이 2개인 수

( )

잘 틀리는 문제

11 어느 기차역에서는 매일 74대의 기차가 출발합니다. 이 기차역에서 2주 동안 출발하는 기차는 모두 몇 대입니까?

( )

12 연지네 반 학생은 32명이고 한 명당 색종이를 20장씩 가지고 있었습니다. 미술 시간에 색종이를 학생마다 6장씩 사용했다면 연지네 반 학생 32명에게 남은 색종이는 몇 장입니까?

( )

13 감을 한 바구니에 7개씩 담았더니 39바구니가 되었고, 배를 한 바구니에 5개씩 담았더니 28바구니가 되었습니다. 어느 과일이 몇 개 더 많습니까?

(,)

14 어떤 수에 37을 곱해야 할 것을 잘못하여 어떤 수에 37을 더했더니 75가 되었습니다. 바르게 계산하면 얼마입니까?

( )

15 □ 안에 알맞은 수를 써넣으시오.

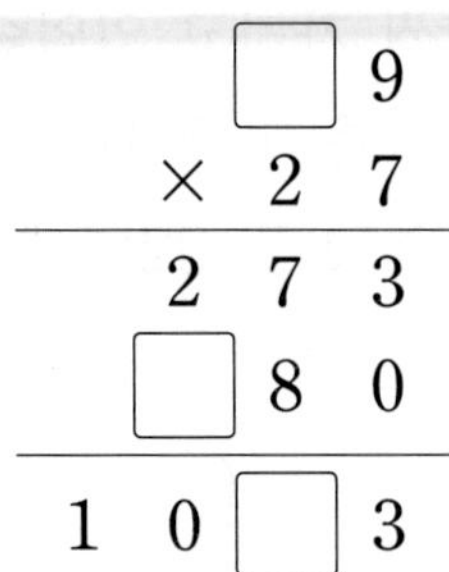

잘 틀리는 문제

16 1부터 9까지의 수 중에서 □ 안에 들어갈 수 있는 수를 모두 구해 보시오.

$41 \times 33 > 347 \times \square$

(　　　　　　　　　　)

17 곧게 뻗은 도로의 한쪽에 처음부터 끝까지 가로수 30그루를 16 m 간격으로 심었습니다. 이 도로의 길이는 몇 m입니까? (단, 가로수의 두께는 생각하지 않습니다.)

(　　　　　　　　　　)

서술형 문제

18 어느 빵집에서는 매일 빵을 154개씩 굽습니다. 이 빵집에서 일주일 동안 굽는 빵은 모두 몇 개인지 풀이 과정을 쓰고 답을 구해 보시오.

풀이 |

답 |

19 과일 가게에 사과가 한 상자에 24개씩 30상자 있습니다. 이 사과를 다시 한 바구니에 9개씩 담아 19바구니를 팔았습니다. 팔고 남은 사과는 몇 개인지 풀이 과정을 쓰고 답을 구해 보시오.

풀이 |

답 |

20 수 카드 4장을 한 번씩만 사용하여 곱이 가장 큰 (세 자리 수)×(한 자리 수)를 만들었을 때 곱은 얼마인지 풀이 과정을 쓰고 답을 구해 보시오.

점수 확인

● 정답 44쪽

1 단원

1 빈칸에 알맞은 수를 써넣으시오.

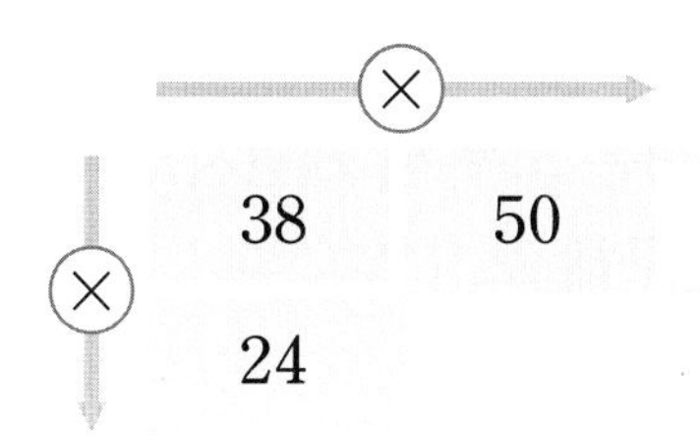

2 □ 안에 알맞은 수를 써넣으시오.

$60 \times \square 0 = 5400$

3 계산 결과가 큰 것부터 차례대로 기호를 써 보시오.

㉠ 7×93	㉡ 33×19
㉢ 213×3	㉣ 32×20

(　　　　　　　　)

4 방울토마토를 한 상자에 212개씩 담았습니다. 4상자에 담은 방울토마토는 모두 몇 개입니까?

(　　　　　　　　)

5 경민이가 구슬을 친구 한 명당 13개씩 30명에게 나누어 주었더니 12개가 남았습니다. 처음에 경민이가 가지고 있던 구슬은 몇 개입니까?

(　　　　　　　　)

6 지선이는 과일 가게에서 한 개에 280원인 귤 5개와 한 개에 960원인 사과 4개를 샀습니다. 지선이가 산 과일은 얼마입니까?

(　　　　　　　　)

7 형태는 윗몸말아올리기를 하루에 145번 씩 3일, 하루에 25번씩 19일 동안 했습니다. 형태가 윗몸말아올리기를 1000번 하려면 앞으로 몇 번 더 해야 합니까?

( )

8 기호 ⊙에 대하여 다음과 같이 약속할 때, 26⊙45는 얼마입니까?

㉠⊙㉡ ⇨ (㉡－㉠)과 (㉠＋㉡)의 곱

( )

서술형 문제

9 인형을 20분에 217개씩 만드는 공장이 있습니다. 이 공장에서 3시간 동안 만들 수 있는 인형은 모두 몇 개인지 풀이 과정을 쓰고 답을 구해 보시오.

풀이 |

답 |

10 길이가 30 cm인 색 테이프 30장을 6 cm 씩 겹쳐서 한 줄로 길게 이어 붙였습니다. 이어 붙인 색 테이프의 전체 길이는 몇 cm 인지 풀이 과정을 쓰고 답을 구해 보시오.

풀이 |

답 |

2 나눗셈

- 파워pick 교과서에 자주 나오는 응용 문제
- 교과 역량 생각하는 힘을 키우는 문제

개념책 28쪽

유형 1 내림이 없는 (몇십)÷(몇)

$4 \div 2 = 2$ → (10배, 10배) → $40 \div 2 = 20$

```
     2 0 ← 몫
  2)4 0 ← 나누어지는 수
↑   4
나누는 수
      0
```

1 빈칸에 알맞은 수를 써넣으시오.

÷ →

80	2	
90	9	

2 몫이 같은 것끼리 선으로 이어 보시오.

	• 30÷3
80÷4 •	
	• 60÷3
70÷7 •	
	• 90÷3

3 5÷5를 이용하여 50÷5를 계산하려고 합니다. □ 안에 알맞은 수를 써넣으시오.

- 지혜: 나누는 수가 같을 때 나누어지는 수가 10배가 되면 몫도 □배가 돼.
- 은성: 5÷5=□이므로 50÷5=□(이)야.

4 몫이 다른 하나를 찾아 ○표 하시오.

20÷2	80÷4	60÷6
(　　)	(　　)	(　　)

5 몫이 가장 작은 것을 찾아 기호를 써 보시오.

㉠ 90÷3　㉡ 40÷4　㉢ 60÷3

(　　　　)

6 은혜가 책 40권을 책꽂이 2칸에 똑같이 나누어 꽂으려고 합니다. 책꽂이 한 칸에 책을 몇 권씩 꽂아야 합니까?

(　　　　)

교과 역량

7 색종이가 10장씩 6묶음 있습니다. 이 색종이를 2모둠에게 똑같이 나누어 준다면 한 모둠이 받을 수 있는 색종이는 몇 장입니까?

(　　　　)

개념책 29쪽

유형 2 내림이 있는 (몇십)÷(몇)

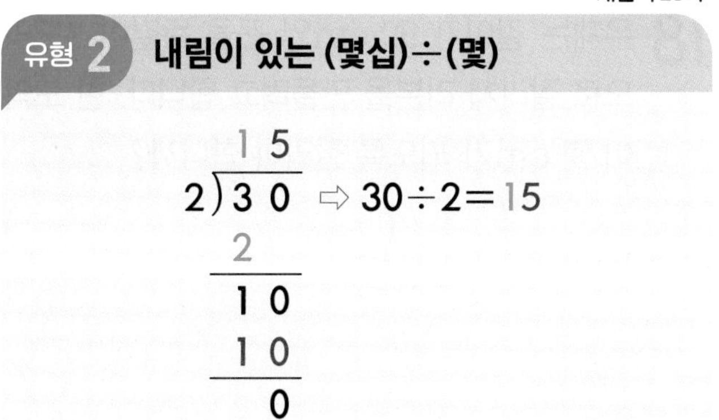

8 빈칸에 알맞은 수를 써넣으시오.

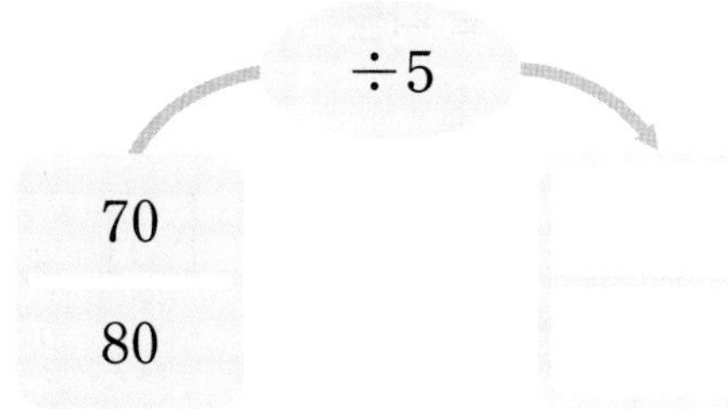

9 잘못 계산한 곳을 찾아 바르게 계산해 보시오.

$$\begin{array}{r} 9 \\ 5\overline{)60} \\ 45 \\ \hline 15 \end{array} \Rightarrow 5\overline{)60}$$

10 두 나눗셈의 몫의 차를 구해 보시오.

70÷2 　 90÷2

(　　　　　　　)

11 가장 큰 수를 가장 작은 수로 나눈 몫을 구해 보시오.

12　4　6　60

(　　　　　　　)

교과 역량

12 □ 안에 들어갈 수 있는 수를 모두 찾아 ○표 하시오.

90÷5>□

(15 , 16 , 17 , 18 , 19)

파워 pick

13 운동장에 남학생 48명과 여학생 42명이 있습니다. 학생들을 한 줄에 6명씩 세우면 몇 줄이 됩니까?

(　　　　　　　)

서술형

14 지우네 가족은 텃밭에 배추 모종을 65포기 심으려고 합니다. 지우가 15포기를 심고, 남은 모종을 어머니와 아버지께서 똑같이 나누어 심는다면 어머니는 몇 포기를 심어야 하는지 풀이 과정을 쓰고 답을 구해 보시오.

풀이 |

답 |

실전유형 강화

개념책 30쪽

유형 3 내림이 없는 (몇십몇)÷(몇)

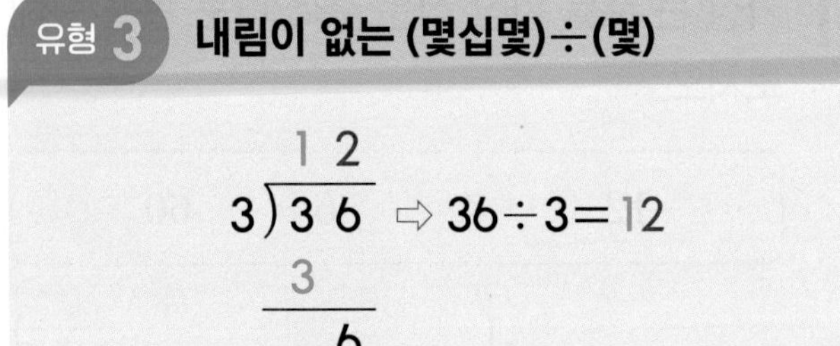

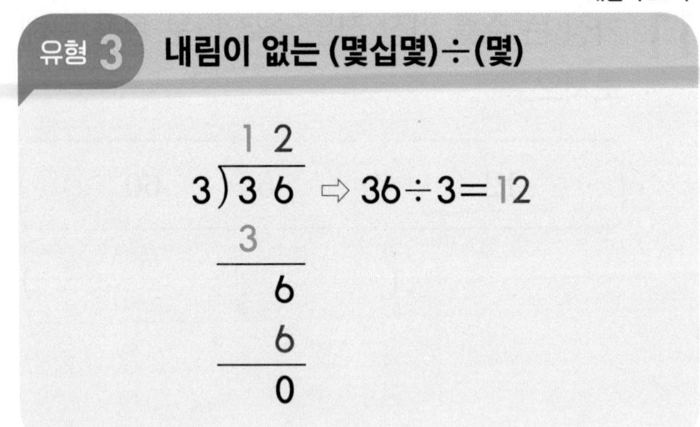

15 빈칸에 알맞은 수를 써넣으시오.

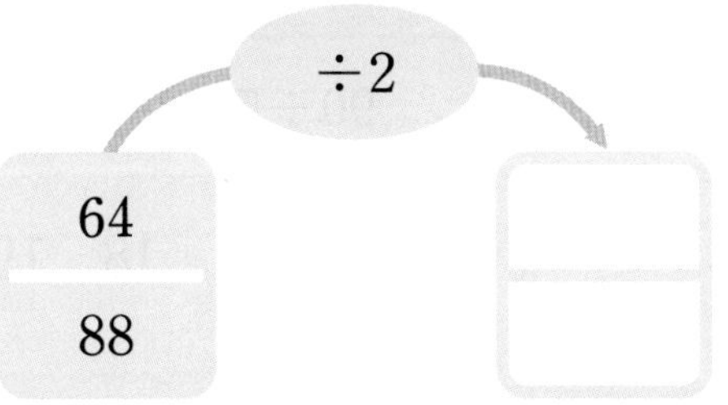

16 몫이 13인 나눗셈은 어느 것입니까?

( )

① 84÷2　　② 48÷2
③ 69÷3　　④ 26÷2
⑤ 99÷9

17 몫의 크기를 비교하여 ○ 안에 >, =, < 중 알맞은 것을 써넣으시오.

33÷3 ○ 88÷8

18 우재는 길이가 99 cm인 끈을 똑같이 3도막으로 잘라서 리본을 만들려고 합니다. 한 도막이 몇 cm가 되도록 잘라야 합니까?

( )

교과 역량

19 세 수 중에서 두 수를 한 번씩만 사용하여 50에 가장 가까운 두 자리 수를 만들고, 만든 두 자리 수를 4로 나눈 몫을 구해 보시오.

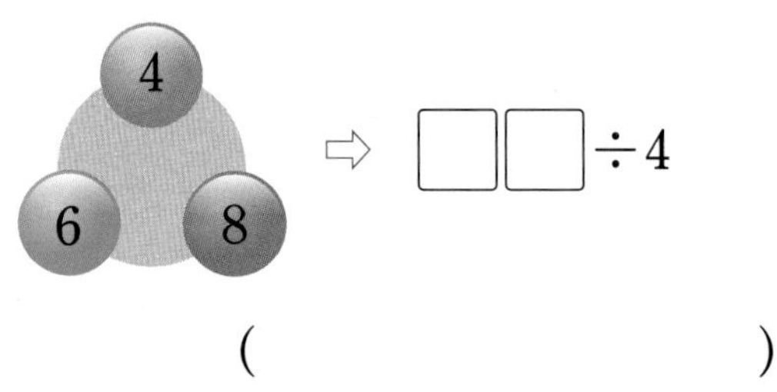

( )

서술형

20 다음 두 식에서 ■는 같은 수를 나타냅니다. ■와 ▲에 알맞은 수는 각각 얼마인지 풀이 과정을 쓰고 답을 구해 보시오.

• 66÷3=■　　• ▲×2=■

풀이 |

답 | ■: , ▲:

개념책 31쪽

유형 4 내림이 없고 나머지가 있는 (몇십몇)÷(몇)

$$\begin{array}{r} 11 \\ 5\overline{)58} \\ \underline{5} \\ 8 \\ \underline{5} \\ 3 \end{array}$$

⇨ 58÷5=11…3 (11: 몫, 3: 나머지)

3 → 나머지는 나누는 수보다 항상 작습니다.

참고 55÷5=11과 같이 **나머지가 0**일 때, **나누어떨어진다**고 합니다. (나머지가 0 → 나머지가 없습니다.)

21 ☐ 안에는 몫을, ○ 안에는 나머지를 써넣으시오.

÷

67	9	☐	… ○
83	8	☐	… ○

22 〈보기〉의 수 중에서 어떤 수를 7로 나누었을 때 나머지가 될 수 있는 수는 모두 몇 개입니까?

〈보기〉
5 6 7 8 9

( )

23 나머지가 4가 될 수 없는 것을 찾아 기호를 써 보시오.

㉠ ☐÷6 ㉡ ☐÷9
㉢ ☐÷5 ㉣ ☐÷4

( )

24 나누어떨어지는 나눗셈을 찾아 기호를 써 보시오.

㉠ 83÷2 ㉡ 44÷4 ㉢ 65÷3

( )

25 3으로 나누었을 때 나누어떨어지지 않는 수를 모두 찾아 ○표 하시오.

39 64 66 95

교과 역량

26 다음과 같이 구슬을 나누어 주었을 때 남는 구슬이 있는 사람의 이름을 쓰고, 몇 개가 남는지 구해 보시오.

• 찬희: 구슬 55개를 한 명에게 5개씩 나누어 줄래.
• 송이: 구슬 50개를 한 명에게 8개씩 나누어 줄래.

(,)

27 초콜릿 90개를 2상자에 똑같이 나누어 담았습니다. 그중 한 상자에 들어 있는 초콜릿을 한 명에게 4개씩 나누어 준다면 몇 명에게 나누어 줄 수 있고, 몇 개가 남습니까?

(,)

실전유형 강화

개념책 35쪽

유형 5 내림이 있고 나머지가 없는 (몇십몇)÷(몇)

```
     2 7
  2)5 4   ⇨ 54÷2=27
    4
    1 4
    1 4
      0
```

28 빈칸에 알맞은 수를 써넣으시오.

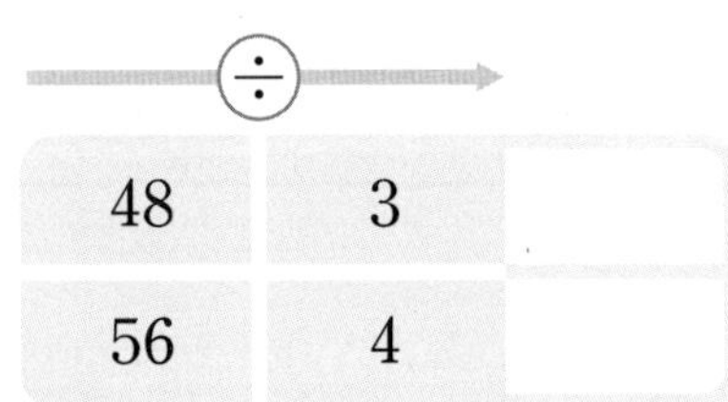

÷		
48	3	
56	4	

29 몫의 크기를 비교하여 ○ 안에 $>$, $=$, $<$ 중 알맞은 것을 써넣으시오.

38÷2 ○ 65÷5

30 큰 수를 작은 수로 나누었을 때 몫이 13인 것을 찾아 기호를 써 보시오.

㉠ 51, 3	㉡ 91, 7	㉢ 72, 6

(　　　　　　　　)

31 두 나눗셈의 몫의 합을 구해 보시오.

54÷3	78÷6

(　　　　　　　　)

32 몫이 가장 작은 것은 어느 것입니까? (　　　)

① 75÷5　　② 84÷7
③ 57÷3　　④ 96÷6
⑤ 42÷3

33 다음이 나타내는 수를 3으로 나눈 몫은 얼마입니까?

10이 7개, 1이 2개인 수

(　　　　　　　　)

34 젤리 77개 중에서 13개를 먹고 남은 젤리를 봉지 한 개에 4개씩 담아서 모두 포장하려고 합니다. 필요한 봉지는 몇 개입니까?

(　　　　　　　　)

교과 역량

35 세 변의 길이가 모두 같은 삼각형이 있습니다. 이 삼각형의 세 변의 길이의 합이 45 cm이면 한 변은 몇 cm입니까?

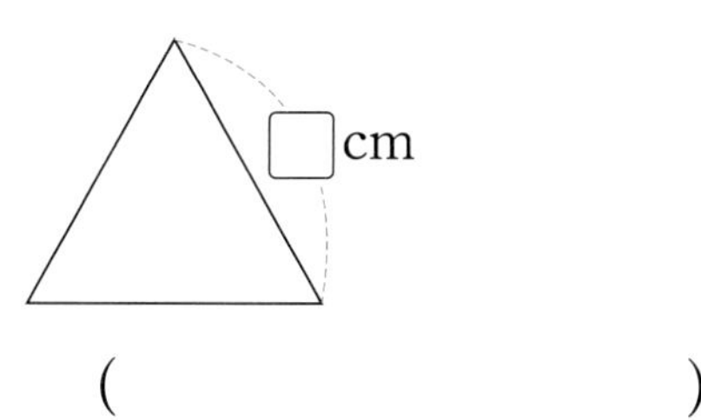

(　　　　　　　　)

파워 pick

36 수 카드 3장 중에서 2장을 한 번씩만 사용하여 가장 큰 두 자리 수를 만들었습니다. 만든 두 자리 수를 남은 수 카드의 수로 나눈 몫은 얼마입니까?

2　8　9

(　　　　　　　　)

서술형

37 도운이는 하루에 12쪽씩 7일 동안 읽은 과학책을 다시 읽으려고 합니다. 매일 똑같은 쪽수씩 읽어 3일 만에 모두 읽으려면 하루에 몇 쪽씩 읽어야 하는지 풀이 과정을 쓰고 답을 구해 보시오.

풀이 |

답 |

개념책 36쪽

유형 6 내림이 있고 나머지가 있는 (몇십몇)÷(몇)

$$\begin{array}{r} 29 \\ 3\overline{)89} \\ 6 \\ \hline 29 \\ 27 \\ \hline 2 \end{array}$$

⇨ 89÷3=29⋯2

38 □ 안에는 몫을, ○ 안에는 나머지를 써넣으시오.

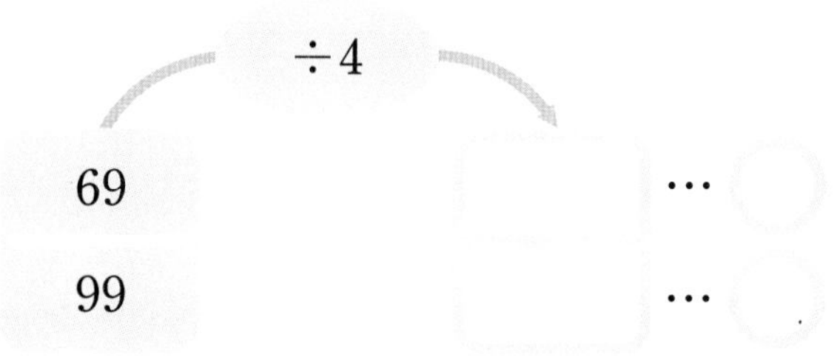

39 잘못 계산한 곳을 찾아 바르게 계산해 보시오.

$$\begin{array}{r} 22 \\ 3\overline{)71} \\ 6 \\ \hline 11 \\ 6 \\ \hline 5 \end{array}$$

⇨ $3\overline{)71}$

40 나머지가 더 큰 것의 기호를 써 보시오.

㉠ 73÷5　　㉡ 79÷6

(　　　　　　　　)

교과 역량

41 81÷7의 계산을 잘못 설명한 사람은 누구입니까?

$81 \div 7 = \square \cdots \square$

(　　　　　　　　　)

42 몫이 작은 것부터 차례대로 기호를 써 보시오.

㉠ 44÷3　㉡ 94÷8　㉢ 65÷4

(　　　　　　　　　)

43 과자 88봉지를 3학년 1반부터 5반까지 똑같이 나누어 주려고 합니다. 남은 과자는 1반부터 차례대로 한 봉지씩 더 주려고 합니다. 3학년 2반이 받을 과자는 몇 봉지입니까?

(　　　　　　　　　)

44 한 개에 5명씩 앉을 수 있는 긴 의자가 있습니다. 한 모둠에 7명씩 9모둠의 학생들이 긴 의자에 모두 앉으려고 합니다. 긴 의자는 적어도 몇 개 필요합니까?

(　　　　　　　　　)

45 〈보기〉의 나눗셈의 몫은 16이고, 나누어떨어지지 않습니다. 0부터 9까지의 수 중에서 □ 안에 들어갈 수 있는 수를 모두 구해 보시오.

〈보기〉

4)6□

(　　　　　　　　　)

파워 pick　　서술형

46 어떤 수를 8로 나누었더니 몫이 7로 나누어떨어졌습니다. 어떤 수를 3으로 나누면 몫과 나머지는 각각 얼마인지 풀이 과정을 쓰고 답을 구해 보시오.

풀이 |

답 | 몫:　　　　　, 나머지:

개념책 37쪽

유형 7 나머지가 없는 (세 자리 수)÷(한 자리 수)

```
     2 3 4
 4 ) 9 3 6   ⇨ 936÷4=234
     8
     ─────
     1 3
     1 2
     ─────
       1 6
       1 6
     ─────
         0
```

47 빈칸에 알맞은 수를 써넣으시오.

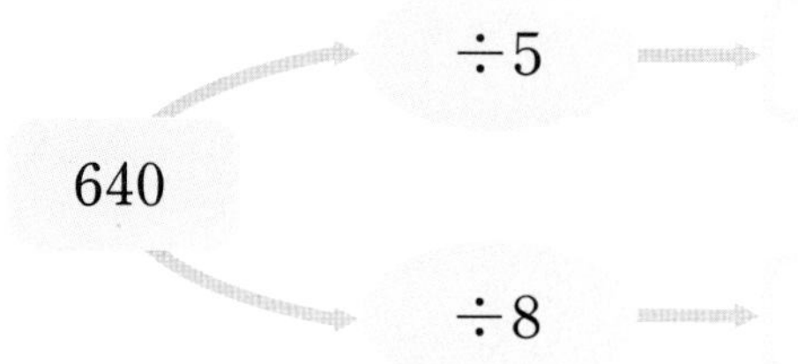

48 잘못 계산한 곳을 찾아 바르게 계산해 보시오.

```
     1 3
 3 ) 3 0 9          3 ) 3 0 9
     3
     ─────    ⇨
       9
       9
     ─────
       0
```

49 몫의 크기를 비교하여 ○ 안에 >, =, < 중 알맞은 것을 써넣으시오.

$792 \div 6$ ○ $520 \div 4$

50 도화지 384장을 한 명에게 2장씩 나누어 주려고 합니다. 도화지를 몇 명에게 나누어 줄 수 있습니까?

(　　　　　　　　)

교과 역량

51 한 상자에 체리를 더 많이 담은 사람의 이름을 쓰고, 몇 개 더 많이 담았는지 구해 보시오.

- 주성: 체리 128개를 4상자에 똑같이 나누어 담았어.
- 재우: 체리 174개를 6상자에 똑같이 나누어 담았어.

(　　　　　　,　　　　　　)

52 □ 안에 들어갈 수 있는 두 자리 수를 모두 구해 보시오.

$448 \div 8 > \square > 371 \div 7$

(　　　　　　　　)

실전유형 강화

개념책 38쪽

유형 8 나머지가 있는 (세 자리 수)÷(한 자리 수)

$$\begin{array}{r} 93 \\ 6\overline{)559} \\ 54 \\ \hline 19 \\ 18 \\ \hline 1 \end{array} \Rightarrow 559 \div 6 = 93 \cdots 1$$

53 몫이 200보다 큰 나눗셈에 ○표 하시오.

651÷4	403÷2
(　　)	(　　)

54 몫이 두 자리 수인 나눗셈을 찾아 기호를 써 보시오.

㉠ 585÷4
㉡ 473÷5
㉢ 718÷7

(　　　　　　)

55 9로 나누었을 때 나머지가 가장 큰 수를 찾아 써 보시오.

389　517　242　923

(　　　　　　)

56 몫이 큰 것부터 차례대로 기호를 써 보시오.

㉠ 458÷4　㉡ 619÷7
㉢ 547÷3　㉣ 724÷6

(　　　　　　)

파워 pick

57 서율이의 동생은 태어난 지 228일이 되었습니다. 동생이 태어난 지 몇 주 며칠이 되었습니까?

(　　　　　　)

교과 역량　서술형

58 한 묶음에 20장인 색종이 8묶음을 9명에게 똑같이 나누어 주려고 합니다. 색종이를 한 명에게 몇 장씩 줄 수 있고, 몇 장이 남는지 풀이 과정을 쓰고 답을 구해 보시오.

풀이 |

답 |　　　　,

개념책 39쪽

유형 9 계산이 맞는지 확인하기

나누는 수와 몫의 곱에 나머지를 더하면 나누어지는 수가 되어야 합니다.

$61 \div 8 = 7 \cdots 5$

확인 $8 \times 7 = 56$, $56 + 5 = 61$ — 수가 같으면 계산이 맞는 것입니다.

59 관계있는 것끼리 선으로 이어 보시오.

$43 \div 9$ •		• $9 \times 4 = 36$, $36 + 7 = 43$
$58 \div 6$ •		• $4 \times 19 = 76$, $76 + 1 = 77$
$77 \div 4$ •		• $6 \times 9 = 54$, $54 + 4 = 58$

60 계산해 보고, 계산 결과가 맞는지 확인해 보시오.

(1) $4\overline{)57}$

확인 __________

(2) $6\overline{)83}$

확인 __________

61 바르게 계산한 사람은 누구입니까?

• 민정: $87 \div 6 = 14 \cdots 4$
• 형우: $111 \div 9 = 12 \cdots 3$

( )

62 (세 자리 수)÷(한 자리 수)를 계산하고 계산 결과가 맞는지 확인한 식이 〈보기〉와 같습니다. 계산한 나눗셈식을 쓰고, 몫과 나머지를 각각 구해 보시오.

〈보기〉
$4 \times 123 = 492$, $492 + 3 = 495$

식 | __________

몫 ( )
나머지 ( )

63 어떤 수를 7로 나누었더니 몫이 6, 나머지가 4가 되었습니다. 어떤 수는 얼마입니까?

( )

실전유형 강화

★까다로운★

유형10 바르게 계산한 값 구하기

❶ 어떤 수를 □라 하여 잘못 계산한 식 만들기
❷ 곱셈과 나눗셈의 관계나 나눗셈의 계산 결과가 맞는지 확인하는 방법을 이용하여 어떤 수 구하기
- □×▲=● → ●÷▲=□
- □÷▲=● → ●×▲=□

❸ 바르게 계산한 값 구하기

64 어떤 수를 6으로 나누어야 할 것을 잘못하여 곱했더니 786이 되었습니다. 바르게 계산하면 몫과 나머지는 각각 얼마입니까?

몫 (　　　　　　)
나머지 (　　　　　　)

65 어떤 수를 7로 나누어야 할 것을 잘못하여 6으로 나누었더니 몫이 13으로 나누어떨어졌습니다. 바르게 계산하면 몫과 나머지는 각각 얼마입니까?

몫 (　　　　　　)
나머지 (　　　　　　)

66 어떤 수를 5로 나누어야 할 것을 잘못하여 7로 나누었더니 몫이 17이고, 나머지가 3이었습니다. 바르게 계산하면 몫과 나머지는 각각 얼마입니까?

몫 (　　　　　　)
나머지 (　　　　　　)

★비법 있는★

유형11 몫이 가장 큰(작은) 나눗셈 만들기

• 몫이 가장 큰 나눗셈
⇨ (가장 큰 수)÷(가장 작은 수)

• 몫이 가장 작은 나눗셈
⇨ (가장 작은 수)÷(가장 큰 수)

67 수 카드 3장을 한 번씩만 사용하여 몫이 가장 큰 (몇십몇)÷(몇)을 만들려고 합니다. 만든 나눗셈의 몫을 구해 보시오.

3　7　5

(　　　　　　)

68 수 카드 4장을 한 번씩만 사용하여 몫이 가장 큰 (세 자리 수)÷(한 자리 수)를 만들려고 합니다. 만든 나눗셈의 몫을 구해 보시오.

2　8　7　6

(　　　　　　)

69 수 카드 4장을 한 번씩만 사용하여 몫이 가장 작은 (세 자리 수)÷(한 자리 수)를 만들려고 합니다. 만든 나눗셈의 몫과 나머지를 각각 구해 보시오.

0　4　6　9

몫 (　　　　　　)
나머지 (　　　　　　)

★까다로운★

유형 12 나눗셈식 완성하기

$$\begin{array}{r} ㉠\ 6 \\ 4\overline{)6\ ㉡} \\ 4 \\ \hline ㉢\ ㉣ \\ ㉤\ ㉥ \\ \hline 1 \end{array}$$

- 4×㉠=4 ⇨ ㉠=1
- 6−4=2 ⇨ ㉢=2
- 4×6=24 ⇨ ㉤=2, ㉥=4
- 24+1=25 ⇨ ㉣=5 (㉤㉥)
- ㉡=㉣=5

70 □ 안에 알맞은 수를 써넣으시오.

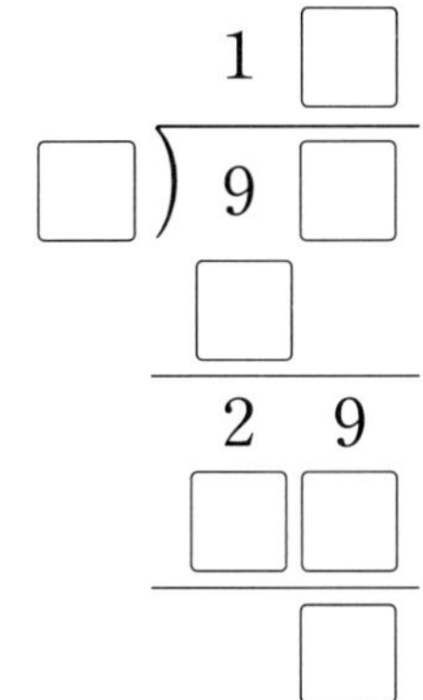

71 □ 안에 알맞은 수를 써넣으시오.

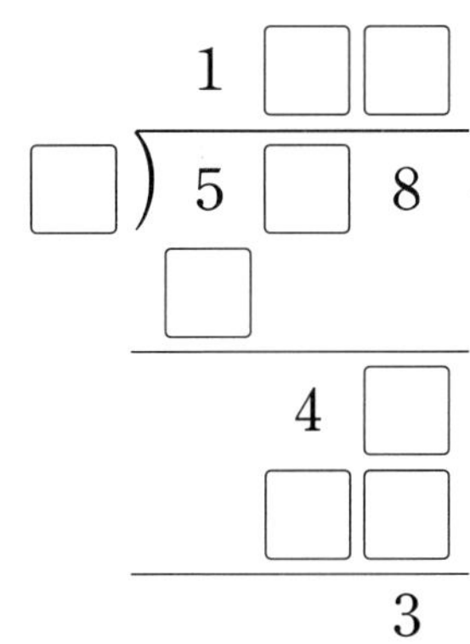

★까다로운★

유형 13 나누어떨어지는 나눗셈에서 □ 안에 들어갈 수 있는 수 구하기

예 5□÷4가 나누어떨어질 때 □ 안에 들어갈 수 있는 수 모두 구하기

$$\begin{array}{r} 1\ ★ \\ 4\overline{)5\ □} \\ 4 \\ \hline 1\ □ \\ 1\ □ \\ \hline 0 \end{array}$$

- 4로 나누어떨어지므로 4×★=1□입니다.
- 4단 곱셈구구에서 곱의 십의 자리 수가 1인 경우 ⇨ 4×3=12, 4×4=16
- □ 안에 들어갈 수 있는 수: 2, 6

72 오른쪽 나눗셈이 나누어떨어질 때 0부터 9까지의 수 중에서 □ 안에 들어갈 수 있는 수를 모두 구해 보시오.

$5\overline{)8□}$

(　　　　　　　　)

73 오른쪽 나눗셈이 나누어떨어질 때 0부터 9까지의 수 중에서 □ 안에 들어갈 수 있는 수를 모두 구해 보시오.

4□÷3

(　　　　　　　　)

74 오른쪽 나눗셈이 나누어떨어질 때 0부터 9까지의 수 중에서 □ 안에 들어갈 수 있는 수를 모두 구해 보시오.

16□÷7

(　　　　　　　　)

상위권 유형 강화

유형 14 • 나누어지는 수가 가장 클 때 몫과 나머지 구하기 •

어떤 수를 ■로 나누었을 때 나올 수 있는 가장 큰 나머지는 (■ − 1)이야!

대표문제

75 어떤 수는 3으로 나누었을 때 몫이 17인 가장 큰 두 자리 수입니다. 어떤 수를 4로 나눈 몫과 나머지는 각각 얼마입니까?

문제 풀이

❶ 어떤 수를 3으로 나누었을 때 나올 수 있는 나머지 중 가장 큰 수 구하기

(　　　　　　)

❷ 어떤 수 구하기

(　　　　　　)

❸ 어떤 수를 4로 나눈 몫과 나머지 각각 구하기

몫 (　　　　　　)
나머지 (　　　　　　)

76 어떤 수는 4로 나누었을 때 몫이 23인 가장 큰 두 자리 수입니다. 어떤 수를 7로 나눈 몫과 나머지는 각각 얼마입니까?

몫 (　　　　　　)
나머지 (　　　　　　)

77 어떤 수는 7로 나누었을 때 몫이 109인 가장 큰 세 자리 수입니다. 어떤 수를 3으로 나눈 몫과 나머지는 각각 얼마입니까?

몫 (　　　　　　)
나머지 (　　　　　　)

유형 15 • 나누어떨어지는 나눗셈 만들기 •

나누어떨어지는 나눗셈은 나머지가 0이야!

대표문제

78 수 카드 3장을 한 번씩만 사용하여 나누어떨어지는 (몇십몇)÷(몇)을 만들려고 합니다. 만들 수 있는 나눗셈은 모두 몇 가지입니까?

문제 풀이

3 6 9

❶ 수 카드로 만들 수 있는 (몇십몇)÷(몇) 모두 구하기

❷ 위 ❶에서 구한 (몇십몇)÷(몇) 중 나누어떨어지는 나눗셈은 모두 몇 가지인지 구하기

( )

79 수 카드 3장을 한 번씩만 사용하여 나누어떨어지는 (몇십몇)÷(몇)을 만들려고 합니다. 만들 수 있는 나눗셈은 모두 몇 가지입니까?

7 3 5

( )

80 수 카드 3장을 한 번씩만 사용하여 나누어떨어지지 않는 (몇십몇)÷(몇)을 만들려고 합니다. 만들 수 있는 나눗셈은 모두 몇 가지입니까?

8 9 2

( )

상위권유형 강화

유형 16 • 길에 물건을 놓을 때, 필요한 물건의 수 구하기 •

길의 한쪽에 처음부터 끝까지 물건을 놓을 때, (필요한 물건의 수)=(간격 수)+1

대표문제

81 길이가 93 m인 곧게 뻗은 길의 한쪽에 처음부터 끝까지 3 m 간격으로 기둥을 세우려고 합니다. 필요한 기둥은 모두 몇 개입니까?
(단, 기둥의 두께는 생각하지 않습니다.)

문제 풀이

❶ 기둥 사이의 간격 수 구하기

(　　　　　　　　)

❷ 필요한 기둥의 수 구하기

(　　　　　　　　)

82 길이가 120 m인 곧게 뻗은 길의 한쪽에 처음부터 끝까지 8 m 간격으로 가로수를 심으려고 합니다. 필요한 가로수는 모두 몇 그루입니까?
(단, 가로수의 두께는 생각하지 않습니다.)

(　　　　　　　　)

83 길이가 387 m인 곧게 뻗은 다리의 양쪽에 처음부터 끝까지 9 m 간격으로 가로등을 세우려고 합니다. 필요한 가로등은 모두 몇 개입니까?
(단, 가로등의 두께는 생각하지 않습니다.)

(　　　　　　　　)

유형 17 • 가장 작은 도형의 변의 길이의 합 구하기 •

길이가 ■인 변을 똑같이 ▲개로 나누면 한 변의 길이는 (■÷▲)야!

대표문제 **84** 네 변의 길이의 합이 264 cm인 정사각형을 그림과 같이 크기와 모양이 같은 정사각형 9개로 나누었습니다. 가장 작은 정사각형 한 개의 네 변의 길이의 합은 몇 cm입니까?

문제 풀이

❶ 가장 큰 정사각형의 한 변의 길이 구하기

(　　　　　　　　)

❷ 가장 작은 정사각형의 한 변의 길이 구하기

(　　　　　　　　)

❸ 가장 작은 정사각형 한 개의 네 변의 길이의 합 구하기

(　　　　　　　　)

85 세 변의 길이가 모두 같고 세 변의 길이의 합이 84 cm인 삼각형을 그림과 같이 크기와 모양이 같은 삼각형 16개로 나누었습니다. 가장 작은 삼각형 한 개의 세 변의 길이의 합은 몇 cm입니까?

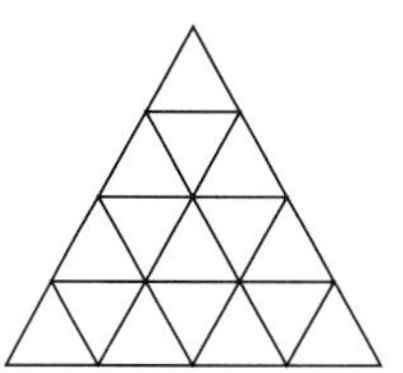

(　　　　　　　　)

86 네 변의 길이의 합이 192 cm인 정사각형을 그림과 같이 크기와 모양이 같은 직사각형 6개로 나누었습니다. 가장 작은 직사각형 한 개의 네 변의 길이의 합은 몇 cm입니까?

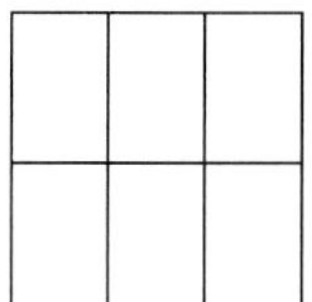

(　　　　　　　　)

유형 18

• 짝짓기 놀이에서 짝을 짓지 못한 학생 수 구하기 •

학생 ■명이 ㉠명씩 짝을 지을 때 짝을 짓지 못한 학생 수는 ■÷㉠의 나머지야!

대표문제

87 체육 시간에 학생 87명이 짝을 짓는 놀이를 했습니다. 첫 번째에는 5명씩 짝을 짓고, 두 번째에는 첫 번째에서 짝을 지었던 학생들끼리 7명씩 짝을 지었습니다. 첫 번째와 두 번째에서 짝을 짓지 못하고 남은 학생은 모두 몇 명입니까?

문제 풀이

❶ 첫 번째에서 짝을 짓지 못하고 남은 학생 수 구하기

( )

❷ 두 번째에서 짝을 짓지 못하고 남은 학생 수 구하기

( )

❸ 첫 번째와 두 번째에서 짝을 짓지 못하고 남은 학생은 모두 몇 명인지 구하기

( )

88 체육 시간에 학생 93명이 짝을 짓는 놀이를 했습니다. 첫 번째에는 8명씩 짝을 짓고, 두 번째에는 첫 번째에서 짝을 지었던 학생들끼리 3명씩 짝을 지었습니다. 첫 번째와 두 번째에서 짝을 짓지 못하고 남은 학생은 모두 몇 명입니까?

( )

89 체육 시간에 학생 161명이 짝을 짓는 놀이를 했습니다. 첫 번째에는 9명씩 짝을 짓고, 두 번째에는 첫 번째에서 짝을 지었던 학생들끼리 4명씩 짝을 짓고, 세 번째에는 두 번째에서 짝을 지었던 학생들끼리 6명씩 짝을 지었습니다. 첫 번째, 두 번째, 세 번째에서 짝을 짓지 못하고 남은 학생은 모두 몇 명입니까?

( )

유형 19 • 조건을 모두 만족하는 수 구하기 •

■보다 큰 수 중 ㉮로 나누어떨어지는 가장 작은 수는 ■÷㉮=▲…★에서 (▲+1)과 ㉮의 곱

대표문제 **90** 〈조건〉을 모두 만족하는 수를 구해 보시오.

문제 풀이

〈조건〉
- 50보다 크고 70보다 작은 수입니다.
- 4로 나누어떨어지는 수입니다.
- 5로 나누면 나머지가 1인 수입니다.

❶ 50보다 크고 70보다 작은 수 중에서 4로 나누어떨어지는 수 모두 구하기

( )

❷ 위 ❶에서 구한 수 중에서 5로 나누면 나머지가 1인 수 구하기

( )

❸ 조건을 모두 만족하는 수 구하기

( )

91 〈조건〉을 모두 만족하는 수를 구해 보시오.

〈조건〉
- 70보다 크고 100보다 작은 수입니다.
- 6으로 나누어떨어지는 수입니다.
- 7로 나누면 나머지가 5인 수입니다.

( )

92 〈조건〉을 모두 만족하는 수를 구해 보시오.

〈조건〉
- 100보다 크고 140보다 작은 수입니다.
- 8로 나누어떨어지는 수입니다.
- 9로 나누면 나머지가 2인 수입니다.

( )

1 계산해 보시오.

$4\overline{)60}$

2 나눗셈의 몫과 나머지를 각각 구해 보시오.

47÷3

몫 (　　　　　　)
나머지 (　　　　　　)

3 빈칸에 알맞은 수를 써넣으시오.

÷3

78	→	
96	→	

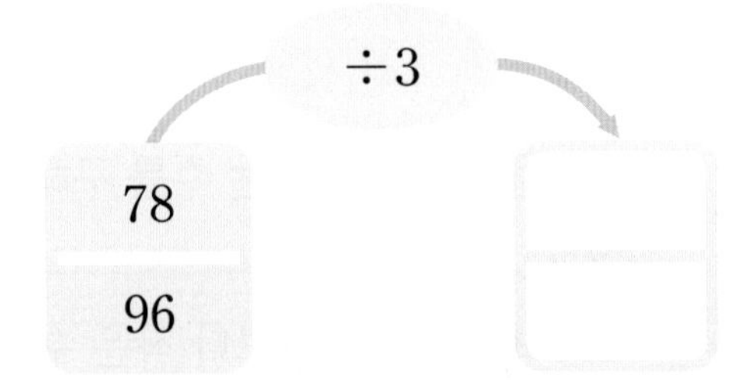

4 계산한 것을 보고 계산 결과가 맞는지 확인해 보시오.

37÷3=12⋯1

확인 ____________________

5 나머지가 7이 될 수 있는 것은 어느 것입니까? (　　　)

① □÷2　② □÷6
③ □÷9　④ □÷4
⑤ □÷7

6 몫의 크기를 비교하여 ○ 안에 >, =, < 중 알맞은 것을 써넣으시오.

40÷2 ○ 90÷3

7 나머지가 가장 작은 것을 찾아 기호를 써 보시오.

㉠ 73÷6　㉡ 98÷5　㉢ 38÷3

(　　　　　　)

8 몫이 같은 것끼리 선으로 이어 보시오.

295÷5 •　　• 206÷2
348÷6 •　　• 232÷4
　　　　　　• 413÷7

9 나누어떨어지는 나눗셈을 모두 고르시오.

( )

① $82 \div 5$ ② $67 \div 3$
③ $52 \div 4$ ④ $90 \div 5$
⑤ $87 \div 7$

10 □ 안에 들어갈 수 있는 세 자리 수는 모두 몇 개입니까?

$474 \div 3 < \square < 648 \div 4$

( )

11 진호는 구슬을 49개 가지고 있습니다. 구슬을 한 봉지에 4개씩 담고 남는 구슬은 동생에게 주려고 합니다. 동생에게 줄 구슬은 몇 개입니까?

( )

12 배 530개를 한 상자에 8개씩 담아 팔려고 합니다. 팔 수 있는 배는 몇 상자입니까?

( )

13 연정이가 하루에 14쪽씩 6일 동안 읽은 책을 다시 읽으려고 합니다. 매일 똑같은 쪽수씩 읽어 4일 만에 모두 읽으려면 하루에 몇 쪽씩 읽어야 합니까?

( )

잘 틀리는 문제

14 자전거 대여점에 있는 두발자전거와 세발자전거의 바퀴 수를 세어 보니 모두 163개였습니다. 두발자전거가 47대라면 세발자전거는 몇 대입니까?

( )

15 □ 안에 알맞은 수를 써넣으시오.

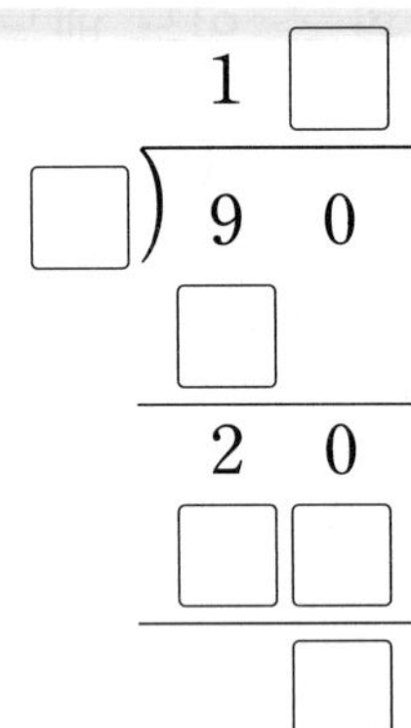

잘 틀리는 문제

16 나눗셈이 나누어떨어질 때 0부터 9까지의 수 중에서 □ 안에 들어갈 수 있는 수를 모두 구해 보시오.

6□÷4

(　　　　　　　　　　)

17 길이가 568 m인 곧게 뻗은 도로의 양쪽에 처음부터 끝까지 8 m 간격으로 나무를 심으려고 합니다. 필요한 나무는 모두 몇 그루입니까?
(단, 나무의 두께는 생각하지 않습니다.)

(　　　　　　　　　　)

서술형 문제

18 네 변의 길이의 합이 1 m 20 cm인 정사각형의 한 변은 몇 cm인지 풀이 과정을 쓰고 답을 구해 보시오.

풀이 |

답 |

19 수 카드 3장을 한 번씩만 사용하여 몫이 가장 큰 (몇십몇)÷(몇)을 만들려고 합니다. 만든 나눗셈의 몫은 얼마인지 풀이 과정을 쓰고 답을 구해 보시오.

6　9　4

풀이 |

답 |

20 어떤 수는 9로 나누었을 때 몫이 87인 가장 큰 세 자리 수입니다. 어떤 수를 7로 나눈 몫은 얼마인지 풀이 과정을 쓰고 답을 구해 보시오.

풀이 |

답 |

점수 확인

● 정답 52쪽

1 계산해 보고, 계산 결과가 맞는지 확인해 보시오.

$$4\overline{)55}$$

확인 ____________________

2 잘못 계산한 곳을 찾아 바르게 계산해 보시오.

```
     7 8
  6)9 2 0
    4 2
    -----
    5 0 0
    4 8 0
    -----
      2 0
```

⇨ $6\overline{)920}$

3 84÷7과 몫이 같은 것을 찾아 기호를 써 보시오.

㉠ 26÷2	㉡ 66÷6	㉢ 36÷3

( )

4 나머지가 가장 큰 것을 찾아 기호를 써 보시오.

㉠ 50÷3	㉡ 29÷2
㉢ 73÷5	㉣ 77÷6

( )

5 은지네 가족은 농장에서 딴 딸기 270개를 3상자에 똑같이 나누어 담았습니다. 그중 한 상자에 들어 있는 딸기를 은지네 가족 6명이 똑같이 나누어 먹는다면 한 명이 몇 개씩 먹을 수 있습니까?

( )

6 ㉮ 기계는 5분 동안 65개의 물건을 만들 수 있고, ㉯ 기계는 8분 동안 96개의 물건을 만들 수 있습니다. 두 기계가 일정한 빠르기로 물건을 만들 때, 1분 동안 물건을 더 많이 만들 수 있는 기계는 어느 기계입니까?

( )

7 ㉠에 알맞은 수를 모두 구해 보시오.

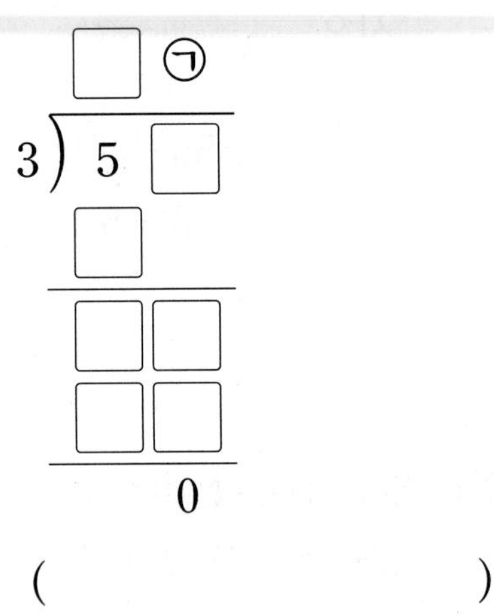

(　　　　　　　　　　)

8 〈조건〉을 모두 만족하는 수를 구해 보시오.

〈조건〉
- 90보다 크고 110보다 작은 수입니다.
- 7로 나누어떨어지는 수입니다.
- 9로 나누면 나머지가 8인 수입니다.

(　　　　　　　　　　)

서술형 문제

9 어떤 수를 7로 나누어야 할 것을 잘못하여 9로 나누었더니 몫이 36으로 나누어떨어졌습니다. 바르게 계산하면 몫과 나머지는 각각 얼마인지 풀이 과정을 쓰고 답을 구해 보시오.

풀이 |

답 | 몫: 　　　　,나머지:

10 네 변의 길이의 합이 240 cm인 정사각형을 그림과 같이 크기와 모양이 같은 직사각형 8개로 나누었습니다. 가장 작은 직사각형 한 개의 네 변의 길이의 합은 몇 cm인지 풀이 과정을 쓰고 답을 구해 보시오.

풀이 |

답 |

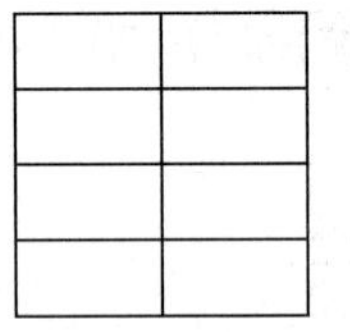

3 원

실전유형 강화

- 파워pick 교과서에 자주 나오는 응용 문제
- 교과 역량 생각하는 힘을 키우는 문제

개념책 52쪽

유형 1 여러 가지 방법으로 원 그리기

- 누름 못과 띠종이를 이용하여 원 그리기

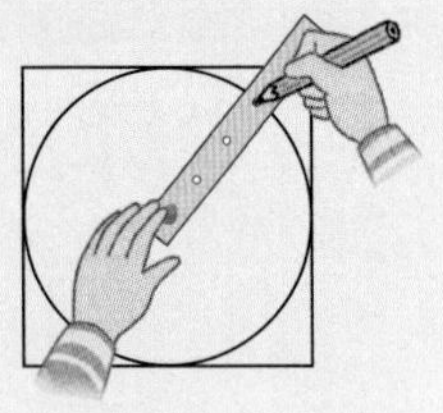

누름 못이 꽂힌 점에서 원 위의 한 점까지의 길이는 모두 같습니다.

- 자를 이용하여 점을 찍어 원 그리기 가운데 점에서 같은 거리에 점을 찍습니다.

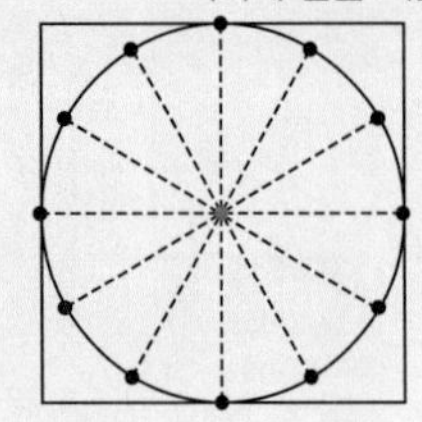

점을 많이 찍을수록 원을 더 정확하게 그릴 수 있습니다.

1 점을 각각 8개, 16개 찍은 후 찍은 점을 이어 원을 각각 그려 보고, 알맞은 말에 ○표 하시오.

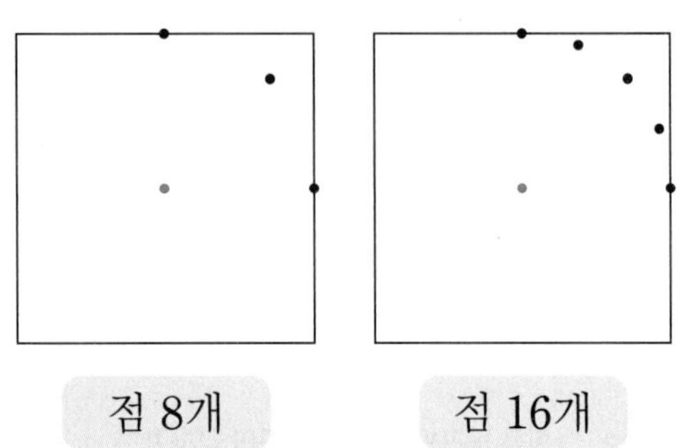

점 8개 　 점 16개

찍은 점의 수가 (많을수록 , 적을수록) 원을 더 정확하게 그릴 수 있습니다.

2 누름 못과 띠종이를 이용하여 원을 그리려고 합니다. 누름 못을 원의 중심으로 하여 가장 작은 원을 그리려면 어느 곳에 연필을 꽂아야 하는지 찾아 기호를 써 보시오.

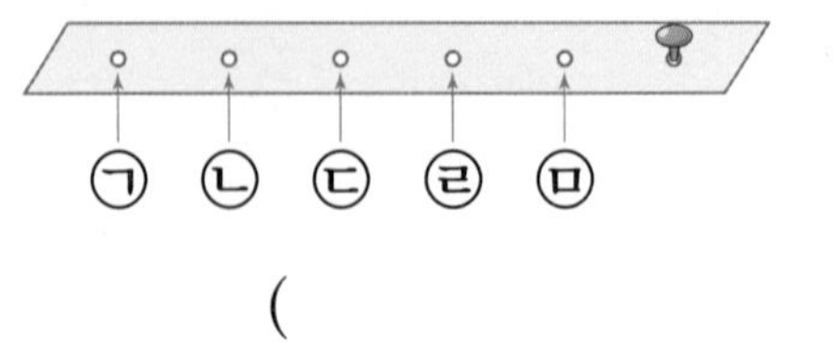

(　　　　)

개념책 52쪽

유형 2 원의 중심, 반지름, 지름

- 원의 중심: 원을 그릴 때에 누름 못이 꽂혔던 점
- 원의 반지름: 원의 중심과 원 위의 한 점을 이은 선분
- 원의 지름: 원의 중심을 지나도록 원 위의 두 점을 이은 선분

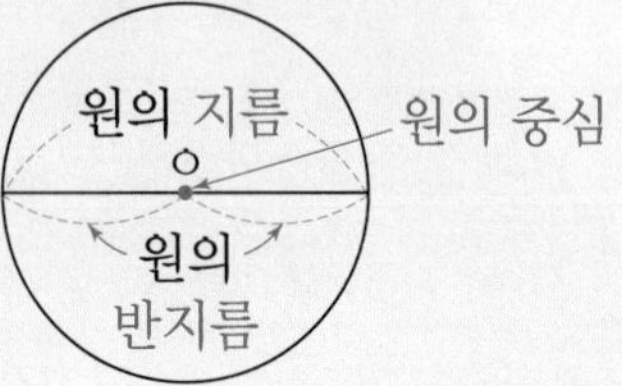

- 한 원에서 원의 중심은 1개입니다.
- 한 원에서 반지름은 무수히 많이 그을 수 있고, 길이가 모두 같습니다.
- 한 원에서 지름은 무수히 많이 그을 수 있고, 길이가 모두 같습니다.

3 원의 중심을 찾아 점(●)으로 표시해 보시오.

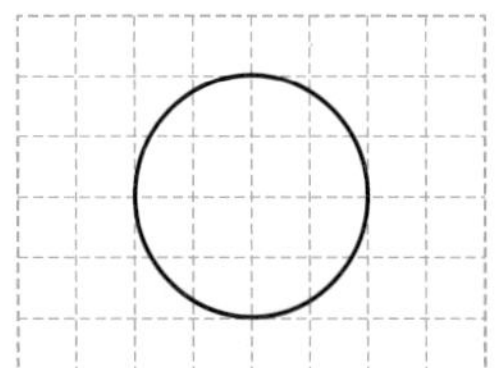

교과 역량 　 서술형

4 원에 대해 잘못 말한 사람의 이름을 쓰고, 그 이유를 써 보시오.

- 수영: 한 원에서 원의 중심은 1개야.
- 민재: 한 원에서 그을 수 있는 지름은 2개야.

답 |

5 원의 반지름을 나타내는 선분을 모두 찾아 써 보시오.

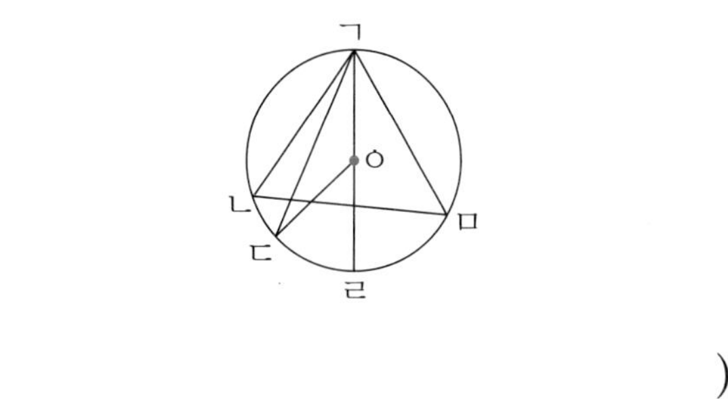

( )

6 점 ㅇ이 원의 중심일 때, 큰 원의 반지름은 몇 cm입니까?

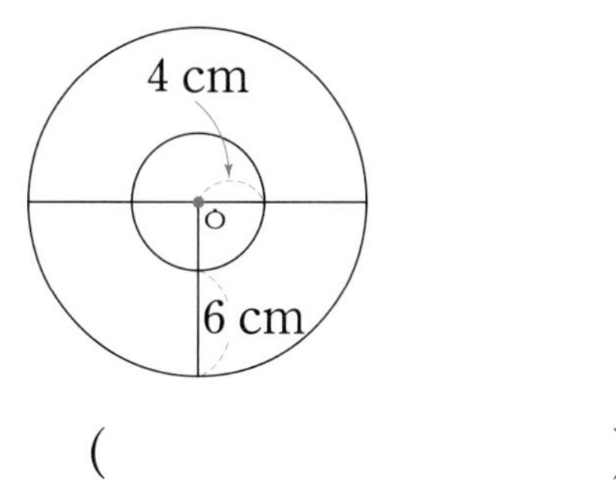

( )

교과 역량

7 두 원의 반지름의 차는 몇 cm입니까?

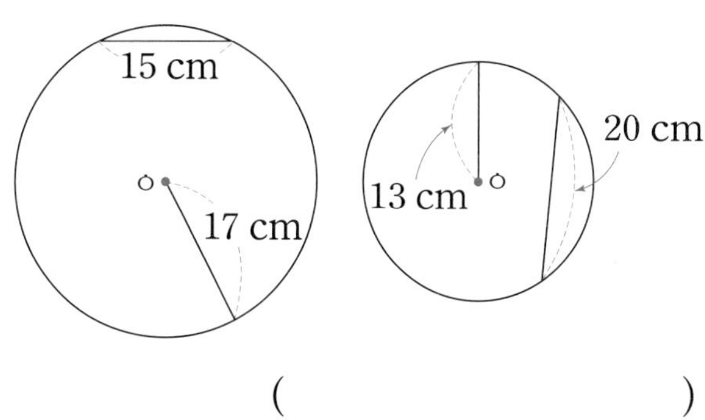

( )

8 직사각형 ㄱㄴㅇㄷ의 네 변의 길이의 합이 32 cm일 때, 원의 반지름은 몇 cm입니까?

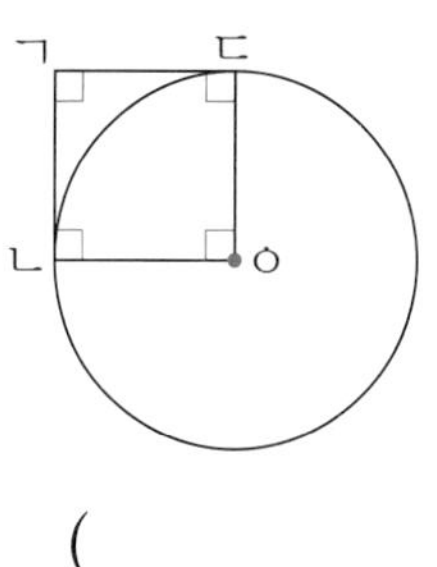

( )

9 점 ㄴ, 점 ㄹ은 원의 중심입니다. 사각형 ㄱㄴㄷㄹ의 네 변의 길이의 합은 몇 cm입니까?

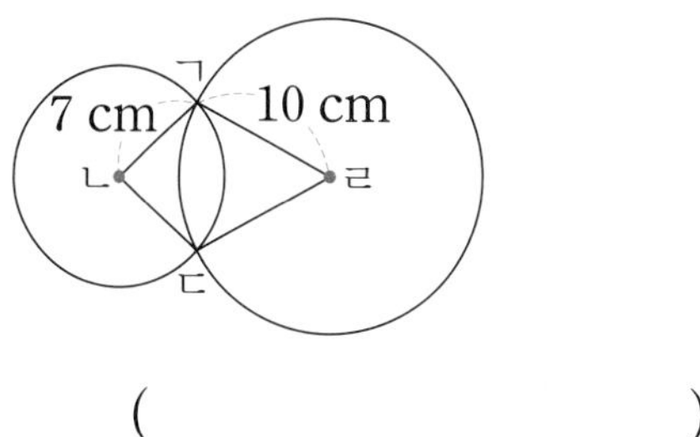

( )

10 반지름이 7 cm인 원 4개를 겹치지 않게 붙인 다음 네 원의 중심을 이어 사각형을 만들었습니다. 사각형의 네 변의 길이의 합은 몇 cm입니까?

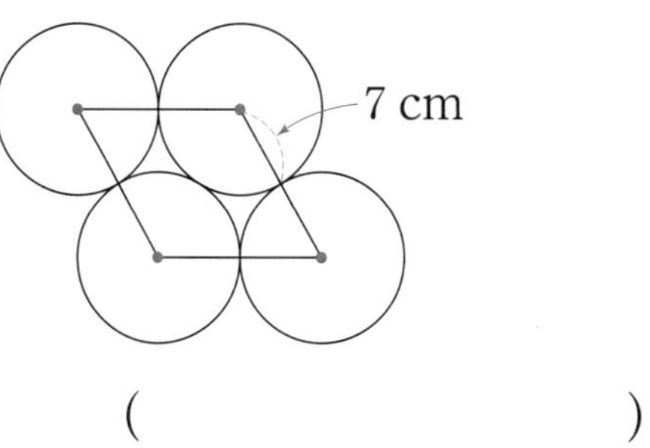

( )

실전유형 강화

개념책 53쪽

유형 3 원의 성질

● **원의 지름의 성질**

• 원의 지름은 원을 똑같이 둘로 나눕니다.

• 원의 지름은 원 위의 두 점을 이은 선분 중 길이가 가장 긴 선분입니다.

● **원의 지름과 반지름의 관계**

(지름)=(반지름)×2
(반지름)=(지름)÷2

11 원의 반지름과 지름은 각각 몇 cm입니까?

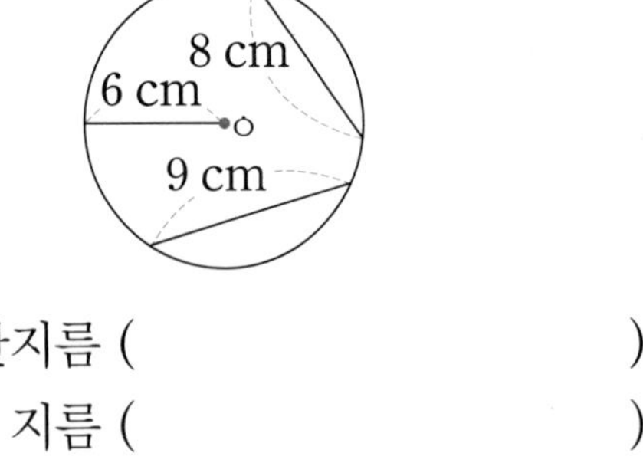

반지름 (　　　　　　)
지름 (　　　　　　)

12 원에 대한 설명이 잘못된 것을 모두 찾아 기호를 써 보시오.

㉠ 한 원에서 지름은 반지름의 2배입니다.
㉡ 원의 반지름은 원을 똑같이 둘로 나눕니다.
㉢ 한 원에서 원의 지름은 1개만 그을 수 있습니다.
㉣ 원의 지름은 원 위의 두 점을 이은 선분 중 길이가 가장 긴 선분입니다.

(　　　　　　)

13 길이가 가장 긴 선분을 찾아 쓰고, 그 선분의 길이는 몇 cm인지 써 보시오.

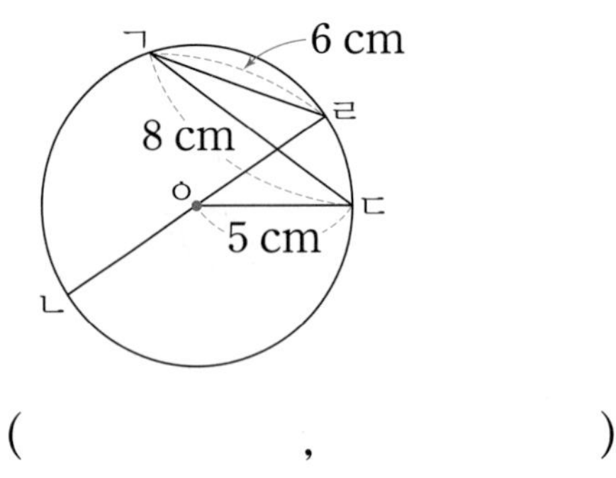

(　　　　　　,　　　　　　)

14 한 변이 12 cm인 정사각형 안에 원을 꼭 맞게 그렸습니다. 원의 반지름은 몇 cm입니까?

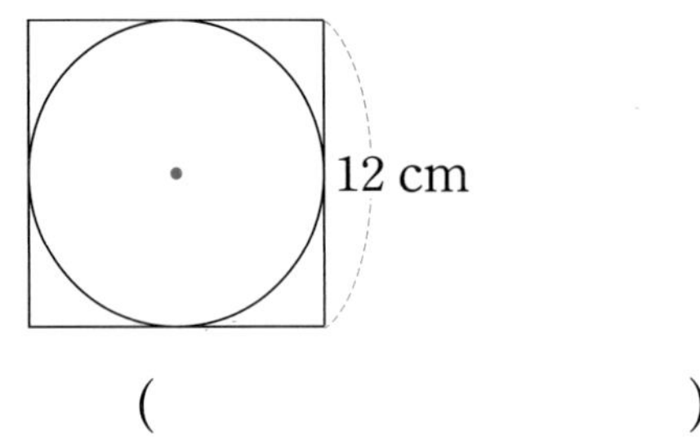

(　　　　　　)

15 큰 원부터 차례대로 기호를 써 보시오.

㉠ 지름이 13 cm인 원
㉡ 반지름이 6 cm인 원
㉢ 지름이 14 cm인 원
㉣ 반지름이 8 cm인 원

(　　　　　　)

파워 pick

16 점 ㄱ, 점 ㄴ은 원의 중심입니다. 선분 ㄱㄴ은 몇 cm입니까?

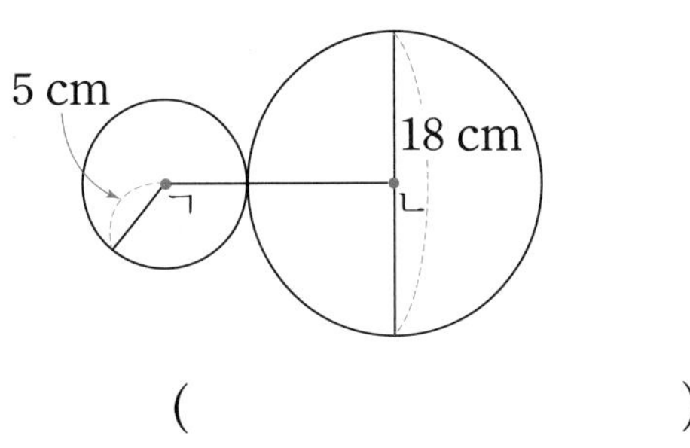

( )

서술형

17 반지름이 다음 원의 반지름의 3배가 되도록 원을 그렸습니다. 새로 그린 원의 지름은 몇 cm인지 풀이 과정을 쓰고 답을 구해 보시오.

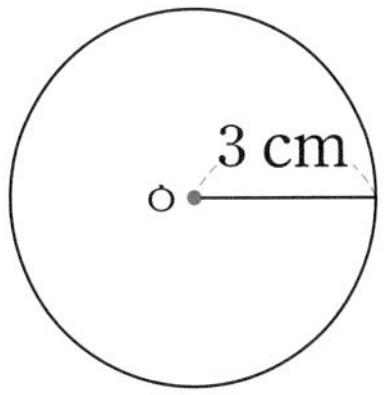

풀이 |

답 |

18 정사각형 안에 반지름이 6 cm인 원 4개를 겹치지 않게 이어 붙여서 그렸습니다. 정사각형의 네 변의 길이의 합은 몇 cm입니까?

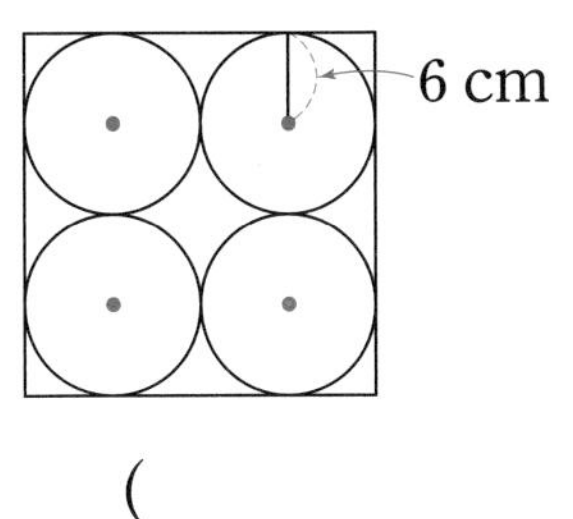

( )

개념책 54쪽

유형 4 컴퍼스를 이용하여 원 그리기

- 컴퍼스를 이용하여 원을 그리는 방법

❶ 원의 중심이 되는 점 정하기

❷ 컴퍼스를 원의 반지름만큼 벌리기

❸ 컴퍼스의 침을 원의 중심이 되는 점에 꽂고 컴퍼스를 돌려서 원 그리기

3 단원

19 주어진 선분을 반지름으로 하는 원을 그려 보시오.

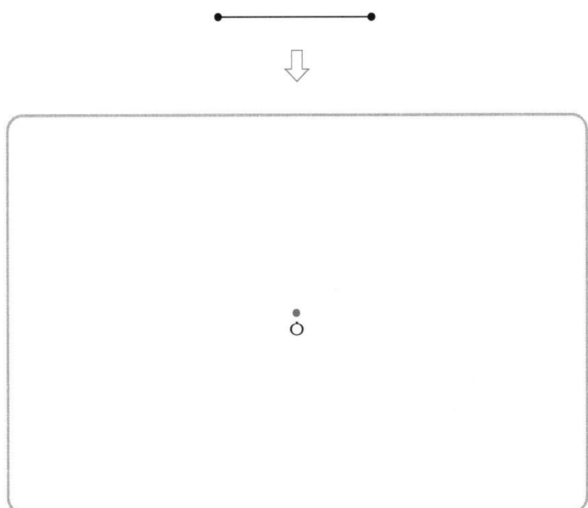

20 지름이 4 cm인 원을 그릴 수 있도록 컴퍼스를 바르게 벌린 것을 찾아 기호를 써 보시오.

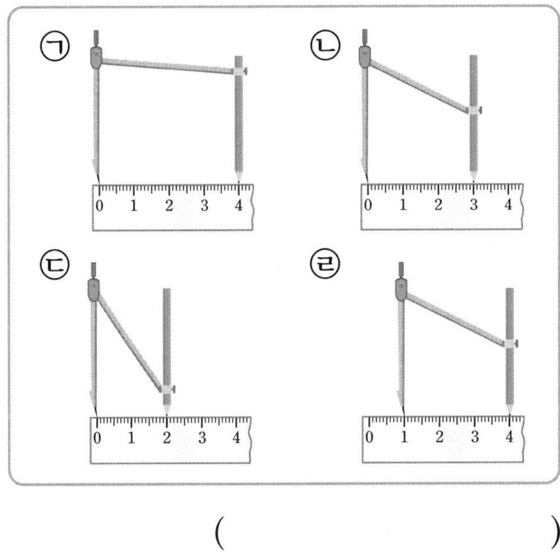

( )

실전유형 강화

21 자전거 앞바퀴와 크기가 같은 원을 그려 보시오.

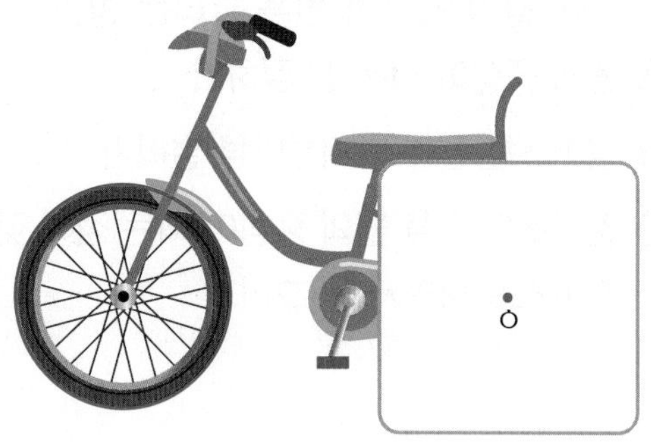

22 컴퍼스를 이용하여 크기가 서로 다른 원을 2개 그려 보세요.

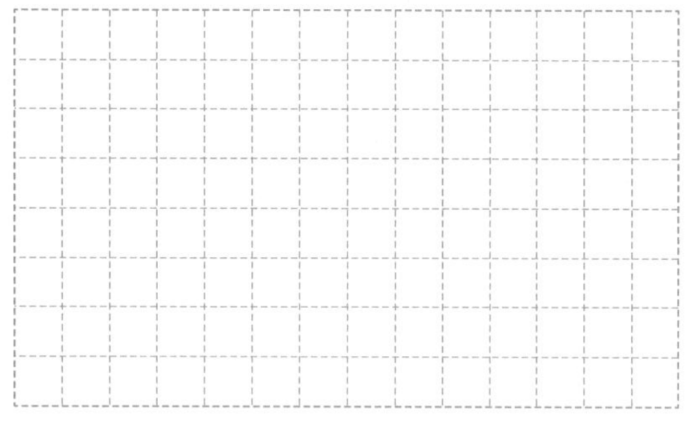

교과 역량

23 컴퍼스를 이용하여 각각 원을 그렸습니다. 크기가 다른 원을 그린 사람을 찾아 이름을 써 보시오.

- 성규: 반지름이 6 cm인 원을 그렸어.
- 예지: 컴퍼스를 12 cm만큼 벌려서 원을 그렸어.
- 주희: 지름이 12 cm인 원을 그렸어.

( )

24 점 ㅇ을 원의 중심으로 하는 지름이 4 cm, 5 cm인 원을 각각 그려 보시오.

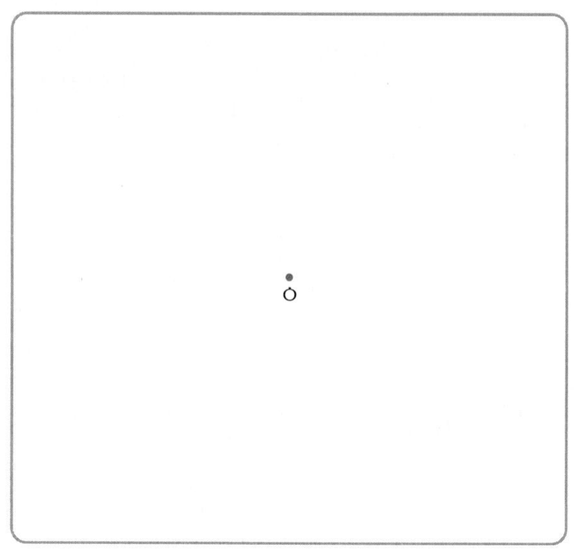

파워 pick

25 컴퍼스를 이용하여 태형이네 집의 위치를 지도에 점(●)으로 표시해 보시오.

태형이네 집은 ㉮로부터 1 cm, ㉯로부터 2 cm, ㉰로부터 3 cm 떨어진 곳에 있습니다.

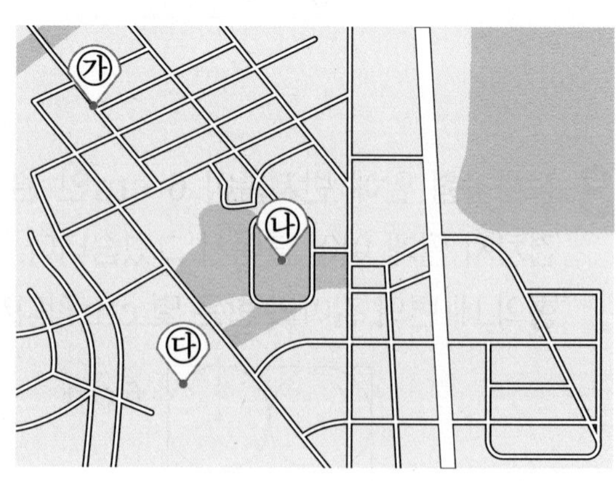

● 정답 53쪽

개념책 55쪽

유형 5 원을 이용하여 여러 가지 모양 그리기

원의 중심을 다르게 하면 원의 위치를,
원의 반지름을 다르게 하면 원의 크기를
다르게 하여 원을 그릴 수 있습니다.

26 주어진 모양을 그리기 위해 컴퍼스의 침을 꽂아야 할 곳을 모두 찾아 점(●)으로 표시해 보시오.

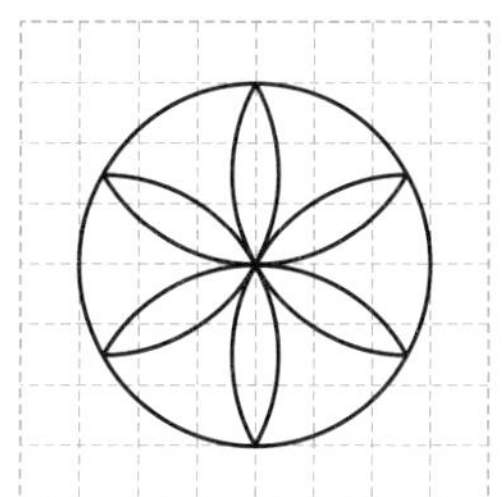

27 규칙을 찾아 □ 안에 알맞은 수를 써넣고, 규칙에 따라 원을 1개 더 그려 보시오.

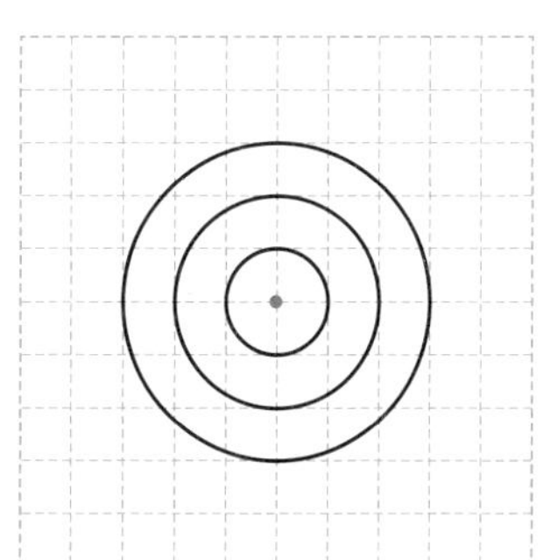

원의 중심은 같게 하고, 원의 지름은 모눈 □칸씩 늘어나는 규칙입니다.

교과 역량

28 원의 반지름은 같게 하고, 원의 중심만 다르게 하여 그린 모양을 찾아 기호를 써 보시오.

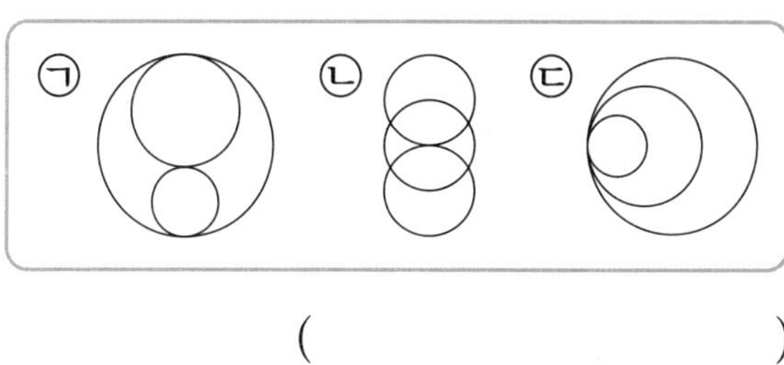

(   )

29 규칙을 찾아 원을 2개 더 그려 보시오.

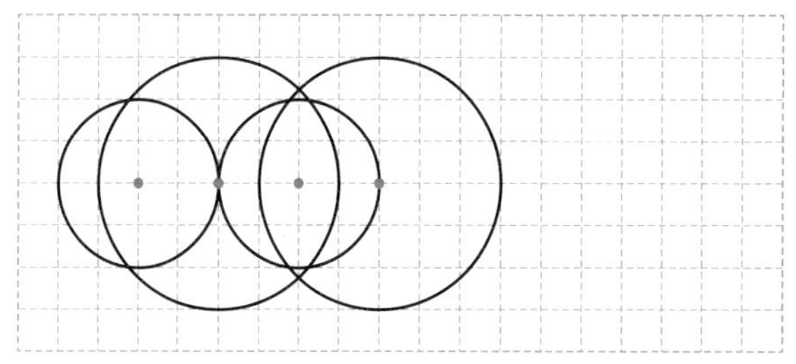

교과 역량 서술형

30 주어진 모양과 똑같이 그려 보고, 모양을 그린 방법을 설명해 보시오.

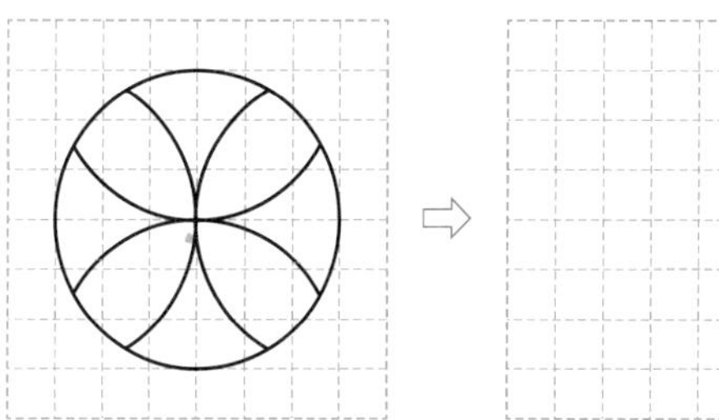

답 |

실전유형 강화

31 컴퍼스를 이용하여 태극 문양을 그려 보시오.
(단, 원의 크기는 자유롭게 그립니다.)

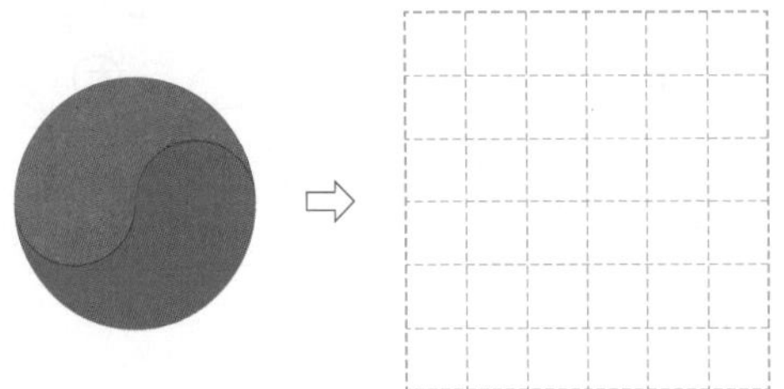

32 규칙을 찾아 원을 1개 더 그리고, 그린 원의 지름은 몇 cm인지 구해 보시오.

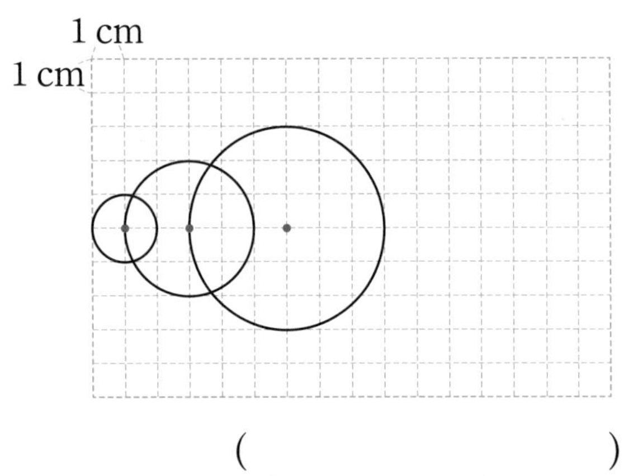

( )

33 두 모양을 그리기 위해 컴퍼스의 침을 꽂아야 할 곳의 수가 더 많은 모양의 기호를 써 보시오.

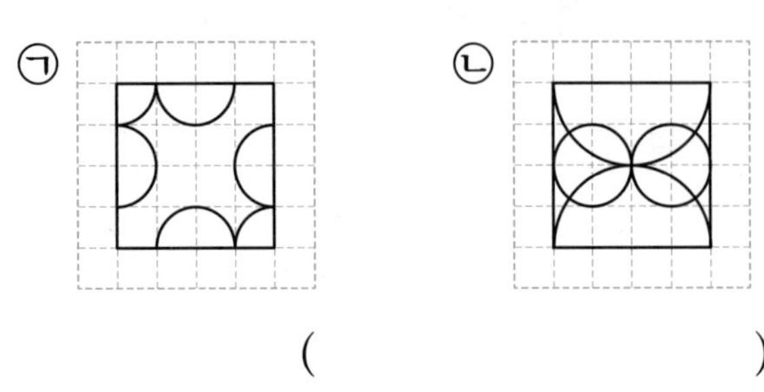

( )

★비법 있는★

유형 6 크기가 다른 원이 겹쳐 있을 때, 선분의 길이 구하기

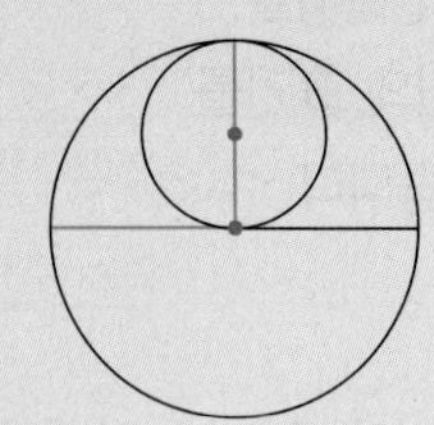

(큰 원의 반지름)
=(큰 원의 지름)÷2
=(작은 원의 지름)

34 점 ㄱ, 점 ㄴ은 원의 중심입니다. 선분 ㄱㄴ은 몇 cm입니까?

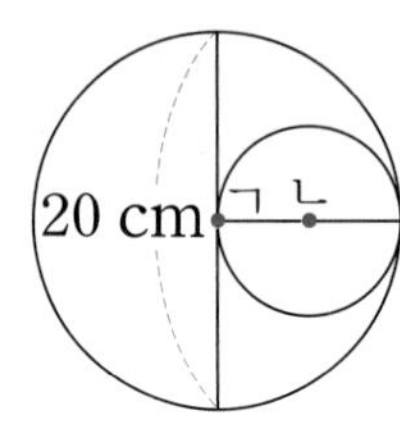

( )

35 큰 원 안에 크기가 같은 원 3개를 겹치지 않게 이어 붙여서 그렸습니다. 큰 원의 지름이 36 cm일 때, 작은 원의 반지름은 몇 cm입니까?

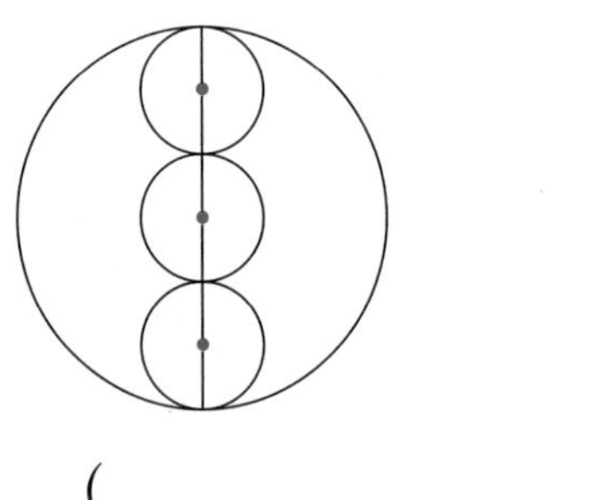

( )

교과 역량

36 점 ㄱ, 점 ㄴ, 점 ㄷ은 원의 중심입니다. 가장 큰 원의 지름은 몇 cm입니까?

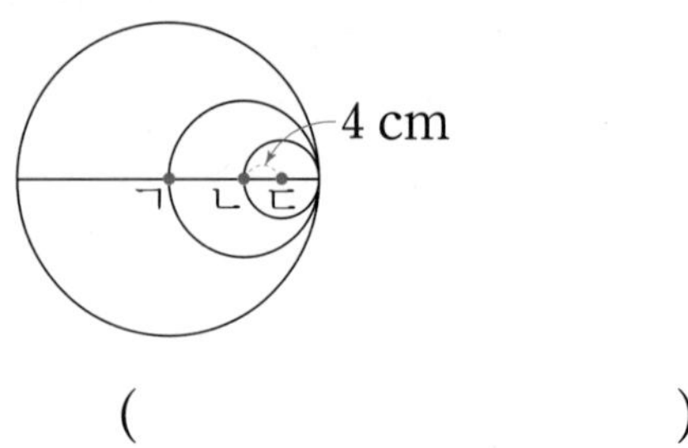

( )

★까다로운★

유형 7 원의 중심의 수 구하기

원을 이용하여 그린 모양에서
(원의 중심)=(컴퍼스의 침이 꽂혔던 곳)임을 이용하여 원의 중심의 수를 구합니다.
이때, 크기가 다르지만 **원의 중심이 같은 원은 한 번만** 세어 줍니다.

37 주어진 모양을 그릴 때, 원의 중심은 모두 몇 개입니까?

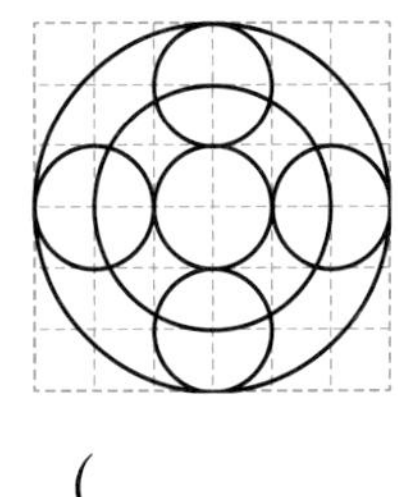

( )

38 주어진 모양을 그릴 때, 원의 중심은 모두 몇 개입니까?

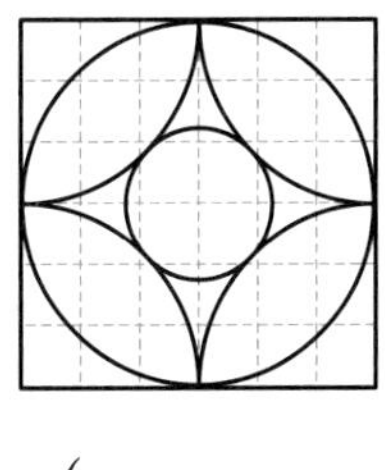

( )

39 ㉮와 ㉯를 그릴 때, 원의 중심의 수의 합은 모두 몇 개입니까?

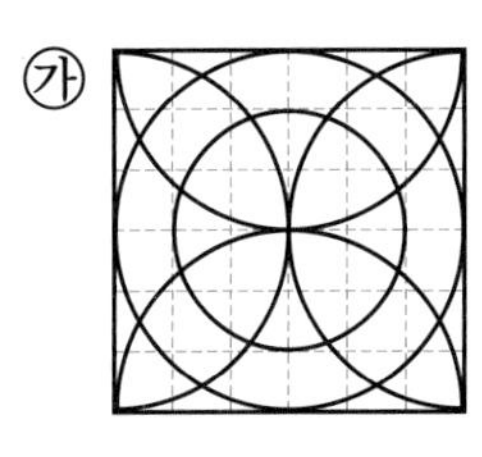

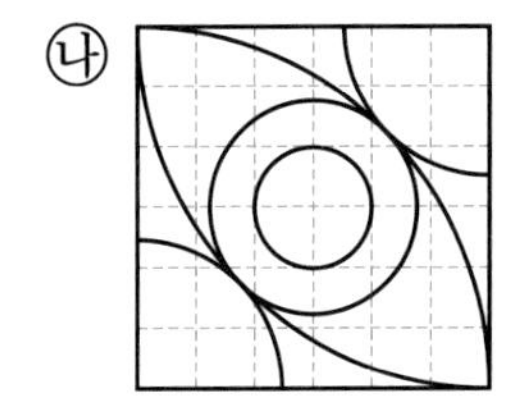

( )

★까다로운★

유형 8 삼각형의 세 변의 길이의 합을 알 때, 원의 반지름 구하기

❶ 원의 반지름을 □ cm라 하기
❷ 한 원에서 반지름은 길이가 모두 같음을 이용하여 삼각형의 세 변의 길이의 합을 구하는 식 만들기
❸ 원의 반지름 구하기

40 삼각형 ㅇㄱㄴ의 세 변의 길이의 합이 20 cm 일 때, 원의 반지름은 몇 cm입니까?

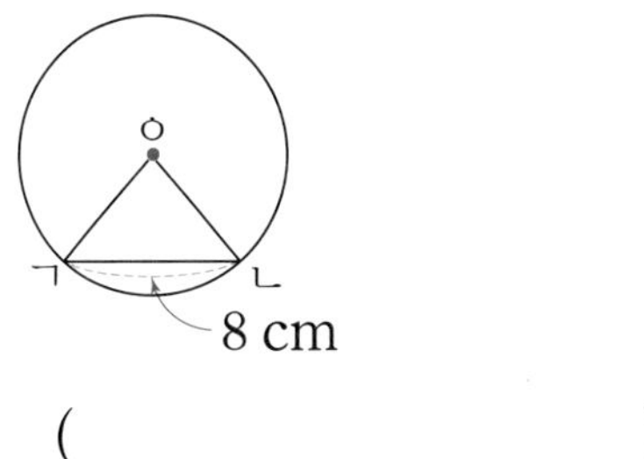

( )

41 삼각형 ㄱㄴㄷ의 세 변의 길이의 합이 48 cm 일 때, 원의 반지름은 몇 cm입니까?

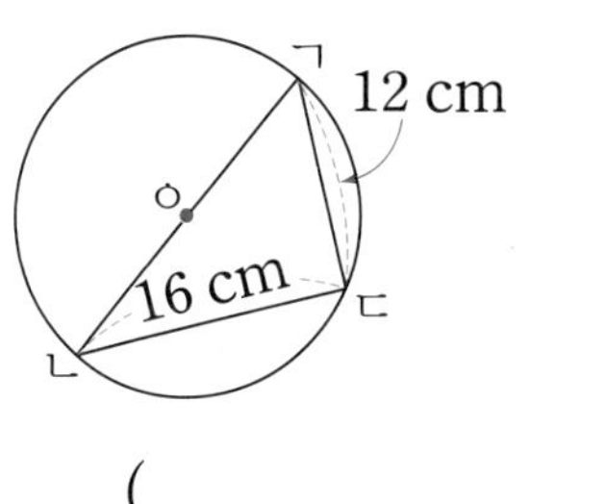

( )

42 삼각형 ㄱㅇㄴ의 세 변의 길이의 합이 31 cm 일 때, 원의 지름은 몇 cm입니까?

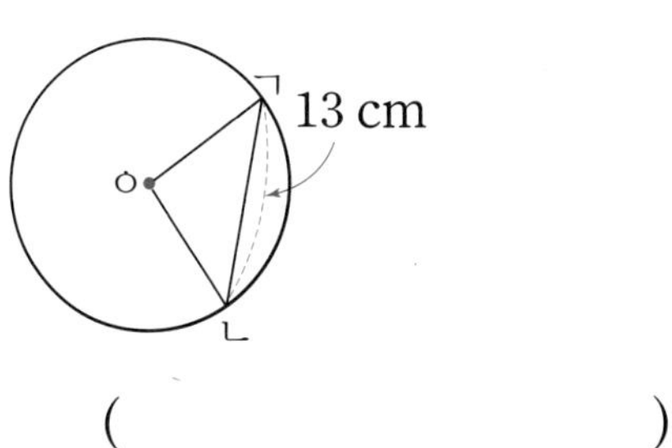

( )

3 단원

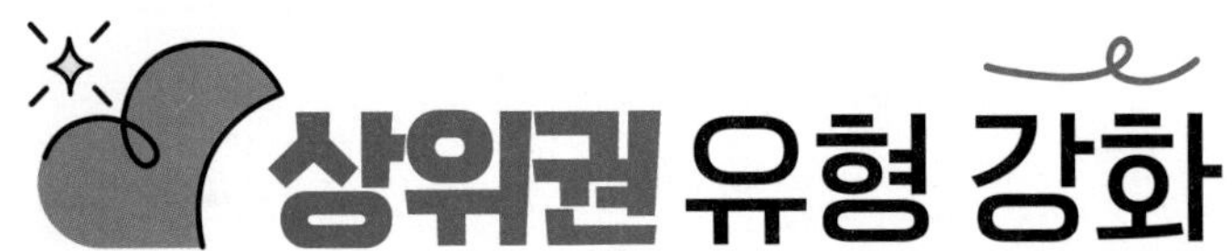

유형 9 • 원을 둘러싼 굵은 선의 길이 구하기 •

굵은 선의 길이는 원의 지름의 ■배야!

대표문제

43 지름이 3 cm인 원 4개를 겹치지 않게 이어 붙였습니다. 원을 둘러싼 굵은 선의 길이는 몇 cm입니까?

문제 풀이

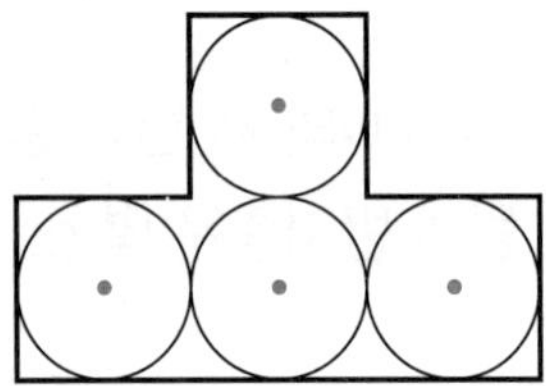

❶ □ 안에 알맞은 수 써넣기

원을 둘러싼 굵은 선의 길이는 원의 지름의 □배입니다.

❷ 원을 둘러싼 굵은 선의 길이 구하기

(　　　　　　　　)

44 지름이 5 cm인 원 5개를 겹치지 않게 이어 붙였습니다. 원을 둘러싼 굵은 선의 길이는 몇 cm입니까?

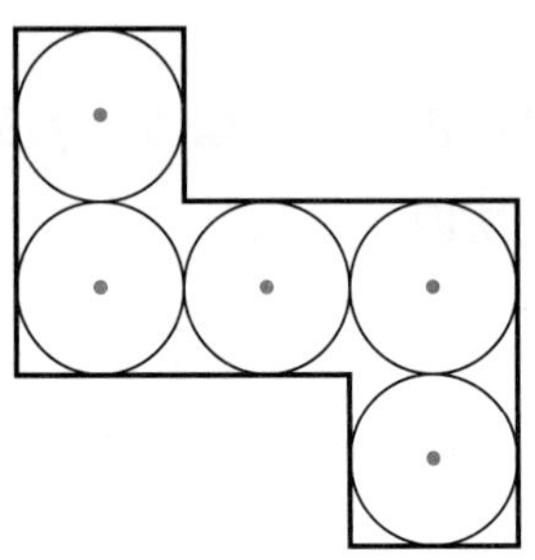

(　　　　　　　　)

45 반지름이 4 cm인 원 7개를 겹치지 않게 이어 붙였습니다. 원을 둘러싼 굵은 선의 길이는 몇 cm입니까?

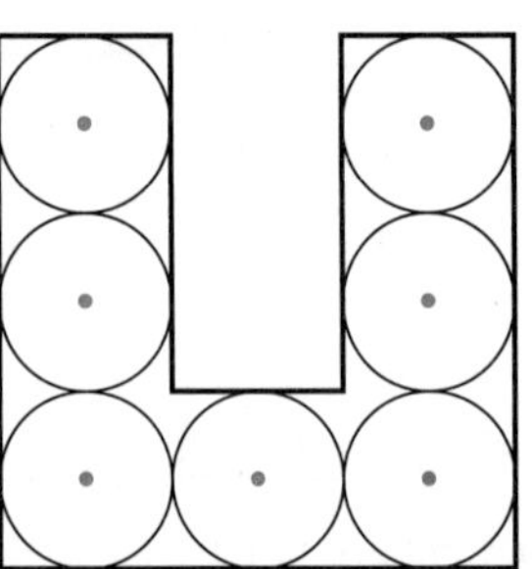

(　　　　　　　　)

유형 10 • 원의 중심을 이어 만든 도형의 모든 변의 길이의 합 구하기 •

겹친 원의 중심을 이어 만든 도형의 각 변의 길이는 원의 반지름과 같아!

대표문제

46 반지름이 9 cm인 원 3개를 서로 원의 중심이 지나도록 겹치게 그린 다음 세 원의 중심을 이어 삼각형을 만들었습니다. 삼각형 ㄱㄴㄷ의 세 변의 길이의 합은 몇 cm입니까?

문제 풀이

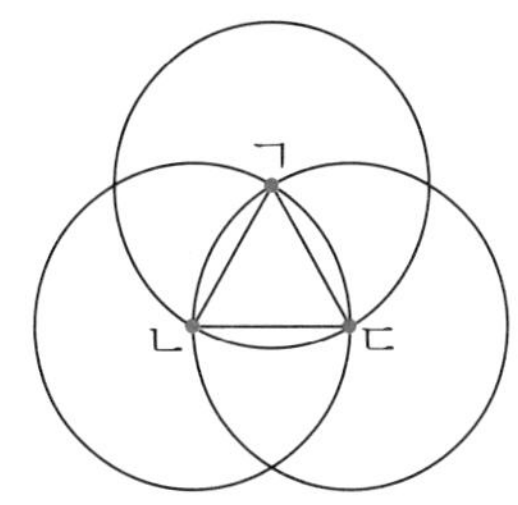

❶ 삼각형 ㄱㄴㄷ의 세 변의 길이 각각 구하기

변	변 ㄱㄴ	변 ㄴㄷ	변 ㄷㄱ
길이(cm)			

❷ 삼각형 ㄱㄴㄷ의 세 변의 길이의 합 구하기

( )

47 반지름이 8 cm인 원 4개를 서로 원의 중심이 지나도록 겹치게 그린 다음 네 원의 중심을 이어 사각형을 만들었습니다. 사각형 ㄱㄴㄷㄹ의 네 변의 길이의 합은 몇 cm입니까?

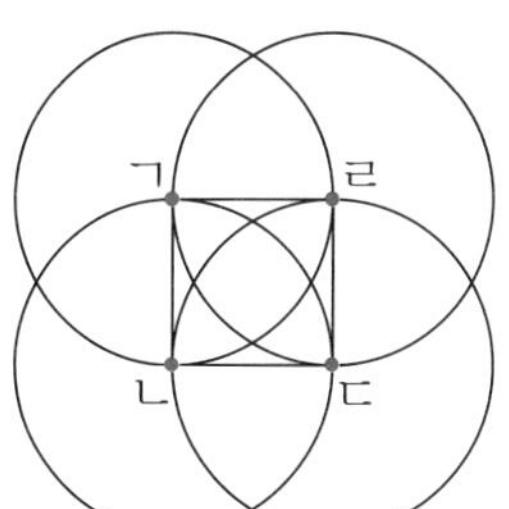

( )

48 반지름이 7 cm인 원 3개를 그린 다음 세 원의 중심을 이어 삼각형을 만들었습니다. 삼각형 ㄱㄴㄷ의 세 변의 길이의 합은 몇 cm입니까?

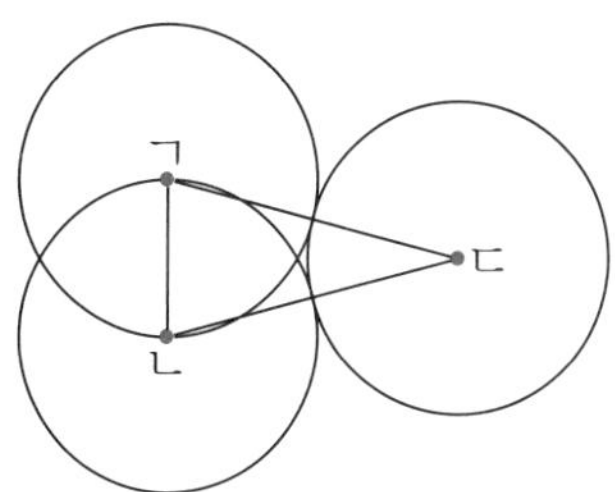

( )

3 단원

유형 11 • 서로 원의 중심이 지나도록 겹쳤을 때, 원의 반지름 구하기 •

겹친 원이 ■개일 때, 큰 원의 지름은 작은 원의 반지름의 (■+1)배야!

대표문제

49 큰 원 안에 크기가 같은 원 3개를 서로 원의 중심이 지나도록 겹쳐서 그렸습니다. 큰 원의 지름이 28 cm일 때, 작은 원의 반지름은 몇 cm입니까?

문제 풀이

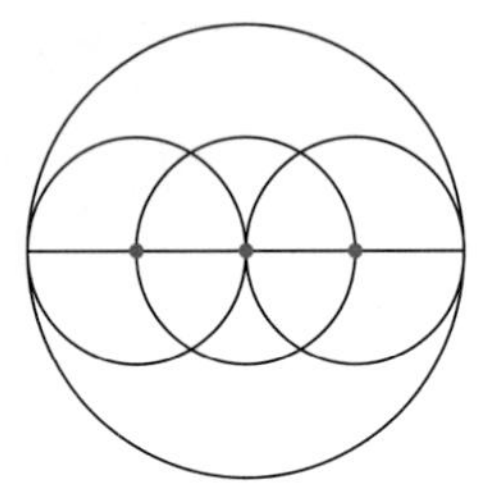

❶ 큰 원의 지름은 작은 원의 반지름의 몇 배인지 구하기

( )

❷ 작은 원의 반지름 구하기

( )

50 큰 원 안에 크기가 같은 원 5개를 서로 원의 중심이 지나도록 겹쳐서 그렸습니다. 큰 원의 지름이 30 cm일 때, 작은 원의 반지름은 몇 cm입니까?

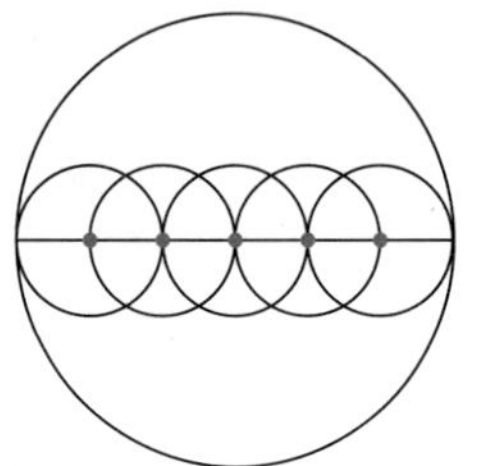

( )

51 큰 원 안에 크기가 같은 원 8개를 서로 원의 중심이 지나도록 겹쳐서 그렸습니다. 큰 원의 지름이 36 cm일 때, 작은 원의 반지름은 몇 cm입니까?

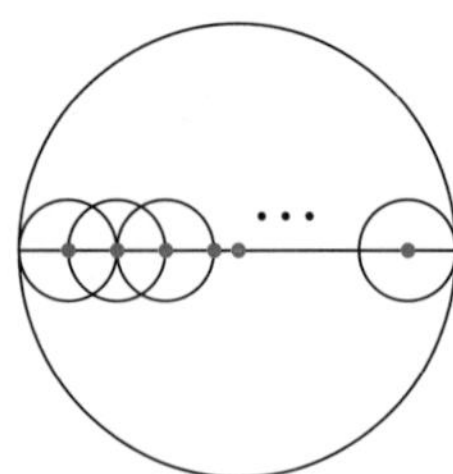

( )

유형 12 • 규칙에 따라 원을 그릴 때, ■째 원의 지름 구하기 •

■째 원의 반지름은 첫째 원의 반지름보다 늘어나는 반지름의 (■ − 1)배만큼 더 길어!

대표문제

52 그림과 같이 원의 중심을 같게 하고, 원의 반지름만 일정하게 늘여 가며 원을 그리고 있습니다. 규칙에 따라 원을 그릴 때, 다섯째 원의 지름은 몇 cm입니까?

문제 풀이

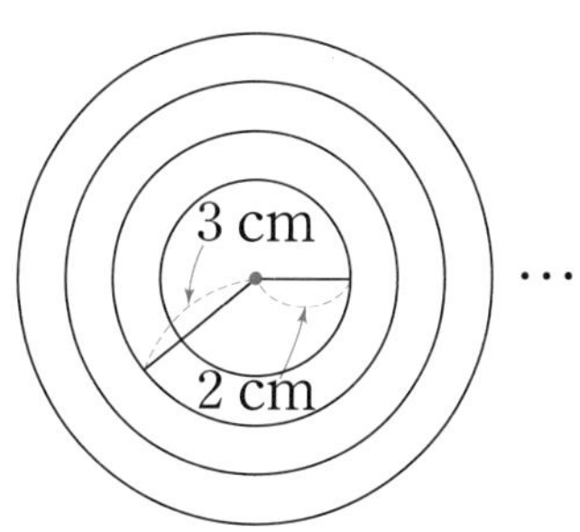

❶ 반지름이 몇 cm씩 늘어나는 규칙인지 구하기

(　　　　　　　　　　)

❷ 다섯째 원의 지름 구하기

(　　　　　　　　　　)

53 그림과 같이 원의 중심을 같게 하고, 원의 반지름만 일정하게 늘여 가며 원을 그리고 있습니다. 규칙에 따라 원을 그릴 때, 여섯째 원의 지름은 몇 cm입니까?

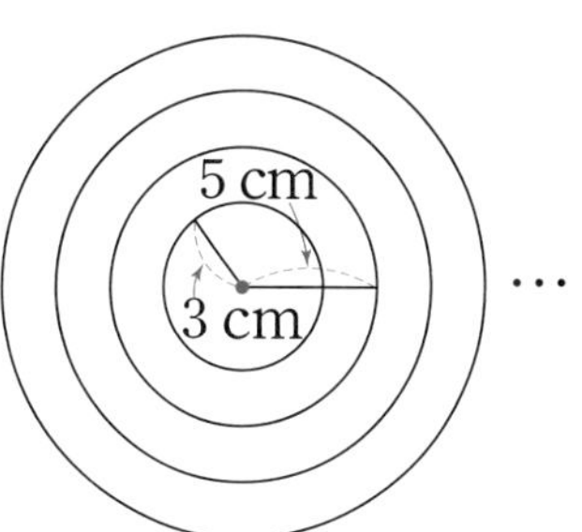

(　　　　　　　　　　)

54 그림과 같이 원의 중심을 오른쪽으로 이동하고, 원의 반지름을 일정하게 늘여 가며 원을 그리고 있습니다. 규칙에 따라 원을 그릴 때, 여덟째 원의 지름은 몇 cm입니까?

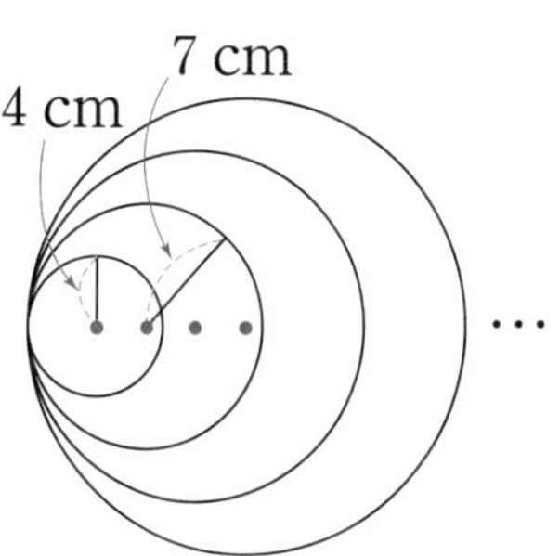

(　　　　　　　　　　)

(1~2) 원을 보고 물음에 답하시오.

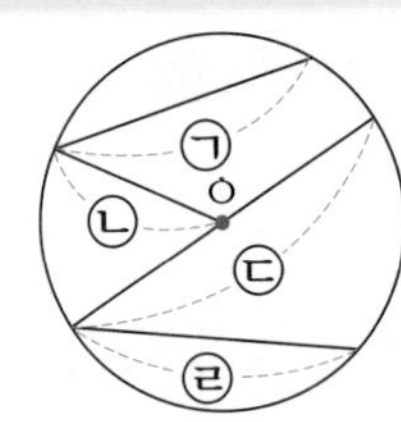

1 원의 반지름을 찾아 기호를 써 보시오.

( )

2 원의 지름을 찾아 기호를 써 보시오.

( )

3 컴퍼스를 이용하여 반지름이 3 cm인 원을 그리려고 합니다. 원을 그리는 순서대로 기호를 써 보시오.

> ㉠ 컴퍼스를 3 cm가 되도록 벌립니다.
> ㉡ 컴퍼스의 침을 점 ㅇ에 꽂고 컴퍼스를 돌려서 원을 그립니다.
> ㉢ 원의 중심이 되는 점 ㅇ을 정합니다.

( )

4 □ 안에 알맞은 수를 써넣으시오.

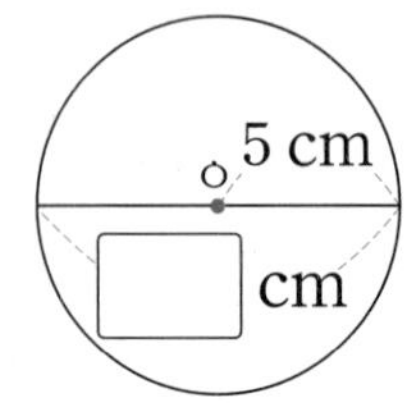

5 컴퍼스를 이용하여 지름이 8 cm인 원을 그리려고 합니다. 컴퍼스를 몇 cm만큼 벌려야 합니까?

( )

6 원에 대한 설명이 옳은 것을 찾아 기호를 써 보시오.

> ㉠ 한 원에서 원의 중심은 무수히 많습니다.
> ㉡ 한 원에서 반지름은 지름의 반입니다.
> ㉢ 원의 중심을 지나도록 원 위의 두 점을 이은 선분은 원의 반지름입니다.

( )

7 점 ㅇ을 원의 중심으로 하는 지름이 6 cm인 원을 그려 보시오.

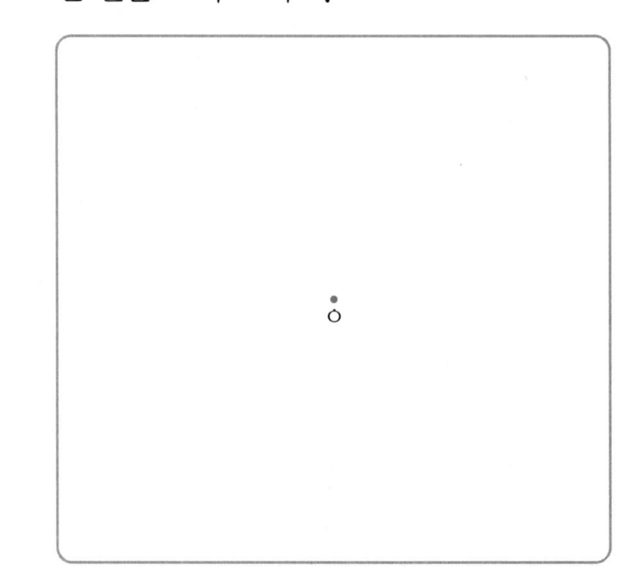

ㅇ

8 점 ㄱ, 점 ㄴ은 원의 중심입니다. 선분 ㄱㄴ 은 몇 cm입니까?

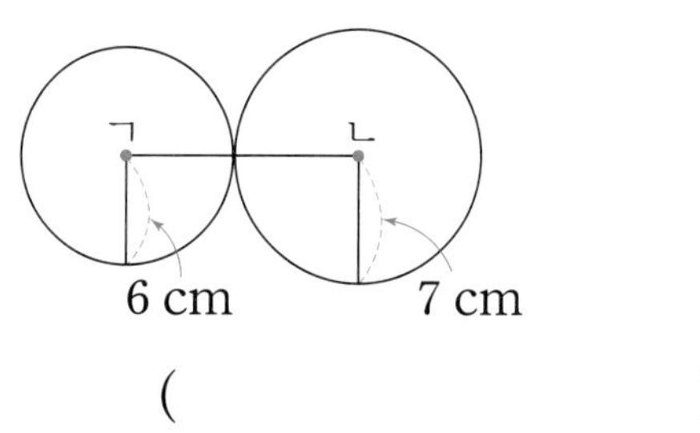

( )

잘 틀리는 문제

9 원의 중심과 원의 반지름을 모두 다르게 하여 그린 모양을 찾아 기호를 써 보시오.

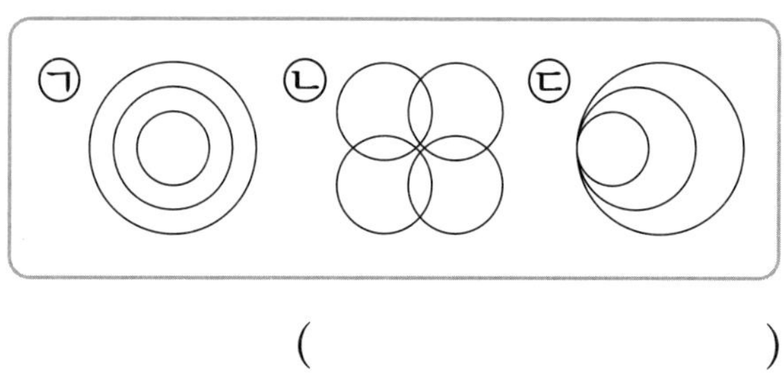

( )

10 주어진 모양과 똑같이 그려 보시오.

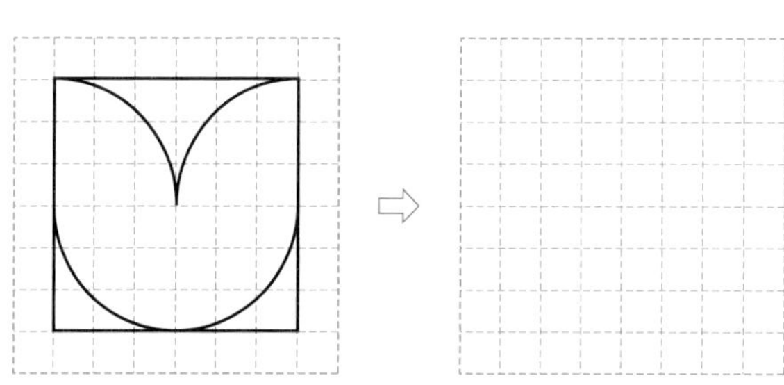

11 한 변이 16 cm인 정사각형 안에 가장 큰 원을 그리려고 합니다. 원의 지름을 몇 cm로 그려야 합니까?

( )

12 점 ㅇ이 원의 중심일 때, 작은 원의 반지름은 몇 cm입니까?

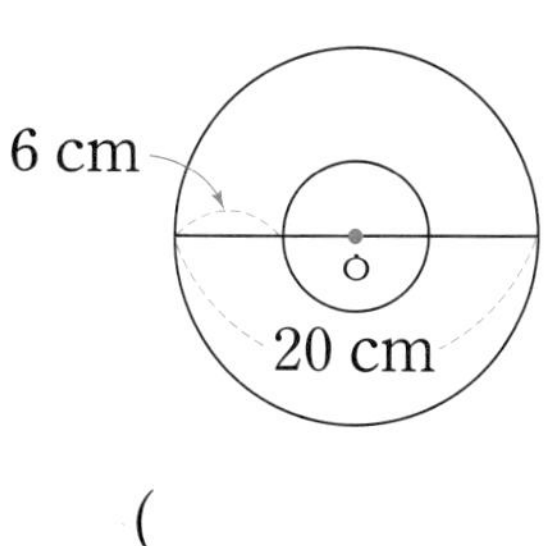

( )

13 컴퍼스를 이용하여 각각 원을 그렸습니다. 크기가 가장 작은 원을 그린 사람을 찾아 이름을 써 보시오.

- 미희: 반지름이 7 cm인 원을 그렸어.
- 영규: 컴퍼스를 11 cm만큼 벌려서 원을 그렸어.
- 지후: 지름이 20 cm인 원을 그렸어.
- 슬아: 반지름이 9 cm인 원을 그렸어.

( )

14 주어진 모양을 그릴 때, 원의 중심은 모두 몇 개입니까?

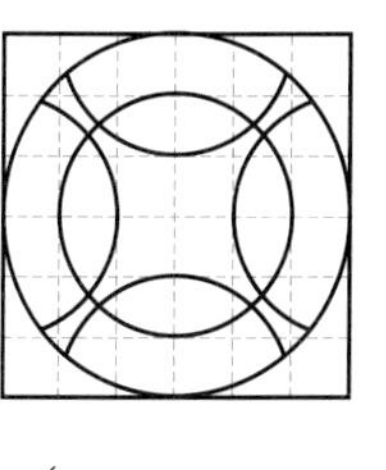

( )

3 단원

잘 틀리는 문제

15 규칙을 찾아 원을 2개 더 그려 보시오.

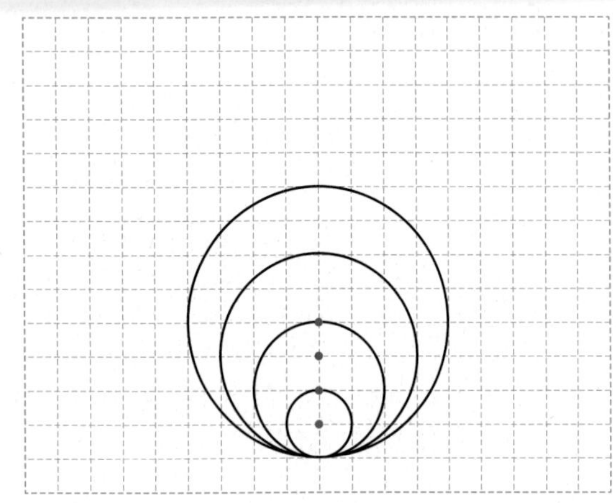

16 가장 큰 원의 지름은 몇 cm입니까?

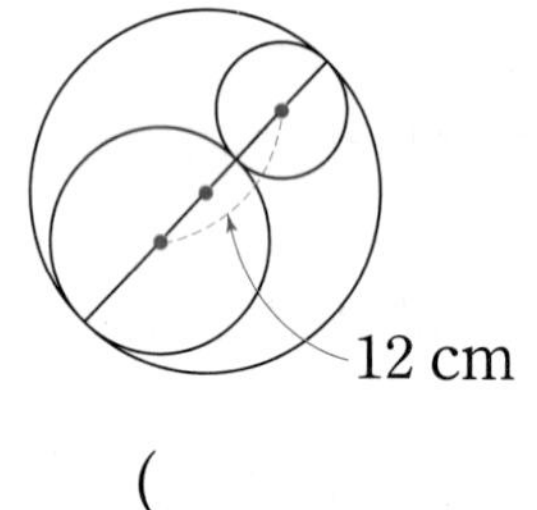

(　　　　　　　　　)

17 반지름이 6 cm인 원 3개를 서로 원의 중심이 지나도록 겹치게 그린 다음 세 원의 중심을 이어 삼각형을 만들었습니다. 삼각형 ㄱㄴㄷ의 세 변의 길이의 합은 몇 cm입니까?

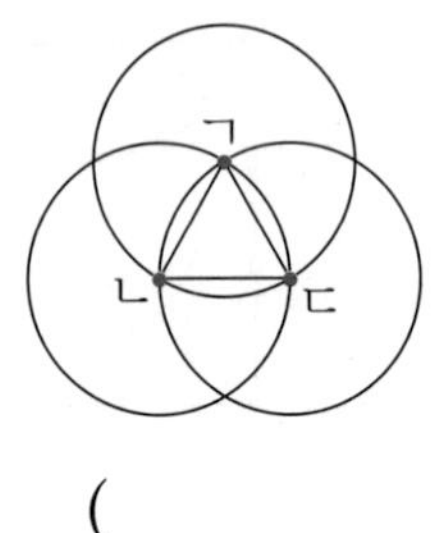

(　　　　　　　　　)

서술형 문제

18 선분 ㄱㄹ과 길이가 같은 선분을 찾아 쓰려고 합니다. 풀이 과정을 쓰고 답을 구해 보시오.

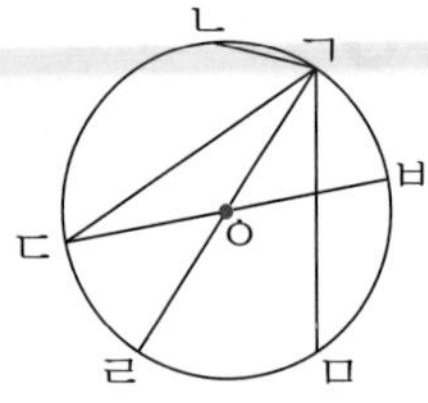

풀이 |

답 |

19 큰 원 안에 크기가 같은 원 4개를 겹치지 않게 이어 붙여서 그렸습니다. 큰 원의 지름이 32 cm일 때, 작은 원의 반지름은 몇 cm인지 풀이 과정을 쓰고 답을 구해 보시오.

풀이 |

답 |

20 지름이 8 cm인 원 4개를 겹치지 않게 이어 붙였습니다. 원을 둘러싼 굵은 선의 길이는 몇 cm인지 풀이 과정을 쓰고 답을 구해 보시오.

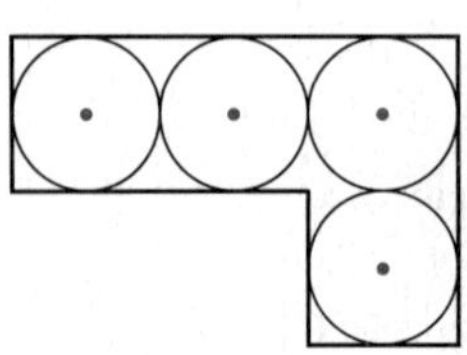

풀이 |

답 |

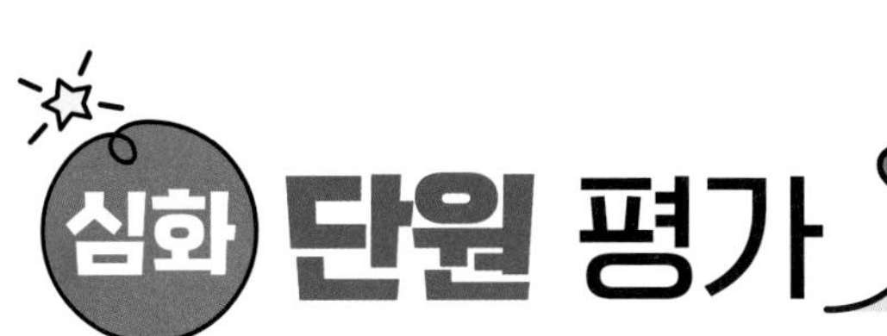

점수 확인

● 정답 59쪽

1 원의 반지름은 몇 cm입니까?

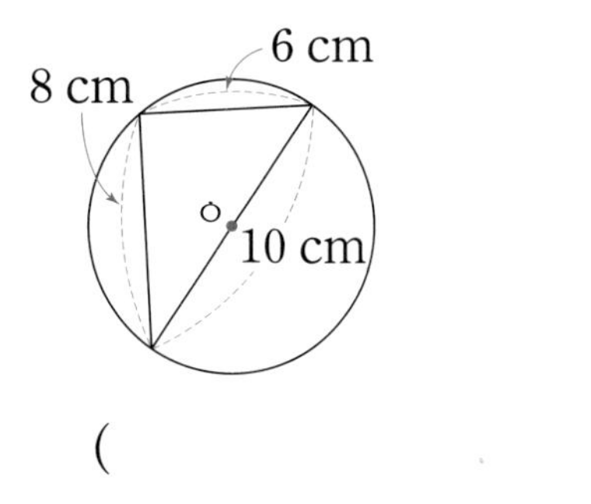

(   )

2 주어진 모양을 그리기 위해 원을 그릴 때마다 다르게 해야 하는 것을 찾아 기호를 써 보시오.

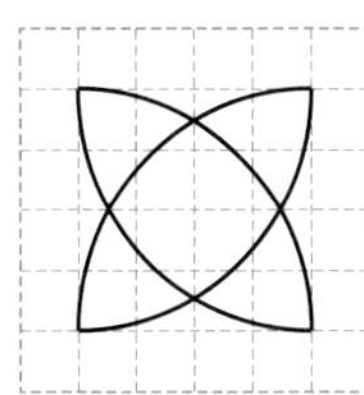

㉠ 원의 지름
㉡ 원의 중심
㉢ 원의 반지름

(   )

3 주어진 원과 크기가 같은 원을 그려 보시오.

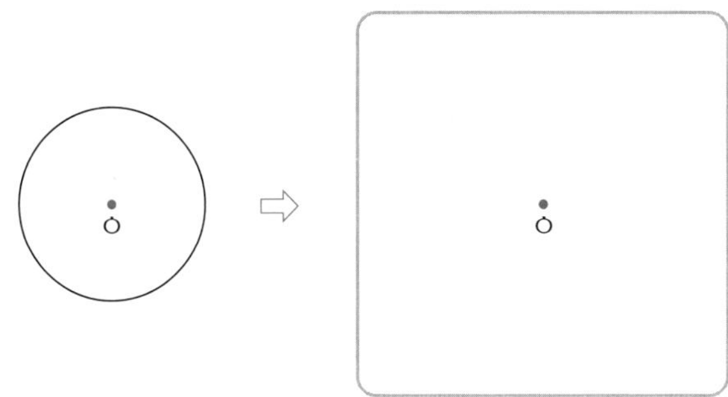

4 점 ㄱ, 점 ㄴ, 점 ㄷ은 원의 중심입니다. 선분 ㄱㄷ은 몇 cm입니까?

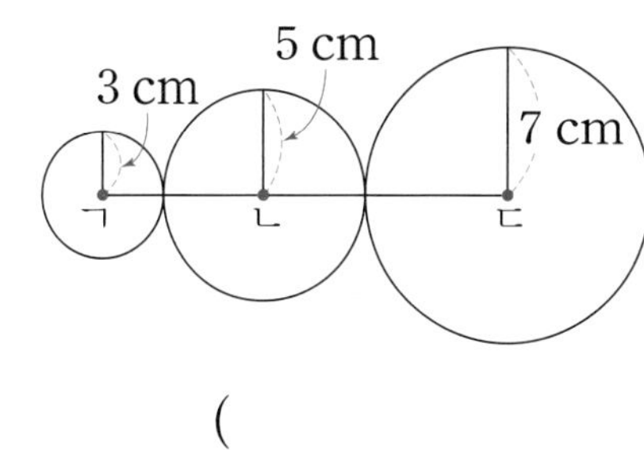

(   )

5 규칙을 찾아 원을 2개 더 그려 보시오.

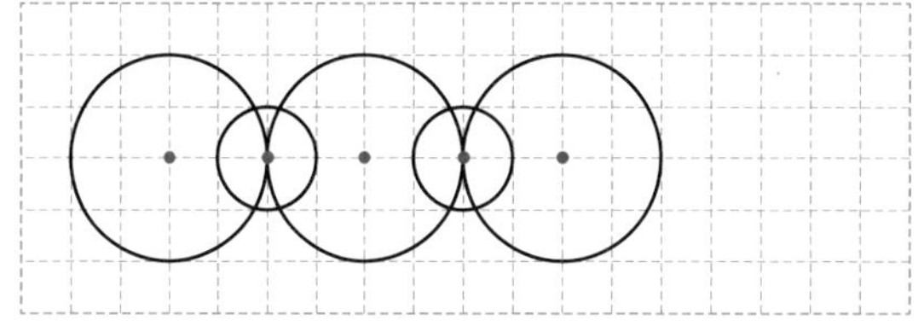

6 크기가 같은 원 5개를 서로 원의 중심이 지나도록 겹쳐서 그렸습니다. 선분 ㄱㄴ은 몇 cm입니까?

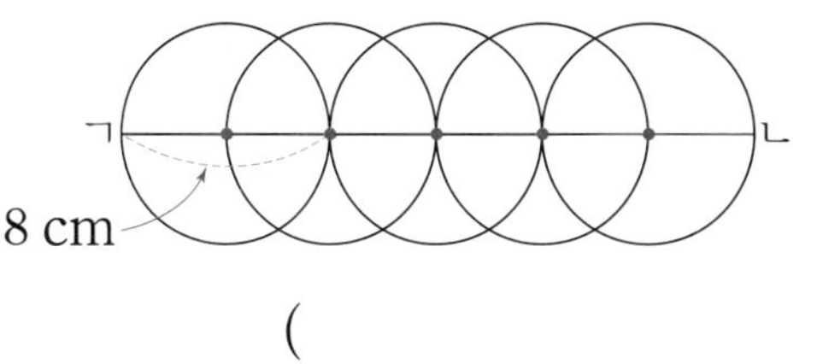

(   )

3 단원

7 점 ㄱ, 점 ㄴ, 점 ㄷ은 원의 중심입니다. 선분 ㄱㄷ은 몇 cm입니까?

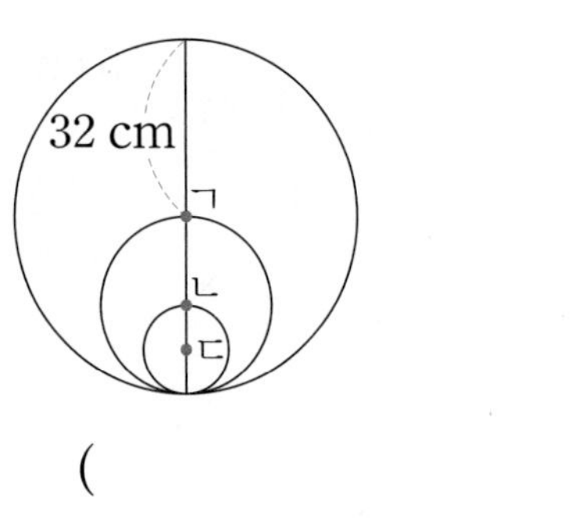

(   )

8 그림과 같이 원의 중심을 같게 하고, 원의 반지름만 일정하게 늘여 가며 원을 그리고 있습니다. 규칙에 따라 원을 그릴 때, 일곱째 원의 지름은 몇 cm입니까?

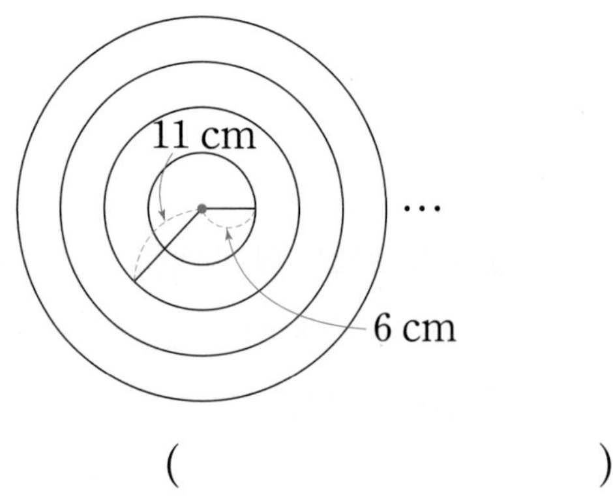

(   )

서술형 문제

9 반지름이 6 cm인 원 4개를 겹치지 않게 붙인 다음 네 원의 중심을 이어 사각형을 만들었습니다. 사각형 ㄱㄴㄷㄹ의 네 변의 길이의 합은 몇 cm인지 풀이 과정을 쓰고 답을 구해 보시오.

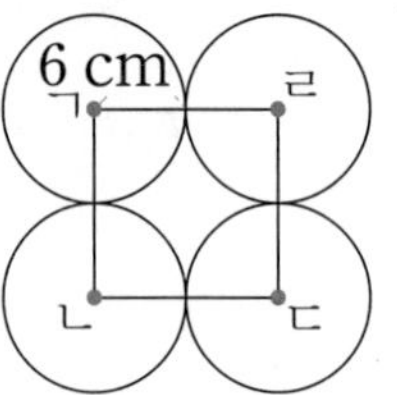

풀이 |

답 |

10 큰 원 안에 크기가 같은 원 4개를 서로 원의 중심이 지나도록 겹쳐서 그렸습니다. 큰 원의 지름이 20 cm일 때, 작은 원의 반지름은 몇 cm인지 풀이 과정을 쓰고 답을 구해 보시오.

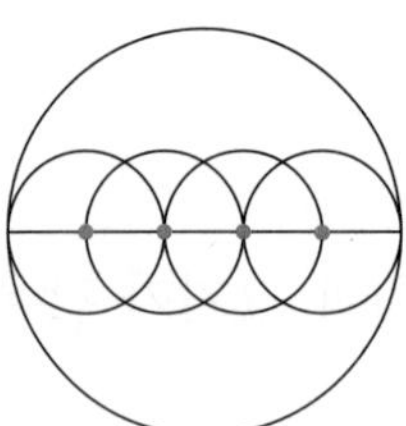

풀이 |

답 |

4 분수

실전유형 강화

- 파워pick 교과서에 자주 나오는 응용 문제
- 교과 역량 생각하는 힘을 키우는 문제

개념책 68쪽

유형 1 부분은 전체의 얼마인지 분수로 나타내기

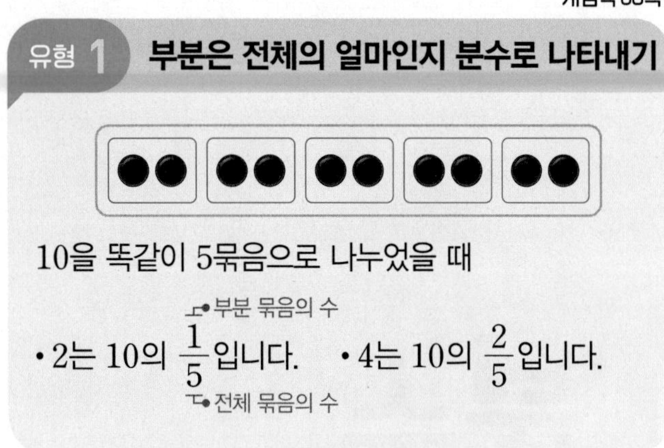

10을 똑같이 5묶음으로 나누었을 때

- 2는 10의 $\frac{1}{5}$입니다. (1: 부분 묶음의 수, 5: 전체 묶음의 수)
- 4는 10의 $\frac{2}{5}$입니다.

1 파란색 구슬과 초록색 구슬은 각각 전체 구슬의 얼마인지 분수로 나타내 보시오.

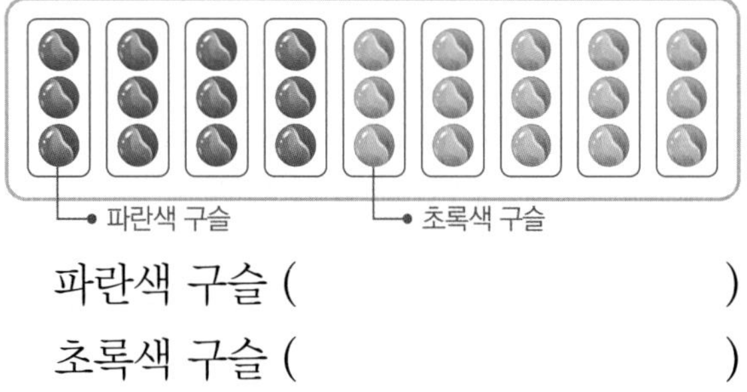

파란색 구슬 (　　　　　　　)

초록색 구슬 (　　　　　　　)

2 공깃돌 42개를 6개씩 묶으면 공깃돌 24개는 42개의 $\frac{㉠}{㉡}$입니다. ㉠+㉡의 값을 구해 보시오.

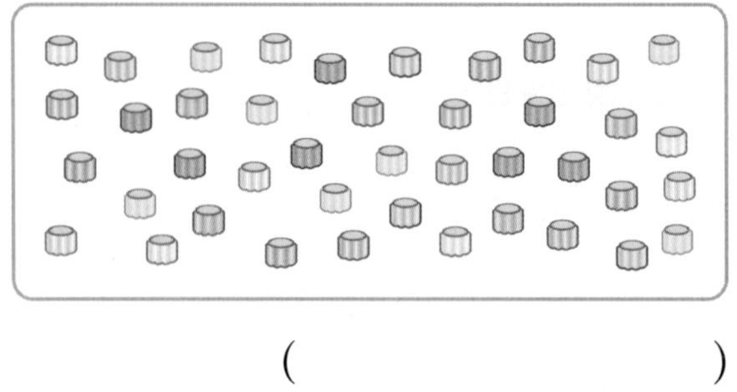

(　　　　　　　)

3 □ 안에 알맞은 수를 써넣으시오.

(1) 30을 5씩 묶으면 5는 30의 $\frac{\square}{\square}$입니다.

(2) 30을 6씩 묶으면 18은 30의 $\frac{\square}{\square}$입니다.

교과 역량

4 준호는 사과 12개 중에서 6개를 이웃에게 나누어 주었습니다. 사과 12개를 3개씩 묶으면 준호가 나누어 준 사과 6개는 12개의 얼마인지 분수로 나타내 보시오.

(　　　　　　　)

파워pick 서술형

5 잘못 말한 사람을 찾아 이름을 쓰고, 잘못 말한 내용을 바르게 고쳐 보시오.

- 정원: 36을 4씩 묶으면 16은 36의 $\frac{4}{9}$야.
- 예준: 36을 6씩 묶으면 30은 36의 $\frac{5}{6}$야.
- 지후: 36을 9씩 묶으면 27은 36의 $\frac{4}{5}$야.

답 |

개념책 69쪽, 70쪽

유형 2 전체의 분수만큼은 얼마인지 알아보기

●●● ●●● ●●●

9를 똑같이 3묶음으로 나누었을 때

• 9의 $\frac{1}{3}$은 3입니다. • 9의 $\frac{2}{3}$는 6입니다.

6 □ 안에 알맞은 수를 써넣으시오.

(1) 18의 $\frac{2}{3}$는 □입니다.

(2) 36 cm의 $\frac{1}{9}$은 □ cm입니다.

(3) 60분의 $\frac{2}{6}$는 □분입니다.

7 같은 것끼리 선으로 이어 보시오.

15의 $\frac{1}{5}$ •　　　　• 12

21의 $\frac{2}{7}$ •　　　　• 6

　　　　　　　　　　• 3

8 나타내는 수가 다른 하나를 찾아 기호를 써 보시오.

㉠ 28의 $\frac{1}{4}$　㉡ 35의 $\frac{1}{5}$　㉢ 42의 $\frac{1}{7}$

(　　　　　　)

9 유리는 딱지를 30장 가지고 있습니다. 이 중에서 $\frac{1}{6}$을 친구에게 주었습니다. 친구에게 준 딱지는 몇 장입니까?

(　　　　　　)

교과 역량

10 준하는 길이가 400 m인 운동장 한 바퀴를 어제는 전체의 $\frac{1}{2}$만큼, 오늘은 전체의 $\frac{3}{4}$만큼 달렸습니다. 준하가 어제와 오늘 운동장을 달린 거리는 모두 몇 m입니까?

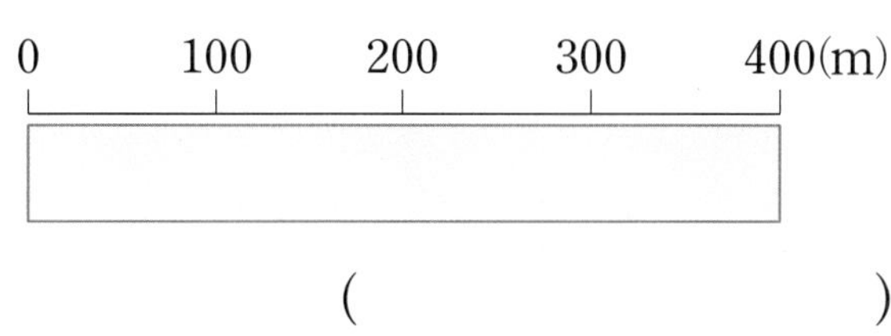

(　　　　　　)

11 〈조건〉에 맞게 파란색과 빨간색으로 ○를 색칠하고, □ 안에 알맞은 수를 써넣으시오.

〈조건〉
• 파란색: 15의 $\frac{3}{5}$　• 빨간색: 15의 $\frac{2}{5}$

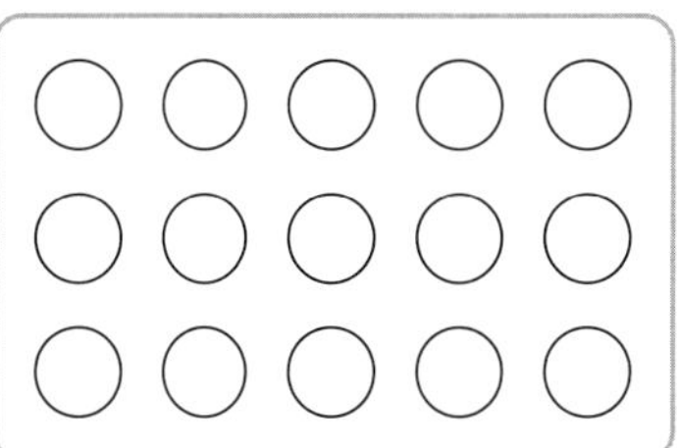

파란색 ○는 □개이고,

빨간색 ○는 □개입니다.

실전유형 강화

교과 역량

12 수아네 집에서 놀이공원까지의 거리는 21 km입니다. 공원은 집에서 놀이공원으로 가는 길의 $\frac{5}{7}$만큼의 거리에 있습니다. 수아네 집에서 공원까지의 거리는 몇 km입니까?

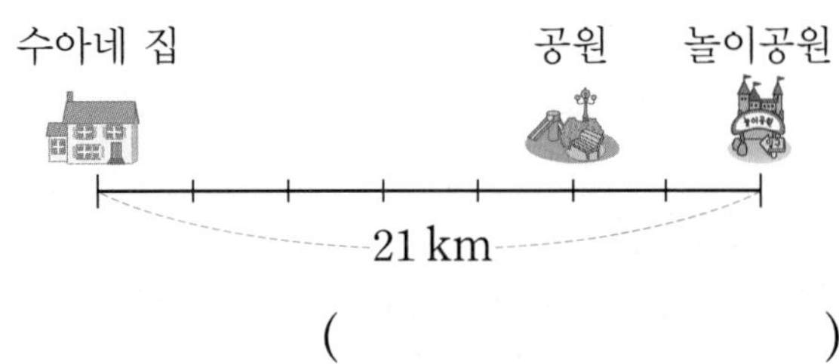

(　　　　　　　　)

13 상수는 사탕 27개의 $\frac{2}{3}$만큼 먹었고, 희서는 사탕 27개의 $\frac{5}{9}$만큼 먹었습니다. 상수와 희서 중에서 누가 사탕을 몇 개 더 많이 먹었습니까?

(　　　　,　　　　)

14 선생님께서 길이가 32 cm인 철사를 민규와 경수에게 똑같이 나누어 주셨습니다. 민규는 받은 철사의 $\frac{3}{8}$만큼 사용했습니다. 민규가 사용한 철사는 몇 cm입니까?

(　　　　　　　　)

개념책 74쪽, 75쪽

유형 3 분수의 종류, 자연수

- 진분수: 분자가 분모보다 **작은** 분수 → 예 $\frac{1}{4}$
- 가분수: 분자가 분모와 **같거나** 분모보다 **큰** 분수
- 자연수: 1, 2, 3과 같은 수　예 $\frac{4}{4}$, $\frac{5}{4}$
- 대분수: **자연수**와 **진분수**로 이루어진 분수 → 예 $1\frac{3}{4}$

15 대분수를 모두 찾아 써 보시오.

$\frac{8}{9}$　$1\frac{2}{7}$　$5\frac{5}{6}$　$\frac{12}{12}$　$\frac{1}{3}$

(　　　　　　　　)

16 진분수는 가분수보다 몇 개 더 많습니까?

$\frac{7}{8}$　$\frac{1}{2}$　$\frac{6}{5}$　$\frac{2}{4}$　$\frac{9}{9}$

(　　　　　　　　)

서술형

17 자연수 3을 분모가 7인 분수로 나타내려고 합니다. 풀이 과정을 쓰고 답을 구해 보시오.

풀이 |

답 |

18 분수를 수직선에 ↑로 각각 나타내 보시오.

$\frac{4}{5}$ $\frac{10}{5}$ $1\frac{1}{5}$ $1\frac{3}{5}$

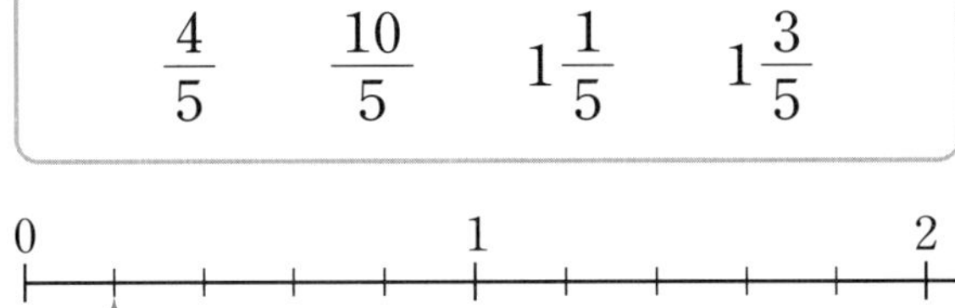

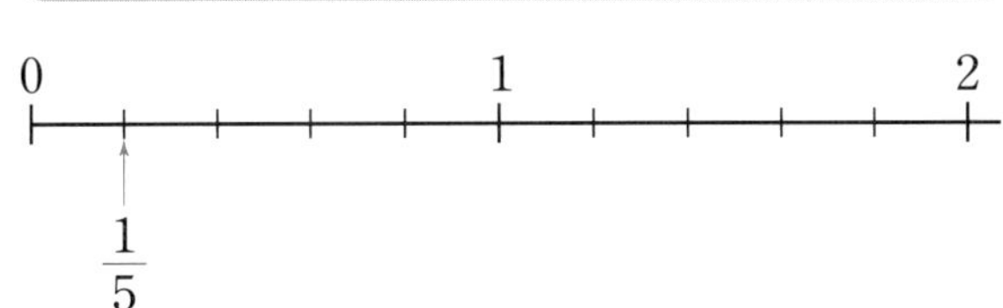

19 $\frac{■}{9}$가 진분수일 때, ■가 될 수 있는 자연수 중에서 가장 큰 수는 얼마입니까?

( )

20 분자가 5인 가분수를 만들려고 합니다. 분모가 1보다 큰 자연수라면 분모가 될 수 있는 수는 모두 몇 개입니까?

$\frac{5}{\square}$

( )

교과 역량

21 수 카드 3장을 모두 한 번씩만 사용하여 만들 수 있는 대분수를 모두 써 보시오.

2 5 8

( )

개념책 75쪽

유형 4 대분수를 가분수로, 가분수를 대분수로 나타내기

4 단원

• **대분수를 가분수로** 나타내기

$1\frac{3}{5}$ ⇨ $\frac{5}{5}$와 $\frac{3}{5}$ ⇨ $\frac{8}{5}$

• **가분수를 대분수로** 나타내기

$\frac{13}{6}$ ⇨ $\frac{12}{6}$와 $\frac{1}{6}$ ⇨ $2\frac{1}{6}$

22 다음을 보고 대분수는 가분수로, 가분수는 대분수로 나타내 보시오.

〈주스를 만드는 데 필요한 재료〉

사과 $\frac{3}{2}$개, 토마토 $1\frac{3}{4}$개, 꿀 $1\frac{1}{3}$숟가락

$\frac{3}{2}=\square\frac{\square}{\square}$, $1\frac{3}{4}=\frac{\square}{\square}$, $1\frac{1}{3}=\frac{\square}{\square}$

23 $3\frac{2}{7}$는 $\frac{1}{7}$이 몇 개입니까?

( )

24 ㉠과 ㉡에 알맞은 수의 합은 얼마입니까?

• $4\frac{3}{5}=\frac{㉠}{5}$ • $\frac{31}{6}=㉡\frac{1}{6}$

( )

25 대분수로 나타냈을 때 자연수가 가장 큰 가분수를 찾아 써 보시오.

$\frac{27}{6}$　　$\frac{23}{9}$　　$\frac{25}{8}$

(　　　　　　　)

26 〈조건〉에 알맞은 가분수를 찾아 대분수로 나타내 보시오.

〈조건〉
- 분모와 분자의 합은 25입니다.
- 분모는 8입니다.

(　　　　　　　)

27 은지는 우유를 매일 같은 컵으로 $\frac{1}{4}$컵씩 마십니다. 은지가 3주일 동안 우유를 마셨다면 모두 몇 컵을 마신 것인지 대분수로 나타내 보시오.

(　　　　　　　)

교과 역량

28 어떤 대분수의 자연수와 분자를 바꾼 수를 가분수로 나타냈더니 $\frac{19}{5}$였습니다. 어떤 대분수를 구해 보시오.

(　　　　　　　)

개념책 76쪽

유형 5 분모가 같은 분수의 크기 비교

- **가분수**끼리의 크기 비교
  ⇨ 분자가 클수록 더 큰 분수
- **대분수**끼리의 크기 비교
  ⇨ 자연수가 클수록 더 큰 분수이고,
  자연수가 같으면 분자가 클수록 더 큰 분수
- **가분수와 대분수**의 크기 비교
  ⇨ 가분수 또는 대분수로 나타내 크기 비교

29 두 분수의 크기를 비교하여 ○ 안에 >, =, < 중 알맞은 것을 써넣으시오.

(1) $\frac{12}{5}$ ○ $\frac{11}{5}$

(2) $2\frac{3}{6}$ ○ $2\frac{5}{6}$

(3) $4\frac{3}{8}$ ○ $5\frac{1}{8}$

30 분수의 크기를 잘못 비교한 것을 찾아 기호를 써 보시오.

㉠ $\frac{5}{2}>1\frac{1}{2}$　　㉡ $4\frac{3}{4}<\frac{17}{4}$
㉢ $\frac{17}{6}<3\frac{1}{6}$　　㉣ $2\frac{5}{12}>\frac{25}{12}$

(　　　　　　　)

31 크기가 작은 분수부터 차례대로 가분수로 나타내 보시오.

$\frac{1}{6}$이 29개인 수 　 $3\frac{5}{6}$ 　 $\frac{35}{6}$

(　)

서술형

32 다현이는 $\frac{9}{5}$시간 동안 독서를 하고, $1\frac{2}{5}$시간 동안 숙제를 했습니다. 다현이는 독서와 숙제 중에서 어느 것을 더 오래 했는지 풀이 과정을 쓰고 답을 구해 보시오.

풀이 |

답 |

33 세 사람이 미술 시간에 사용한 찰흙의 양입니다. 찰흙을 가장 적게 사용한 사람을 찾아 이름을 써 보시오.

민재	세연	우진
$3\frac{7}{8}$ kg	$\frac{25}{8}$ kg	$3\frac{3}{8}$ kg

(　)

(34~35) 분수를 보고 물음에 답하시오.

$3\frac{3}{7}$ 　 $\frac{38}{7}$ 　 $\frac{27}{7}$ 　 $2\frac{2}{7}$ 　 $\frac{8}{7}$

34 $\frac{16}{7}$과 같거나 $\frac{16}{7}$보다 작은 분수를 모두 찾아 써 보시오.

(　)

파워 pick

35 $\frac{11}{7}$보다 크고 $5\frac{1}{7}$보다 작은 분수는 모두 몇 개입니까?

(　)

교과 역량

36 〈조건〉에 알맞은 분수를 모두 구해 보시오.

〈조건〉
- 분모가 9인 대분수입니다.
- 6보다 큽니다.
- $\frac{59}{9}$보다 작습니다.

(　)

실전유형 강화

까다로운

유형 6 남은 수 구하기

❶ 전체의 분수만큼은 얼마인지 구하기

● 의 $\frac{1}{■}$ → ● ÷ ■

● 의 $\frac{▲}{■}$ → (● ÷ ■)가 ▲개

❷ 전체에서 ❶에서 구한 수를 빼고 남은 수 구하기

37 혜원이는 방울토마토 20개의 $\frac{3}{4}$을 먹었습니다. 남은 방울토마토는 몇 개입니까?

( )

38 수영이는 길이가 36 cm인 철사의 $\frac{4}{6}$를 사용했습니다. 남은 철사는 몇 cm입니까?

( )

39 색연필 45자루가 있었습니다. 45자루의 $\frac{4}{9}$는 언니에게 주고, 45자루의 $\frac{1}{3}$은 동생에게 주었습니다. 남은 색연필은 몇 자루입니까?

( )

까다로운

유형 7 두 분수의 크기 비교에서 □ 안에 알맞은 자연수 구하기

예 $1\frac{□}{9} < \frac{11}{9}$의 □ 안에 알맞은 자연수 구하기

❶ □가 있는 분수와 같은 분수의 종류로 나타내기

⇨ $1\frac{□}{9}$가 대분수이므로 $\frac{11}{9} = 1\frac{2}{9}$

❷ □ 안에 알맞은 자연수 구하기

⇨ $1\frac{□}{9} < 1\frac{2}{9}$에서 □ < 2이므로 □ = 1

40 □ 안에 알맞은 자연수를 구해 보시오.

$$3\frac{□}{6} < \frac{20}{6}$$

( )

41 □ 안에 들어갈 수 있는 자연수 중에서 가장 큰 수를 구해 보시오.

$$\frac{□}{8} < 4\frac{1}{8}$$

( )

42 □ 안에 들어갈 수 있는 자연수는 모두 몇 개입니까?

$$2\frac{6}{11} < \frac{□}{11} < 3\frac{1}{11}$$

( )

★비법 있는★

유형 8 전체의 수 구하기

• 전체의 $\frac{1}{■}$은 ㉠입니다.

⇨ (전체)=㉠×■

• 전체의 $\frac{▲}{■}$는 ㉡입니다.

⇨ (전체)=(㉡÷▲)×■

(㉡÷▲ → 전체의 $\frac{1}{■}$)

43 □ 안에 알맞은 수를 써넣으시오.

(1) □의 $\frac{1}{7}$은 11입니다.

(2) □의 $\frac{4}{9}$는 20입니다.

44 희정이는 전체 리본의 $\frac{3}{5}$을 사용했습니다. 희정이가 사용한 리본이 9 cm일 때, 전체 리본은 몇 cm입니까?

(　　　　　　　)

45 준수가 가지고 있는 전체 구슬의 $\frac{5}{6}$는 25개이고, 윤아가 가지고 있는 전체 구슬의 $\frac{3}{8}$은 12개입니다. 준수와 윤아 중에서 가지고 있는 전체 구슬이 더 많은 사람은 누구입니까?

(　　　　　　　)

★비법 있는★

유형 9 가장 큰(작은) 분수 만들기

세 수 ①, ②, ③이 0<①<②<③일 때

• 두 수로 가장 큰 가분수 만들기

$\frac{③}{①}$ (③ → 가장 큰 수, ① → 가장 작은 수)

• 세 수로 대분수 만들기

가장 큰 대분수	가장 작은 대분수
③$\frac{①}{②}$ (③ → 가장 큰 수)	①$\frac{②}{③}$ (① → 가장 작은 수)

46 수 카드 3장 중 2장을 뽑아 한 번씩만 사용하여 만들 수 있는 가장 큰 가분수를 대분수로 나타내 보시오.

4　7　6

(　　　　　　　)

47 수 카드 3장을 모두 한 번씩만 사용하여 만들 수 있는 가장 큰 대분수를 가분수로 나타내 보시오.

3　9　4

(　　　　　　　)

48 수 카드 4장 중 3장을 뽑아 한 번씩만 사용하여 만들 수 있는 가장 작은 대분수를 가분수로 나타내 보시오.

5　8　9　2

(　　　　　　　)

상위권 유형 강화

유형 10 • 분모와 분자의 합과 차를 이용하여 알맞은 분수 구하기 •

합이 ●인 두 수를 찾은 뒤, 이 중에서 차가 ▲인 두 수를 찾아!

대표문제

49 분자와 분모의 합이 8이고 차가 2인 진분수를 구해 보시오.

문제 풀이

❶ 두 수의 합이 8이 되도록 표 완성하기

합이 8인 두 수	1	2	3	4
	7			

❷ 위 ❶의 표에서 차가 2인 두 수 구하기

(,)

❸ 분자와 분모의 합이 8이고 차가 2인 진분수 구하기

( )

50 분자와 분모의 합이 13이고 차가 5인 가분수를 구해 보시오.

( )

51 분자와 분모의 합이 19이고 차가 7인 가분수를 대분수로 나타내 보시오.

( )

4 단원

유형 11 • 튀어 오르는 공의 높이 구하기 •

(튀어 오르는 공의 높이)=(떨어뜨린 공의 높이의 **)**

대표문제

52 어떤 공은 땅에 닿으면 떨어진 높이의 $\frac{5}{6}$만큼 튀어 오릅니다. 이 공을 72 cm 높이에서 떨어뜨린다면 두 번째로 튀어 오르는 공의 높이는 몇 cm입니까?

문제 풀이

❶ 첫 번째로 튀어 오르는 공의 높이 구하기

(　　　　　　　　)

❷ 두 번째로 튀어 오르는 공의 높이 구하기

(　　　　　　　　)

53 어떤 공은 땅에 닿으면 떨어진 높이의 $\frac{4}{7}$만큼 튀어 오릅니다. 이 공을 98 cm 높이에서 떨어뜨린다면 두 번째로 튀어 오르는 공의 높이는 몇 cm입니까?

(　　　　　　　　)

54 어떤 공은 땅에 닿으면 떨어진 높이의 $\frac{3}{4}$만큼 튀어 오릅니다. 이 공을 64 m 높이에서 떨어뜨린다면 세 번째로 튀어 오르는 공의 높이는 몇 m입니까?

(　　　　　　　　)

유형 12 • 남은 양을 분수로 나타내기 •

처음 양을 ■씩 묶었을 때, 남은 양은 전체의 $\frac{(\text{남은 양})\div■}{(\text{처음 양})\div■}$ 야!

대표문제

55 수미는 쿠키 24개 중에서 9개를 먹었습니다. 24개를 3개씩 묶으면 남은 쿠키는 처음에 있던 쿠키의 얼마인지 분수로 나타내 보시오.

문제 풀이

❶ 남은 쿠키의 수 구하기

( )

❷ 처음에 있던 쿠키의 묶음 수와 남은 쿠키의 묶음 수 각각 구하기

처음 쿠키 ( )
남은 쿠키 ( )

❸ 남은 쿠키는 처음에 있던 쿠키의 얼마인지 분수로 나타내기

( )

56 지환이는 초콜릿 35개 중에서 15개를 먹었습니다. 35개를 5개씩 묶으면 남은 초콜릿은 처음에 있던 초콜릿의 얼마인지 분수로 나타내 보시오.

( )

57 나리는 귤 48개를 한 봉지에 4개씩 담았습니다. 그중 몇 봉지를 친구에게 주었더니 남은 귤이 20개였습니다. 나리가 친구에게 준 귤은 처음에 있던 귤의 얼마인지 분수로 나타내 보시오.

( )

유형 13 • 분자를 비교하여 ㉠에 알맞은 수 구하기 •

대분수를 가분수로 나타낼 때 구한 분수의 분자들의 합과 주어진 가분수의 분자는 같아!

대표문제

58 대분수를 가분수로 나타낸 것입니다. ㉠에 알맞은 수를 구해 보시오.

문제 풀이

$$3\frac{1}{㉠}=\frac{16}{㉠}$$

❶ $3\frac{1}{㉠}$을 가분수로 나타내는 과정 알아보기

$$3\frac{1}{㉠} \Rightarrow \frac{\square\times㉠}{㉠} \text{과 } \frac{\square}{㉠} \Rightarrow \frac{16}{㉠}$$

❷ ㉠에 알맞은 수 구하기

(　　　　　　　　　　)

59 대분수를 가분수로 나타낸 것입니다. ㉠에 알맞은 수를 구해 보시오.

$$4\frac{5}{㉠}=\frac{37}{㉠}$$

(　　　　　　　　　　)

60 대분수를 가분수로 나타낸 것입니다. 1부터 9까지의 수 중에서 ㉠과 ㉡에 알맞은 수를 각각 구해 보시오.

$$㉠\frac{4}{11}=\frac{5㉡}{11}$$

㉠ (　　　　　　　　　　)

㉡ (　　　　　　　　　　)

1 그림을 보고 $\square$ 안에 알맞은 수를 써넣으시오.

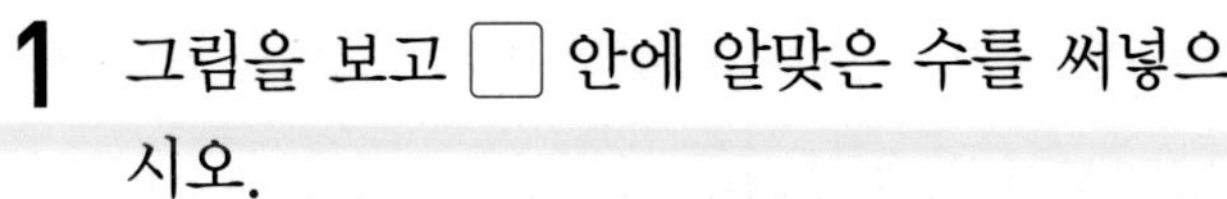

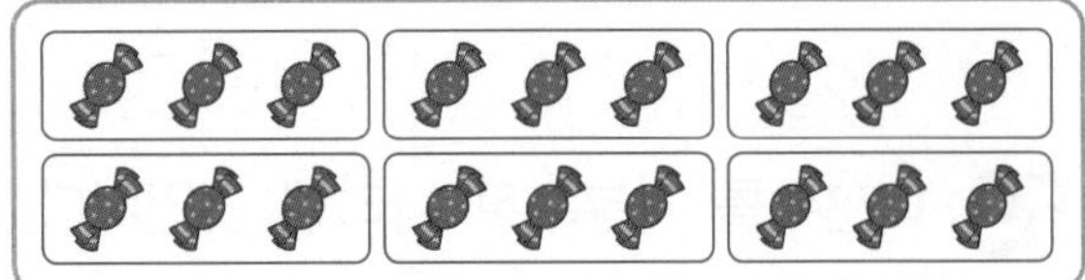

18을 3씩 묶으면 $\square$ 묶음이 됩니다.

⇨ 15는 18의 $\dfrac{\square}{\square}$입니다.

2 그림을 보고 $\square$ 안에 알맞은 수를 써넣으시오.

16의 $\dfrac{3}{4}$은 $\square$입니다.

3 분수를 진분수, 가분수, 대분수로 분류해 보시오.

$\dfrac{1}{5}$ $1\dfrac{3}{7}$ $\dfrac{8}{3}$ $\dfrac{5}{12}$ $\dfrac{5}{5}$ $3\dfrac{2}{3}$

진분수	가분수	대분수

4 두 분수의 크기를 비교하여 $\bigcirc$ 안에 $>$, $=$, $<$ 중 알맞은 것을 써넣으시오.

$\dfrac{18}{5}$ $\bigcirc$ $3\dfrac{2}{5}$

5 가장 큰 가분수를 대분수로 나타내 보시오.

$\dfrac{7}{5}$ $\dfrac{6}{5}$ $\dfrac{9}{5}$

( )

6 길이가 가장 긴 것은 어느 것입니까? ( )

① 24 cm의 $\dfrac{1}{2}$ ② 24 cm의 $\dfrac{3}{8}$

③ 24 cm의 $\dfrac{5}{6}$ ④ 24 cm의 $\dfrac{7}{12}$

⑤ 24 cm의 $\dfrac{3}{4}$

7 크기가 큰 분수부터 차례대로 써 보시오.

$\dfrac{13}{8}$ $\dfrac{8}{8}$ $1\dfrac{7}{8}$

( )

8 (조건)에 알맞은 가분수를 찾아 대분수로 나타내 보시오.

(조건)
- 분모와 분자의 합은 17입니다.
- 분모는 6입니다.

( )

잘 틀리는 문제

9 어린이 35명이 7명씩 한 팀이 되어 공놀이를 하려고 합니다. 35명을 7명씩 묶으면 14명은 35명의 얼마인지 분수로 나타내 보시오.

( )

10 현주네 반 학생 21명 중에서 $\frac{2}{3}$가 안경을 썼습니다. 현주네 반에서 안경을 쓰지 않은 학생은 몇 명입니까?

( )

11 붙임딱지를 보라는 25장의 $\frac{2}{5}$를 모았고, 윤수는 28장의 $\frac{1}{4}$을 모았습니다. 누가 붙임딱지를 몇 장 더 많이 모았습니까?

(,)

12 정우는 전체 색 테이프의 $\frac{4}{9}$를 사용했습니다. 정우가 사용한 색 테이프가 12 m일 때, 전체 색 테이프는 몇 m입니까?

( )

13 서연이는 하루의 $\frac{1}{6}$은 공부를, 하루의 $\frac{1}{8}$은 운동을 했습니다. 서연이가 하루 동안 공부와 운동을 하고 남은 시간은 몇 시간입니까?

( )

14 □ 안에 들어갈 수 있는 자연수는 모두 몇 개입니까?

$$9\frac{\square}{8} < \frac{78}{8}$$

( )

15 두 분수 사이에 있는 자연수를 모두 구해 보시오.

$\frac{19}{5}$ $\frac{23}{3}$

( )

잘 틀리는 문제

16 어떤 수의 $\frac{5}{6}$는 10입니다. 어떤 수의 $\frac{2}{3}$는 얼마입니까?

( )

17 〈조건〉에 알맞은 분수를 구해 보시오.

〈조건〉
- 진분수입니다.
- 분모와 분자의 합이 15입니다.
- 분모와 분자의 차가 1입니다.

( )

서술형 문제

18 강아지의 무게는 $3\frac{3}{4}$ kg이고, 고양이의 무게는 $\frac{13}{4}$ kg입니다. 강아지와 고양이 중에서 더 무거운 것은 무엇인지 풀이 과정을 쓰고 답을 구해 보시오.

풀이 |

답 |

19 수 카드 7, 2, 9를 모두 한 번씩만 사용하여 만들 수 있는 가장 큰 대분수를 가분수로 나타내려고 합니다. 풀이 과정을 쓰고 답을 구해 보시오.

풀이 |

답 |

20 지수는 도넛 20개 중에서 8개를 먹었습니다. 20개를 4개씩 묶으면 남은 도넛은 처음에 있던 도넛의 얼마인지 분수로 나타내려고 합니다. 풀이 과정을 쓰고 답을 구해 보시오.

풀이 |

답 |

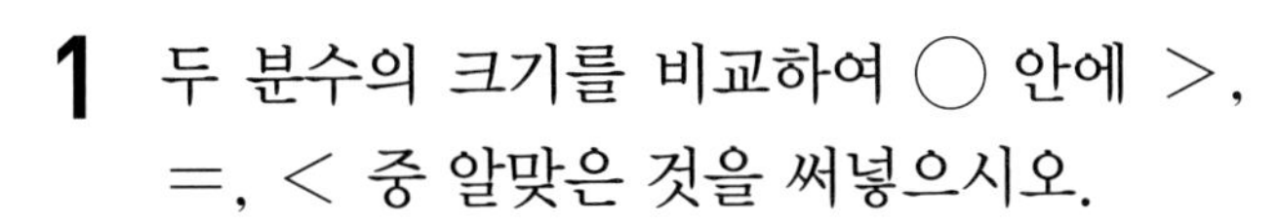

1 두 분수의 크기를 비교하여 ◯ 안에 $>$, $=$, $<$ 중 알맞은 것을 써넣으시오.

$$2\frac{4}{11} \bigcirc \frac{23}{11}$$

2 대분수를 가분수로, 가분수를 대분수로 잘못 나타낸 것은 어느 것입니까? (　　　)

① $2\frac{5}{7}=\frac{19}{7}$　　② $\frac{45}{11}=4\frac{1}{11}$

③ $4\frac{2}{8}=\frac{34}{8}$　　④ $\frac{60}{9}=6\frac{7}{9}$

⑤ $\frac{54}{17}=3\frac{3}{17}$

3 시간이 더 긴 것에 ◯표 하시오.

1시간의 $\frac{2}{5}$	1시간의 $\frac{8}{10}$
(　　　)	(　　　)

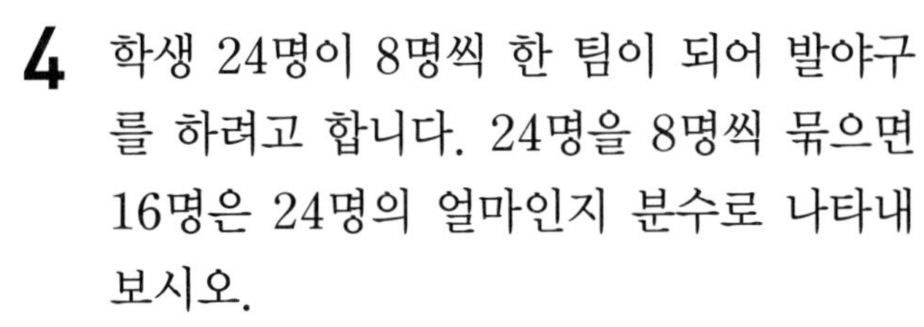

4 학생 24명이 8명씩 한 팀이 되어 발야구를 하려고 합니다. 24명을 8명씩 묶으면 16명은 24명의 얼마인지 분수로 나타내 보시오.

(　　　　　　)

5 ㉮와 ㉯에 알맞은 수의 합은 얼마입니까?

- 14의 $\frac{3}{7}$은 ㉮입니다.
- 27은 54의 $\frac{㉯}{6}$입니다.

(　　　　　　)

6 $1\frac{2}{5}$보다 크고 $\frac{18}{5}$보다 작은 분수를 모두 찾아 기호를 써 보시오.

㉠ $\frac{6}{5}$　㉡ $3\frac{1}{5}$　㉢ $\frac{13}{5}$　㉣ $3\frac{4}{5}$

(　　　　　　)

7 창희네 냉장고에는 과일이 54개 있습니다. 이 중에서 $\frac{4}{9}$는 귤이고, 나머지의 $\frac{3}{5}$은 사과입니다. 사과는 몇 개입니까?

(　　　　　　　　)

8 어떤 공은 땅에 닿으면 떨어진 높이의 $\frac{7}{9}$만큼 튀어 오릅니다. 이 공을 81 cm 높이에서 떨어뜨린다면 두 번째로 튀어 오르는 공의 높이는 몇 cm입니까?

(　　　　　　　　)

서술형 문제

9 □ 안에 알맞은 자연수를 구하려고 합니다. 풀이 과정을 쓰고 답을 구해 보시오.

$$1\frac{5}{6} < \frac{\square}{6} < 2\frac{1}{6}$$

풀이 |

답 |

10 대분수를 가분수로 나타낸 것입니다. ㉠에 알맞은 수는 얼마인지 풀이 과정을 쓰고 답을 구해 보시오.

$$5\frac{4}{㉠} = \frac{39}{㉠}$$

풀이 |

답 |

5 들이와 무게

실전유형 강화

- 파워pick 교과서에 자주 나오는 응용 문제
- 교과 역량 생각하는 힘을 키우는 문제

개념책 88쪽

유형 1 들이의 비교

방법 1 한 그릇에 물을 가득 채운 후 다른 그릇에 옮겨 담아 **채워지는 정도 비교**하기

방법 2 두 그릇에 물을 가득 채운 후 모양과 크기가 같은 큰 그릇에 각각 옮겨 담아 **물의 높이 비교**하기

방법 3 두 그릇에 물을 가득 채운 후 모양과 크기가 같은 작은 컵에 각각 옮겨 담아 **컵의 수 비교**하기

1 가, 나, 다에 물을 가득 채운 후 모양과 크기가 같은 수조에 각각 옮겨 담았더니 그림과 같이 물이 채워졌습니다. 들이가 적은 것부터 차례대로 써 보시오.

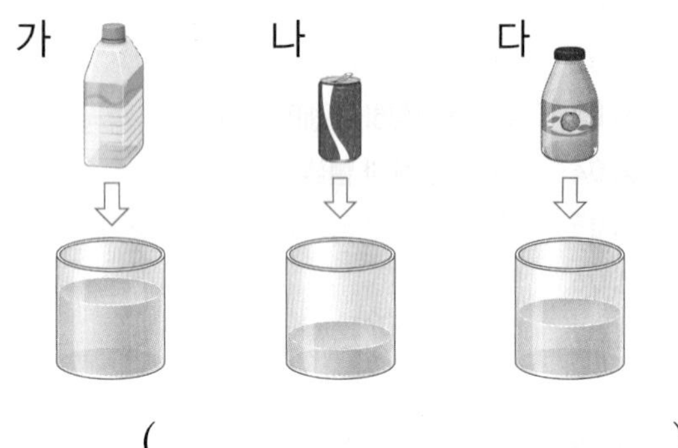

( )

2 우유갑과 물병에 물을 가득 채운 후 모양과 크기가 같은 컵에 각각 옮겨 담아 들이를 비교한 것입니다. 알맞은 말에 ○표 하고, □ 안에 알맞은 수를 써넣으시오.

(우유갑 , 물병)이 (우유갑 , 물병) 보다 컵 □개만큼 들이가 더 많습니다.

3 가, 나, 다로 각각 항아리에 물을 부어 가득 채우려고 합니다. 물을 부어야 하는 횟수가 가장 적은 것을 찾아 써 보시오.

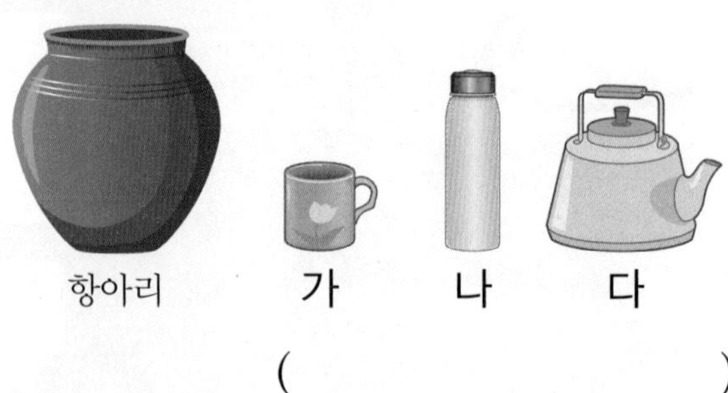

( )

(4~5) 비커와 물병에 물을 가득 채우려면 ㉮, ㉯, ㉰ 컵으로 각각 다음과 같은 횟수만큼 물을 부어야 합니다. 물음에 답하시오.

	㉮ 컵	㉯ 컵	㉰ 컵
비커	3번	4번	6번
물병	6번	8번	12번

4 ㉮, ㉯, ㉰ 컵 중에서 들이가 가장 많은 컵은 어느 것입니까?

( )

5 물병의 들이는 비커의 들이의 몇 배입니까?

( )

6 민서와 현우가 어항, 냄비, 꽃병의 들이를 비교하였습니다. 들이가 가장 적은 것은 어느 것입니까?

어항에 물을 가득 채워 냄비에
옮겨 담았더니 냄비를 가득
채우고 물이 넘쳤어.

민서

꽃병에 물을 가득 채워
냄비에 옮겨 담았더니
물이 가득 차지 않았어.

현우

( )

교과 역량 서술형

7 우유병과 주스병의 들이를 비교하는 방법을 2가지 써 보세요.

답 |

8 분무기와 그릇에 물을 가득 채운 후 모양과 크기가 같은 작은 컵에 모두 옮겨 담았더니 분무기는 작은 컵 9개, 그릇은 작은 컵 3개가 되었습니다. 잘못 설명한 사람은 누구입니까?

- 나은: 분무기의 들이는 그릇의 들이의 4배야.
- 건후: 그릇보다 분무기에 물을 더 많이 담을 수 있어.

( )

개념책 89쪽

유형 2 들이의 단위

- 들이의 단위 ⇨ 쓰기 1 L 읽기 1 리터 / 쓰기 1 mL 읽기 1 밀리리터

1 L=1000 mL

- 1 L보다 500 mL 더 많은 들이
  ⇨ 쓰기 1 L 500 mL(=1500 mL) / 읽기 1 리터 500 밀리리터

5 단원

9 들이가 같은 것끼리 선으로 이어 보시오.

4 L 200 mL •		• 4020 mL
4 L 20 mL •		• 4002 mL
		• 4200 mL

10 □ 안에 알맞은 수를 써넣으시오.

(1) 5 L 210 mL=□ mL

(2) 9340 mL=□ L □ mL

11 들이를 비교하여 ○ 안에 >, =, < 중 알맞은 것을 써넣으시오.

(1) 7950 mL ○ 8 L

(2) 2060 mL ○ 2 L 60 mL

실전유형 강화

12 들이가 다른 것을 찾아 ○표 하시오.

6010 mL ( )

6 L 100 mL ( )

6100 mL ( )

13 수조에 들어 있는 물의 양이 얼마인지 눈금을 바르게 읽은 사람은 누구입니까?

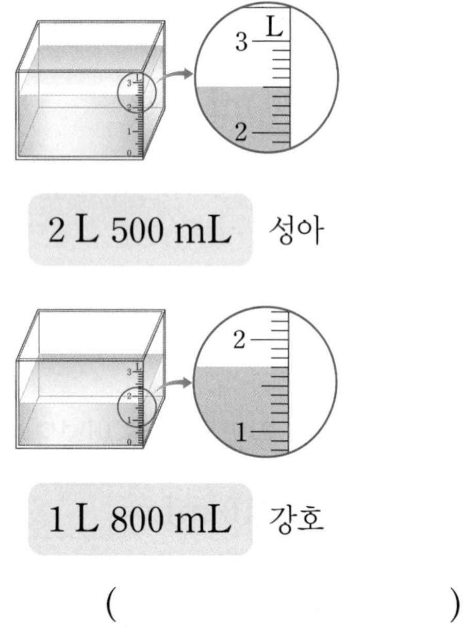

( )

14 4 L의 물이 들어 있는 수조에 800 mL의 물을 더 부었습니다. 수조에 들어 있는 물의 양은 모두 몇 mL입니까?

( )

15 들이를 바르게 나타낸 것을 찾아 기호를 써 보시오.

㉠ 3 L 700 mL=3070 mL
㉡ 4 L 2 mL=4002 mL
㉢ 7 L 90 mL=7900 mL

( )

교과 역량

16 들이가 많은 것부터 차례대로 기호를 써 보시오.

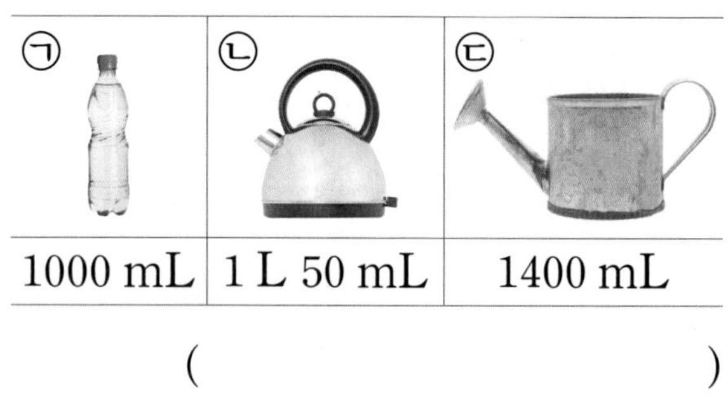

㉠	㉡	㉢
1000 mL	1 L 50 mL	1400 mL

( )

17 벽을 칠하는 데 노란색 페인트 3 L 200 mL, 초록색 페인트 3020 mL를 사용했습니다. 더 많이 사용한 페인트는 무슨 색입니까?

( )

18 1부터 9까지의 수 중에서 □ 안에 들어갈 수 있는 수를 모두 구해 보시오.

8 L 650 mL<8□00 mL

( )

개념책 90쪽

유형 3 들이를 어림하고 재어 보기

들이를 어림하여 말할 때는
약 □L 또는 약 □mL라고 합니다.

19 □ 안에 L와 mL 중 알맞은 단위를 써넣으시오.

(1) 음료수 캔의 들이는 약 250 □입니다.

(2) 어항의 들이는 약 10 □입니다.

20 〈보기〉에서 알맞은 물건을 골라 문장을 완성해 보시오.

〈보기〉
물병 주사기 양동이

(1) □의 들이는 약 5 mL입니다.

(2) □의 들이는 약 1000 mL입니다.

(3) □의 들이는 약 5 L입니다.

21 들이가 200 mL에 가장 가까운 물건을 찾아 기호를 써 보시오.

㉠ 욕조 ㉡ 종이컵
㉢ 주전자 ㉣ 항아리

( )

22 들이의 단위를 잘못 사용한 것의 기호를 써 보시오.

㉠ 소연이는 들이가 2 L인 꽃병을 샀습니다.
㉡ 현석이는 화분 한 개에 물을 30 L 주었습니다.

( )

교과 역량

23 음료수병의 들이를 잘못 어림한 사람은 누구입니까?

음료수가 500 mL 우유갑으로 1번, 200 mL 우유갑으로 1번 들어갈 것 같아. 음료수병의 들이는 약 700 mL야.
수호

음료수병은 1 L 우유갑과 들이가 비슷할 것 같아. 음료수병의 들이는 약 100 mL야.
윤아

( )

파워 pick 서술형

24 생수병에 물을 가득 채운 후 들이가 1 L인 비커 4개에 똑같이 나누어 옮겨 담았더니 반씩 채워졌습니다. 생수병의 들이를 어림하고, 그 이유를 써 보시오.

답 |

실전유형 강화

개념책 91쪽

유형 4 들이의 덧셈과 뺄셈

• 들이의 덧셈

$$\begin{array}{r|r|r}
 & 1 & \\
 & 2\,\mathrm{L} & 700\,\mathrm{mL} \\
+ & 1\,\mathrm{L} & 800\,\mathrm{mL} \\
\hline
 & 4\,\mathrm{L} & 500\,\mathrm{mL}
\end{array}$$

mL끼리의 합이 1000이거나 1000보다 크면 1000 mL를 1 L로 받아올림합니다.

• 들이의 뺄셈

$$\begin{array}{r|r|r}
 & 2 & 1000 \\
 & \not{3}\,\mathrm{L} & 200\,\mathrm{mL} \\
- & 1\,\mathrm{L} & 600\,\mathrm{mL} \\
\hline
 & 1\,\mathrm{L} & 600\,\mathrm{mL}
\end{array}$$

mL끼리 뺄 수 없으면 1 L를 1000 mL로 받아올림합니다.

25 □ 안에 알맞은 수를 써넣으시오.

5 L 400 mL

+2 L 900 mL

□ L □ mL

−4 L 600 mL

□ L □ mL

26 두 들이의 합과 차는 각각 몇 L 몇 mL입니까?

6 L 500 mL	2300 mL

합 (　　　　　　　　)

차 (　　　　　　　　)

교과 역량

27 종연이와 친구들이 물통에 들어 있던 물 중에서 1 L 200 mL를 마셨습니다. 물통에 남은 물이 3 L 600 mL일 때, 처음 물통에 들어 있던 물의 양은 몇 L 몇 mL입니까?

(　　　　　　　　)

28 음식점에 간장이 2 L 100 mL 있었습니다. 그중에서 400 mL를 요리하는 데 사용했다면 남은 간장의 양은 몇 L 몇 mL입니까?

(　　　　　　　　)

29 계산한 들이가 더 많은 것의 기호를 써 보시오.

㉠ 3500 mL+3800 mL

㉡ 8 L 700 mL−2100 mL

(　　　　　　　　)

서술형

30 들이가 가장 많은 것과 가장 적은 것의 차는 몇 mL인지 풀이 과정을 쓰고 답을 구해 보시오.

5600 mL	4900 mL	5 L 200 mL

풀이 |

답 |

31 윤정이는 두 가지 액체를 모두 섞어서 들이가 6 L 400 mL인 액체를 만들려고 합니다. 윤정이가 섞어야 할 두 액체를 찾아 기호를 써 보시오.

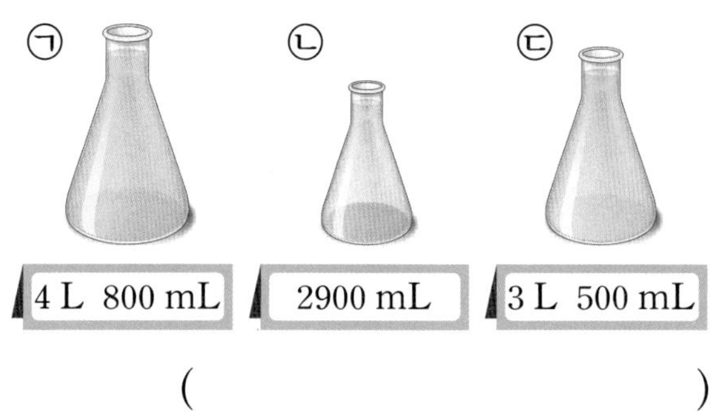

(　　　　　　　　　　)

32 □ 안에 알맞은 수를 써넣으시오.

	3 L	□ mL
+	□ L	700 mL
	8 L	200 mL

교과 역량

33 들이가 800 mL인 물통에 물을 가득 채워 빈 수조에 2번 부었습니다. 수조의 들이가 3 L일 때, 몇 L 몇 mL의 물을 더 부어야 수조를 가득 채울 수 있습니까?

(　　　　　　　　　　)

✱까다로운✱

유형 5 들이를 가장 가깝게 어림한 사람 찾기

어림한 들이와 실제 들이의 차를 각각 구합니다.
⇨ 어림한 들이와 실제 들이의 **차가 가장 작은** 사람이 **가장 가깝게 어림**한 사람입니다.

5 단원

34 실제 들이가 2 L인 냄비의 들이를 선예, 영도, 정수가 각각 다음과 같이 어림하였습니다. 냄비의 실제 들이에 가장 가깝게 어림한 사람을 찾아 이름을 써 보시오.

- 선예: 약 2 L 100 mL
- 영도: 약 1850 mL
- 정수: 약 1 L 950 mL

(　　　　　　　　　　)

35 물통의 들이를 각각 어림한 뒤 물통에 물을 가득 채워 수조에 모두 옮겨 담았습니다. 물통의 실제 들이에 가장 가깝게 어림한 사람을 찾아 이름을 써 보시오.

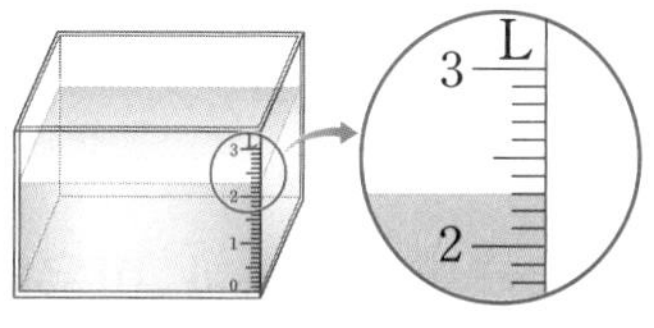

- 연희: 약 2400 mL일 거야.
- 동주: 약 1 L 900 mL일 것 같아.
- 미소: 약 2500 mL 정도 될 거야.

(　　　　　　　　　　)

실전유형 강화

개념책 95쪽

유형 6 무게의 비교

방법 1 두 물건을 양손에 각각 들어 어느 쪽 손에 **힘이 더 많이 드는지 비교**하기

방법 2 양팔저울의 양쪽 접시에 물건을 올려놓고 어느 쪽으로 **기울어지는지 비교**하기

방법 3 양팔저울의 한쪽 접시에 물건을 올려놓고 저울이 기울어지지 않도록 다른 접시에 단위 물건을 올려놓은 후 **단위 물건의 수를 비교**하기

바둑돌, 동전

36 양팔저울로 인형과 탁구공의 무게를 비교한 것입니다. 바르게 설명한 사람을 찾아 이름을 써 보시오.

- 도진: 탁구공이 인형보다 더 무거워.
- 경아: 인형과 탁구공의 무게는 같아.
- 선재: 인형이 탁구공보다 더 무거워.

(　　　　　　　　)

37 양팔저울로 딸기, 사과, 방울토마토의 무게를 비교한 것입니다. 딸기, 사과, 방울토마토 중에서 가장 무거운 과일은 무엇입니까?

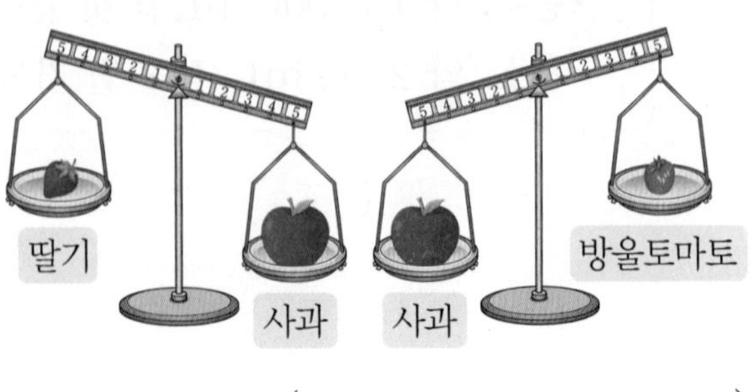

(　　　　　　　　)

38 양팔저울과 공깃돌을 사용하여 지우개와 가위의 무게를 비교했습니다. 지우개와 가위 중에서 어느 것이 공깃돌 몇 개만큼 더 무겁습니까?

물건	지우개	가위
공깃돌의 수(개)	11	14

(　　　　　,　　　　　)

39 양팔저울과 바둑돌을 사용하여 오이, 피망, 가지의 무게를 비교했습니다. 가장 무거운 채소의 무게는 가장 가벼운 채소의 무게의 몇 배입니까?

채소	오이	피망	가지
바둑돌의 수(개)	30	15	45

(　　　　　　　　)

40 ㉠, ㉡, ㉢의 세 가지 구슬이 다음 조건을 만족합니다. 양팔저울의 접시에 각각 ㉠ 구슬과 ㉢ 구슬을 한 개씩 올려놓으면 어느 구슬을 올려놓은 접시가 위로 올라갑니까?

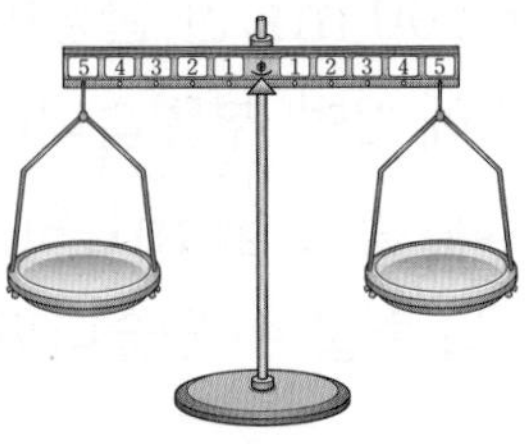

- ㉡ 구슬은 ㉠ 구슬보다 더 무겁습니다.
- ㉢ 구슬은 ㉡ 구슬보다 더 무겁습니다.

(　　　　　　　　)

● 정답 67쪽

파워 pick

41 비누, 치약, 칫솔의 무게를 비교한 것입니다. 한 개의 무게가 무거운 것부터 차례대로 써 보시오. (단, 같은 종류의 물건끼리는 한 개의 무게가 같습니다.)

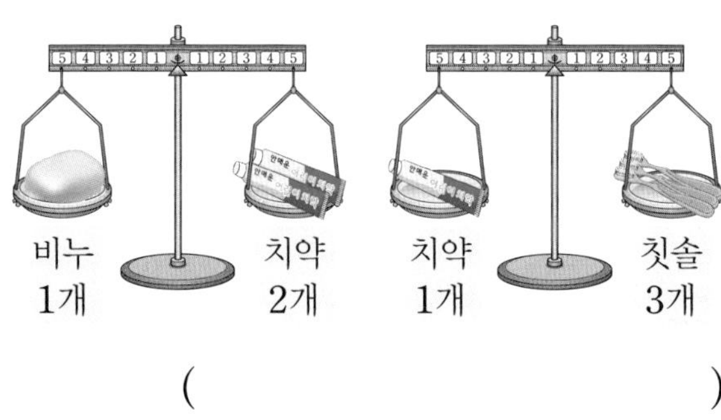

( )

교과 역량 서술형

42 선우는 양파와 당근의 무게를 다음과 같이 비교했습니다. 무게를 옳게 비교했는지 쓰고, 그 이유를 써 보시오.

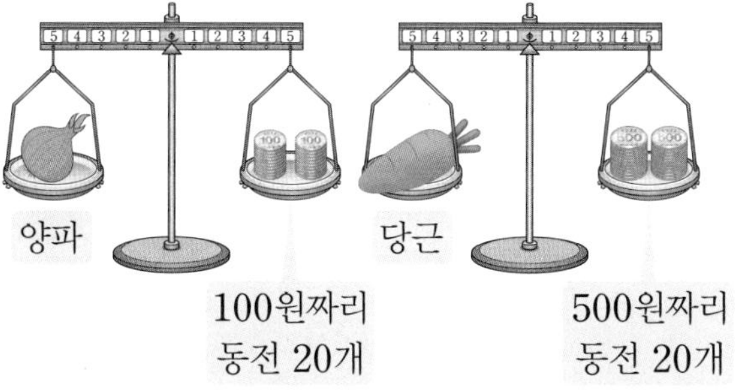

양파 1개의 무게와 당근 1개의 무게는 같아요. 양파와 당근의 무게가 각각 동전 20개의 무게와 같기 때문이에요.
선우

답 |

개념책 96쪽

유형 7 무게의 단위

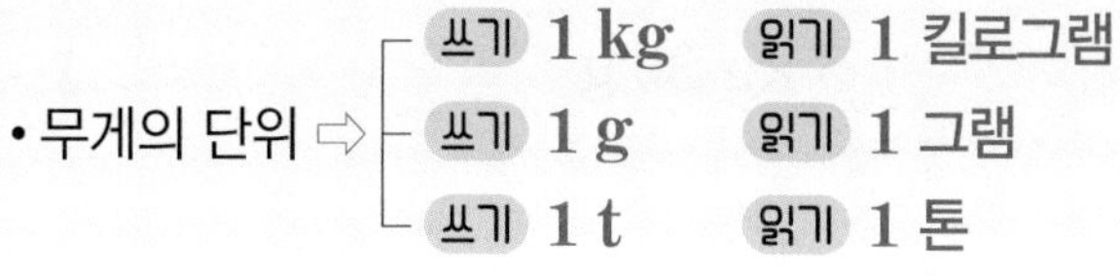

• 무게의 단위 ⇨
- 쓰기 1 kg 읽기 1 킬로그램
- 쓰기 1 g 읽기 1 그램
- 쓰기 1 t 읽기 1 톤

1 kg=1000 g 1 t=1000 kg

• 1 kg보다 400 g 더 무거운 무게

⇨
- 쓰기 1 kg 400 g(=1400 g)
- 읽기 1 킬로그램 400 그램

43 무게가 같은 것끼리 선으로 이어 보시오.

5 kg 700 g •		• 5070 g
5000 kg •		• 5700 g
		• 5 t

44 무게를 비교하여 ○ 안에 >, =, < 중 알맞은 것을 써넣으시오.

(1) 3 kg ○ 2890 g

(2) 7 kg 40 g ○ 7400 g

(3) 6200 g ○ 6 kg 200 g

(4) 8 t ○ 8010 kg

실전유형 강화

45 무게가 다른 것을 찾아 ○표 하시오.

5 kg 30 g	(　　　)
530 g	(　　　)
5 kg보다 30 g 더 무거운 무게	(　　　)

46 복숭아가 들어 있는 3 kg의 상자에 150 g인 복숭아 한 개를 더 넣으면 복숭아가 담긴 상자의 무게는 몇 g이 됩니까?

(　　　　　　)

47 무게 단위 사이의 관계를 잘못 나타낸 것을 모두 고르시오. (　　　)

① 5 kg 60 g=5060 g
② 8007 g=800 kg 7 g
③ 3000 kg=3 t
④ 1 kg 400 g=1400 g
⑤ 2 t=200 kg

48 무게가 무거운 것부터 차례대로 기호를 써 보시오.

㉠ 1 kg 200 g	㉡ 3500 g
㉢ 2300 g	㉣ 2 kg 80 g

(　　　　　　)

교과 역량

49 무게 단위 사이의 관계를 나타낸 것입니다. ㉠과 ㉡에 알맞은 수의 합은 얼마입니까?

- 6 t=㉠ kg
- ㉡ kg=8000 g

(　　　　　　)

50 과수원에서 귤을 연석이는 4 kg 570 g 땄고, 보미는 5210 g 땄습니다. 연석이와 보미 중 귤을 더 많이 딴 사람은 누구입니까?

(　　　　　　)

51 상자와 화분 중 더 무거운 것은 어느 것입니까?

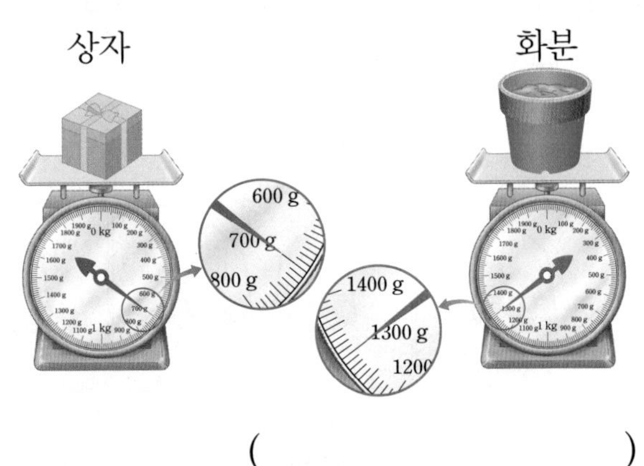

(　　　　　　)

52 사전이 호박보다 더 가벼울 때 1부터 9까지의 수 중에서 □ 안에 들어갈 수 있는 수는 모두 몇 개입니까?

호박	사전
1 kg 320 g	1□00 g

(　　　　　　)

개념책 97쪽

유형 8 무게를 어림하고 재어 보기

무게를 어림하여 말할 때는
약 □kg 또는 약 □g이라고 합니다.

53 무게에 알맞은 것을 찾아 선으로 이어 보시오.

20 kg　　2 t

트럭　　연필　　에어컨

54 무게를 t으로 나타내기에 알맞은 것을 찾아 ○표 하시오.

(　　　) (　　　) (　　　)

55 휴대 전화의 무게는 200 g입니다. 휴대 전화의 무게를 이용하여 카메라의 무게를 어림해 보시오.

(　　　　　　)

56 실제 무게가 2 kg인 수박의 무게를 각각 다음과 같이 어림하였습니다. 수박의 실제 무게에 가장 가깝게 어림한 사람을 찾아 이름을 써 보시오.

- 선미: 약 2 kg 200 g
- 준호: 약 1 kg 700 g
- 지영: 약 2500 g

(　　　　　　)

교과 역량　서술형

57 무게의 단위를 잘못 사용한 사람을 찾아 이름을 쓰고, 바르게 고쳐 보시오.

- 명희: 내 가방의 무게는 약 2 kg이야.
- 우재: 나는 감자를 약 1 g 샀어.
- 진규: 동생의 몸무게는 약 15 kg이야.

답 |

58 나진이의 몸무게는 약 30 kg입니다. 1 t은 나진이의 몸무게의 약 몇 배입니까?

(　　　　　　)

실전유형 강화

개념책 98쪽

유형 9 무게의 덧셈과 뺄셈

59 □ 안에 알맞은 수를 써넣으시오.

2 kg 700 g

↓

+4 kg 500 g

↓

□ kg □ g

↓

−3 kg 900 g

↓

□ kg □ g

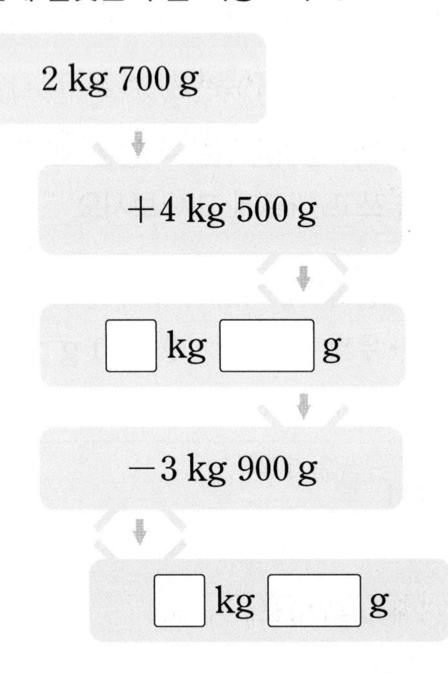

60 계산한 무게가 더 무거운 것에 ○표 하시오.

4 kg 100 g + 2 kg 300 g	3 kg 600 g + 2 kg 900 g
(　　　)	(　　　)

교과 역량

61 계산한 무게가 다른 것을 찾아 기호를 써 보시오.

㉠ 9 kg 300 g−2 kg 500 g
㉡ 4 kg 800 g+1 kg 400 g
㉢ 7 kg 900 g−1 kg 700 g

(　　　　　　　)

62 고구마 캐기 현장 체험 학습에서 고구마를 지민이는 1 kg 300 g을 캤고, 영서는 1 kg 600 g을 캤습니다. 지민이와 영서가 캔 고구마의 무게는 모두 몇 kg 몇 g입니까?

(　　　　　　　)

63 감자 한 상자의 무게는 3 kg 200 g이고, 콩 한 봉지의 무게는 1 kg 800 g입니다. 감자 한 상자의 무게는 콩 한 봉지의 무게보다 몇 kg 몇 g 더 무겁습니까?

(　　　　　　　)

64 무게가 가장 무거운 것과 가장 가벼운 것의 합은 몇 kg 몇 g입니까?

4 kg 370 g	3600 g
2900 g	4 kg 600 g

(　　　　　　　)

서술형

65 태수의 몸무게는 35 kg 300 g이고, 현주의 몸무게는 태수보다 2 kg 500 g 더 가볍습니다. 태수와 현주의 몸무게의 합은 몇 kg 몇 g인지 풀이 과정을 쓰고 답을 구해 보시오.

풀이 |

답 |

66 □ 안에 알맞은 수를 써넣으시오.

	7 kg	300 g
−	4 kg	□ g
	□ kg	700 g

교과 역량

67 8 kg까지 담을 수 있는 여행 가방에 무게가 3 kg 100 g인 물건과 2700 g인 물건이 각각 1개씩 들어 있습니다. 여행 가방에 물건을 몇 kg 몇 g 더 담을 수 있습니까?

(　　　　　　　　)

★비법 있는★

유형 10 빈 상자의 무게 구하기

(빈 상자의 무게)
=(물건을 담은 상자의 무게)−(물건만의 무게)

68 빈 상자에 무게가 같은 음료수 캔 4개를 담아 무게를 재었더니 1 kg 650 g이었습니다. 여기에 똑같은 음료수 캔 2개를 더 담았더니 2 kg 250 g이 되었습니다. 빈 상자의 무게는 몇 g입니까?

(　　　　　　　　)

69 빈 상자에 무게가 같은 장난감 8개를 담아 무게를 재었더니 7 kg 240 g이었습니다. 여기에서 장난감 4개를 덜어 내니 무게가 3 kg 880 g이 되었습니다. 빈 상자의 무게는 몇 g입니까?

(　　　　　　　　)

70 빈 상자에 무게가 같은 동화책 5권을 담아 무게를 재었더니 4 kg 100 g이었습니다. 여기에서 동화책 3권을 덜어 내니 무게가 2 kg이 되었습니다. 빈 상자의 무게는 몇 g입니까?

(　　　　　　　　)

상위권 유형 강화

유형 11 • 물 담는 방법 알아보기 •

물을 담을 때는 들이의 합을, 덜어 낼 때는 들이의 차를 이용해서 주어진 들이를 만들어 봐!

대표문제

71 들이가 250 mL, 600 mL인 그릇 2개를 모두 이용하여 빈 수조에 물 1 L 100 mL를 담으려고 합니다. 물을 담을 수 있는 방법을 설명해 보시오.

문제 풀이

❶ □ 안에 알맞은 수 써넣기

1 L 100 mL = □ mL

❷ 들이의 합을 이용하여 250 mL와 600 mL로 1100 mL가 되도록 식 만들기

____

= 1100 mL

❸ 물 1 L 100 mL를 담을 수 있는 방법 설명하기

____

____

____

____

72 들이가 300 mL, 950 mL인 그릇 2개를 모두 이용하여 빈 대야에 물 1 L 300 mL를 담으려고 합니다. 물을 담을 수 있는 방법을 설명해 보시오.

____

____

____

____

73 들이가 1 L, 700 mL, 200 mL인 그릇 3개를 모두 이용하여 빈 양동이에 물 2 L 500 mL를 담으려고 합니다. 물을 담을 수 있는 방법을 설명해 보시오.

____

____

____

____

유형 12 • 양팔저울이 수평을 이룰 때, 무게 구하기 •

양팔저울이 수평을 이루므로 =를 사용한 식을 만들어 물건의 무게를 차례대로 구해!

대표문제

74 사과 1개의 무게가 330 g일 때, 배 1개의 무게는 몇 g입니까? (단, 같은 종류의 과일끼리는 1개의 무게가 같습니다.)

문제 풀이

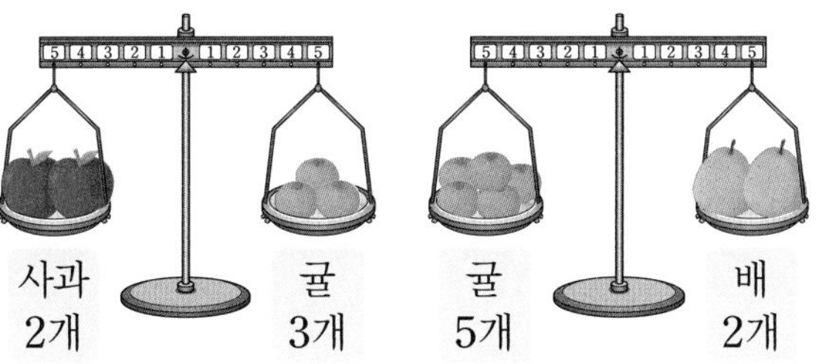

❶ 귤 3개의 무게는 몇 g인지 구하기

( )

❷ 귤 1개의 무게는 몇 g인지 구하기

( )

❸ 귤 5개의 무게는 몇 g인지 구하기

( )

❹ 배 1개의 무게는 몇 g인지 구하기

( )

75 감자 1개의 무게가 180 g일 때, 당근 1개의 무게는 몇 g입니까? (단, 같은 종류의 채소끼리는 1개의 무게가 같습니다.)

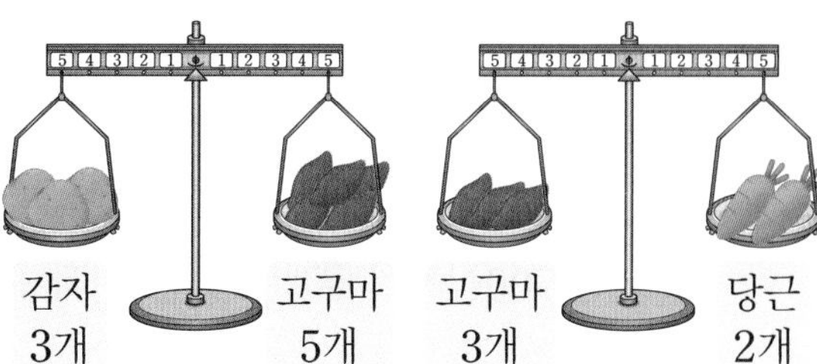

( )

76 지우개 1개의 무게가 160 g일 때, 풀 1개와 가위 1개의 무게의 합은 몇 g입니까?
(단, 같은 종류의 물건끼리는 1개의 무게가 같습니다.)

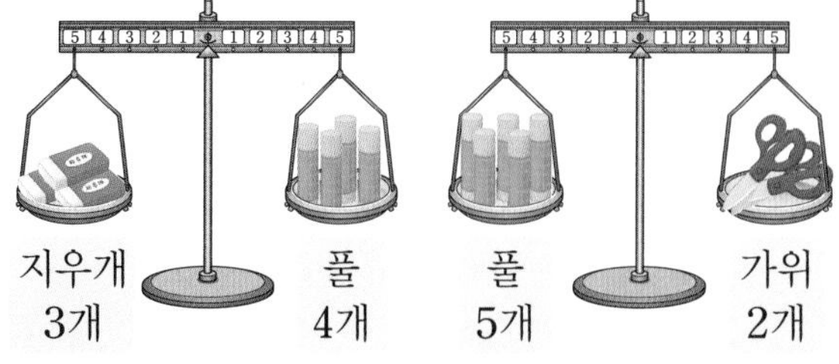

( )

유형 13 • 트럭이 적어도 몇 대 필요한지 구하기 •

(상자의 무게)÷(트럭에 실을 수 있는 무게)=■…▲일 때, 필요한 트럭은 (■+1)대야!

대표문제

77 인형 공장에서 한 상자의 무게가 8 kg이 되게 인형을 포장하고 있습니다. 포장한 인형 700상자를 2 t까지 실을 수 있는 트럭으로 한꺼번에 모두 옮기려고 합니다. 트럭은 적어도 몇 대 필요합니까?

문제 풀이

❶ 인형 700상자의 무게는 몇 kg인지 구하기

(　　　　　　　　　　)

❷ 필요한 트럭은 적어도 몇 대인지 구하기

(　　　　　　　　　　)

78 신발 공장에서 한 상자의 무게가 60 kg이 되게 신발을 포장하고 있습니다. 포장한 신발 90상자를 3 t까지 실을 수 있는 트럭으로 한꺼번에 모두 옮기려고 합니다. 트럭은 적어도 몇 대 필요합니까?

(　　　　　　　　　　)

79 한 상자의 무게가 40 kg인 가지 75상자와 50 kg인 호박 85상자를 트럭에 실으려고 합니다. 2 t까지 실을 수 있는 트럭으로 한꺼번에 모두 옮기려고 합니다. 트럭은 적어도 몇 대 필요합니까?

(　　　　　　　　　　)

유형 14 • 두 그릇의 물의 양을 같게 만들기 •

물이 많은 쪽에서 적은 쪽으로 '두 그릇의 물의 양의 차'의 반만큼 옮기면 같아져!

대표문제 **80** 물이 ㉮ 그릇에 5 L 600 mL, ㉯ 그릇에 7 L 200 mL 들어 있습니다. 두 그릇에 들어 있는 물의 양을 같게 하려면 ㉯ 그릇에서 ㉮ 그릇으로 물을 몇 mL 옮겨야 합니까?

문제 풀이

❶ 두 그릇에 들어 있는 물의 양의 차는 몇 L 몇 mL인지 구하기

(　　　　　　　　)

❷ ㉯ 그릇에서 ㉮ 그릇으로 옮겨야 하는 물의 양은 몇 mL인지 구하기

(　　　　　　　　)

81 물이 ㉮ 수조에 8 L 100 mL, ㉯ 수조에 6700 mL 들어 있습니다. 두 수조에 들어 있는 물의 양을 같게 하려면 ㉮ 수조에서 ㉯ 수조로 물을 몇 mL 옮겨야 합니까?

(　　　　　　　　)

82 물을 현선이는 3 L 800 mL, 민규는 5 L 300 mL 가지고 있었는데 민규가 가지고 있던 물 중에서 400 mL를 사용했습니다. 두 사람이 가지고 있는 물의 양을 같게 하려면 민규는 현선이에게 물을 몇 mL 주어야 합니까?

(　　　　　　　　)

유형 15 • 두 물건의 무게의 합과 차를 이용하여 물건의 무게 구하기 •

두 물건 ㉮, ㉯의 무게가 ㉮>㉯이고, 두 물건의 무게의 차가 ■라면 ㉮=㉯+■야!

대표문제

83 수지와 민성이가 딴 귤의 무게를 모두 더하면 30 kg입니다. 수지가 딴 귤의 무게는 민성이가 딴 귤의 무게보다 4 kg 더 무겁습니다. 수지가 딴 귤의 무게는 몇 kg입니까?

문제 풀이

❶ 민성이가 딴 귤의 무게를 ■ kg이라고 할 때, 수지가 딴 귤의 무게를 구하는 식 만들기

(수지가 딴 귤의 무게)
=(■+□) kg

❷ 민성이가 딴 귤의 무게는 몇 kg인지 구하기

(　　　　　　　)

❸ 수지가 딴 귤의 무게는 몇 kg인지 구하기

(　　　　　　　)

84 범수가 산 설탕과 소금의 무게는 모두 18 kg입니다. 설탕의 무게는 소금의 무게보다 2 kg 더 가볍습니다. 설탕의 무게는 몇 kg입니까?

(　　　　　　　)

85 밀가루 7 kg을 통 2개에 나누어 담았습니다. 통 2개에 담긴 밀가루 무게의 차가 1 kg 500 g이라면 두 통에 담긴 밀가루의 무게는 각각 몇 kg 몇 g입니까?

(　　　　　　,　　　　　　)

● 정답 71쪽

유형 16 • 물이 새는 그릇에 물을 가득 채우는 데 걸리는 시간 구하기 •

(1초 동안 받는 물의 양)=(1초 동안 나오는 물의 양)−(1초 동안 새는 물의 양)

5 단원

대표문제

86 물이 1초에 300 mL씩 나오는 수도로 들이가 2 L인 빈 물통에 물을 받고 있습니다. 물통에서 1초에 50 mL씩 물이 샌다면 물통에 물을 가득 채우는 데 걸리는 시간은 몇 초입니까?

문제 풀이

❶ 1초 동안 물통에 받을 수 있는 물의 양은 몇 mL인지 구하기

(　　　　　　　　)

❷ 물통에 물을 가득 채우는 데 걸리는 시간은 몇 초인지 구하기

(　　　　　　　　)

87 물이 1분에 1 L 200 mL씩 나오는 수도로 들이가 3 L인 빈 항아리에 물을 받고 있습니다. 항아리에서 1분에 450 mL씩 물이 샌다면 항아리에 물을 가득 채우는 데 걸리는 시간은 몇 분입니까?

(　　　　　　　　)

88 물이 1분에 1 L 300 mL씩 나오는 수도로 1분에 400 mL씩 물이 새는 빈 수조에 물을 받으려고 합니다. 수조에 물을 가득 채우는 데 9분이 걸렸다면 수조의 들이는 몇 L 몇 mL입니까?

(　　　　　　　　)

1 생수병에 물을 가득 채운 뒤 수조에 옮겨 담았더니 오른쪽과 같이 물이 채워졌습니다. 생수병과 수조 중 들이가 더 많은 것은 어느 것입니까?

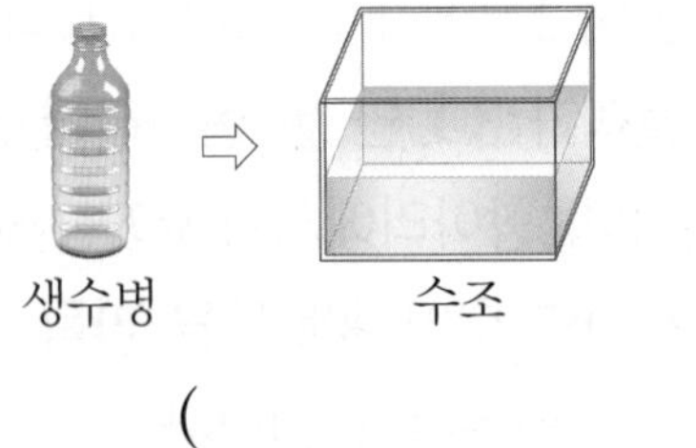

( )

2 들이의 단위 L를 사용하기에 알맞은 것은 무엇입니까? ( )

① 요구르트병 ② 종이컵
③ 주사기 ④ 양동이
⑤ 음료수 캔

3 세숫대야에 물을 가득 채운 후 비커에 옮겨 담았습니다. 세숫대야의 들이는 몇 mL입니까?

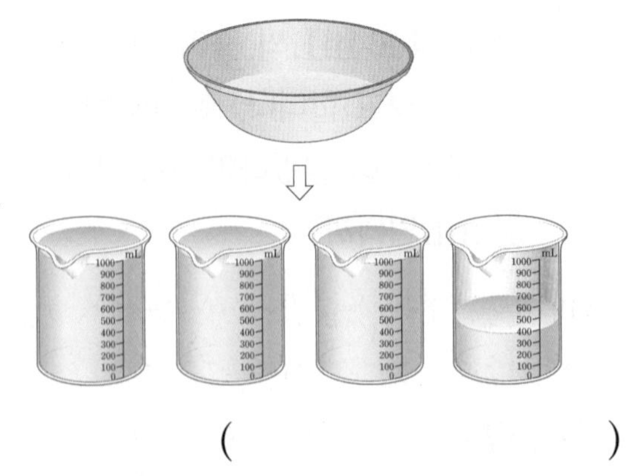

( )

4 무게를 비교하여 ◯ 안에 >, =, < 중 알맞은 것을 써넣으시오.

7 kg 60 g ◯ 7600 g

5 〈보기〉에서 알맞은 것을 골라 문장을 완성해 보시오.

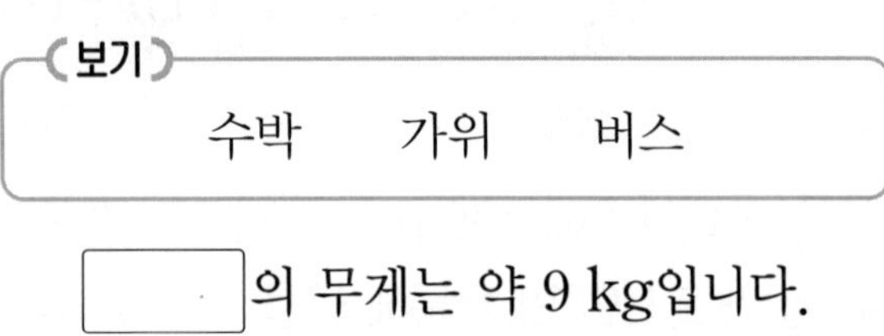

☐의 무게는 약 9 kg입니다.

6 양팔저울과 공깃돌을 사용하여 자와 연필의 무게를 비교한 것입니다. 자와 연필 중 어느 것이 공깃돌 몇 개만큼 더 무겁습니까?

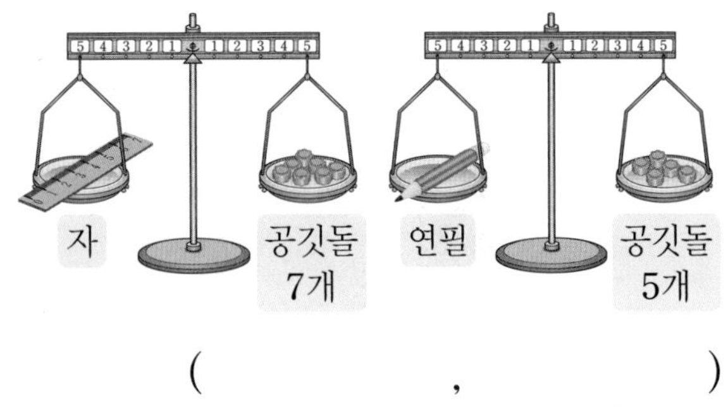

(,)

7 계산해 보시오.

$$\begin{array}{rr} 8\,\text{L} & 400\,\text{mL} \\ -\ 4\,\text{L} & 600\,\text{mL} \\ \hline \end{array}$$

8 무게가 가벼운 것부터 차례대로 기호를 써 보시오.

㉠ 전자레인지 ㉡ 알약
㉢ 냉장고 ㉣ 수학책

( )

잘 틀리는 문제

9 수조에 물을 가득 채우려면 ㉮, ㉯, ㉰ 컵으로 각각 다음과 같은 횟수만큼 물을 부어야 합니다. 들이가 가장 적은 컵은 어느 것입니까?

컵	㉮	㉯	㉰
부어야 하는 횟수(번)	12	15	14

( )

10 무게의 단위를 잘못 사용한 것을 찾아 기호를 써 보시오.

㉠ 색연필 한 자루의 무게는 약 40 g입니다.
㉡ 멜로디언 한 개의 무게는 약 2 kg 600 g입니다.
㉢ 파인애플 한 개의 무게는 약 3 t입니다.

( )

11 배추 1포기와 무 1개를 함께 저울에 올려 무게를 재었더니 3 kg 200 g이었습니다. 배추의 무게가 1 kg 900 g일 때 무의 무게는 몇 kg 몇 g입니까?

( )

12 물 1 L를 각각 다음과 같이 어림하였습니다. 물의 실제 들이에 가장 가깝게 어림한 사람을 찾아 이름을 써 보시오.

- 재우: 약 1 L 30 mL
- 명수: 약 950 mL
- 혜지: 약 1 L 100 mL

( )

5 단원

13 들이가 가장 많은 것과 가장 적은 것의 합은 몇 L 몇 mL입니까?

6100 mL　　6 L 500 mL
4 L 800 mL　　2700 mL

( )

잘 틀리는 문제

14 □ 안에 알맞은 수를 써넣으시오.

	□ kg	300 g
+	1 kg	□ g
	8 kg	100 g

15 우유 3 L를 6명이 200 mL씩 마셨습니다. 남은 우유의 양은 몇 L 몇 mL입니까?

( )

16 빈 상자에 무게가 같은 오렌지 6개를 담아 무게를 재었더니 1 kg 860 g이었습니다. 여기에 똑같은 오렌지 3개를 더 담았더니 무게가 2 kg 550 g이 되었습니다. 빈 상자의 무게는 몇 g입니까?

( )

17 한 상자의 무게가 50 kg이 되게 책을 포장하고 있습니다. 포장한 책 84상자를 3 t까지 실을 수 있는 트럭으로 한꺼번에 모두 옮기려고 합니다. 트럭은 적어도 몇 대 필요합니까?

( )

서술형 문제

18 무게가 가장 가벼운 과일을 찾아 쓰고, 그 이유를 설명해 보시오.

멜론	1 kg 500 g
바나나	1400 g
포도	1 kg 200 g

답 |

19 욕조에 물이 49 L 600 mL 채워져 있습니다. 들이가 9500 mL인 양동이에 물을 가득 채워 욕조에 1번 부었습니다. 욕조에 담긴 물의 양은 모두 몇 L 몇 mL인지 풀이 과정을 쓰고 답을 구해 보시오.

풀이 |

답 |

20 물이 가 통에 2 L 800 mL, 나 통에 4 L 들어 있습니다. 두 통에 들어 있는 물의 양을 같게 하려면 나 통에서 가 통으로 물을 몇 mL 옮겨야 하는지 풀이 과정을 쓰고 답을 구해 보시오.

풀이 |

답 |

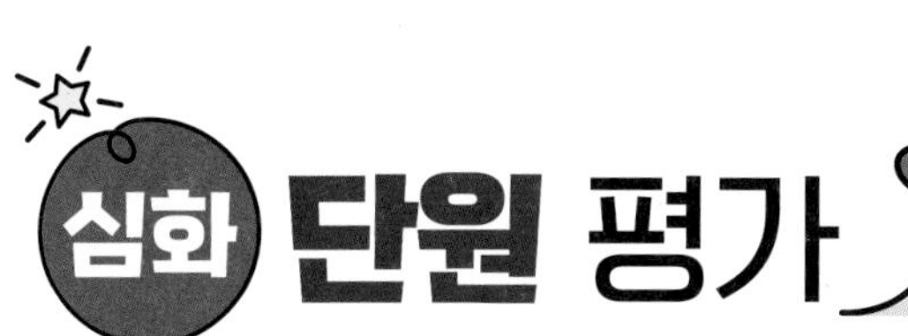

점수 확인

• 정답 74쪽

1 들이의 단위를 잘못 사용한 사람은 누구입니까?

• 준서: 욕조의 들이는 약 200 L야.
• 채영: 어항의 들이는 약 4 mL야.

( )

2 □ 안에 알맞은 수를 써넣으시오.

2600 mL

+6 L 700 mL

□ L □ mL

3 단위 사이의 관계를 잘못 나타낸 것은 어느 것입니까? ( )

① 1 L 490 mL=1490 mL
② 4120 g=4 kg 120 g
③ 5700 mL=5 L 700 mL
④ 12 kg 50 g=1250 g
⑤ 9 L 9 mL=9009 mL

4 그릇에 물을 가득 채우는 데 ㉮ 컵으로는 3번, ㉯ 컵으로는 12번을 부어야 합니다. ㉮ 컵의 들이는 ㉯ 컵의 들이의 몇 배입니까?

( )

5 단원

5 3 kg에 가장 가깝게 어림한 것을 찾아 기호를 써 보시오.

㉠ 약 3 kg 45 g	㉡ 약 2980 g
㉢ 약 3010 g	㉣ 약 2850 g

( )

6 구슬, 지우개, 자물쇠의 무게를 비교한 것입니다. 한 개의 무게가 가장 무거운 물건은 무엇입니까? (단, 같은 종류의 물건끼리는 한 개의 무게가 같습니다.)

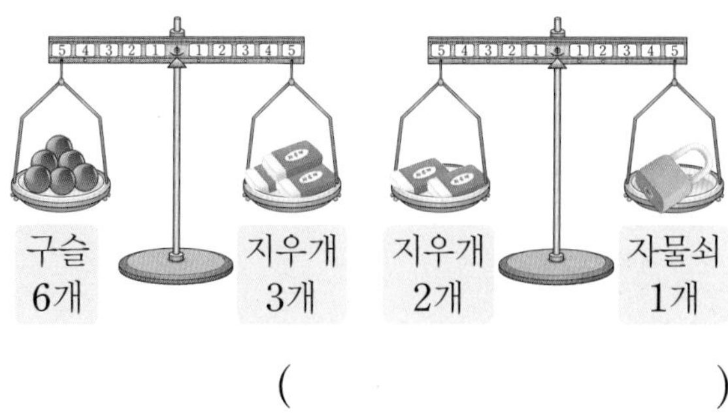

( )

7 바가지에 물을 가득 채워 빈 대야에 2번 부었더니 4 L 600 mL가 되었습니다. 바가지에 물을 가득 채워 욕조에 3번 부으면 물의 양은 모두 몇 L 몇 mL가 됩니까?

( )

8 상수와 인혜가 딴 딸기를 합치면 무게가 24 kg입니다. 상수가 딴 딸기의 무게는 인혜가 딴 딸기의 무게보다 2 kg 더 가볍습니다. 상수가 딴 딸기의 무게는 몇 kg입니까?

( )

서술형 문제

9 선민이의 몸무게는 35 kg 500 g이고, 강아지의 무게는 선민이보다 32 kg 700 g 더 가볍습니다. 선민이가 강아지를 안고 저울에 올라가면 몇 kg 몇 g이 되는지 풀이 과정을 쓰고 답을 구해 보시오.

풀이 |

답 |

10 물이 1분에 1 L 50 mL씩 나오는 수도로 들이가 4 L인 빈 양동이에 물을 받고 있습니다. 양동이에서 1분에 250 mL씩 물이 샌다면 양동이에 물을 가득 채우는 데 걸리는 시간은 몇 분인지 풀이 과정을 쓰고 답을 구해 보시오.

풀이 |

답 |

6 그림그래프

- 파워 pick 교과서에 자주 나오는 응용 문제
- 교과 역량 생각하는 힘을 키우는 문제

개념책 110쪽

유형 1 그림그래프

그림그래프: 조사한 자료의 수를 그림으로 나타낸 그래프

하루 동안 팔린 종류별 주스 수

종류	주스 수
딸기주스	
포도주스	
오렌지주스	

가장 많이 팔린 주스 — 딸기주스
가장 적게 팔린 주스 — 포도주스

10잔
1잔

(1~2) 연아네 학교 3학년 학생들이 좋아하는 과목을 조사하여 나타낸 그림그래프입니다. 물음에 답하시오.

좋아하는 과목별 학생 수

과목	학생 수
국어	
수학	
사회	
과학	

10명
1명

1 가장 적은 학생이 좋아하는 과목은 무엇이고, 몇 명입니까?

(,)

2 수학과 과학 중에서 좋아하는 학생이 더 많은 과목은 무엇입니까?

( )

(3~5) 어느 김밥 가게에서 일주일 동안 팔린 김밥 수를 조사하여 나타낸 그림그래프입니다. 물음에 답하시오.

일주일 동안 팔린 종류별 김밥 수

종류	김밥 수
참치김밥	
치즈김밥	
고추김밥	
멸치김밥	

100줄 10줄

3 일주일 동안 많이 팔린 김밥부터 차례대로 써 보시오.

( )

파워 pick

4 내가 김밥 가게 주인이라면 다음 주에 어떤 김밥의 재료를 가장 많이 준비하는 것이 좋겠습니까?

( )

5 일주일 동안 팔린 김밥이 1000줄이 되려면 김밥을 몇 줄 더 팔았어야 합니까?

( )

(6~7) 윤경이네 학교 3학년 학생들의 혈액형을 조사하여 나타낸 그림그래프입니다. 물음에 답하시오.

혈액형별 학생 수

혈액형	학생 수
A형	
B형	
O형	
AB형	

10명　1명

6 그림그래프를 보고 표로 나타내 보시오.

혈액형별 학생 수

혈액형	A형	B형	O형	AB형	합계
학생 수 (명)					

교과 역량　　서술형

7 그림그래프를 보고 잘못 말한 사람을 찾아 이름을 쓰고, 잘못 말한 내용을 바르게 고쳐 보시오.

- 희연: A형인 학생은 43명이야.
- 기범: 학생 수가 가장 많은 혈액형은 O형이야.
- 태인: AB형인 학생은 B형인 학생보다 9명 더 많아.

답 |

개념책 111쪽

유형 2 그림그래프로 나타내기

● **표를 그림그래프로 나타내는 방법**

❶ 알맞은 제목 쓰기 ⟶ 제목을 마지막에 써도 됩니다.
❷ 조사한 항목을 빠짐없이 쓰기
❸ 자료의 수를 나타낼 그림과 단위 정하기
❹ 자료의 수에 맞게 그림으로 나타내기

6 단원

(8~9) 농장별 기르고 있는 닭의 수를 조사하여 나타낸 표입니다. 물음에 답하시오.

농장별 기르고 있는 닭의 수

농장	은빛	별빛	달빛	금빛	합계
닭의 수 (마리)	17	20	28	16	81

8 표를 보고 그림그래프로 나타내 보시오.

농장별 기르고 있는 닭의 수

농장	닭의 수
은빛	
별빛	
달빛	
금빛	

◎10마리　○1마리

9 네 농장에서 기르고 있는 닭은 모두 몇 마리인지 알아보려면 표와 그림그래프 중 어느 것이 더 편리합니까?

(　　　　　　　　)

실전유형 강화

(10~11) 우리나라 선수들이 1948년부터 2024년까지 개최된 올림픽에서 획득한 종목별 메달 수를 조사하여 나타낸 표입니다. 물음에 답하시오.

종목별 메달 수

종목	태권도	양궁	사격	펜싱	합계
메달 수(개)	25	50	23	19	117

10 표를 보고 ◎은 10개, ○은 1개로 하여 그림그래프로 나타내 보시오.

종목	메달 수
태권도	
양궁	
사격	
펜싱	

◎10개 ○1개

11 표를 보고 ◎은 10개, △은 5개, ○은 1개로 하여 그림그래프로 나타내 보시오.

종목	메달 수
태권도	
양궁	
사격	
펜싱	

◎10개 △5개 ○1개

12 ㉮ 그림그래프의 그림의 단위를 바꾸어 나타내려고 합니다. ㉯ 그림그래프를 완성해 보시오.

㉮ 받고 싶어 하는 선물별 학생 수

선물	학생 수
옷	◎ ○○○○○○○○
게임기	◎◎ ○○○○○○
장난감	◎ ○○○○○

◎10명 ○1명

㉯ 받고 싶어 하는 선물별 학생 수

선물	학생 수
옷	
게임기	
장난감	

◎10명 △5명 ○1명

파워 pick

13 수연이네 모둠 학생들의 줄넘기 횟수를 조사하여 나타낸 표와 그림그래프입니다. 표와 그림그래프를 각각 완성해 보시오.

학생별 줄넘기 횟수

이름	수연	예준	정원	건우	합계
횟수(번)		130		260	940

학생별 줄넘기 횟수

이름	줄넘기 횟수
수연	◎◎ ○○○○○
예준	
정원	
건우	

◎100번 ○10번

개념책 112쪽

유형 3 자료를 수집하여 그림그래프로 나타내기

● **자료를 수집하여 그림그래프로 나타내는 방법**

❶ 조사할 주제와 그에 따른 조사 항목 정하기
❷ 조사 방법을 정해 자료 수집하기
❸ 수집한 자료를 표로 나타내기
❹ 표를 보고 그림그래프로 나타내기

(14~16) 송희네 학교 3학년 학생들이 반별로 모은 빈 병의 수를 조사한 것입니다. 물음에 답하시오.

반별 모은 빈 병의 수

1반 正 正 正 正 下
2반 正 正 正 正 正 正
3반 正 正 正 正 正 正 正 正 一
4반 正 正 正 丁

14 조사한 자료를 보고 표로 나타내 보시오.

반별 모은 빈 병의 수

반	1반	2반	3반	4반	합계
빈 병의 수(병)					

교과 역량

15 위 **14**의 표를 보고 그림그래프로 나타내려고 합니다. 그림의 단위로 알맞은 2가지를 골라 ○표 하시오.

1병　　10병　　100병

16 **14**의 표를 보고 그림그래프로 나타내 보시오.

반	빈 병의 수
1반	
2반	
3반	
4반	

□ (　) 병　□ (　) 병

(17~20) 2023년에 우리나라에서 산불이 발생한 건수를 조사한 것입니다. 물음에 답하시오.

2023년 월별 산불 발생 건수

월	건수(건)	월	건수(건)
1월	38	7월	0
2월	114	8월	1
3월	229	9월	2
4월	108	10월	13
5월	33	11월	25
6월	11	12월	22

17 조사한 자료를 보고 계절별로 표로 나타내 보시오.

2023년 계절별 산불 발생 건수

계절	건수(건)
봄(3, 4, 5월)	
여름(6, 7, 8월)	
가을(9, 10, 11월)	
겨울(12, 1, 2월)	
합계	

실전유형 강화

18 17의 표를 보고 그림그래프로 나타낼 때 그림을 몇 가지로 나타내는 것이 좋을지 정해 보시오.

(   )

19 17의 표를 보고 그림그래프로 나타내 보시오.

계절	건수
봄 (3, 4, 5월)	
여름 (6, 7, 8월)	
가을 (9, 10, 11월)	
겨울 (12, 1, 2월)	

교과 역량 서술형

20 위 19의 그림그래프를 보고 알 수 있는 내용을 2가지 써 보시오.

답 |

★까다로운★

유형 4 모르는 항목의 수 구하기

(모르는 항목의 수)
=(전체 항목의 수의 합)−(주어진 모든 항목의 수)

21 세아네 마을에 있는 나무 수를 조사하여 나타낸 그림그래프입니다. 세아네 마을에 있는 나무가 모두 155그루일 때, 단풍나무는 몇 그루입니까?

종류별 나무 수

종류	나무 수
소나무	10그루 5개
벚나무	10그루 3개, 1그루 7개
은행나무	10그루 4개, 1그루 2개
단풍나무	

10그루, 1그루

(   )

22 과수원별 복숭아 생산량을 조사하여 나타낸 그림그래프입니다. 전체 복숭아 생산량이 1150 kg일 때, 싱싱 과수원의 복숭아 생산량은 몇 kg입니까?

과수원별 복숭아 생산량

과수원	복숭아 생산량
초록	100 kg 4개, 10 kg 2개
싱싱	
마음	100 kg 1개, 10 kg 6개
푸른	100 kg 3개, 10 kg 1개

100 kg, 10 kg

(   )

★까다로운★

유형 5 판매액 구하기

(판매액)=(팔린 항목의 수)×(한 개의 값)

23 가게별로 팔린 사탕 수를 조사하여 나타낸 그림그래프입니다. 네 가게 모두 사탕 한 개를 50원에 팔았다면 사탕이 가장 많이 팔린 가게의 사탕 판매액은 얼마입니까?

가게별 팔린 사탕 수

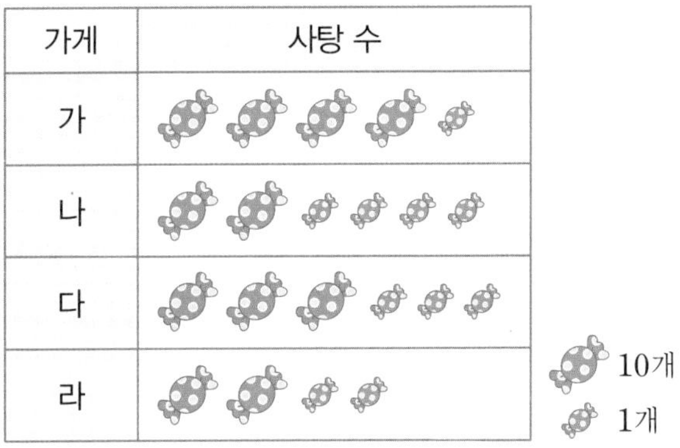

가게	사탕 수
가	
나	
다	
라	

10개 1개

(　　　　　　　　)

24 어느 가게의 요일별 팔린 색종이 수를 조사하여 나타낸 그림그래프입니다. 색종이 한 장을 40원에 팔았다면 색종이가 가장 적게 팔린 요일의 색종이 판매액은 얼마입니까?

요일별 팔린 색종이 수

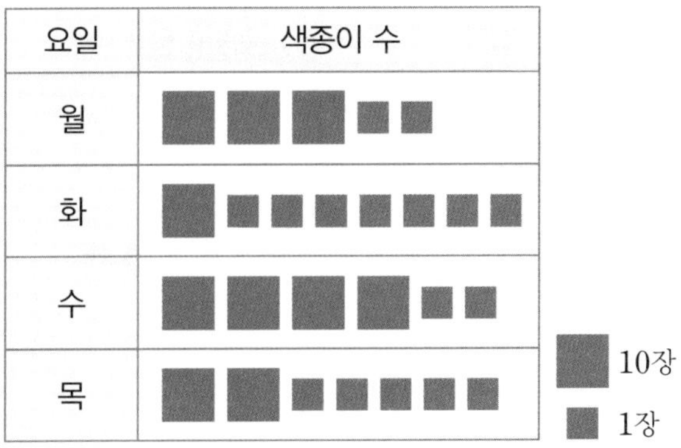

요일	색종이 수
월	
화	
수	
목	

10장 1장

(　　　　　　　　)

★까다로운★

유형 6 조건에 맞는 항목 구하기

❶ 항목의 수가 가장 많은(적은) 항목 찾기

❷ 위 ❶의 가장 많은(적은) 항목보다 ■개 더 적은(많은) 항목 찾기

6 단원

25 목장별 젖소 수를 조사하여 나타낸 그림그래프입니다. 젖소 수가 가장 많은 목장보다 15마리 더 적은 목장은 어느 목장입니까?

목장별 젖소 수

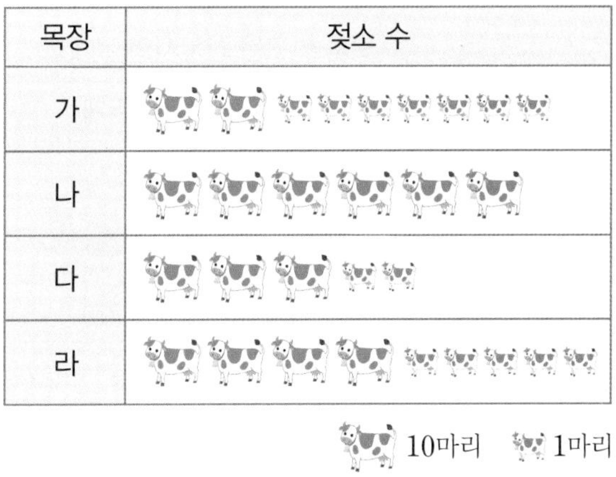

목장	젖소 수
가	
나	
다	
라	

10마리 1마리

(　　　　　　　　)

26 마을별 관광객 수를 조사하여 나타낸 그림그래프입니다. 관광객 수가 가장 적은 마을보다 12명 더 많은 마을은 어느 마을입니까?

마을별 관광객 수

마을	관광객 수
사랑	
희망	
별빛	
소망	

10명 1명

(　　　　　　　　)

유형 7 · 그림의 단위를 모를 때 항목의 수 구하기 ·

항목의 수가 ■▲ 또는 ■▲0일 때 큰 그림은 ■개, 작은 그림은 ▲개를 나타내!

대표문제

27 영미네 반 학생들이 모둠별로 모은 신문지의 무게를 조사하여 나타낸 그림그래프입니다. 1모둠에서 모은 신문지의 무게가 23 kg이라면 3모둠에서 모은 신문지의 무게는 몇 kg입니까? (단, 큰 그림이 나타내는 수는 작은 그림이 나타내는 수의 10배입니다.)

문제 풀이

모둠별 모은 신문지의 무게

모둠	신문지의 무게
1모둠	큰 그림 2개, 작은 그림 3개
2모둠	큰 그림 1개, 작은 그림 6개
3모둠	큰 그림 4개, 작은 그림 2개

❶ 큰 그림과 작은 그림이 각각 몇 kg을 나타내는지 구하기

큰 그림 (　　　　　　　　)

작은 그림 (　　　　　　　　)

❷ 3모둠에서 모은 신문지의 무게 구하기

(　　　　　　　　)

28 공장별 침대 생산량을 조사하여 나타낸 그림그래프입니다. 열심 공장의 침대 생산량이 320개라면 성공 공장의 침대 생산량은 몇 개입니까? (단, 큰 그림이 나타내는 수는 작은 그림이 나타내는 수의 10배입니다.)

공장별 침대 생산량

공장	침대 생산량
열심	큰 그림 3개, 작은 그림 2개
노력	큰 그림 4개, 작은 그림 5개
성공	큰 그림 5개, 작은 그림 3개

(　　　　　　　　)

29 월별 공원 이용객 수를 조사하여 나타낸 그림그래프입니다. 2월의 공원 이용객이 300명이라면 1월부터 3월까지의 공원 이용객은 모두 몇 명입니까? (단, 큰 그림이 나타내는 수는 작은 그림이 나타내는 수의 10배입니다.)

월별 공원 이용객 수

월	공원 이용객 수
1월	큰 그림 2개, 작은 그림 1개
2월	큰 그림 3개
3월	큰 그림 4개, 작은 그림 2개

(　　　　　　　　)

유형 8 • 필요한 봉지 수 구하기 •

한 봉지에 ●씩 담을 때 (필요한 봉지 수)=(전체 항목 수의 합)÷●야!

대표문제

30 나무별 감 생산량을 조사하여 나타낸 그림그래프입니다. 감을 모두 모아 한 봉지에 3 kg씩 담으려면 필요한 봉지는 몇 개입니까?

문제 풀이

나무별 감 생산량

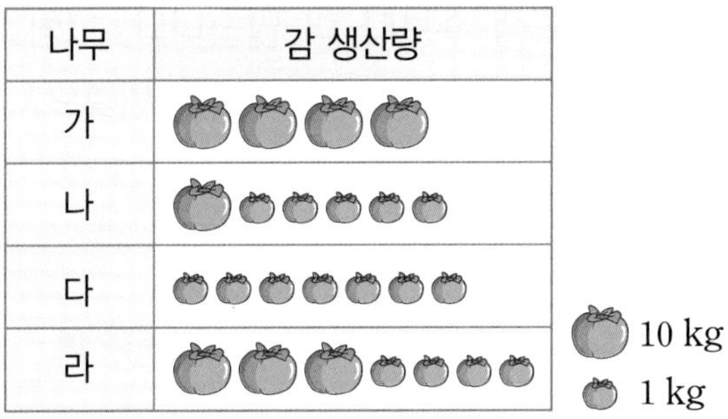

나무	감 생산량
가	
나	
다	
라	

10 kg
1 kg

❶ 전체 감 생산량 구하기

(　　　　　　　　)

❷ 필요한 봉지 수 구하기

(　　　　　　　　)

31 목장별 우유 생산량을 조사하여 나타낸 그림그래프입니다. 우유를 모두 모아 한 통에 8 kg씩 담으려면 필요한 통은 몇 개입니까?

목장별 우유 생산량

목장	우유 생산량
가	
나	
다	
라	

10 kg
1 kg

(　　　　　　　　)

32 공장별 밀가루 생산량을 조사하여 나타낸 그림그래프입니다. 가, 나, 다 공장의 밀가루를 모두 모아 한 포대에 9 kg씩 담으려면 필요한 포대는 몇 개입니까?

공장별 밀가루 생산량

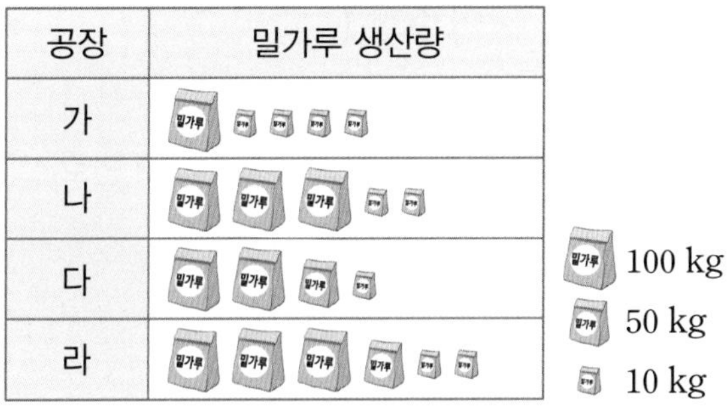

공장	밀가루 생산량
가	
나	
다	
라	

100 kg
50 kg
10 kg

(　　　　　　　　)

6 단원

유형 9 • 그림그래프에서 해당하는 항목 구하기 •

큰 그림의 수와 작은 그림의 수를 차례대로 비교하여 조건에 알맞은 항목을 찾아!

대표문제

33 성우네 학교 3학년 학생들이 보고 싶어 하는 공연을 조사하여 나타낸 그림그래프입니다. 학생 수가 가장 많은 공연은 콘서트이고, 학생 수가 가장 적은 공연은 연주회입니다. 뮤지컬을 보고 싶어 하는 학생 수는 연극을 보고 싶어 하는 학생 수보다 더 많습니다. 그림그래프의 빈칸에 알맞은 공연 이름을 써넣으시오.

문제 풀이

보고 싶어 하는 공연별 학생 수

공연	학생 수
①	큰 그림 2개, 작은 그림 4개
②	큰 그림 1개, 작은 그림 6개
③	큰 그림 3개, 작은 그림 3개
④	큰 그림 4개

(큰 그림) 10명
(작은 그림) 1명

❶ 콘서트와 연주회의 위치를 찾아 번호 쓰기

콘서트 (　　　　　　　　)
연주회 (　　　　　　　　)

❷ 뮤지컬과 연극의 위치를 찾아 번호 쓰기

뮤지컬 (　　　　　　　　)
연극 (　　　　　　　　)

❸ 위 그림그래프의 빈칸에 알맞은 공연 이름 써넣기

34 마을별 학생 수를 조사하여 나타낸 그림그래프입니다. 학생 수가 가장 많은 마을은 매화 마을이고, 학생 수가 가장 적은 마을은 장미 마을입니다. 은행 마을의 학생 수는 버들 마을의 학생 수보다 더 많습니다. 그림그래프의 빈칸에 알맞은 마을 이름을 써넣으시오.

마을별 학생 수

마을	학생 수
①	큰 그림 2개, 작은 그림 5개
②	큰 그림 2개, 작은 그림 4개
③	큰 그림 3개, 작은 그림 3개
④	큰 그림 1개, 작은 그림 5개

(큰 그림) 10명
(작은 그림) 1명

35 문구점별 손님 수를 조사하여 나타낸 그림그래프입니다. 손님 수가 가장 많은 문구점은 소망 문구점이고, 손님 수가 두 번째로 많은 문구점은 사랑 문구점입니다. 희망 문구점의 손님 수는 행복 문구점의 손님 수보다 더 적습니다. 그림그래프의 빈칸에 알맞은 문구점 이름을 써넣으시오.

문구점별 손님 수

문구점	손님 수
①	◎◎○○○
②	◎◎◎◎◎○
③	◎◎◎◎○○
④	◎◎◎○○○

◎ 100명
○ 10명

유형 10 • 그림그래프 완성하기 •

모르는 두 항목의 관계를 이용해 식을 세우고, 모르는 두 항목의 수의 합을 구해!

대표문제

36 지역별 서점 수를 조사하여 나타낸 그림그래프입니다. 네 지역의 서점은 모두 89개이고, 다 지역의 서점은 가 지역의 서점보다 2개 더 많습니다. 그림그래프를 완성해 보시오.

문제 풀이

지역별 서점 수

지역	서점 수
가	
나	▣▣□□□□
다	
라	▣▣▣□□□

▣ 10개
□ 1개

❶ 나 지역과 라 지역의 서점 수 각각 구하기

나 지역의 서점 (　　　　　　)
라 지역의 서점 (　　　　　　)

❷ 가 지역과 다 지역의 서점 수 각각 구하기

가 지역의 서점 (　　　　　　)
다 지역의 서점 (　　　　　　)

❸ 위 그림그래프 완성하기

37 진아네 학교 3학년 학생 108명이 좋아하는 동물을 조사하여 나타낸 그림그래프입니다. 원숭이를 좋아하는 학생은 사자를 좋아하는 학생보다 4명 더 많습니다. 그림그래프를 완성해 보시오.

좋아하는 동물별 학생 수

동물	학생 수
사자	
펭귄	◎◎○○○○○○○○○
원숭이	
호랑이	◎◎◎○○

◎ 10명
○ 1명

38 마을별 주민 수를 조사하여 나타낸 그림그래프입니다. 네 마을의 주민은 모두 750명이고, 하늘 마을의 주민은 바람 마을의 주민보다 30명 더 적습니다. 그림그래프를 완성해 보시오.

마을별 주민 수

마을	주민 수
하늘	
구름	◎◎○○○○○
숲속	◎○○○○○○○○
바람	

◎ 100명
○ 10명

6 단원

응용 단원 평가

(1~4) 경희네 아파트의 동별 자전거 수를 조사하여 나타낸 그림그래프입니다. 물음에 답하시오.

동별 자전거 수

동	자전거 수
101동	[10대][10대][1대][1대][1대]
102동	[10대][1대][1대][1대][1대][1대][1대]
103동	[10대][10대][10대]
104동	[10대][10대][1대][1대][1대][1대][1대]

[10대] 10대
[1대] 1대

1 104동의 자전거는 몇 대입니까?

( )

2 자전거 수가 가장 적은 동은 어느 동입니까?

( )

3 101동과 103동의 자전거 수의 차는 몇 대입니까?

( )

4 경희네 아파트의 자전거는 모두 몇 대입니까?

( )

(5~8) 선주네 학교 3학년 학생들이 즐겨 읽는 책을 조사하여 나타낸 표입니다. 물음에 답하시오.

즐겨 읽는 책별 학생 수

책	동화책	위인전	과학책	만화책	합계
학생 수(명)	24	16	32	41	113

5 표를 보고 그림그래프로 나타내 보시오.

즐겨 읽는 책별 학생 수

책	학생 수
동화책	
위인전	
과학책	
만화책	

◎ 10명 ○ 1명

6 위 **5**의 그림그래프를 보고 잘못 설명한 것의 기호를 써 보시오.

㉠ 학생 수를 나타낼 때 ○을 가장 적게 그리는 책은 과학책입니다.
㉡ 학생 수를 나타낼 때 동화책은 위인전보다 ◎을 1개 더 많이 그립니다.

( )

7 가장 많은 학생이 즐겨 읽는 책은 무엇입니까?

( )

8 두 번째로 적은 학생이 즐겨 읽는 책은 무엇입니까?

( )

(9~12) 준영이네 학교 3학년 학생들이 좋아하는 운동을 조사한 것입니다. 물음에 답하시오.

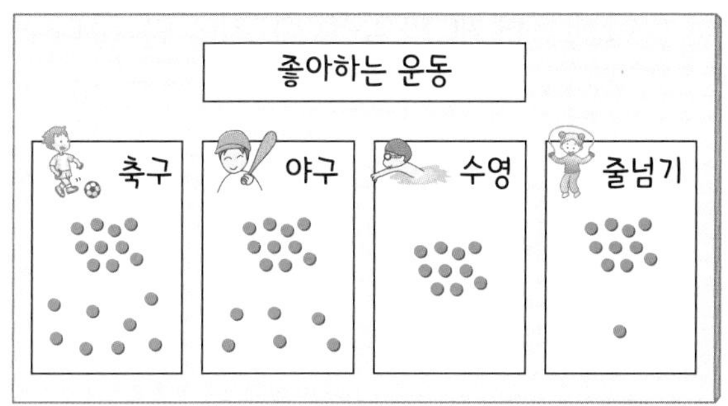

9 조사한 자료를 보고 표로 나타내 보시오.

좋아하는 운동별 학생 수

운동	축구	야구	수영	줄넘기	합계
학생 수 (명)					

10 위 **9**의 표를 보고 그림그래프로 나타내 보시오.

좋아하는 운동별 학생 수

운동	학생 수
축구	
야구	
수영	
줄넘기	

◎10명 ○ 1명

11 좋아하는 학생 수가 줄넘기보다 많고 축구보다 적은 운동은 무엇입니까?

(　　　　　　　)

12 가장 많은 학생이 좋아하는 운동을 알아보려고 할 때 자료, 표, 그림그래프 중에서 어느 것이 가장 편리합니까?

(　　　　　　　)

(13~15) 반별 휴대 전화를 가지고 있는 학생 수를 조사하여 나타낸 표입니다. 물음에 답하시오.

반별 휴대 전화를 가지고 있는 학생 수

반	1반	2반	3반	4반	합계
학생 수 (명)	15		26	30	94

13 2반에서 휴대 전화를 가지고 있는 학생은 몇 명입니까?

(　　　　　　　)

14 표를 보고 그림그래프로 나타내 보시오.

반	학생 수
1반	
2반	
3반	
4반	

◎10명 ○1명

잘 틀리는 문제

15 ◎은 10명, △은 5명, ○은 1명으로 하여 그림그래프로 나타내 보시오.

반	학생 수
1반	
2반	
3반	
4반	

◎10명 △5명 ○1명

6 단원

잘 틀리는 문제

16 마을별 감자 생산량을 조사하여 나타낸 그림그래프입니다. 세 마을의 감자 생산량이 모두 650상자일 때, 설악 마을의 감자 생산량은 몇 상자입니까?

마을별 감자 생산량

마을	감자 생산량
금강	
설악	
한라	

100상자
10상자

( )

(17~18) 나무별 귤 생산량을 조사하여 나타낸 그림그래프입니다. 물음에 답하시오.

나무별 귤 생산량

나무	귤 생산량
가	
나	
다	
라	

10 kg
1 kg

17 귤을 가장 많이 생산한 나무보다 8 kg 더 적게 생산한 나무는 어느 나무입니까?

( )

18 귤을 모두 모아 한 상자에 5 kg씩 담으려면 필요한 상자는 몇 개입니까?

( )

서술형 문제

19 주호네 학교 3학년 학생들이 좋아하는 과일을 조사하여 나타낸 그림그래프입니다. 학생들에게 과일을 한 가지만 준다면 어떤 과일이 좋을지 쓰고, 그 이유를 써 보시오.

좋아하는 과일별 학생 수

과일	학생 수
사과	
배	
포도	

10명
1명

답 |

20 가게별 팔린 옷의 수를 조사하여 나타낸 그림그래프입니다. 예쁜 가게에서 팔린 옷이 22벌이라면 멋진 가게에서 팔린 옷은 몇 벌인지 풀이 과정을 쓰고 답을 구해 보시오. (단, 큰 옷 그림이 나타내는 수는 작은 옷 그림이 나타내는 수의 10배입니다.)

가게별 팔린 옷의 수

가게	옷의 수
예쁜	
새로운	
멋진	

풀이 |

답 |

심화 단원 평가

점수 확인

● 정답 79쪽

(1~3) 재인이네 학교 3학년 학생들이 좋아하는 간식을 조사하여 나타낸 그림그래프입니다. 물음에 답하시오.

좋아하는 간식별 학생 수

간식	학생 수
피자	(10명 3개, 1명 1개)
떡볶이	(10명 2개, 1명 3개)
햄버거	(10명 4개, 1명 2개)
만두	(10명 3개, 1명 1개)

(큰 얼굴) 10명 (작은 얼굴) 1명

1 떡볶이를 좋아하는 학생은 몇 명입니까?

( )

2 좋아하는 학생 수가 같은 간식은 무엇과 무엇입니까?

(,)

3 재인이네 학교 3학년 학생들에게 간식을 한 가지만 준다면 어떤 간식을 주면 좋겠습니까?

( )

(4~6) 희진이네 학교 3학년 학생들이 키우고 싶어 하는 동물을 조사하여 나타낸 표입니다. 물음에 답하시오.

키우고 싶어 하는 동물별 학생 수

동물	햄스터	고양이	강아지	도마뱀	합계
학생 수 (명)	27	34		19	

4 강아지를 키우고 싶어 하는 학생은 고양이를 키우고 싶어 하는 학생보다 6명 더 많습니다. 강아지를 키우고 싶어 하는 학생은 몇 명입니까?

( )

5 희진이네 학교 3학년 학생은 모두 몇 명입니까?

( )

6 표를 보고 그림그래프로 나타내 보시오.

[ ]

동물	학생 수
햄스터	◎◎○○○○○○○
고양이	
강아지	
도마뱀	

◎ [ ]명 ○ [ ]명

7 가게별 팔린 과자 수를 조사하여 나타낸 표와 그림그래프입니다. 표와 그림그래프를 각각 완성해 보시오.

가게별 팔린 과자 수

가게	가	나	다	라	합계
과자 수(개)	170		260		1100

가게별 팔린 과자 수

가게	과자 수
가	
나	◎◎○○○○○○○○○
다	
라	

◎100개 ○10개

8 채소 가게에 있는 종류별 채소 수를 조사하여 나타낸 그림그래프입니다. 네 종류의 채소는 모두 96상자이고, 양파는 가지보다 6상자 더 많습니다. 그림그래프를 완성해 보시오.

종류별 채소 수

종류	채소 수
오이	◎◎◎○○
무	◎
가지	
양파	

◎10상자 ○1상자

서술형 문제

9 현희네 학교 3학년 학생들의 장래 희망을 조사하여 나타낸 그림그래프입니다. 가장 많은 학생의 장래 희망과 가장 적은 학생의 장래 희망의 학생 수의 차는 몇 명인지 풀이 과정을 쓰고 답을 구해 보시오.

장래 희망별 학생 수

장래 희망	학생 수
선생님	(10명)(10명)(1명)(1명)(1명)(1명)
연예인	(10명)(10명)(10명)(1명)(1명)
의사	(10명)(1명)(1명)(1명)(1명)(1명)(1명)(1명)
공무원	(10명)(10명)(1명)

(큰 그림) 10명 (작은 그림) 1명

풀이 |

답 |

10 마을별 밤 생산량을 조사하여 나타낸 그림그래프입니다. 밤을 모두 모아 한 포대에 7 kg씩 담으려면 필요한 포대는 몇 개인지 풀이 과정을 쓰고 답을 구해 보시오.

마을별 밤 생산량

마을	밤 생산량
가	(100 kg)(100 kg)(10 kg)(10 kg)
나	(100 kg)(10 kg)(10 kg)(10 kg)(10 kg)(10 kg)
다	(100 kg)(100 kg)(10 kg)(10 kg)(10 kg)(10 kg)(10 kg)(10 kg)(10 kg)

(큰 그림) 100 kg (작은 그림) 10 kg

풀이 |

답 |

✣ 개념·플러스·유형·시리즈 개념과 유형이 하나로! 가장 효과적인 수학 공부 방법을 제시합니다.

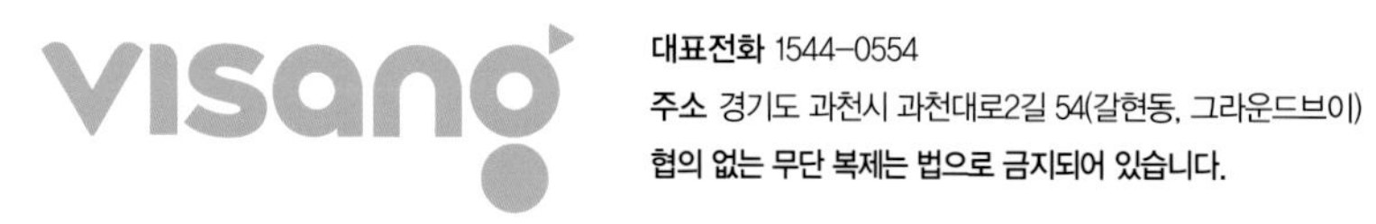

대표전화 1544-0554
주소 경기도 과천시 과천대로2길 54(갈현동, 그라운드브이)